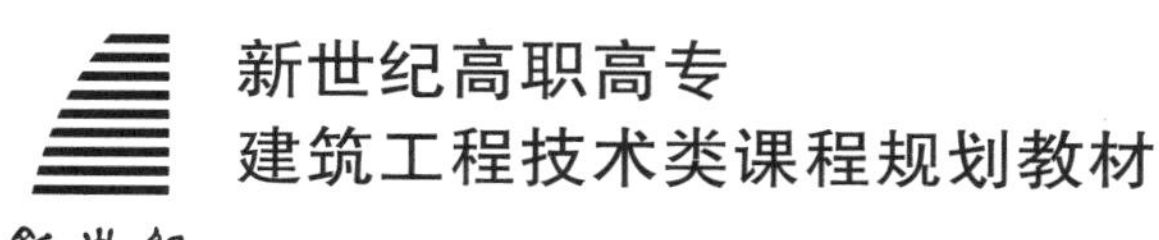

新世纪高职高专
建筑工程技术类课程规划教材

建筑力学

第二版

新世纪高职高专教材编审委员会 组编
主　编 张玉敏 伊爱焦
副主编 李木俭 靳　克
　　　 曲媛媛 滕　琳

大连理工大学出版社

图书在版编目(CIP)数据

建筑力学 / 张玉敏，伊爱焦主编. -- 2 版. -- 大连：大连理工大学出版社，2019.9
新世纪高职高专建筑工程技术类课程规划教材
ISBN 978-7-5685-2319-6

Ⅰ. ①建… Ⅱ. ①张… ②伊… Ⅲ. ①建筑科学—力学—高等职业教育—教材 Ⅳ. ①TU311

中国版本图书馆 CIP 数据核字(2019)第 240129 号

大连理工大学出版社出版
地址:大连市软件园路 80 号　邮政编码:116023
发行:0411-84708842　邮购:0411-84708943　传真:0411-84701466
E-mail:dutp@dutp.cn　URL:http://dutp.dlut.edu.cn
辽宁泰阳广告彩色印刷有限公司印刷　大连理工大学出版社发行

幅面尺寸:185mm×260mm　印张:15　字数:345 千字
2014 年 9 月第 1 版　2019 年 9 月第 2 版
2019 年 9 月第 1 次印刷

责任编辑:康云霞　责任校对:吴媛媛
封面设计:张　莹

ISBN 978-7-5685-2319-6　定　价:38.00 元

我们已经进入了一个新的充满机遇与挑战的时代，我们已经跨入了21世纪的门槛。

20世纪与21世纪之交的中国，高等教育体制正经历着一场缓慢而深刻的革命，我们正在对传统的普通高等教育的培养目标与社会发展的现实需要不相适应的现状做历史性的反思与变革的尝试。

20世纪最后的几年里，高等职业教育的迅速崛起，是影响高等教育体制变革的一件大事。在短短的几年时间里，普通中专教育、普通高专教育全面转轨，以高等职业教育为主导的各种形式的培养应用型人才的教育发展到与普通高等教育等量齐观的地步，其来势之迅猛，发人深思。

无论是正在缓慢变革着的普通高等教育，还是迅速推进着的培养应用型人才的高职教育，都向我们提出了一个同样的严肃问题：中国的高等教育为谁服务，是为教育发展自身，还是为包括教育在内的大千社会？答案肯定而且唯一，那就是教育也置身其中的现实社会。

由此又引发出高等教育的目的问题。既然教育必须服务于社会，它就必须按照不同领域的社会需要来完成自己的教育过程。换言之，教育资源必须按照社会划分的各个专业（行业）领域（岗位群）的需要实施配置，这就是我们长期以来明乎其理而疏于力行的学以致用问题，这就是我们长期以来未能给予足够关注的教育目的问题。

众所周知，整个社会由其发展所需要的不同部门构成，包括公共管理部门如国家机构、基础建设部门如教育研究机构和各种实业部门如工业部门、商业部门，等等。每一个部门又可做更为具体的划分，直至同它所需要的各种专门人才相对应。教育如果不能按照实际需要完成各种专门人才培养的目标，就不能很好地完成社会分工所赋予它的使命，而教育作为社会分工的一种独立存在就应受到质疑（在市场经济条件下尤其如此）。可以断言，按照社会的各种不同需要培养各种直接有用人才，是教育体制变革的终极目的。

随着教育体制变革的进一步深入，高等院校的设置是否会同社会对人才类型的不同需要一一对应，我们姑且不论，但高等教育走应用型人才培养的道路和走研究型（也是一种特殊应用）人才培养的道路，学生们根据自己的偏好各取所需，始终是一个理性运行的社会状态下高等教育正常发展的途径。

高等职业教育的崛起，既是高等教育体制变革的结果，也是高等教育体制变革的一个阶段性表征。它的进一步发展，必将极大地推进中国教育体制变革的进程。作为一种应用型人才培养的教育，它从专科层次起步，进而应用本科教育、应用硕士教育、应用博士教育……当应用型人才培养的渠道贯通之时，也许就是我们迎接中国教育体制变革的成功之日。从这一意义上说，高等职业教育的崛起，正是在为必然会取得最后成功的教育体制变革奠基。

高等职业教育才刚刚开始自己发展道路的探索过程，它要全面达到应用型人才培养的正常理性发展状态，直至可以和现存的（同时也正处在变革分化过程中的）研究型人才培养的教育并驾齐驱，还需要假以时日；还需要政府教育主管部门的大力推进，需要人才需求市场的进一步完善，尤其需要高职教学单位及其直接相关部门肯于做长期的坚韧不拔的努力。新世纪高职高专教材编审委员会就是由全国100余所高职高专院校和出版单位组成的、旨在以推动高职高专教材建设来推进高等职业教育这一变革过程的联盟共同体。

在宏观层面上，这个联盟始终会以推动高职高专教材的特色建设为己任，始终会从高职高专教学单位实际教学需要出发，以其对高职教育发展的前瞻性的总体把握，以其纵览全国高职高专教材市场需求的广阔视野，以其创新的理念与创新的运作模式，通过不断深化的教材建设过程，总结高职高专教学成果，探索高职高专教材建设规律。

在微观层面上，我们将充分依托众多高职高专院校联盟的互补优势和丰裕的人才资源优势，从每一个专业领域、每一种教材入手，突破传统的片面追求理论体系严整性的意识限制，努力凸现高职教育职业能力培养的本质特征，在不断构建特色教材建设体系的过程中，逐步形成自己的品牌优势。

新世纪高职高专教材编审委员会在推进高职高专教材建设事业的过程中，始终得到了各级教育主管部门以及各相关院校相关部门的热忱支持和积极参与，对此我们谨致深深谢意，也希望一切关注、参与高职教育发展的同道朋友，在共同推动高职教育发展、进而推动高等教育体制变革的进程中，和我们携手并肩，共同担负起这一具有开拓性挑战意义的历史重任。

新世纪高职高专教材编审委员会

2001年8月18日

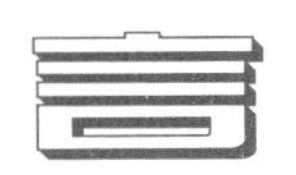

前言

本教材是根据高职高专院校土木建筑类专业的培养目标和建筑力学课程的教学大纲要求编写的。本教材在编写过程中力求突出以下特点：

1. 本教材以学生的可持续发展为指导思想，从培养高素质技能型专门人才的定位出发，在内容的选取和体系的安排上突出高职教材“以应用为目的，以必需、够用为度”的原则，彰显了基础理论在应用方面的特点。

2. 本教材突出针对性、适用性和实用性，吸取相关教材的长处，对教材内容进行了适当的取舍，突出基本概念和工程应用，简化了对一些理论的推导和证明，注重职业技能和素质的培养，重视由浅入深和理论联系实际，内容具有取材新颖、简明扼要、通俗易懂、图文配合紧密的特点。

3. 结合工程实际优选例题、复习思考题和习题；在每章开篇设置了“学习目标与学习重点”，章末配有小结，便于学生复习和巩固所学内容。

本教材共分 11 章，内容包括绪论、静力学基础、平面汇交力系与平面力偶系、平面一般力系、平面体系的几何组成分析、静定结构杆件的内力分析、平面图形的几何性质、杆件的应力与强度计算、压杆稳定、静定结构的位移计算、超静定结构的内力计算。

本书可作为高职高专院校建筑工程技术、工程造价、工程管理、工程监理、建筑装饰工程技术、城镇规划、物业管理、房地产经营与估价、建筑经济管理、给排水工程技术等专业的教学用书，还可作为土木建筑类函授教育、自学考试和在职人员培训教材，以及其他技术人员的阅读参考书。

本书由齐鲁理工学院张玉敏、山东圣翰财贸职业学院伊爱焦任主编，济南大学李木俭、济南四建（集团）有限责任公司靳克、山东圣翰财贸职业学院曲媛媛、齐鲁理工学院滕

琳任副主编。山东省建设建工(集团)有限责任公司刘振雷参与了部分内容的编写工作。其中,曲媛媛编写第1、2章,靳克编写第3、4章,伊爱焦、刘振雷编写第5、8章,李木俭编写第6章,滕琳编写第7章,张玉敏、刘振雷编写第9章~第11章、附录。全书由张玉敏统稿和定稿。

在本书的编写过程中,编者参考了部分相同学科教材等文献,在此向这些文献的作者表示衷心的感谢!

在编写本教材的过程中,编者参考、引用和改编了国内外出版物中的相关资料以及网络资源,在此表示深深的谢意!相关著作权人看到本教材后,请与出版社联系,出版社将按照相关法律的规定支付稿酬。

尽管我们在探索《建筑力学》教材特色的建设方面做出了许多努力,但由于编者水平有限,教材中仍可能存在一些疏漏和不妥之处,恳请读者批评指正,并将建议及时反馈给我们,以便及时修订完善。

编 者

2019年9月

所有意见和建议请发往:dutpgz@163.com

欢迎访问教材服务网站:http://www.dutpbook.com

联系电话:0411-84707424 84706676

第 1 章　绪　论 …… 1
1.1　建筑力学的研究对象、任务 …… 1
1.2　刚体与变形固体 …… 3
1.3　杆件变形的基本形式 …… 4
第 2 章　静力学基础 …… 7
2.1　静力学基本概念 …… 7
2.2　静力学公理 …… 9
2.3　约束与约束反力 …… 11
2.4　物体的受力分析和受力图 …… 15
2.5　结构计算简图 …… 18
第 3 章　平面汇交力系与平面力偶系 …… 27
3.1　平面力系的分类 …… 27
3.2　平面汇交力系的合成与平衡 …… 27
3.3　平面力对点之矩的概念及计算 …… 31
3.4　平面力偶 …… 32
第 4 章　平面一般力系 …… 39
4.1　平面一般力系的简化 …… 39
4.2　平面一般力系的平衡方程及其应用 …… 44
4.3　平面平行力系的平衡方程 …… 46
4.4　物体系统的平衡问题 …… 48
第 5 章　平面体系的几何组成分析 …… 55
5.1　概　述 …… 55
5.2　平面几何不变体系的基本组成规则 …… 58
5.3　几何组成分析示例 …… 60
5.4　静定结构和超静定结构 …… 62
第 6 章　静定结构杆件的内力分析 …… 65
6.1　轴向拉压杆的内力 …… 65
6.2　连接件的内力 …… 68
6.3　圆轴扭转时的内力 …… 69
6.4　平面弯曲梁的内力 …… 72
6.5　平面弯曲梁的内力图 …… 77
6.6　利用微分关系作梁的内力图 …… 80

6.7 叠加法画梁的内力图…… 84
6.8 多跨静定梁的内力…… 86
6.9 静定平面刚架的内力…… 88
6.10 静定平面桁架的内力 …… 92
6.11 三铰拱的内力 …… 99
6.12 平面组合结构的内力…… 104
第7章 平面图形的几何性质…… 113
7.1 静 矩 …… 113
7.2 惯性矩、极惯性矩、惯性积、惯性半径…… 115
7.3 组合图形的惯性矩 …… 117
第8章 杆件的应力与强度计算…… 122
8.1 应力的概念 …… 122
8.2 材料在拉伸与压缩时的力学性能 …… 123
8.3 轴向拉(压)杆的应力和强度计算 …… 128
8.4 剪切与挤压变形的应力与强度计算 …… 130
8.5 圆轴扭转时的应力与强度计算 …… 133
8.6 平面弯曲梁的应力与强度计算 …… 136
8.7 提高梁承载能力的措施 …… 146
第9章 压杆稳定…… 156
9.1 压杆稳定的概念 …… 156
9.2 压杆临界力和临界应力的计算 …… 158
9.3 压杆的稳定计算 …… 161
9.4 提高压杆稳定性的措施 …… 164
第10章 静定结构的位移计算 …… 168
10.1 概 述…… 168
10.2 轴向拉(压)杆的变形…… 169
10.3 圆轴扭转时的变形与刚度计算…… 171
10.4 平面弯曲梁的变形和刚度校核…… 173
10.5 静定结构在荷载作用下的位移计算…… 177
10.6 图乘法…… 181
10.7 静定结构在支座移动时的位移计算…… 186
第11章 超静定结构的内力计算 …… 192
11.1 概 述…… 192
11.2 力法计算超静定结构…… 194
11.3 位移法计算超静定结构…… 200
11.4 力矩分配法计算超静定结构…… 210
附 录 型钢表…… 220
参考文献…… 230

本书数字资源列表

序号	名称	位置
1	强度、刚度及稳定性	3
2	杆件变形的基本形式	4
3	力的概念和力系	7
4	光滑圆柱铰链约束	12
5	链杆约束	13
6	可动铰支座	14
7	固定端支座	14
8	力的投影与合理投影定理	27
9	力对点的矩	31
10	力偶与力偶矩	32
11	几何不变体系的组成规则	58
12	轴向拉压杆的内力	66
13	轴力和轴力图	67
14	扭转杆件的内力	69
15	平面弯曲的概念	72
16	梁的内力——剪力和弯矩	74
17	剪力图和弯矩图	78
18	三铰拱的有关概念及内力计算	99
19	拱的合理轴线	103
20	超静定结构概述	192
21	超静定次数的确定	193
22	杆端力与杆端位移的正、负号规定	204

第1章 绪论

学习目标

通过本章的学习，了解建筑力学的研究对象、任务；了解刚体与变形固体的概念，理解变形固体的基本假设；掌握杆件变形的基本形式。

学习重点

建筑力学的研究对象、任务；结构和构件的强度、刚度和稳定性；变形固体的基本假设；杆件变形的基本形式。

1.1 建筑力学的研究对象、任务

1. 建筑力学的研究对象

建筑物从开始建造的时候起，就承受各种力的作用。如楼板在施工中除承受自身的重量外，还承受人和施工机具的重量；承重外墙承受楼板传来的压力和风力；基础则承受墙身传来的压力等等。工程中习惯把直接作用在结构上的各种力称为荷载，在建筑物中承受并传递荷载而起骨架作用的部分称为结构。最简单的结构可以是一根梁或一根柱，但往往一个结构是由多个结构部件所组成，这些结构部件称为构件。如梁、板、柱、墙、基础等都是常见的构件。

结构的类型是多种多样的，按几何特征可分为以下三类：

(1)杆件结构

由若干杆件通过相互连接而组成的结构称为杆件结构。杆件的几何特征是纵向长度远大于其横截面的宽度和高度。例如，梁和柱[图 1-1(a)、(b)]是单个构件的结构；桁架[图 1-1(c)]是由许多杆件组成的结构；刚架[图 1-1(d)]是由梁和柱组成的结构；排架结构[图 1-1(e)]是由两根竖柱将屋架和基础连接而成的结构，也属于由杆件组成的结构。

(2)薄壁结构

由薄板或薄壳组成的结构称为薄壁结构。薄板和薄壳的几何特征是厚度远小于长度和宽度。当构件为平面板状时称为薄板，当构件具有曲面外形时称为薄壳。如图 1-2(a)、(b)所示屋顶分别是三角形折板结构和薄壳结构。

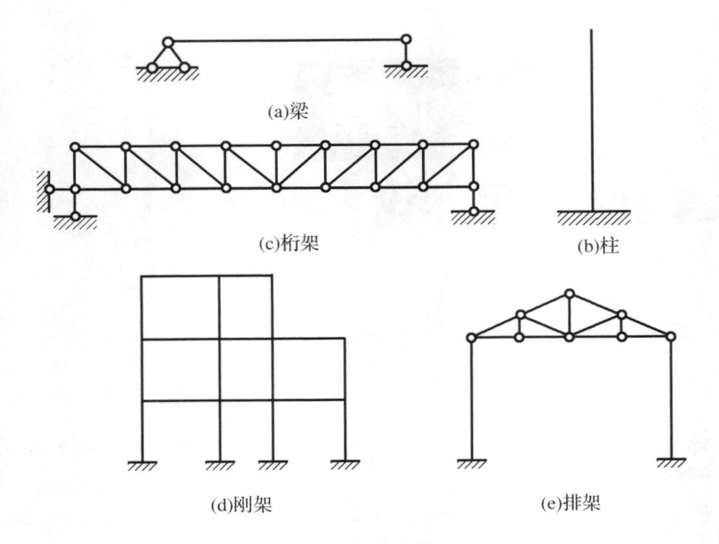

图 1-1　杆件结构

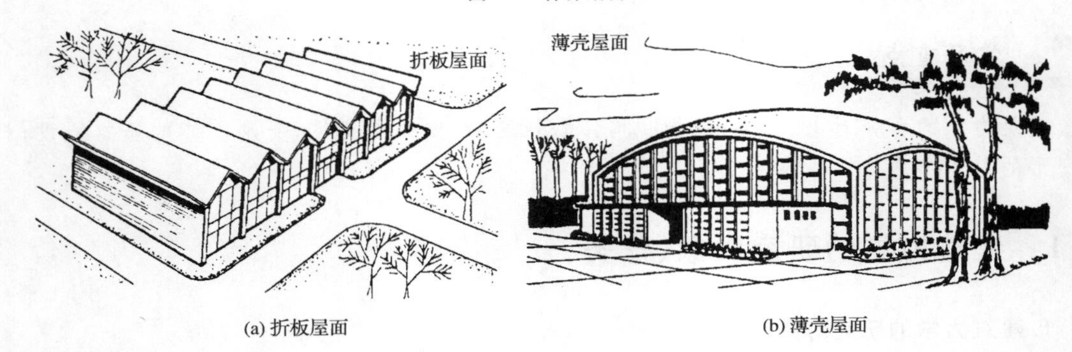

(a) 折板屋面　　(b) 薄壳屋面

图 1-2　薄壁结构

(3)实体结构

长、宽、高三个尺寸均接近的结构称为实体结构。例如挡土墙(图 1-3)、堤坝、块状基础等都属于实体结构。

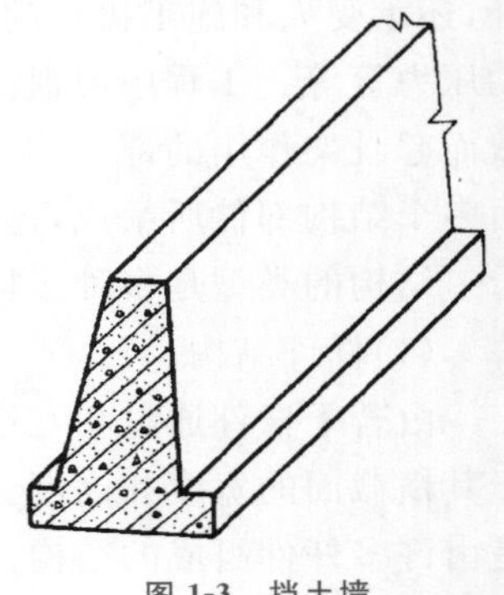

图 1-3　挡土墙

在建筑工程中,杆件结构是最为广泛应用的结构形式。按照空间特征区分,杆件结构可分为平面杆件结构和空间杆件结构两类。凡组成结构的所有杆件的轴线都位于同一平面内,并且荷载也作用于该平面内的结构,称为平面杆件结构。否则称为空间杆件结构。严格来讲,实际的结构都是空间结构,但在计算时,常根据其实际受力特点,将它分解为若干平面结构来分析,以使计算简化。但需注意,并非所有情况都能这样处理,有些是必须作为空间结构来研究的。

建筑力学的研究对象是杆件结构。本书的研究对象只限于平面杆件结构。

2. 建筑力学的任务

结构的主要作用是承受和传递荷载。在荷载的作用下结构的各构件内部会产生内力并伴有变形;当荷载达到一定限度时,结构和构件就会发生破坏。要使建筑物按预期功能正常工作,要求结构和构件必须满足以下基本要求:

(1)强度

强度刚度及稳定性

强度是指结构和构件承受外力时抵抗破坏的能力。这种破坏包括屈服破坏和断裂破坏。例如,当吊车起重量超过一定限度时,吊杆可能断裂。因此,要使构件安全承受荷载不发生破坏,就必须具有足够的强度。

(2)刚度

刚度是指结构和构件承受外力时抵抗变形的能力。有些结构和构件,在荷载作用下虽然不发生破坏(能满足强度要求),但产生过量的弹性变形,也会影响结构的正常使用。例如屋面檩条变形过大,就会引起屋面漏水;吊车梁变形过大,吊车就不能正常行驶。因此,设计时需要对结构和构件的变形加以限制,使其变形不超过一定的范围,也就是说结构和构件应具有足够的刚度。

(3)稳定性

稳定性是指构件承受外力时保持原有平衡状态的能力。结构中受压的细长杆件,如房屋建筑和桥梁中承重的柱子,在压力不大时能保持原有的直线平衡状态;当压力增大到一定数值时,便会突然变弯而丧失工作能力,这种现象就称为压杆失去稳定,简称失稳。工程结构中的失稳破坏往往比强度破坏损失更惨重,因为这种破坏具有突然性,没有先兆。因此,对于受压的直杆,要求具有保持原有直线平衡状态的能力,这就是压杆的稳定性要求。

(4)构件必须按一定几何组成规律组成结构,以确保荷载作用下其空间几何形状不发生变化。

为了满足强度、刚度和稳定性的要求,一般来说,都要选择较好的材料和较粗大的构件,但任意选用较好的材料和过大的截面尺寸,势必造成优材劣用、大材小用,造成巨大的浪费。于是建筑中的安全和经济就形成了一对矛盾。建筑力学的任务就是在保证结构和构件满足强度、刚度和稳定性的前提下,以最经济的理念选择适宜的材料,确定合理的截面形状和尺寸,以及研究结构的几何组成规律和合理形式,为结构和构件设计提供必要的理论基础和计算方法。

3. 建筑力学的研究内容

建筑力学所涉及的内容较多,本书将所研究的内容分三个部分。

(1)研究各种力系的简化及平衡,对结构及构件进行受力分析。

(2)研究构件受力后的变形和破坏规律,以便建立构件满足强度、刚度和稳定性要求所需的条件,为设计既安全又经济的合理构件,提供科学的计算方法。

(3)以杆件体系为研究对象,分析其几何组成规律和合理形式以及结构在外力作用下内力和位移的计算,为结构设计提供方法和计算公式。

1.2 刚体与变形固体

1. 刚体

在外力的作用下,形状和大小保持不变的物体称为刚体。事实上,刚体是不存在的,它只是将实际物体抽象化得到的理想模型。任何物体受力后,都会产生不同程度的变形,当物体的变形很小时,变形对研究物体的平衡和运动规律的影响很小,可以忽略不计,这时可将物体抽象为刚体,从而使问题的研究得到简化。

2. 变形固体

在外力的作用下形状发生改变的物体称为变形固体。当研究构件在做外力作用下的强度、刚度和稳定性计算时,尽管固体的变形很小,却是主要的因素之一,必须予以考虑而不能忽略。为了研究问题的方便,通常对变形固体作如下几个基本假设。

(1)连续性假设

认为组成变形固体的物质在整个体积中各点都是连续的,也就是物质毫无空隙地充满了整个体积。根据这一假设,在进行理论分析时,与构件性质相关的物理量可以用连续函数来描述。

(2)均匀性假设

认为变形固体内各点处的力学性能完全相同。根据这一假设,在进行分析时,可以从变形固体内任何位置取出一小部分来研究材料的性质,其结果可代表整个固体。

(3)各向同性假设

认为固体材料沿各个方向上的力学性能完全相同。实际上,组成固体的各个晶粒在不同方向上有着不同的性质。但由于固体内所含晶粒的数量极多,且排列也完全没有规则,所以变形固体的性质是反映这些晶粒性质的统计平均值。这样,在以构件为对象的研究问题中,就可以认为材料是各向同性的。工程中使用的大多数材料,如钢材、玻璃、塑料和素混凝土等,可以认为是各向同性的材料。根据这一假设,当获得了材料在任何一个方向的力学性能后,就可将其结果用于其他方向。但是此假设并不适用于所有材料,例如木材、竹材和合成纤维材料等,其力学性能是各向异性的。

(4)小变形假设

认为构件受力产生的变形量远小于构件的原始尺寸。这样,在研究构件的平衡和运动规律时,可按变形前的原始尺寸和形状进行计算;在研究和计算变形时,变形的高次幂项也可忽略不计,从而使计算得到简化。

(5)线弹性假设

变形固体在外力作用下发生的变形可分为弹性变形和塑性变形两类。一是外力解除后,变形也随之消失的弹性变形。二是外力解除后,变形并不能全部消失的塑性变形。当所受外力不超过一定限度时,绝大多数工程材料在外力解除后,其变形可完全消失,具有这种变形性质的变形固体称为完全弹性体。

建筑力学只研究外力与变形之间呈完全弹性的构件,即外力与变形之间符合线性关系。

1.3 杆件变形的基本形式

杆件的受力情况不同,变形形式也就不同。杆件的变形可分为下列四种基本形式:

杆件变形的基本形式

1. 轴向拉伸和压缩

在一对大小相等、方向相反、作用线与杆轴线重合的外力作用下,杆件发生沿杆轴线方向的伸长或缩短,这种变形形式称为轴向拉伸或压缩。如图 1-4(a)所示。

2. 剪切

在一对相距很近、大小相等、方向相反、作用线与杆轴线垂直的外力作用下,杆件的横截面沿外力作用方向发生错动,这种变形形式称为剪切。如图 1-4(b)所示。

3. 扭转

在一对大小相等、方向相反、位于垂直于杆轴线的两平面内的外力偶作用下,杆件的任意横截面之间绕轴线发生相对转动,这种变形形式称为扭转。如图 1-4(c)所示。

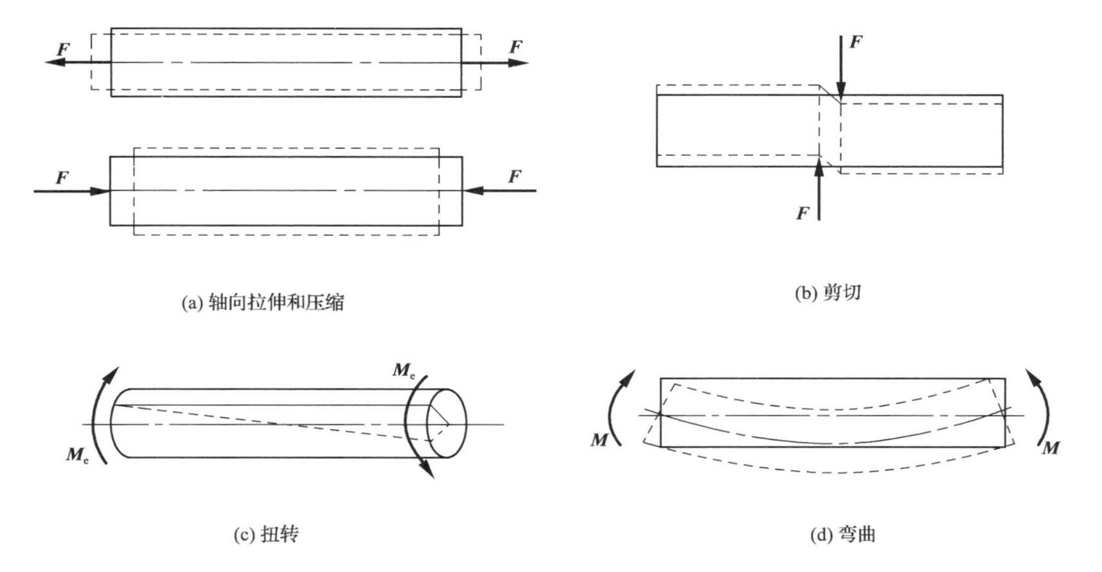

图 1-4　杆件变形的基本形式

4. 弯曲

在一对大小相等、方向相反、位于杆的纵向对称平面内的外力偶作用下，杆件的轴线由直线弯成曲线，这种变形形式称为弯曲。如图 1-4(d)所示。

在工程实际中，杆件可能同时承受各种荷载作用而发生复杂的变形，但都可以看作是上述基本变形的组合。如房屋中的雨篷梁既发生弯曲变形又发生扭转变形。

本章小结

(1)在建筑物中承受并传递荷载而起骨架作用的部分称为结构。组成结构的单个基本部件称为构件。

(2)由若干杆件通过相互连接而组成的结构称为杆件结构；由薄板或薄壳组成的结构称为薄壁结构；长、宽、高三个尺寸均接近的结构称为实体结构。

(3)强度是指结构和构件承受外力时抵抗破坏的能力；刚度是指结构和构件承受外力时抵抗变形的能力；稳定性是指构件承受外力时保持原有平衡状态的能力。

(4)构件必须按一定几何组成规律组成结构，以确保荷载作用下其空间几何形状不发生变化。

(5)建筑力学的任务就是保证结构和构件满足强度、刚度和稳定性的前提下，以最经济的理念选择适宜的材料，确定合理的截面形状和尺寸，以及研究结构的几何组成规律和合理形式，为结构和构件设计提供必要的理论基础和计算方法。

(6)在外力的作用下，形状和大小保持不变的物体称为刚体；在外力的作用下形状发生改变的物体称为变形固体。

(7)变形固体的基本假设：

①连续性假设。认为组成变形固体的物质在整个体积中各点都是连续的，也就是物质毫无空隙地充满了整个体积。

②均匀性假设。认为变形固体内各点处的力学性能完全相同。

③各向同性假设。认为固体材料沿各个方向上的力学性能完全相同。

④小变形假设。认为构件受力产生的变形量远小于构件的原始尺寸。

⑤线弹性假设。外力与变形之间符合线性关系。

(8)杆件变形的基本形式有:轴向拉伸和压缩、剪切、扭转和弯曲。

复习思考题

1-1 什么是结构?按几何特征结构可分几类?什么是构件?

1-2 建筑力学的研究对象是哪类结构?何谓建筑力学的任务?

1-3 何谓构件的强度、刚度、稳定性?

1-4 何谓刚体、变形固体?

1-5 变形固体的基本假设是什么?

1-6 何谓弹性变形、塑性变形?

1-7 杆件变形的形式有哪些?

第2章 静力学基础

学习目标

通过本章的学习，熟悉力、平衡和约束等概念；理解静力学公理及力的基本性质、荷载的分类和简化；熟悉工程中常见的约束类型，掌握受力分析的方法；能正确画出单个物体及物体系的受力图；掌握构件和结构计算简图简化的方法，并能正确运用。

学习重点

静力学公理；工程中常见的约束类型及约束反力的画法；单个物体及物体系的受力图；构件和结构的计算简图。

2.1 静力学基本概念

1. 平衡的概念

平衡是指物体相对于地球保持静止或作匀速直线运动的状态。如房屋、水坝、桥梁相对于地球是静止的；作匀速直线飞行的飞机、在直线轨道上作匀速运动的火车、沿直线匀速起吊的构件等相对于地球是作匀速直线运动的，这些都是平衡的实例。它们的共同特点就是运动状态没有发生变化。

2. 力的概念

(1)力

力的概念和力系

力是物体间相互的机械作用。例如，人们用手弯铁丝时，对铁丝施加了"力"的作用，将铁丝弯成各种形状，同时也感觉到铁丝对手有作用力；吊车起吊重物时，钢索用"力"将重物吊起，同时钢索也受到重物对它的作用力。力不可能脱离物体而单独存在，有受力体，就有施力体。

(2)力的效应

力对物体作用的结果称为力的效应。力的效应有两种：一是使物体的运动状态发生改变，称为力的运动效应或外效应；二是使物体的形状发生改变，称为力的变形效应或内效应。例如用手推小车，使它由静止开始运动，如图 2-1 所示；桥式起重机大梁，在起吊重物时大梁要发生弯曲变形等，如图 2-2 所示。

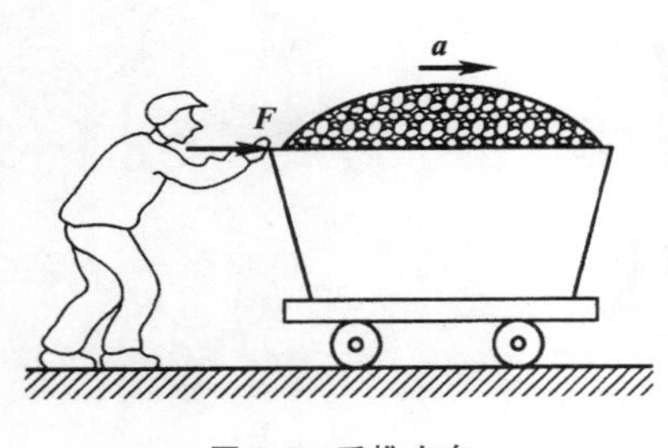

图 2-1 手推小车

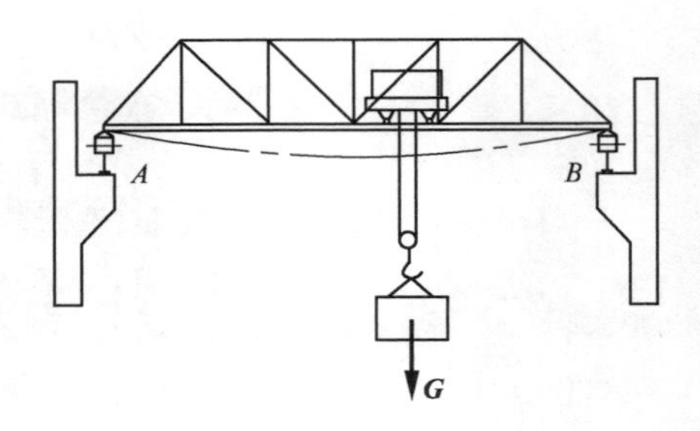

图 2-2 梁弯曲变形

(3)力的三要素

力对物体的作用效果取决于力的大小、方向和作用点,称为力的三要素。

①力的大小表明物体间相互作用的强弱程度。在国际单位制(SI)中,力的单位是牛顿(N)或千牛顿(kN),1 kN =1000 N。

②力的方向通常包含方位和指向两个含义。例如力的方向“水平向右”,其中“水平”是指力的方位,“向右”是指力的指向。

③力的作用点是物体间相互机械作用位置的抽象化。实际上,物体间相互作用的位置一般来说并不是一个点,而是分布作用于物体的一定面积或体积上。当力的作用面积或体积很小时,可将其抽象为一个点,此点称为力的作用点。

实践证明,在力的三个要素中,改变任何一个要素,都将改变力对物体的作用效果。

(4)力的表示

力是一个有大小和方向的量,所以力是矢量。

通常用一个带箭头的线段来表示力的三要素。线段的长度(按一定的比例画)表示力的大小;线段与某定直线的夹角表示力的方位;箭头表示力的指向;带箭头线段的起点或终点表示力的作用点。如图 2-3 所示的力 **F**,选定的基本长度表示 100 kN,按比例量出力 **F** 的大小是 350 kN,力的方向与水平线的夹角成 45°,指向右上方,作用在物体的 A 点上。

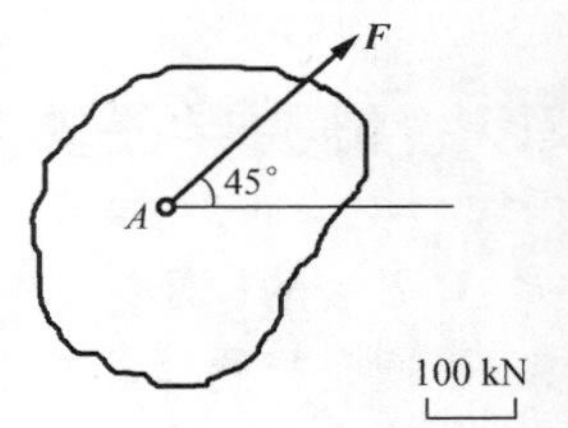

图 2-3 力的表示

一般用黑体字母 **F** 表示力矢量,普通字母 F 只表示力矢量的大小。

3. 力系

力系是指作用于物体上的一群力。

工程中常见的力系,按其作用线所在的位置,可以分为平面力系和空间力系两大类。又可以按其作用线的相互关系,分为共线力系、平行力系、汇交力系和一般力系。

4. 静力学的研究对象

静力学是研究物体在力系作用下的平衡条件的科学。其主要研究受力物体平衡时作用力所应满足的条件,同时也研究物体受力的分析方法,以及力系简化的方法等。本书第 2、3 和 4 章所研究的物体都视为刚体。

静力学中,我们将研究以下三个问题:

(1)物体的受力分析

分析某个物体共受几个力,以及每个力的作用位置和方向。

(2)力系的等效代换(或简化)

将作用在物体上的一个力系用另一个与它等效的力系来代替,这两个力系互为等效力系。如果用一个简单力系等效代换一个复杂力系,称为力系的简化。如果某力系与一个力等效,则此力称为该力系的合力,而该力系的各力称为此力的分力。

(3)建立各种力系的平衡条件

研究作用在物体上的各种力系所需满足的平衡条件。

力系的平衡条件在工程中有着十分重要的意义,是房屋结构、桥梁、水坝及机械零部件设计时静力计算的基础。因此,静力学在工程中有着广泛的应用。

2.2　静力学公理

公理是人们在长期的生活和生产实践中经验的总结,又经过实践的反复检验,被确认是符合实际、客观存在的普遍规律。静力学公理是静力学的基础。

公理 1　力的平行四边形法则

作用于物体上同一点的两个力,可以合成为一个合力。合力的作用点仍在该点,合力的大小和方向,由这两个力为邻边构成的平行四边形的对角线确定,如图 2-4(a)所示,其矢量表达式为

$$\boldsymbol{F}=\boldsymbol{F}_1+\boldsymbol{F}_2 \tag{2-1}$$

即合力矢等于这两个分力矢的矢量和。

用矢量加法求合力时,不必做出整个平行四边形,可将两力 $\boldsymbol{F}_2$、$\boldsymbol{F}_1$ 的首尾相连构成开口的力三角形,而合力 $\boldsymbol{F}$ 就是力三角形的封闭边,如图 2-4(b)所示。这种求合力的方法又称为力的三角形法则。

这个公理总结了最简单力系简化的规律,它是复杂力系简化的基础。

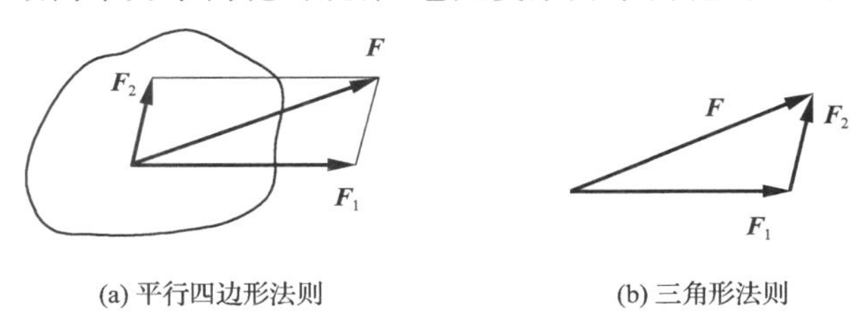

(a) 平行四边形法则　　(b) 三角形法则

图 2-4　合力

公理 2　二力平衡公理

作用于同一刚体上的两个力,使刚体保持平衡的必要和充分条件是:这两个力的大小相等,方向相反,且作用在同一直线上。

这个公理表明了作用于刚体上最简单力系平衡时所必须满足的条件。对于刚体这个条件是既必要又充分的;但对于变形体,这个条件是必要但不充分的。如软绳受两个等值反向的拉力作用可以平衡,而受两个等值反向的压力作用就不能平衡。

在两个力作用下处于平衡的杆件称为二力杆件,简称为二力杆。二力杆的受力特点是:二力等值、反向、沿着两作用点的连线,如图 2-5 所示。

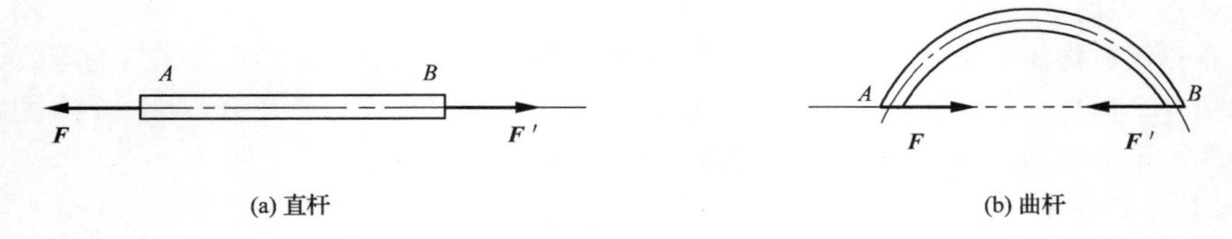

图 2-5　二力件

公理 3　加减平衡力系公理

在作用于刚体上的任意力系中，增加或减少任一平衡力系，并不改变原力系对刚体的作用效应。也就是说，增加或减少的平衡力系对刚体的平衡或运动状态是相同的。

这个公理是研究等效代换的重要依据。根据上述公理可以导出下列推论。

推论 1　力的可传性原理：作用于刚体上某点的力，可以沿着它的作用线移动到刚体内任意一点，并不改变该力对刚体的作用效应。

由力的可传性原理可知，力对刚体的作用效应与力的作用点在作用线上的位置无关。因此，力的三要素可改为：力的大小、方向和作用线。

如图 2-6 所示，在 A 点作用一水平力 $\boldsymbol{F}$ 推车或沿同一直线在 B 点拉车，对小车的作用效应是一样的。

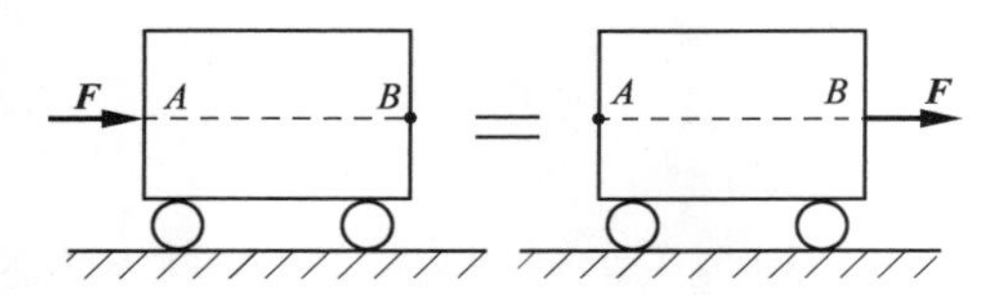

图 2-6　刚体上力的可传性

力的可传性原理只能在同一刚体内应用，力不能沿其作用线从一个刚体移到另一个刚体上。如图 2-7(a)所示，两平衡力 $\boldsymbol{F}_1$、$\boldsymbol{F}_2$ 分别作用在两物体 A、B 上，能使物体保持平衡(此时物体之间有压力)，但是，如果将 $\boldsymbol{F}_1$、$\boldsymbol{F}_2$ 各沿其作用线移动成为图 2-7(b)所示的情况，则两物体各受一个拉力作用而将被拆散失去平衡。另外，力的可传性原理也不适用于变形体。如图 2-8(a)所示，可变形杆件 AB，在两端受到等值、反向、共线的拉力 $\boldsymbol{F}_1$、$\boldsymbol{F}_2$ 作用时，杆件受拉伸长。如果将这两个力沿其作用线移到杆的另一端，如图 2-8(b)所示，则杆件受压缩短。可见，两种情况虽然都处于平衡状态，但变形形式发生了变化，即作用效应发生了改变。

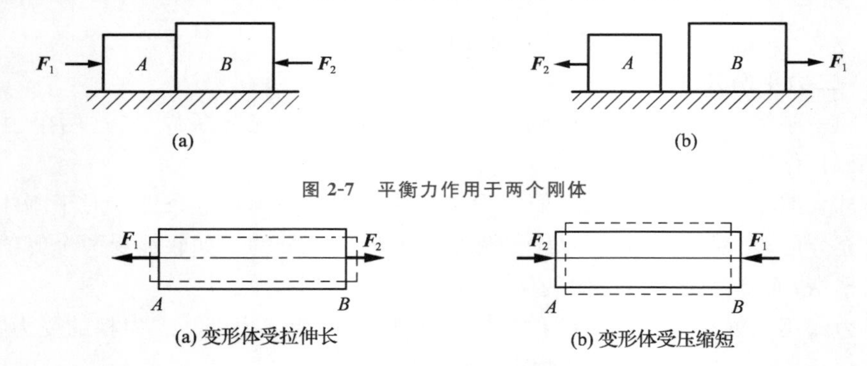

图 2-7　平衡力作用于两个刚体

图 2-8　力在变形体上沿作用线移动

推论 2　三力平衡汇交定理：作用于刚体上三个相互平衡的力，若其中两个力的作用线汇交于一点，则此三力必在同一平面内，且第三个力的作用线通过汇交点。

证明：如图 2-9 所示，在刚体的 A、B、C 三点上，分别作用三个相互平衡的力 $\boldsymbol{F}_1$、$\boldsymbol{F}_2$、$\boldsymbol{F}_3$。根据力的可传递性，将力 $\boldsymbol{F}_1$ 和 $\boldsymbol{F}_2$ 移到汇交点 O，然后根据力的平行四边形法则，得合力 $\boldsymbol{F}$，则力 $\boldsymbol{F}_3$ 应与 $\boldsymbol{F}$ 平衡。由于两个力平衡必须共线，所以力 $\boldsymbol{F}_3$ 必定与力 $\boldsymbol{F}_1$ 和 $\boldsymbol{F}_2$ 共面，且通过力 $\boldsymbol{F}_1$ 与 $\boldsymbol{F}_2$ 的交点 O 点。于是定理得证。

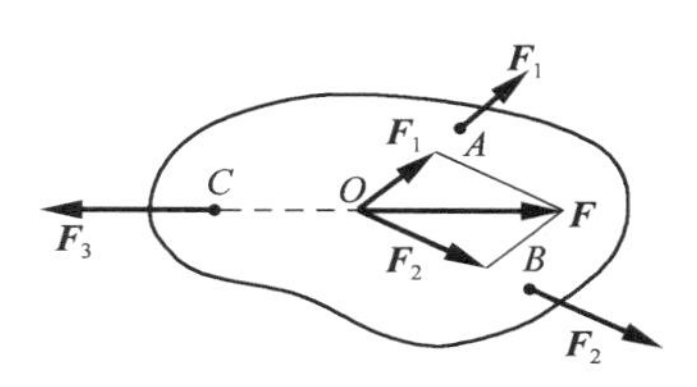

图 2-9　三力平衡汇交定理示意图

公理 4　作用和反作用定律

作用力和反作用力总是同时存在，两力的大小相等、方向相反，沿着同一直线，分别作用在两个相互作用的物体上。若用 $\boldsymbol{F}$ 表示作用力，又用 $\boldsymbol{F}'$ 表示反作用力，则

$$\boldsymbol{F} = -\boldsymbol{F}'$$

这个公理概括了物体间相互作用的关系，表明作用力和反作用力总是成对出现的。由于作用力与反作用力分别作用在两个物体上，因此，不能视作平衡力系。例如，桌面上有一个圆球处于静止状态，如图 2-10(a)所示；圆球对桌面有一个作用力 $\boldsymbol{F}'$ 作用在桌面上，而桌面对圆球同时也有一个反作用力 $\boldsymbol{F}$ 作用在圆球上，力 $\boldsymbol{F}'$ 和 $\boldsymbol{F}$ 的大小相等，方向相反，沿同一直线，分别作用在桌面和圆球上，如图 2-10(b)所示。

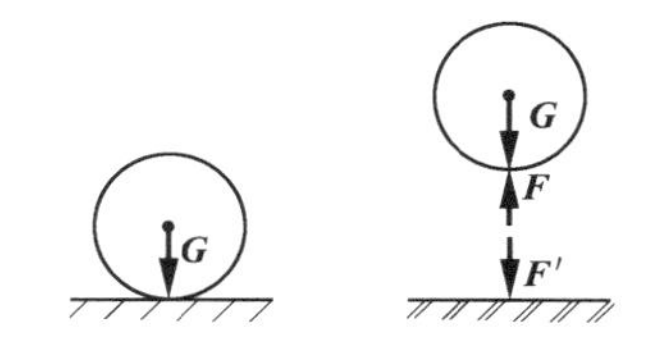

(a) 圆球静止在桌面上　(b) 受力示意图

图 2-10　作用力和反作用力

2.3　约束与约束反力

1. 约束与约束反力的概念

在空间可以任意运动，位移不受任何限制的物体称为自由体，如在空中飞行的飞机、炮弹和火箭等。位移受到限制的物体称为非自由体，如梁受到墙体或柱的限制，柱子受到基础的限制，桥梁受到桥墩的限制等。工程实际中所研究的构件都属于非自由体。

对非自由体的某些位移起限制作用的周围物体称为约束。例如地基是基础的约束，基础是墙体或柱的约束，墙体或柱是梁的约束等。约束是阻碍物体运动的物体，这种阻碍作用就是力的作用。阻碍物体运动的力称为约束反力，简称约束力或反力。因此，约束反力方向必与该约束所能阻碍物体运动的方向相反，约束反力的作用点就在约束与被约束物体的接触点处。应用这个准则，可以确定约束反力的方向（或作用线）及作用点的位置，至于约束反力的大小则是未知的。

在静力学问题中，约束反力和物体受的其他已知力（称主动力）组成平衡力系，因此可用平衡条件求出未知的约束反力。

2. 几种常见的约束及其约束反力

下面介绍几种在工程中常见的约束类型和确定约束反力方向的方法。

(1)柔性约束

由柔软的绳索、链条或胶带等柔性体构成的约束为柔性约束。由于柔性体本身只能承受拉力，所以这种约束的特点是只能限制物体沿柔性体中心线且离开柔性体的运动，而不能限制物体沿其他方向的移动。因此，柔性体约束对物体的约束反力是通过接触点，方向沿着柔性体中心线且背离物体，即为拉力，常用 $\boldsymbol{F}_{\mathrm{T}}$ 表示，如图 2-11 所示。

(2)光滑接触面约束

物体与其他物体接触,当接触面光滑,摩擦力很小可以忽略不计时,就是光滑接触面约束。这类约束不能限制物体沿约束表面公切线的位移,只能阻碍物体沿接触表面公法线并向约束内部的位移。因此,光滑接触面约束对物体的约束反力是作用在接触点处,反向沿接触面的公法线,且指向被约束的物体,即为压力。这种约束反力又称为法向约束反力。常用 $\boldsymbol{F}_N$ 表示,如图 2-12 所示。

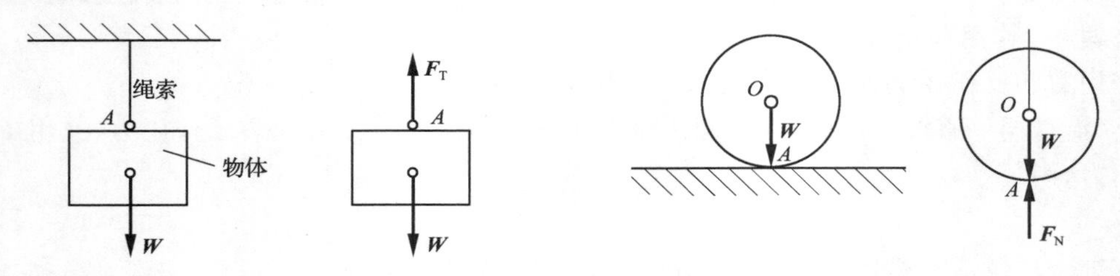

图 2-11 柔性约束及其反力

图 2-12 光滑接触面约束及其反力

(3)光滑圆柱铰链约束

如图 2-13(a)所示,在两个构件上各钻有相同直径的圆孔,并用圆柱形销钉连接起来。圆柱铰连接可用简图 2-13(b)表示。不计销钉与孔壁摩擦,销钉对所连接物体形成的约束称为光滑圆柱铰链约束,简称铰链约束或中间铰。铰链约束的特点是只限制物体在垂直于销钉轴线的平面内任意反向的相对移动,而不能限制物体绕销钉轴线的相对转动和沿其轴线方向的相对滑动。在主动力作用下,当销钉和销钉孔在某点光滑接触时,销钉对物体的约束反力 $\boldsymbol{F}_C$ 作用在接触点,且沿接触面公法线方向。即铰链的约束反力作用在垂直销钉轴线的平面内,并通过销钉中心,如图 2-13(c)所示。如机器的轴承,门窗的合页等。

由于销钉与销钉孔接触点的位置与被约束物体所受的主动力有关,往往不能预先确定,故约束反力 $\boldsymbol{F}_C$ 的方向也不能预先确定。因此,通常用通过铰链中心两个大小未知的正交分力 $\boldsymbol{F}_{Cx}$ 和 $\boldsymbol{F}_{Cy}$ 来表示,如图 2-13(d)所示,分力 $\boldsymbol{F}_{Cx}$ 和 $\boldsymbol{F}_{Cy}$ 的指向可任意假定。铰链约束反力表示法如图 2-13(e)所示。

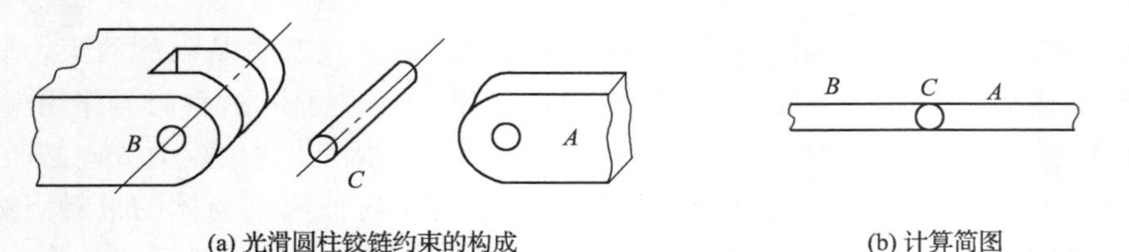

(a) 光滑圆柱铰链约束的构成

(b) 计算简图

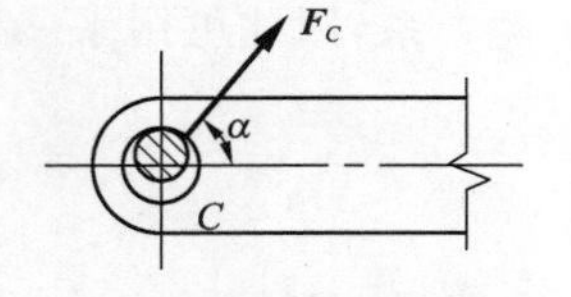

(c) 铰链的约束反力

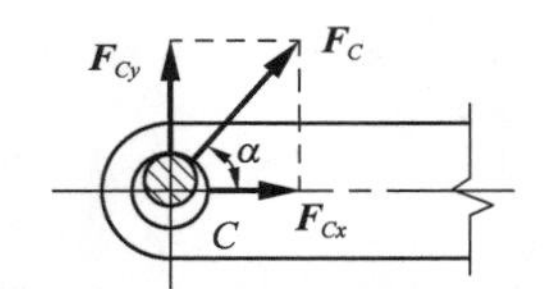

(d) 铰链的约束反力可用两个正交分力表示

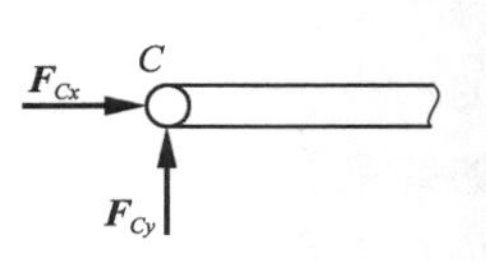

(e) 约束反力的表示

光滑圆柱铰链约束

图 2-13 光滑圆柱铰链约束

(4)链杆约束

不计自重且没有外力作用的刚性构件,其两端借助铰将两物体连接起来,就构成刚性链杆约束,如图 2-14(a)所示。这种约束特点是只能限制物体沿链杆中心线趋向或离开链杆的运动，而不能限制其他方向的运动。因此，链杆对物体的约束反力沿着链杆中心线，其指向未定。刚性链杆是二力杆，可以是直杆，如图 2-14(b)所示，也可以是曲杆，甚至是其他形状的构件。

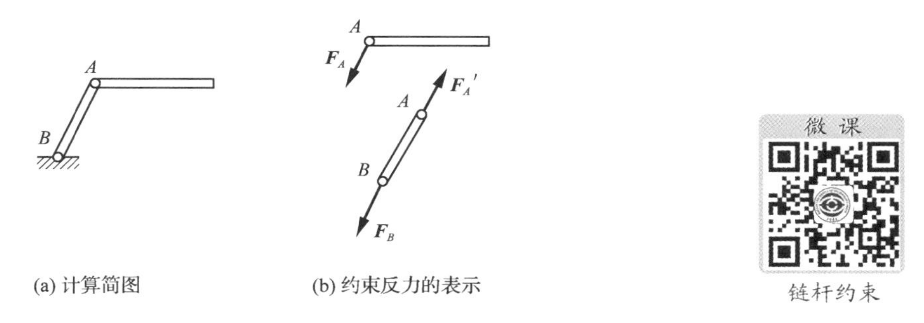

(a) 计算简图　　(b) 约束反力的表示

图 2-14　链杆约束

3. 支座及支座反力

工程中将结构或构件支承在基础或另一静止构件上的装置称为支座。支座也是约束。支座对它所支承的构件的约束反力也称支座反力。建筑工程中常见的支座有以下几种：

(1)固定铰支座

用圆柱铰链把结构或构件与支座底板连接，并将底板固定在基础、墙、柱等支承物上时，就构成了固定铰支座，如图 2-15(a)所示。计算简图如图 2-15(b)所示。这类支座的特点和圆柱铰链相同，所以支座反力的分析与圆柱铰链也相同，通常表示为两个相互垂直的分力 $\boldsymbol{F}_{Ax}$ 和 $\boldsymbol{F}_{Ay}$，如图 2-15(c)所示。

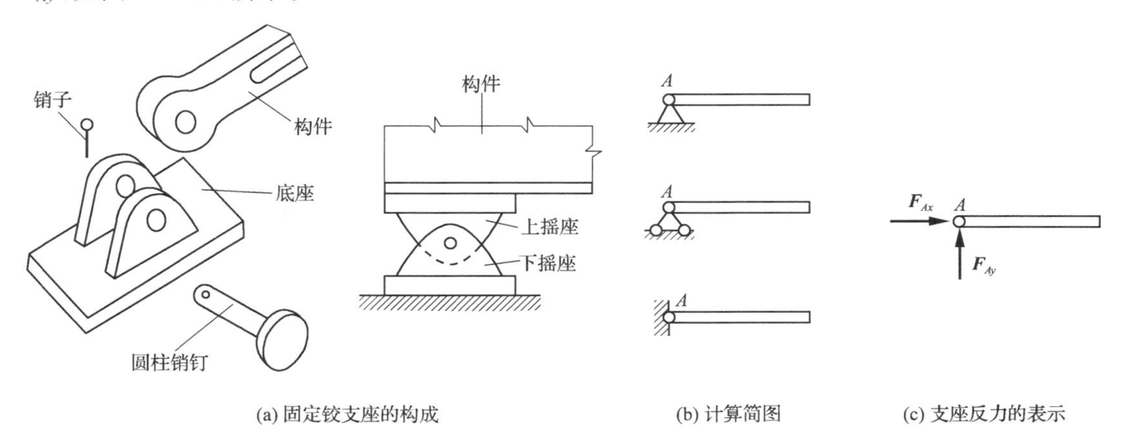

(a) 固定铰支座的构成　　(b) 计算简图　　(c) 支座反力的表示

图 2-15　固定铰支座

在实际工程中，桥梁上的某些支座比较接近理想的固定铰支座，而在房屋建筑中这种理想的支座很少，通常把限制移动而允许产生微小转动的支座都视为固定铰支座。例如，屋架的端部支承在柱子上，并将预埋在屋架和柱子里的两块钢板焊接起来，它可以阻止屋架的移动，但因焊缝的长度有限，对屋架转动的限制作用很小，因此，把这种连接视为固定铰支座；预制钢筋混凝土柱插入杯形基础后，用沥青、麻丝填实等，也视为固定铰支座。

(2)可动铰支座

在固定铰支座底板与支承面之间安装几个辊轴，就构成了可动铰支座，又称辊轴支座或滚动支座，如图 2-16(a)所示。其计算简图如图 2-16(b)所示。这种支座的约束特点是只能限制构件沿垂直于支承面方向的运动，而不能限制构件沿支承面方向的运动和绕销钉转动。所以，可动铰支座的支座反力通过销钉中心，且垂直于支承面，指向未定，常用 $\boldsymbol{F}_{\mathrm{N}}$ 表示，如图 2-16(c)所示。

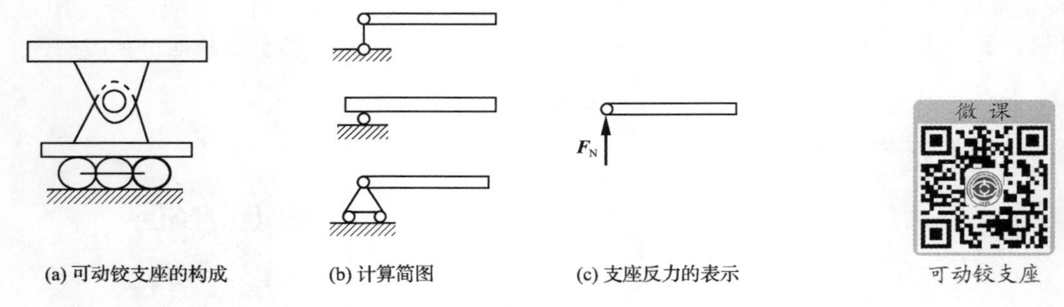

(a) 可动铰支座的构成　(b) 计算简图　(c) 支座反力的表示

图 2-16　可动铰支座

在实际工程中，如钢筋混凝土梁搁置在砖墙上，略去砖墙与梁的摩擦，则砖墙只能限制梁沿铅垂方向移动，而不能限制梁的转动和沿水平方向的移动。因此，可以将砖墙视为可动铰支座。

由于可动铰支座不限制杆件沿轴线方向的伸长或缩短，因此桥梁、屋架等工程构件一端用固定铰支座，另一端用可动铰支座，以适应由于温度变化引起的伸缩。如图 2-17(a)所示的梁，其计算简图如图 2-17(b)所示。

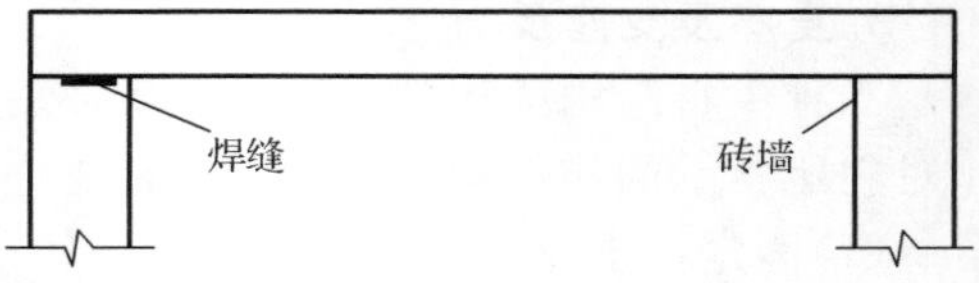

焊缝　砖墙

(a) 梁

(b) 梁的计算简图

图 2-17　工程应用示例

(3)固定端支座

把构件与支承物固定在一起，构件在固定端既不能沿任意方向移动，也不能转动的支座称为固定端支座。例如梁的一端嵌固在墙内，如图 2-18(a) 所示，墙就是梁的固定端支座，这种支座既限制梁的移动，又限制梁的转动，所以，它包括水平反力、竖向反力和一个阻止转动的约束反力偶。其计算简图如图 2-18(b)所示，其支座反力如图 2-18(c)所示。

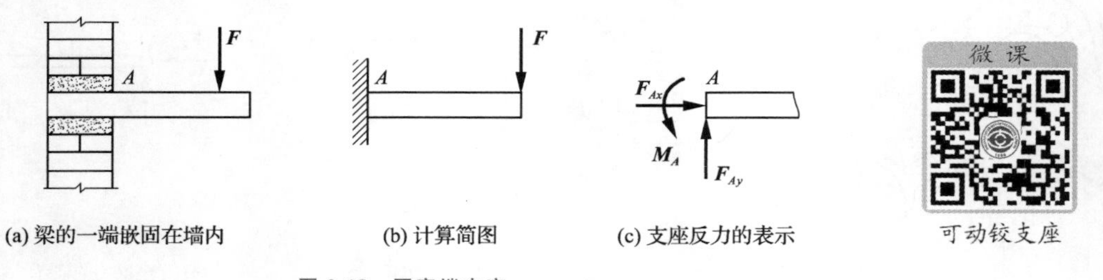

(a) 梁的一端嵌固在墙内　(b) 计算简图　(c) 支座反力的表示

图 2-18　固定端支座

在实际工程中，与基础整体浇筑的钢筋混凝土柱[图 2-19(a)]和与雨篷梁整体浇筑的雨篷板[图 2-19(c)]等，其根部的约束均可视为固定端支座，其计算简图如图 2-19(b)、(d)所示。

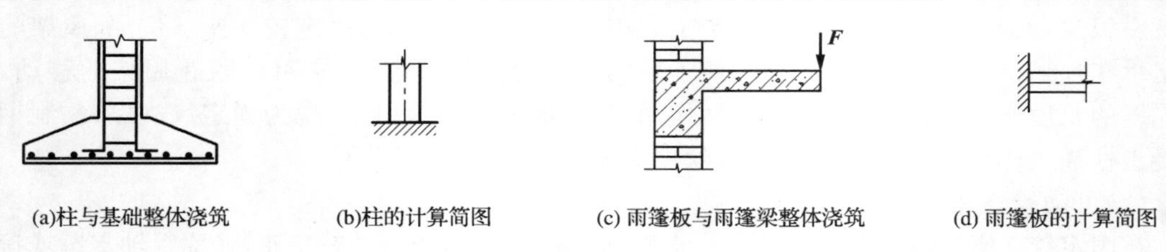

(a)柱与基础整体浇筑　(b)柱的计算简图　(c) 雨篷板与雨篷梁整体浇筑　(d) 雨篷板的计算简图

图 2-19　固定端支座

(4)定向支座

如图 2-20(a)所示的支座形式，结构在支承处不能转动，也不能沿铅垂方向移动，只能在水平方向作微小移动，这类支承装置称为定向支座，其计算简图如图 2-20(b)所示。

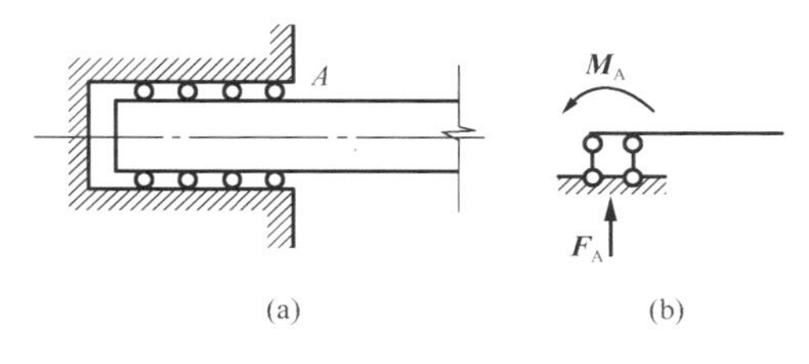

图 2-20　定向支座

2.4　物体的受力分析和受力图

在进行力学计算时，首先要分析物体受了哪几个力，每个力的作用位置和方向如何，哪些是已知力，哪些是未知力，这个分析过程称为物体的受力分析。

物体的受力分析应从两个方面入手：一是明确物体所受的主动力，例如，结构的重力、楼面活荷载、土压力和风压力等，一般是已知的；二是找出物体周围对它的约束，并确定其约束类型。

对研究对象进行受力分析的步骤归纳如下：

(1)选取研究对象，画分离体图。在实际工程中，通常都是几个物体或几个构件相互联系，形成一个系统。故需明确要对哪一个物体进行受力分析，即首先要明确研究对象。为了更清晰地表示物体的受力情况，需要把研究的物体(称为受力体)从周围的物体(称为施力体)中分离出来，单独画出它的简图。

(2)画出作用在分离体上的全部主动力。

(3)在去掉了约束的地方正确画出相应的约束反力。

通过上面步骤得到的这种表示物体受力的简明图形，称为物体的受力图。画受力图是解决静力学问题的一个重要步骤。下面举例说明如何画受力图。

【例 2-1】　画出如图 2-21(a)所示球形物体的受力图。

解　取圆球为研究对象，画出其轮廓简图。

首先画主动力 $\boldsymbol{G}$，再根据约束特性，画约束反力。圆球受到斜面的约束，如不计摩擦，则为光滑点接触，故圆球受斜面的约束反力 $\boldsymbol{F}_N$，作用在接触点 A，沿斜面与球接触点的公法线方向并指向球心；圆球在连结点 B 受到绳索 BC 的约束反力 $\boldsymbol{F}_T$，沿绳索轴线而背离圆球。圆球受力图如图 2-21(b)所示。

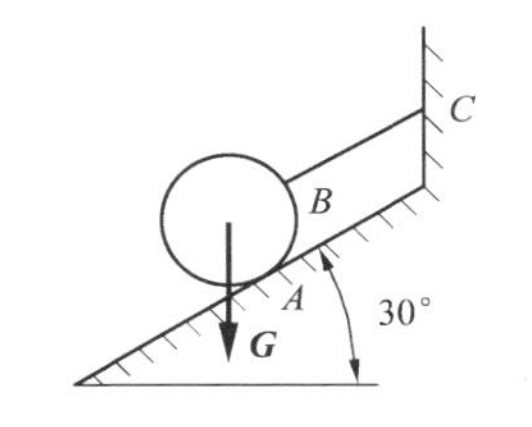

(a) 绳索 BC 拉着斜面上的圆球

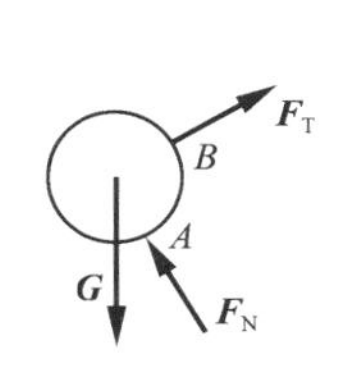

(b) 球的受力图

图 2-21　【例 2-1】图

【例 2-2】　如图 2-22(a)所示，简支梁 AB，跨中受集中力 $\boldsymbol{F}$ 的作用，A 端为固定铰支座约束，B 端为可动铰支座约束。试画出梁的受力图。

解　(1)取 AB 梁为研究对象。解除 A、B 两处的约束，并画出其简图。

(2)画主动力。在梁的中点 C 画集中力 $\boldsymbol{F}$。

(3)画约束反力。在受约束的 A 处和 B 处，根据约束类型画出约束反力。其中，A 处为固定铰支座，其约束反力通过铰链中心 A，但方向不能确定，可用两个大小未知的正交分力 $\boldsymbol{F}_{Ax}$ 和 $\boldsymbol{F}_{Ay}$ 表示。B 处为可动铰支座，约束反力垂直于支持面，用 $\boldsymbol{F}_B$ 表示。梁的受力如图 2-22(b)所示。

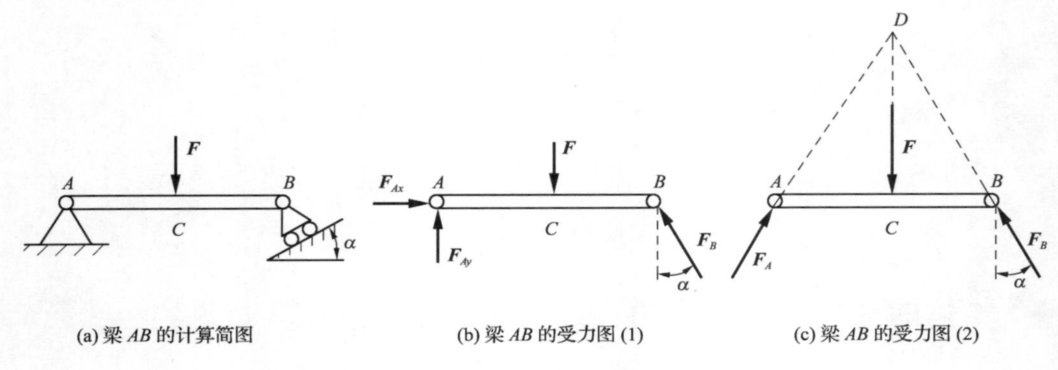

(a) 梁 *AB* 的计算简图　　(b) 梁 *AB* 的受力图 (1)　　(c) 梁 *AB* 的受力图 (2)

图 2-22 【例 2-2】图

此外，考虑到梁仅在 *A*、*B*、*C* 三点受到三个互不平行的力作用而平衡，根据三力平衡汇交定理，已知 $\boldsymbol{F}$ 与 $\boldsymbol{F}_B$ 相交于 *D* 点，故 *A* 处反力 $\boldsymbol{F}_A$ 也应相交于 *D* 点，从而确定 $\boldsymbol{F}_A$ 必沿 *A*、*D* 两点的连线，从而画出如图 2-22(c)所示的受力图。

【例 2-3】 水平梁 *AB* 用直杆 *CD* 支撑，*A*、*C*、*D* 三处均为铰连接。均质梁 *AB* 重为 $\boldsymbol{W}_1$，其上放置一重为 $\boldsymbol{W}_2$ 的电动机。不计 *CD* 杆自重，试画出杆 *CD* 和梁 *AB*(包括电动机)的受力图。如图 2-23(a)所示。

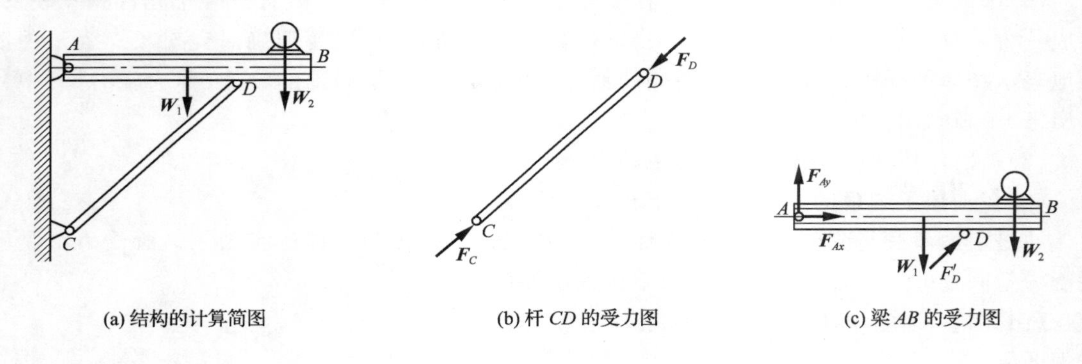

(a) 结构的计算简图　　(b) 杆 *CD* 的受力图　　(c) 梁 *AB* 的受力图

图 2-23 【例 2-3】图

解 首先取杆 *CD* 为研究对象。杆两端为铰接，且不计自重，其上又没有外力作用，所以为刚性链杆，属二力杆。*CD* 杆受到的约束反力 $\boldsymbol{F}_C$ 和 $\boldsymbol{F}_D$ 沿两铰中心线，分别作用于 *C* 和 *D* 点，如图 2-23 (b)所示。

再取梁 *AB* 为研究对象。它受 $\boldsymbol{W}_1$ 和 $\boldsymbol{W}_2$ 两主动力的作用。梁在铰 *D* 处受有二力杆 *CD* 给它的约束反力 $\boldsymbol{F}'_D$ 的作用，$\boldsymbol{F}'_D=-\boldsymbol{F}_D$。梁在 *A* 处受固定铰支座给它的约束反力的作用，由于方向未知，可用两个正交分力 $\boldsymbol{F}_{Ax}$ 和 $\boldsymbol{F}_{Ay}$ 表示，梁 *AB* 的受力图如图 2-23 (c)所示。

【例 2-4】 梁 *AC* 和 *CD* 用圆柱铰链 *C* 连接，并支承在三个支座上，*A* 处是固定铰支座，*B* 和 *D* 处是可动铰支座，如图 2-24(a)所示，试画出 *AC*、*CD* 及整梁 *AD* 的受力图。梁的自重不计。

解 (1)梁 *CD* 的受力分析。梁 *CD* 受主动力 $\boldsymbol{F}_1$ 作用，*D* 处是可动铰支座，其约束反力 $\boldsymbol{F}_D$ 垂直于支承面，指向假定向上；*C* 处为铰链约束，其约束反力可用两个相互垂直的分力 $\boldsymbol{F}_{Cx}$ 和 $\boldsymbol{F}_{Cy}$ 来表示，指向假定向右和向上，如图 2-24(b)所示。

(2)梁 *AC* 的受力分析。梁 *AC* 受主动力 $\boldsymbol{F}_2$ 作用，*A* 处是固定铰支座，它的约束反力可用 $\boldsymbol{F}_{Ax}$ 和 $\boldsymbol{F}_{Ay}$ 来表示，指向假定向右和向上；*B* 处是可动铰支座，其约束反力用 $\boldsymbol{F}_B$ 表示，指向假定向上；C 处为铰链，它的约束反力是 $\boldsymbol{F}'_{Cx}$ 和 $\boldsymbol{F}'_{Cy}$，与作用在梁 CD 上的 $\boldsymbol{F}_{Cx}$、$\boldsymbol{F}_{Cy}$ 是作用力与反作用力关系，其指向不能再任意假定。梁 AC 的受力图如图 2-24(c)所示。

(3)取整梁 AD 为研究对象。A、B、D 处支座反力假设的指向应与图 2-24(b)、(c)相符合。C 处由于没有解除约束，故 AC 与 CD 两段梁相互作用的力不必画出。其受力图如图 2-24(d) 所示。

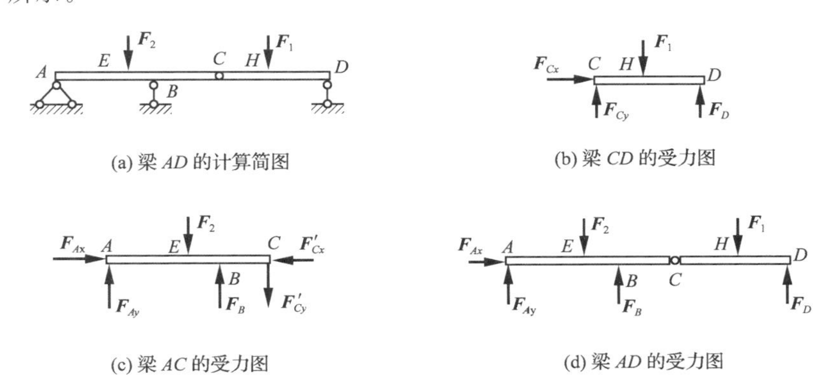

(a) 梁 AD 的计算简图　(b) 梁 CD 的受力图

(c) 梁 AC 的受力图　(d) 梁 AD 的受力图

图 2-24　【例 2-4】图

【例 2-5】　如图 2-25(a)所示的三铰拱桥，由左、右两拱铰接而成。不计自重，试分别画出拱 AC、拱 BC 和三铰拱 ABC 整体的受力图。

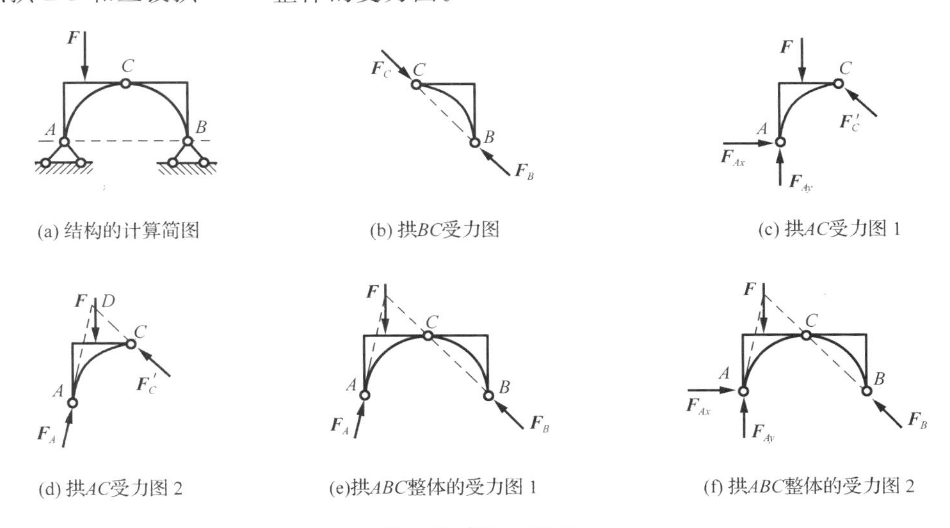

(a) 结构的计算简图　(b) 拱BC受力图　(c) 拱AC受力图 1

(d) 拱AC受力图 2　(e)拱ABC整体的受力图 1　(f) 拱ABC整体的受力图 2

图 2-25　【例 2-5】图 1

解　(1)先分析拱 BC 的受力。由于拱 BC 自重不计，且只在 B、C 两处受到铰链约束，因此拱 BC 为二力构件。在铰链中心 B、C 处分别受 $\boldsymbol{F}_B$、$\boldsymbol{F}_C$ 两力的作用，且 $\boldsymbol{F}_B=-\boldsymbol{F}_C$，这两个力的方向如图 2-25(b)所示。

(2)取拱 AC 为研究对象。由于自重不计，因此主动力只有荷载 $\boldsymbol{F}$，拱 AC 在铰链 C 处受有拱 BC 给它的约束力 $\boldsymbol{F}'_C$，根据作用和反作用定律，$\boldsymbol{F}'_C=-\boldsymbol{F}_C$。拱在 A 处受有固定铰支给它的约束力 $\boldsymbol{F}_A$ 的作用，由于方向未定，可用两个大小未知的正交分力 $\boldsymbol{F}_{Ax}$ 和 $\boldsymbol{F}_{Ay}$ 代替。拱 AC 的受力图如图 2-25(c)所示。

再进一步分析可知，由于拱 AC 在 $\boldsymbol{F}$、$\boldsymbol{F}'_C$ 及 $\boldsymbol{F}_A$ 三个力作用下平衡，故可根据三力平衡汇交定理，确定铰链 A 处约束力 $\boldsymbol{F}_A$ 的方向。点 D 为力 $\boldsymbol{F}$ 和 $\boldsymbol{F}'_C$ 作用线的交点，当拱 AC 平衡

时，约束力 $\boldsymbol{F}_A$ 的作用线必通过点 D，如图 2-25(d)所示；至于 $\boldsymbol{F}_A$ 的指向，暂且假定如图，以后由平衡条件确定。

(3)取拱 ABC 整体为研究对象。经上述对拱 BC 和 AC 的分析可以作出其受力图，如图 2-25(e)、(f)所示。

(4)对上述的求解还可以按如图 2-26 所示来画出。在做受力分析时，由于对物体(系)受力理解的角度不同画出的受力图可能不一样，可以将如图 2-25 所示的受力图画成如图 2-26 所示，虽然表达不一样，但其实质是完全一样的。在后面的学习中会发现将受力图画成如图 2-26 所示更利于求解。当然画成如图 2-25 所示的受力图对训练我们对静力学公理的理解是有所裨益的。

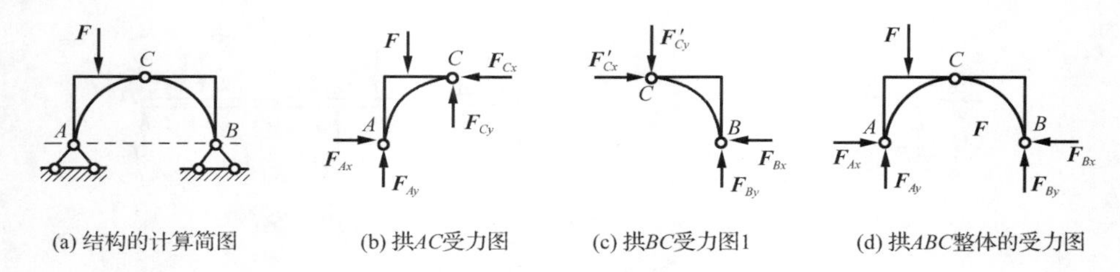

(a) 结构的计算简图　(b) 拱AC受力图　(c) 拱BC受力图1　(d) 拱ABC整体的受力图

图 2-26 【例 2-5】图 2

正确地画出物体的受力图，是分析、解决力学问题的基础。画受力图时必须注意如下几点：

(1)首先必须明确研究对象。根据求解需要，明确研究对象，并画出相应的分离体，以备画受力图。分离体可以是单个物体，也可以是几个物体的组合或是整个物体系统。

(2)正确画出研究对象所受的每一个外力。由于力是物体之间相互的机械作用，因此，对每一个力都应明确它是哪一个施力物体施加给研究对象的，决不能凭空产生。同时，也不可漏掉一个力。一般可先画出已知的主动力，再画约束反力。

(3)正确画出约束反力。凡是研究对象与外界接触的地方，都一定存在约束反力。因此，应分析分离体在几个地方与其他物体接触，按各接触处的约束点画出全部约束反力。

(4)当分析两物体间相互的作用力时，应遵循作用和反作用定律；若作用力的方向一经假定，则反作用力的方向应与之相反。当画某个系统的受力图时，由于内力成对出现，组成平衡力系，因此不必画出，只需画出全部外力。

(5)画受力图时，应先找出二力构件，画出它的受力图，然后在画出其他物体的受力图。

2.5 结构计算简图

工程中的实际结构和构造是比较复杂的。完全按照结构的实际工作状态进行分析往往是不可能的，也是没必要的。因此，在进行力学计算前，必须先将实际结构的受力和约束加以简化，略去一些次要因素，抓住结构的主要特征，用一个简化了的结构模型来代替实际结构，这种模型称为结构的计算简图。结构计算简图是否正确，关系到整个建筑物建设的成败，非常重要，必须予以充分重视。

确定结构计算简图的原则是：尽可能符合实际——计算简图应尽可能反映实际结构的受力、变形等特征，使计算结果尽可能准确；尽可能简单——略去次要因素，尽量使分析计算过程简单。

结构计算简图是对建筑力学本质的描述，是从力学角度对建筑物的抽象和简化。这一抽象和简化过程包括三个环节：

(1)建筑物所受荷载的抽象和简化；

(2)约束的抽象和简化；

(3)结构的抽象和简化。

1. 荷载的分类和简化

(1)建筑荷载的分类

结构在自重、人群荷载、自然风力、雪的压力等外力作用下会产生内力和位移。所有作用在结构上的这些外力统称为荷载，结构除了在建筑物自重、人群荷载、风力这些明确的外力作用下会产生内力和位移外，在温度变化、基础不均匀沉降、材料收缩等外因影响下一般也会产生内力和位移。温度变化、基础不均匀沉降这类会导致结构产生内力和位移的非力外因称为广义荷载。荷载和广义荷载都是结构上的外部作用。

在建筑结构设计中，荷载按其性质大致分为三类：永久荷载、可变荷载、偶然荷载。

永久荷载也称为恒载，是指长期不变的作用在结构上的荷载。如屋面板、屋架、楼板、墙体、梁、柱等建筑物各部分构件的自重都是恒载。此外土压力、预应力等也属于永久荷载的范畴。可变荷载指变化的作用在结构上的荷载，例如，楼面活荷载、屋面活荷载和积灰荷载、吊车荷载、风荷载、雪荷载等等。偶然荷载一般指爆炸力、撞击力等比较意外的荷载。

建筑荷载按分布方式又可分为：集中荷载、均布荷载和非均布荷载。

(2)荷载的简化

建筑力学的研究对象主要是杆件结构，而实际建筑结构受到的荷载，一般是作用在结构内各处的体荷载(重度)及作用在某一面积上的面荷载(如风压力)。因此，在计算简图中，通常将这些荷载简化到作用在杆件轴线上的均布线荷载、集中荷载和力偶。

①材料的重度

某种材料单位体积的重量(kN/m^3)称为材料的重度，即重力密度，用 γ 表示。如工程中常用钢筋混凝土的重度是 25 kN/m^3，砖的重度是 19 kN/m^3，水泥砂浆的重度是 20 kN/m^3。

②均布面荷载

在均匀分布的荷载作用面上，单位面积上的荷载值称为均布面荷载，通常用 p 表示，单位为 N/m^2 或 kN/m^2。如图 2-27 所示为板的均布面荷载。

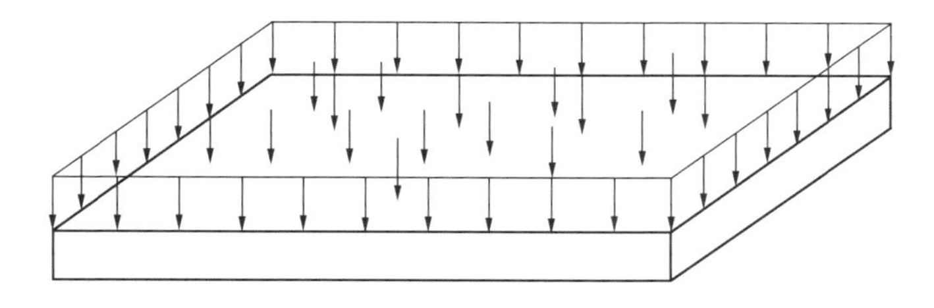

图 2-27　板的均布面荷载

如一矩形等厚度板，板长为 l(m)，板宽为 b(m)，截面厚度为 h(m)，重度为 γ(kN/m^3)，则此板的总重量 $G=\gamma blh$；由于是等厚度板，所以板的自重在平面上是均匀分布的，则单位面积的自重 $p=\frac{G}{bl}=\frac{\gamma blh}{bl}=\gamma h$($kN/m^2$)，即均布面荷载为重度乘以板厚。

③均布线荷载

沿跨度方向单位长度上均匀分布的荷载，称为均布线荷载，其单位 N/m 或 kN/m。

如一矩形截面梁，梁长为 l(m)，截面宽度为 b(m)，截面高度为 h(m)，重度为 γ(kN/m^3)，则此梁的总重量 $G=\gamma bhl$；梁的自重沿跨度方向是均匀分布的，沿梁轴线每米长度的自重 $q=\frac{G}{l}=\frac{\gamma bhl}{l}=\gamma bh$(kN/m)，即均布线荷载为重度乘以截面面积，如图 2-28 所示。

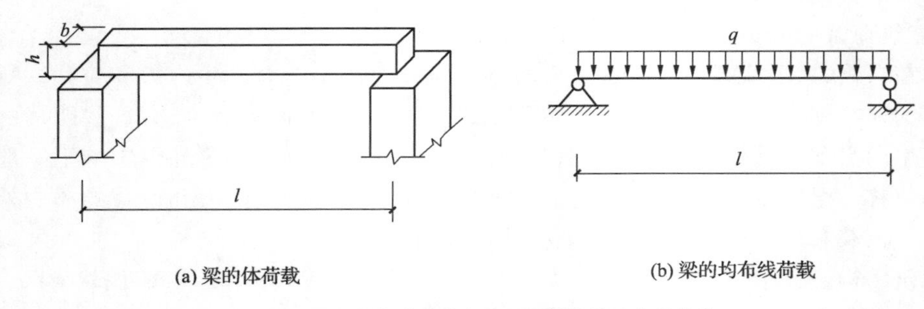

(a) 梁的体荷载　　(b) 梁的均布线荷载

图 2-28　将梁的体荷载简化为沿梁轴线的均布线荷载

④非均布线荷载

沿跨度方向单位长度非均匀分布的荷载，称为非均匀线荷载，其单位为 N/m 或 kN/m。图 2-29 所示挡土墙的土压力即为非均布线荷载。

⑤集中荷载(集中力)

集中地作用于一点的荷载称为集中荷载，其单位 N 或 kN，通常用 G 或 F 表示，如图 2-30 所示的柱子自重即为集中荷载，其值为重度乘以柱子的体积，即 $G=\gamma bhL$。

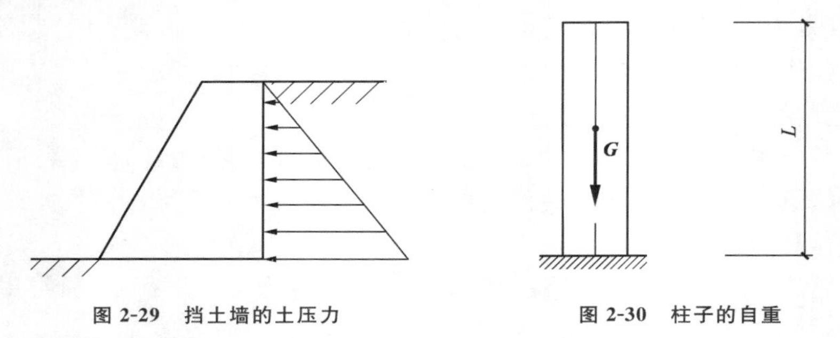

图 2-29　挡土墙的土压力　　图 2-30　柱子的自重

⑥ 均布面荷载简化为均布线荷载

在工程计算中，板面上受到均布面荷载 p(kN/m^2)作用时，它传给支承梁为均布线荷载，梁沿跨度(轴线)方向均匀分布的线荷载包括板传来的和梁自重的均布线荷载。

如图 2-31 所示为一房屋结构平面图，设板上受到均匀的面荷载 p(kN/m^2)作用，板跨度为 3.6 m，L1 梁的截面尺寸为 $b\times h$，跨度为 6.1 m。那么，L1 梁上受到的全部均布线荷载 $q=p\times 3.6+\gamma bh$。

2. 约束的简化

杆系结构的基本构件是杆件，独立的杆件是典型的自由体，不能成为结构。众多的杆件和杆件之间的约束——结点，以及杆件和地基之间的约束——支座，联系成为一个非自由的、可以抵御外荷载的杆系——结构。因此，杆系结构的基本组成部件是：杆件、结点和支座。下面介绍支座和结点的分类和抽象方法。

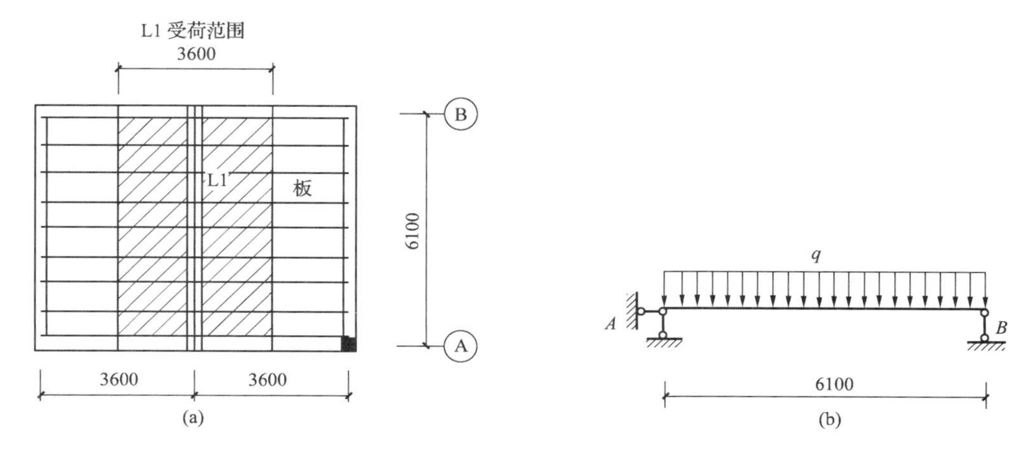

图 2-31　板上荷载传给梁示意图和梁的计算简图

(1)支座的简化

支座是结构与基础或支承物之间的连接装置,对结构起支承作用。实际结构的支承形式是多种多样的。在平面杆件结构的计算简图中,支座的简化形式主要有:可动铰支座、固定铰支座、定向支座和固定端支座。

(2)结点的简化

在结构工程中,杆件与杆件相连接的部分称为结点。不同的结构,如钢筋混凝土结构、钢结构和木结构等,由于材料不同,构造形式多种多样,因而连接方式、方法就有很大的差异。但在结构计算简图中,只简化为两种理想的连接类型:铰结点和刚结点。

①铰结点

铰结点的特征是所连各杆都可以绕结点自由转动,即在结点处各杆之间的夹角可以改变。例如,在图 2-32(a)所示木结构的结点构造中,是用钢板和螺栓将各杆端连接起来的,各杆之间不能有相对移动,但允许有微小的相对转动,故可作为铰结点处理,其计算简图如图 2-32(b)所示。

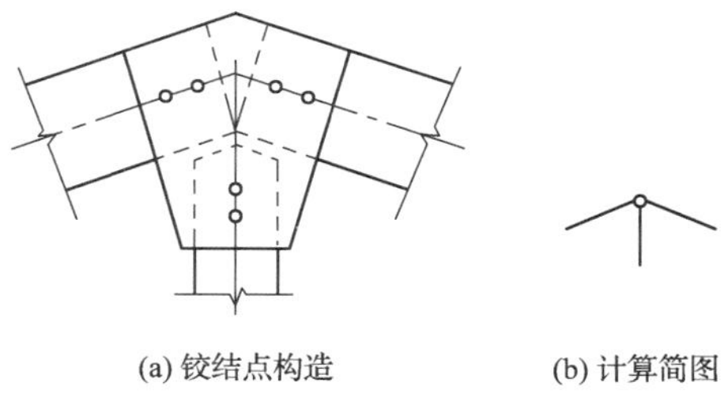

图 2-32　铰结点

②刚结点

刚结点的特征是所连各杆件不能绕结点作相对转动,即结点处各杆之间的夹角在变形前后始终保持不变。例如,图 2-33(a)所示为钢筋混凝土结构的结点构造图,其构造是梁和柱通过钢筋连接并用混凝土浇筑成一个整体,这种结点变形时基本符合上述特征,可以简化为刚结点,其计算简图如图 2-33(b)所示。

当一个结点同时具有以上两种结点特征时,称为组合结点,即在结点处有些杆件为铰结,同时也有些杆件为刚性连接,如图 2-34(a)所示,其计算简图如图 2-34(b)所示。

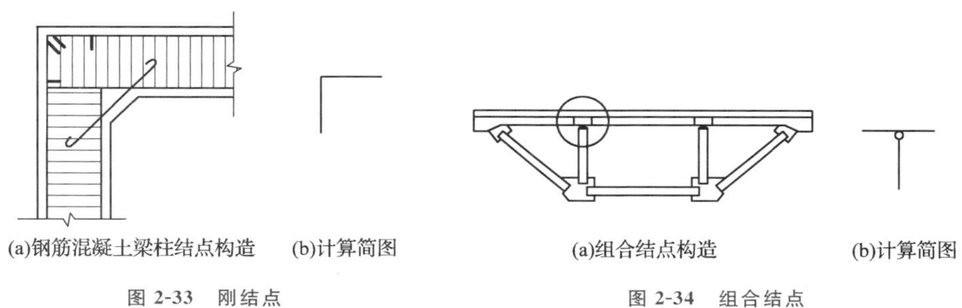

图 2-33　刚结点　　图 2-34　组合结点

3. 结构的简化

结构计算简图的最后一个环节就是结构的简化。结构的简化包括两方面的内容：一个是结构体系的简化，另一个是结构中杆件的简化。

(1)结构体系的简化

结构体系的简化是把有些实际空间整体的结构简化或分解为若干平面结构。

如图 2-35(a)所示单层厂房结构，它是由许多横向平面结构[图 2-35(b)]，通过屋面板和吊车梁等纵向构件联系起来的空间结构。由于各个横向平面结构单元相同，且作用于厂房上的荷载，如恒荷载、雪荷载和风荷载等一般是沿纵向均匀分布，因此作用于厂房上的荷载可通过纵向构件分配到各个横向平面单元上。这样就可不考虑结构整体的空间作用，把一个空间结构简化为若干个彼此独立的平面结构来进行分析、计算。

(2)杆件的简化

杆件用其轴线表示，直杆简化为直线，曲杆简化为曲线。

下面用两个简单例子来说明选取计算简图的方法。

如图 2-36(a)所示为工业厂房中采用的一种桁架式组合吊车梁，横梁 AB 和竖杆 CD 由钢筋混凝土制成，CD 杆的横截面面积比 AB 梁的横截面面积小很多，斜杆 AD、BD 由型钢制成，横梁 AB 两端支承在柱子的牛腿上。

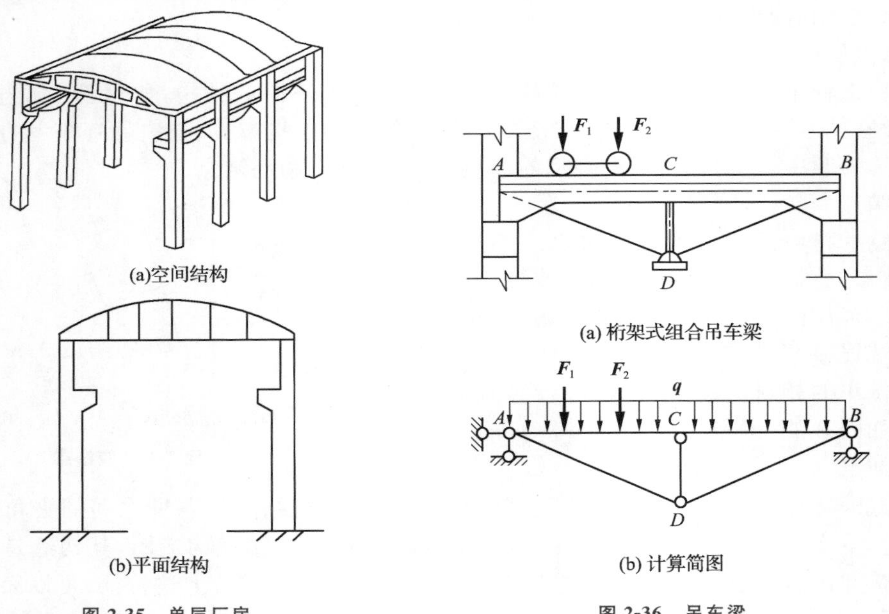

(a)空间结构

(b)平面结构

图 2-35 单层厂房

(a) 桁架式组合吊车梁

(b) 计算简图

图 2-36 吊车梁

杆件的简化：各杆均用其轴线代替。

支座的简化：由于吊车梁两端的预埋钢板仅通过较短的焊缝与柱子牛腿上的预埋钢板焊接，这种连接对吊车梁支承端的转动不能起到较大的约束作用。另外，考虑到受力情况和计算的简便，故将梁的一端简化为固定铰支座，另一端简化为可动铰支座。

结点的简化：因横梁 AB 截面抗弯刚度较大，竖杆 CD 和钢拉杆 AD、BD 与横梁相比，抗弯刚度小得多，它们主要承受轴力，故杆件 CD、AD、BD 的两端都可看作是铰结点，其中铰 C 连在横梁 AB 的下侧。

荷载的简化：杆件 CD、AD、BD 的横截面比横梁 AB 要小得多，故可不计它们的自重。横梁上受到的荷载有吊车小轮的压力和横梁自重。吊车小轮的压力可看成是两个集中荷载 $\boldsymbol{F}_1$ 和 $\boldsymbol{F}_2$，横梁的自重可简化为作用在梁的轴线上的均布线荷载 $\boldsymbol{q}$，计算简图如图 2-36(b)所示。

如图 2-37(a)所示，该厂房是一个空间结构，但由屋架与柱组成的各个排架的轴线均位于各自的同一平面内，而且由屋面板和吊车梁传来的荷载主要作用在各横向排架上。因而可以把空间结构分解为几个如图 2-37(b)所示的平面结构进行分析。

钢筋混凝土柱插入事先浇筑成的杯口基础内，用细石混凝土浇捣密实形成整体，则支座可看成是固定端支座；屋架与柱顶部处，通过预埋铁件，用焊接或螺栓连接方式连在一起，使屋架不能左右移动，该结点允许有微小的转动，但在温度变化时，仍可以自由伸缩，因此，可将其一端简化为固定铰支座，另一端简化为可动铰支座；当计算桁架各杆内力时，桁架各杆均以轴线表示，各杆的两端都可看作是铰结点，同时将屋面板传来的荷载及构件自重均简化为作用在结点上的集中荷载，如图 2-37(c)所示。

在分析排架柱的内力时，为简化计算，可用实体杆代替桁架，并且将柱及代替桁架的实杆均以轴线表示，计算简图如图 2-37(d)所示。

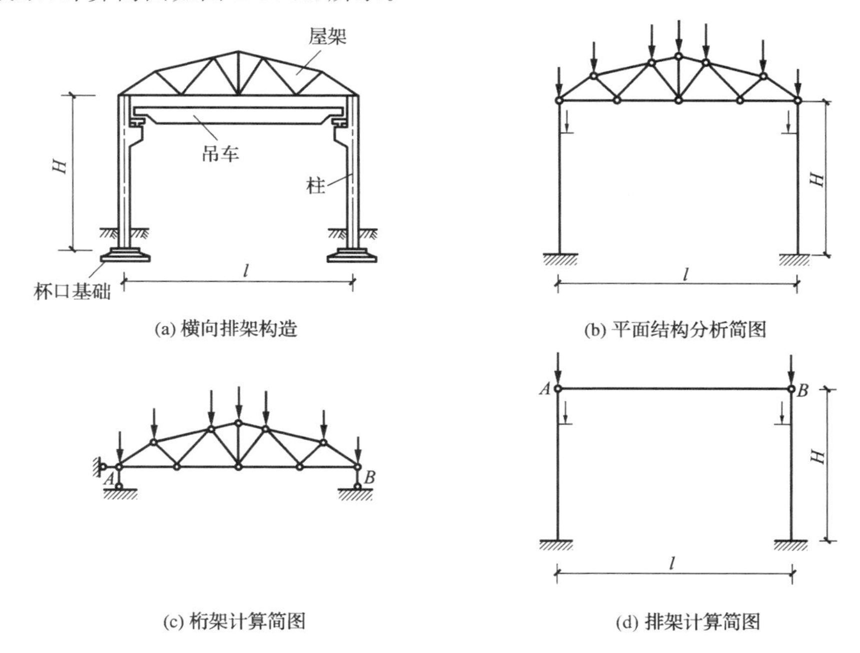

图 2-37　横向排架

本章小结

(1)基本概念

①力是物体间相互的机械作用。这种作用使物体的机械运动状态发生变化，同时使物体发生变形。力对物体的作用效果取决于力的三要素：大小、方向和作用点。

②力系是指作用在物体上的一群力。

③物体在力系作用下，相对于地球保持静止或作匀速直线运动称为平衡。

(2)静力学公理

①力的平行四边形公理给出了共点力的合成的规律。

②二力平衡公理表明了作用于一个刚体上的两个力的平衡条件。

③加减平衡力系公理是力系等效代换的基础。

④作用与反作用公理说明了物体间相互作用的关系。

推论 1　力的可传性原理

推论 2　三力平衡汇交定理

(3)约束与约束反力

对非自由体的某些位移起限制作用的周围物体称为约束。阻碍物体运动的力称为约束反力。约束反力方向必与该约束所能阻碍的物体运动的方向相反，约束反力的作用点就在约束与被约束物体的接触点处。工程中常见的约束有：柔性约束、光滑接触面约束、光滑圆柱铰链约束和链杆约束。常见的支座有：可动铰支座、固定铰支座、固定端支座和定向支座。

(4)物体的受力分析，画受力图

分离体即研究对象，画出其受到的全部主动力和约束反力的图形称为受力图。画受力图要明确研究对象，去掉约束，单独取出，画上所有主动力和约束反力。

(5)结构计算简图

结构计算简图的简化内容有：荷载的简化、支座的简化、结点的简化、结构体系的简化和杆件的简化等。

复习思考题

2-1　力的三要素是什么？两个力相等的条件是什么？

2-2　说明下列式子的意义和区别：

(1)$\boldsymbol{F}_1=\boldsymbol{F}_2$　(2)$F_1=F_2$　(3)力 $\boldsymbol{F}_1$ 等效于力 $\boldsymbol{F}_2$

2-3　分力一定小于合力吗？为什么？试举例说明。

2-4　哪几条公理或推论只适用于刚体？

2-5　二力平衡公理与作用力和反作用力都是说二力等值、反向、共线，二者有什么区别？

2-6　判断下列说法是否正确，为什么？

(1)刚体是指在外力作用下变形很小的物体；

(2)凡是两端用铰链连接的直杆都是二力杆；

(3)如果作用在刚体上的三个力共面且汇交于一点，则刚体一定平衡；

(4)如果作用在刚体上的三个力共面，但不汇交于一点，则刚体不能平衡。

2-7　什么是约束？工程中常见的约束类型有哪些？各种约束反力的方向如何确定？

2-8　什么是结构的计算简图？画结构计算简图应从哪些方面进行简化？

习　题

2-1　画出如图 2-38 所示物体的受力图，各接触面均为光滑面。

习题答案

第 2 章

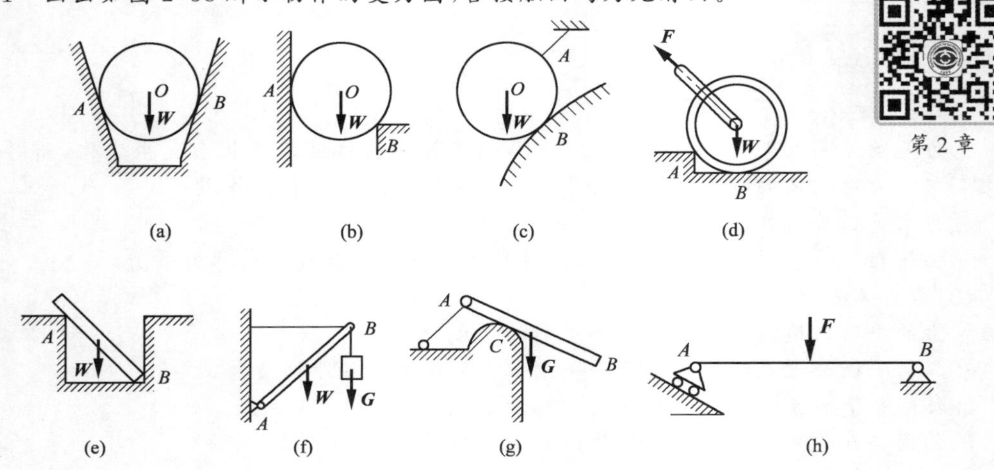

图 2-38　习题 2-1 图

2-2　画出图 2-39 所示各个构件及整体的受力图(未画重力的物体重量不计,摩擦力不计)。

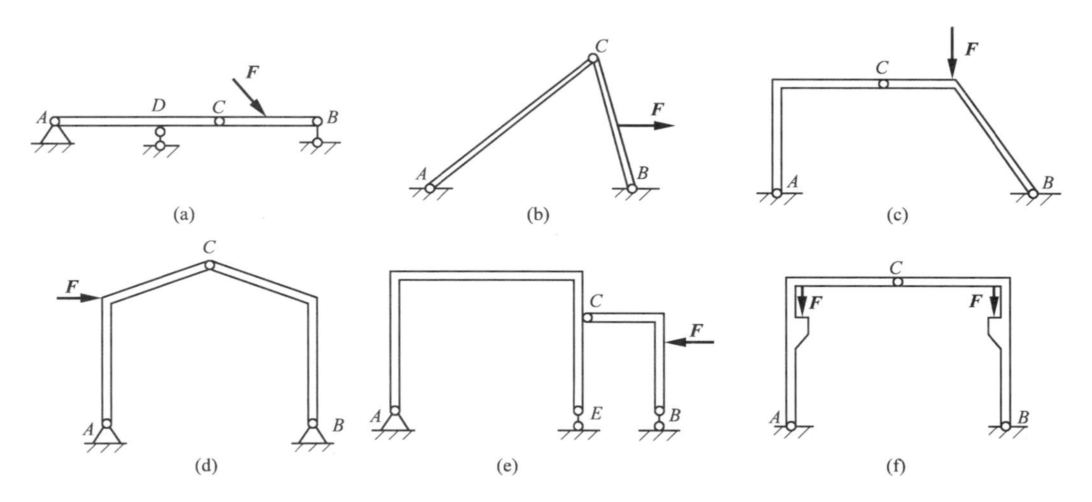

图 2-39　习题 2-2 图

2-3　画出图 2-40 所示各个构件及整体的受力图(未画重力的物体重量不计,摩擦力不计)。

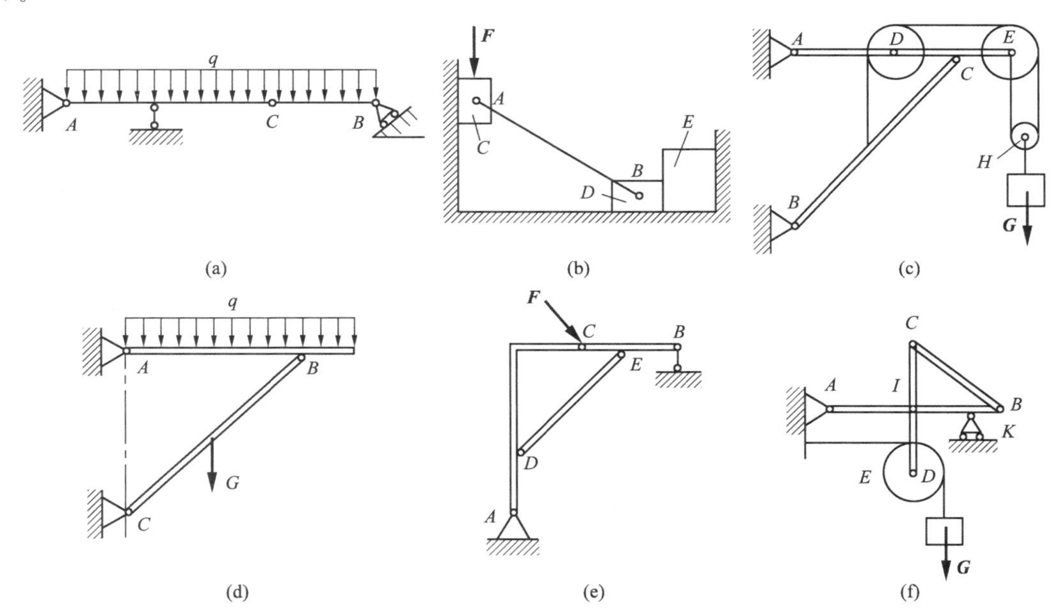

图 2-40　习题 2-3 图

2-4　房屋建筑中,楼面的梁板式结构如图 2-41 所示,梁两端支承在砖墙上,楼板承受人群荷载或其他物品的荷载。试画出梁的计算简图。

2-5　如图 2-42 所示,一预制钢筋混凝土阳台挑梁,试画出挑梁的计算简图。

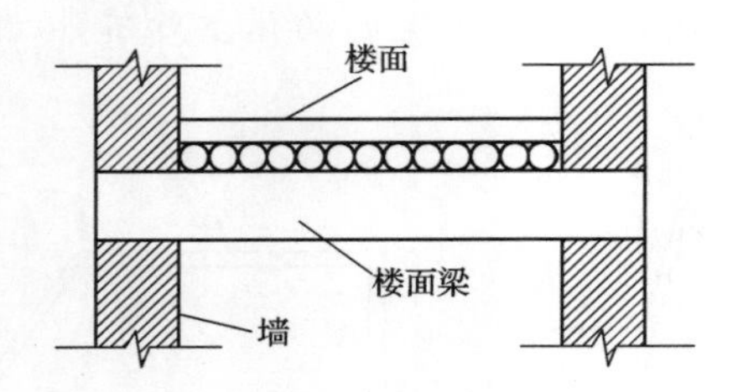

图 2-41　习题 2-4 图

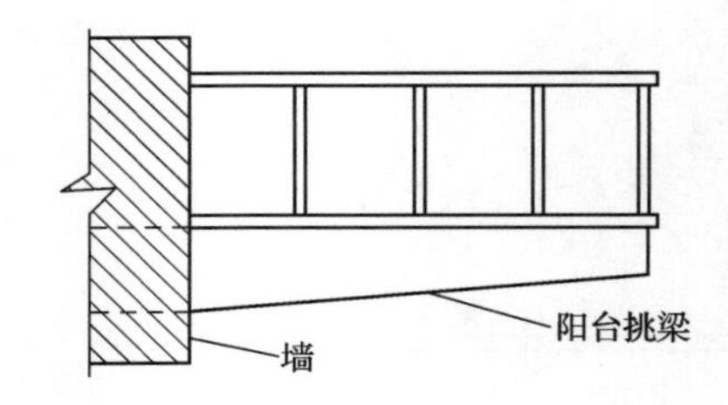

图 2-42　习题 2-5 图

2-6　如图 2-43 所示，吊车梁的上部为钢筋混凝土预制 T 形梁，下部各杆件由角钢焊接而成，吊车梁两端与钢筋混凝土立柱牛腿上的预埋钢板焊接，试画出吊车梁的计算简图。

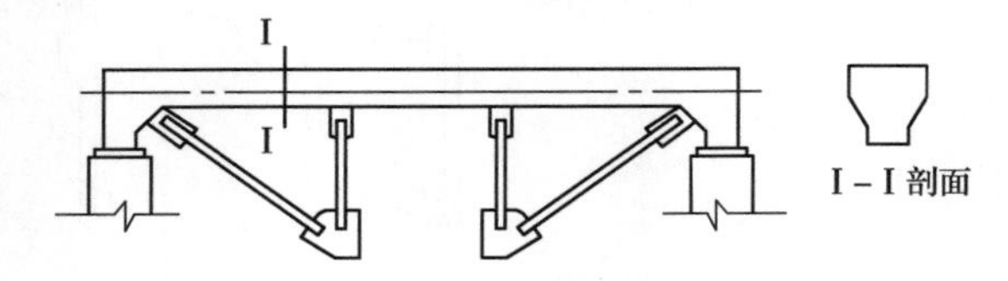

图 2-43　习题 2-6 图

练习 2-1

练习 2-2

第 3 章 平面汇交力系与平面力偶系

学习目标

通过本章的学习，了解平面力系的分类和力在直角坐标轴上的投影；理解合力投影定理；熟练掌握用解析法求解平面汇交力系的合成与平衡问题；理解力矩的定义，掌握力矩的计算；掌握合力矩定理及其应用；理解力偶和力偶矩的概念，掌握力矩的计算、力偶的性质及推论；熟练掌握平面力偶系的合成与平衡条件及应用。

学习重点

力在直角坐标轴上的投影；合力投影定理；力对点之矩与力偶矩的计算，合力矩定理，力偶的性质；平面汇交力系和平面力偶系的合成与平衡条件及其应用。

3.1 平面力系的分类

为了便于研究问题，通常按力系中各力作用线分布情况的不同分为平面力系和空间力系两大类。各力的作用线都在同一平面内的力系称为平面力系；各力的作用线不在同一平面内的力系称为空间力系。

在平面力系中，又可分为平面汇交力系、平面平行力系和平面一般力系三种。各力作用线汇交于一点的力系，称为平面汇交力系；各力作用线相互平行的力系，称为平面平行力系；各力作用线任意分布的力系，称为平面一般力系或平面任意力系。

平面汇交力系与平面力偶系是两种简单力系，是研究复杂力系的基础。本章将用解析法研究平面汇交力系的合成与平衡问题，同时介绍力偶的特性及平面力偶系的合成与平衡问题。

3.2 平面汇交力系的合成与平衡

1. 力在直角坐标轴上的投影

设力 $\boldsymbol{F}$ 作用于 A 点，如图 3-1 所示，在直角坐标系 Oxy 平面内，从力矢量 $\boldsymbol{F}$ 的两端点 A 和 B 分别向 x 轴作垂线 Aa 和 Bb，将线段 ab 冠以相应的正负号，称为力 $\boldsymbol{F}$ 在 x 轴上的投影，以 $\boldsymbol{F}_x$ 表示。同理可得力 $\boldsymbol{F}$ 在 y 轴上的投影为线段 $a'b'$，以 $\boldsymbol{F}_y$ 表示。

力的投影与合理投影定理

力在坐标轴上投影的正负号规定：如力的投影从始端 a（或 a'）到终端 b（或 b'）的指向与坐标轴的正方向一致时，该投影 F_x（或 F_y）为正，反之为负。

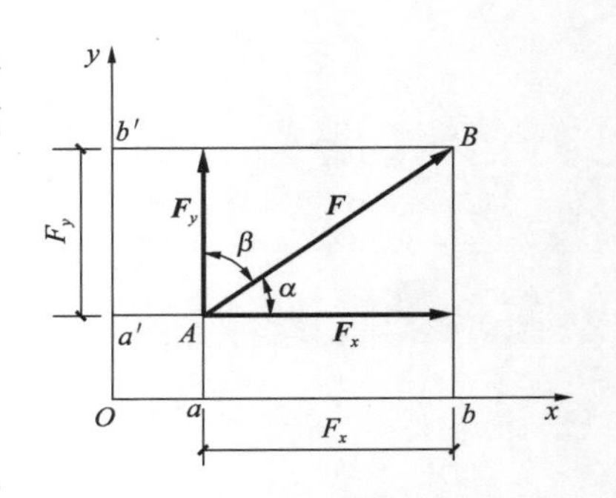

图 3-1　直角坐标系中力的投影

由图 3-1 可得

$$\left.\begin{aligned} F_x &= \pm F\cos\alpha \\ F_y &= \pm F\sin\alpha \end{aligned}\right\} \tag{3-1}$$

式中　α——力 $\boldsymbol{F}$ 与坐标轴 x 所夹的锐角。

【例 3-1】　已知 $F_1=100$ N，$F_2=200$ N，$F_3=F_4=300$ N，各力方向如图 3-2 所示。试分别求出各力在 x 轴和 y 轴上的投影。

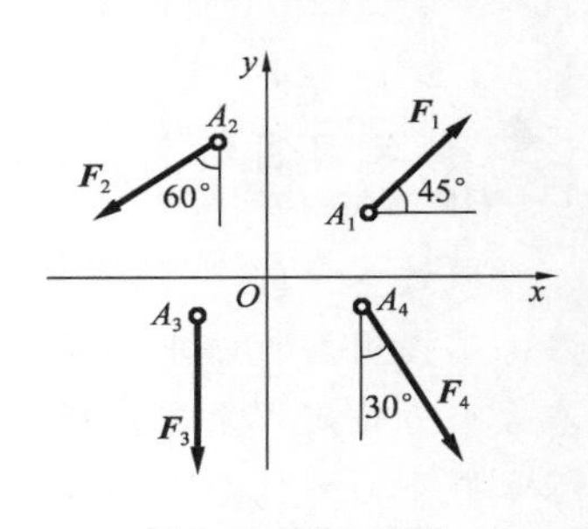

图 3-2　【例 3-1】图

解　由式(3-1)可得出各力在 x 轴和 y 轴上的投影分别为

$F_{1x}=F_1\cos45°=100\times0.707=70.7$ N

$F_{1y}=F_1\sin45°=100\times0.707=70.7$ N

$F_{2x}=-F_2\cos30°=-200\times0.866=-173.2$ N

$F_{2y}=-F_2\sin30°=-200\times0.5=-100$ N

$F_{3x}=-F_3\cos90°=-300\times0=0$

$F_{3y}=-F_3\sin90°=-300\times1=-300$ N

$F_{4x}=F_4\cos60°=300\times0.5=150$ N

$F_{4y}=-F_4\sin60°=-300\times0.866=-259.8$ N

由本例可知：

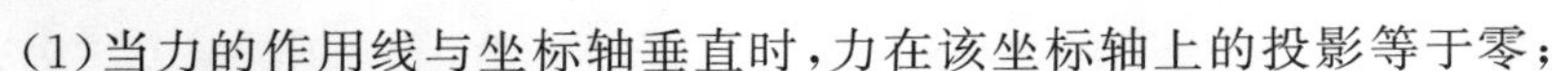

(1)当力的作用线与坐标轴垂直时，力在该坐标轴上的投影等于零；

(2)当力的作用线与坐标轴平行时，力在该坐标轴上的投影的绝对值等于该力的大小。

2. 合力投影定理

由于力的投影是代数量，所以各力在同一轴的投影可以进行代数运算。如图 3-3 所示，由 $\boldsymbol{F}_1$，$\boldsymbol{F}_2$，$\boldsymbol{F}_3$ 组成力系的合力 $\boldsymbol{F}_R$ 在任一坐标轴（如 x 轴）上的投影 $F_{Rx}=ab+bc-cd=F_{1x}+F_{2x}+F_{3x}$。对于多个力组成的力系以此推广，可得合力投影定理：合力在任一坐标轴上的投影等于力系中各分力在同一坐标轴上投影的代数和。即

$$\left.\begin{aligned} F_{Rx} &= F_{1x}+F_{2x}+\cdots+F_{nx} = \sum F_x \\ F_{Ry} &= F_{1y}+F_{2y}+\cdots+F_{ny} = \sum F_y \end{aligned}\right\} \tag{3-2}$$

式中　F_{1x} 和 F_{1y}、F_{2x} 和 F_{2y}，F_{3x} 和 F_{3y}，…，F_{nx} 和 F_{ny}—— 各分力在 x 轴和 y 轴上的投影。

合力矢量的大小和方向为

$$\left.\begin{aligned} F_R &= \sqrt{F_{Rx}^2+F_{Ry}^2} = \sqrt{\left(\sum F_x\right)^2+\left(\sum F_y\right)^2} \\ \alpha &= \arctan\frac{|F_{Ry}|}{|F_{Rx}|} = \arctan\frac{\left|\sum F_y\right|}{\left|\sum F_x\right|} \end{aligned}\right\} \tag{3-3}$$

式中　α—— 合力 F_R 与坐标轴 x 所夹的锐角。

合力作用线通过力系的汇交点 O，合力 F_R 的指向由 F_{Rx} 和 F_{Ry}（即 $\sum F_x$、$\sum F_y$）的正负号来确定，如图 3-4 所示。

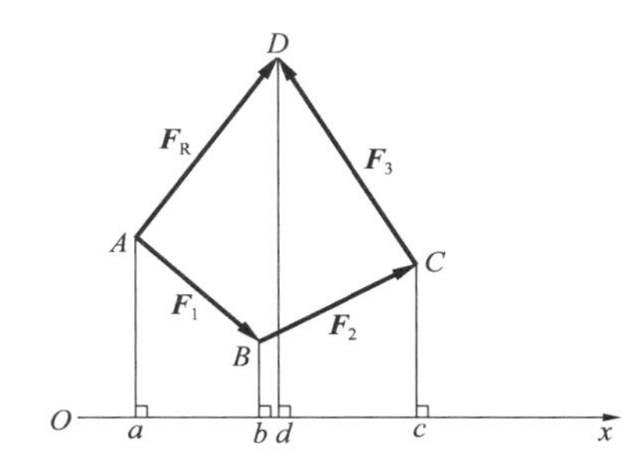

图 3-3　合力投影定理的证明

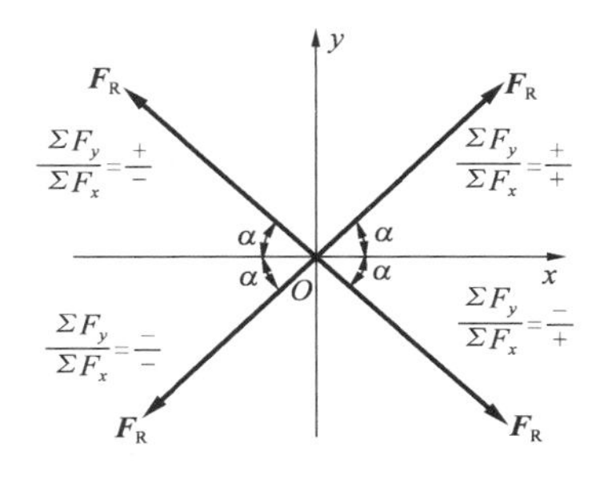

图 3-4　合力的指向判定示意

【例 3-2】　已知某平面汇交力系如图 3-5 所示。已知 $F_1=200$ N，$F_2=300$ N，$F_3=100$ N，$F_4=250$ N，试求该力系的合力。

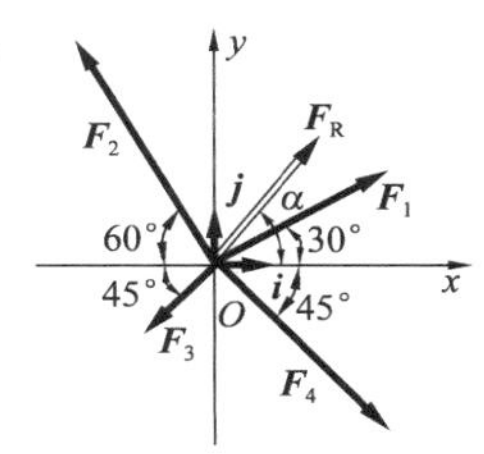

图 3-5　【例 3-2】图

解　(1)建立直角坐标系，计算合力在 x 轴和 y 轴上的投影

$$F_{Rx}=\sum F_x=F_1\cos30°-F_2\cos60°-F_3\cos45°+F_4\cos45°$$
$$=200\times0.866-300\times0.5-100\times0.707+250\times0.707$$
$$=129.25\ \text{N}$$
$$F_{Ry}=\sum F_y=F_1\sin30°+\boldsymbol{F}_2\sin60°-F_3\sin45°-F_4\sin45°$$
$$=200\times0.5+300\times0.866-100\times0.707-250\times0.707$$
$$=112.35\ \text{N}$$

(2)求合力的大小

$$F_R=\sqrt{F_{Rx}^2+F_{Ry}^2}=\sqrt{129.25^2+112.35^2}=171.25\ \text{N}$$

(3)求合力的方向

$$\tan\alpha=\frac{|F_{Ry}|}{|F_{Rx}|}=\frac{112.35}{129.25}=0.869$$
$$\alpha=40.99°$$

由于 F_{Rx} 和 F_{Ry} 均为正，故 α 应在第一象限，合力 F_R 的作用线通过力系的汇交点 O，如图 3-5 所示。

由以上的讨论可知，平面汇交力系合成的结果是一个合力。

3. 平面汇交力系的平衡条件

由于平面汇交力系可用其合力来代替，显然，平面汇交力系平衡的必要和充分条件是：该力系的合力 F_R 等于零。即

$$F_R=\sqrt{\left(\sum F_x\right)^2+\left(\sum F_y\right)^2}=0$$

式中，$(\sum F_x)^2$ 和$(\sum F_y)^2$ 恒为非负值，若使上式成立，必须同时满足

$$\left.\begin{aligned}\sum F_x=0\\ \sum F_y=0\end{aligned}\right\}\tag{3-4}$$

于是，平面汇交力系平衡的必要和充分条件也可以表述为力系中各力在两个坐标轴上投影的代数和分别等于零。式(3-4)称为平面汇交力系的平衡方程。这是两个独立的方程，可以求解两个未知量。

【例 3-3】　一圆球重 30 kN，用绳索将球挂于光滑墙上，绳与墙之间的夹角 $\alpha=30°$，如图 3-6(a)所示。求墙对球的约束反力 F_N 及绳索对圆球的拉力 F_T。

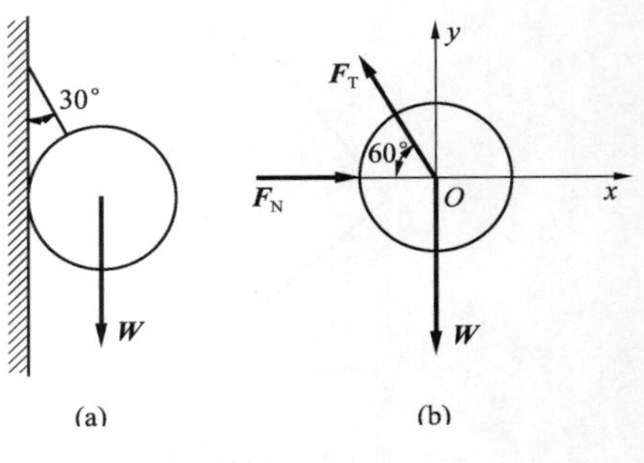

图 3-6 【例 3-3】图

解 取圆球为研究对象。圆球在自重 $\boldsymbol{W}$、绳索拉力 $\boldsymbol{F}_T$ 及光滑墙面的约束反力 $\boldsymbol{F}_N$ 作用下处于平衡，如图 3-6(b)所示。三力 $\boldsymbol{W}$、$\boldsymbol{F}_T$、$\boldsymbol{F}_N$ 组成平面汇交力系。建立直角坐标系，列平衡方程。

$$\sum F_y = 0,\quad F_T \sin 60^\circ - W = 0$$

得
$$F_T = \frac{W}{\sin 60^\circ} = \frac{30}{0.866} = 34.64\ \text{kN}$$

$$\sum F_x = 0,\quad F_N - F_T \cos 60^\circ = 0$$

得 $F_N = F_T \cos 60^\circ = 34.64 \times 0.5 = 17.32\ \text{kN}$

【例 3-4】 如图 3-7(a) 所示，重物 $W = 20$ kN，用钢丝绳挂在支架的滑轮 B 上，钢丝绳的另一端缠绕在绞车 D 上。杆 AB 与 BC 铰接，并用铰链 A、C 与墙连接。钢丝绳、杆和滑轮的自重不计，并忽略摩擦和滑轮的大小，试求平衡时杆 AB 和 BC 所受的力。

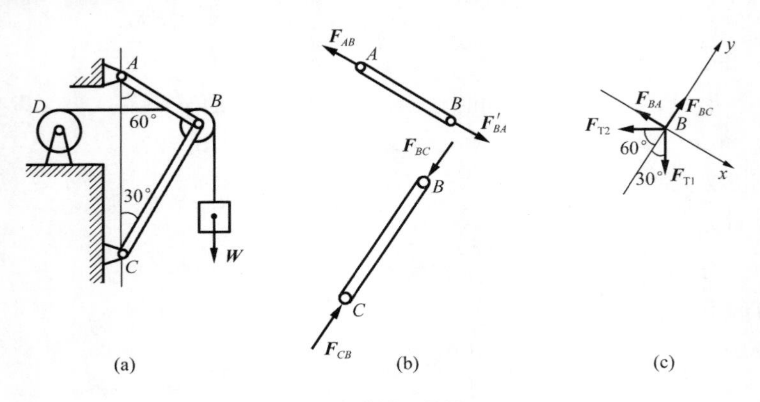

图 3-7 【例 3-4】图

解 (1) 选取研究对象。由于 AB、BC 两杆都是二力杆，假设杆 AB 受拉力，杆 BC 受压力，如图 3-7(b) 所示。为了求出这两个未知力，可通过求两杆对滑轮的约束反力来解决。因此选取滑轮 B 为研究对象。

(2) 画受力图。滑轮受到钢丝绳的拉力 F_{T1} 和 F_{T2}（已知 $F_{T1} = F_{T2} = W$）。此外杆 AB 和 BC 对滑轮的约束反力为 F_{BA} 和 F_{BC}。由于滑轮的大小可忽略不计，故这些力可看作是汇交力系，如图 3-7(c) 所示。

(3) 选取坐标系如图 3-3(c) 所示。为使每个未知力只在一个轴上有投影，在另一轴上的投影为零，坐标轴应尽量取在与未知力作用线相垂直的方向。这样在一个平衡方程中只有一个未知数，不必解联立方程。

(4) 列平衡方程

$$\sum F_x = 0,\quad -F_{AB} + F_{T1}\cos 60^\circ - F_{T2}\cos 30^\circ = 0$$

$$\sum F_y = 0,\quad F_{BC} - F_{T1}\cos 30^\circ - F_{T2}\cos 60^\circ = 0$$

(5) 求解方程得

$$F_{BA} = -0.366W = -7.32\ \text{kN},\quad F_{BC} = 1.366W = 27.32\ \text{kN}$$

所求结果 F_{BC} 为正值，表示该力的假设方向与实际方向相同，即杆 BC 受压。F_{BA} 为负值，表示该力的假设方向与实际方向相反，即杆 AB 也受压。

通过以上例题的分析，得到用解析法求解平面汇交力系平衡问题的步骤如下：

(1)选取研究对象。

(2)画出研究对象的受力图。要正确应用二力杆的性质，注意物体间的作用与反作用关系。当约束反力的指向不定时，可先假设其指向。

(3)选取适当的坐标系。最好使坐标轴与一个未知力垂直，以便简化计算。

(4)列平衡方程求解未知力。尽量做到一个方程解一个未知量，避免解联立方程。列方程时注意力的投影正负号。如求出的未知力为负值，说明该力的实际指向与假设指向相反。

3.3　平面力对点之矩的概念及计算

1. 力对点之矩(力矩)

力对点之矩

刚体在力作用下，除产生移动效应外，还会产生转动效应。下面以扳手拧螺母为例来讨论力对物体转动效应与哪些因素有关。如图 3-8 所示，作用于扳手上的力 $\boldsymbol{F}$ 使扳手绕螺母中心 O 转动，其转动效应不仅与力 $\boldsymbol{F}$ 的大小和方向有关，而且还与力 $\boldsymbol{F}$ 作用线到螺母中心 O 点的垂直距离 d 有关。因此，把力的大小与力臂的乘积 Fd 冠以适当正负号作为力 $\boldsymbol{F}$ 使物体绕 O 点转动效应的度量，称为力 $\boldsymbol{F}$ 对点 O 之矩，简称力矩，用 $M_O(\boldsymbol{F})$ 表示，即

$$M_O(\boldsymbol{F}) = \pm Fd \tag{3-5}$$

O 点称为矩心，d 为 O 点到力 $\boldsymbol{F}$ 作用线的垂直距离，称为力臂。平面问题中力对点之矩是代数量，它的绝对值等于力的大小与力臂的乘积，正负号表示力矩的转向。通常规定：力使物体绕矩心作逆时针方向转动时，力矩取正号，反之取负号。

力矩的单位是力与长度的单位乘积，在国际单位制中，常用 N·m 或 kN·m。

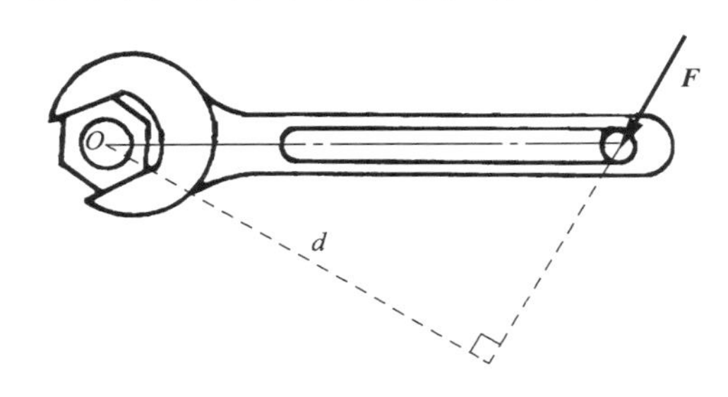

图 3-8　力 $\boldsymbol{F}$ 使扳手绕螺母中心 O 转动

力矩在下列两种情况下等于零：

①力等于零；

②力的作用线通过矩心，即力臂等于零。

【例 3-5】　大小为 $F=200$ N 的力，按如图 3-9 所示中三种情况作用在扳手的 A 端，试求三种情况下力 $\boldsymbol{F}$ 对 O 点之矩。

解　由式(3-5)，计算三种情况下力 $\boldsymbol{F}$ 对 O 点之矩：

(a)$M_O(\boldsymbol{F}) = -Fd = -200\times 0.2\times \cos 30° = -34.64$ N·m

(b)$M_O(\boldsymbol{F}) = Fd = 200\times 0.2\times \sin 30° = 20$ N·m

(c)$M_O(\boldsymbol{F}) = -Fd = -200\times 0.2 = -40$ N·m

比较上述三种情况，同样大小的力，同一个作用点，力臂长者力矩大。显然，图 3-9(c)所示的力矩最大，力 $\boldsymbol{F}$ 使扳手转动的效应也最大。

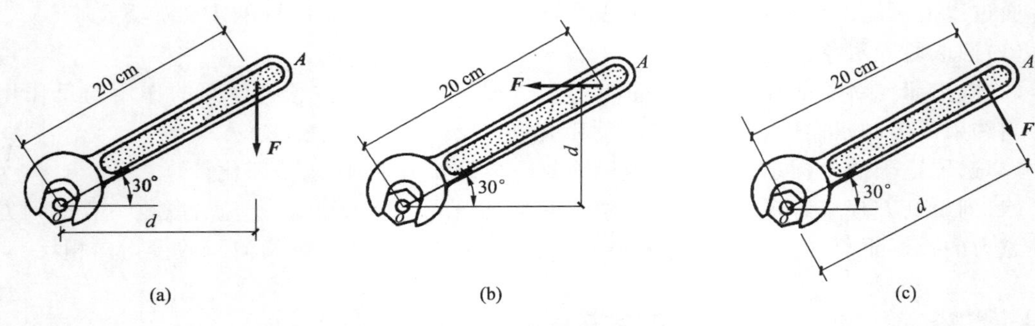

图 3-9 【例 3-5】图

2. 合力矩定理

合力矩定理:平面汇交力系的合力对于平面内任一点之矩等于所有各分力对于该点之矩的代数和,即

$$M_O(\boldsymbol{F}_R)=M_O(\boldsymbol{F}_1)+M_O(\boldsymbol{F}_2)+\cdots+M_O(\boldsymbol{F}_n)=\sum M_O(\boldsymbol{F}) \tag{3-6}$$

该定理不仅适用于平面汇交力系,也适用于任何有合力存在的力系。

应用合力矩定理可以简化力矩的计算。在求一个力对某点的力矩时,若力臂不易计算,就可以将力分解为力臂易于求出的两个相互垂直的分力,再利用合力矩定理计算力矩。

【例 3-6】 如图 3-10 所示,每 1 m 长挡土墙所受土压力的合力为 $\boldsymbol{F}_R$,如 $F_R=200$ kN,求土压力 $\boldsymbol{F}_R$ 使挡土墙倾覆的力矩。

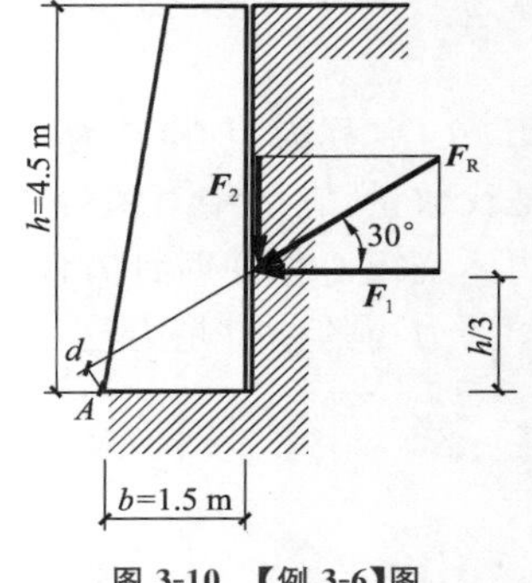

图 3-10 【例 3-6】图

解 土压力 $\boldsymbol{F}_R$ 可使挡土墙绕 A 点倾覆,故求土压力 $\boldsymbol{F}_R$ 使墙倾覆的力矩,就是求 $\boldsymbol{F}_R$ 对 A 点的力矩。由已知尺寸求力臂 d 比较麻烦,但如果将 $\boldsymbol{F}_R$ 分解为两个力 $\boldsymbol{F}_1$ 和 $\boldsymbol{F}_2$,则两分力的力臂是已知的,故由式(3-6)可得

$$\begin{aligned}M_A(\boldsymbol{F}_R)&=M_A(\boldsymbol{F}_1)+M_A(\boldsymbol{F}_2)=F_1h/3-F_2b\\&=F_R\cos30°\times(h/3)-F_R\sin30°b\\&=200\times0.866\times1.5-200\times0.5\times1.5\\&=109.8\ \text{kN}\cdot\text{m}\end{aligned}$$

3.4 平面力偶

1. 力偶和力偶矩

(1)力偶

在生活和生产中,人们常常见到汽车司机用双手转动方向盘[图 3-11(a)]、钳工用丝锥铰杠攻螺纹[图 3-11(b)]等。在驾驶盘、丝锥铰杠等物体上,都作用了成对的等值、反向且不共线的平行力。这两个平行力不能平衡,会使物体转动。这种由两个大小相等、方向相反且不共线的平行力组成的力系,称为力偶,如图 3-12 所示,记作$(\boldsymbol{F},\boldsymbol{F}')$。力偶的两力之间的垂直距离 d 称为力偶臂,力偶所在的平面称为力偶的作用面。由于力偶不能再简化成更简单的形式,所以力偶与力是组成力系的两个基本元素。

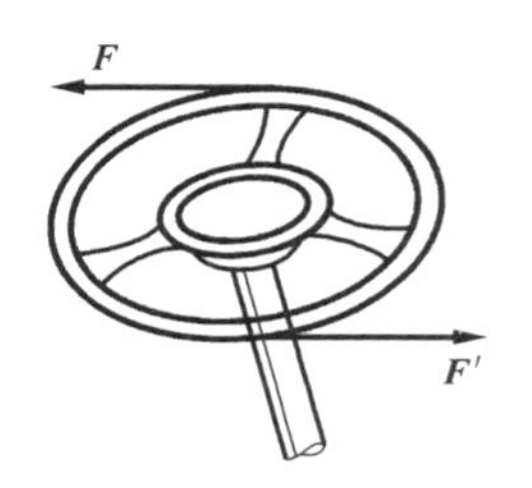

(a) 用双手转动方向盘

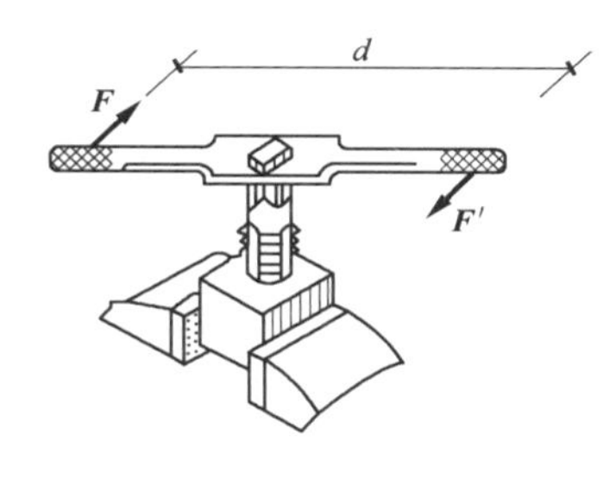

(b) 用丝锥铰杠攻螺纹

图 3-11　力偶

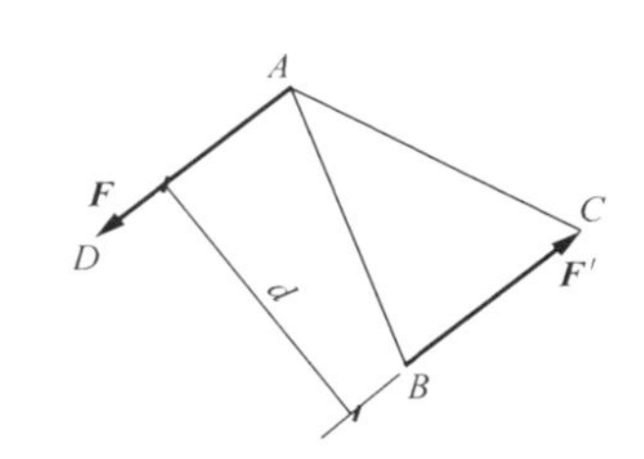

图 3-12　力偶示意图

(2)力偶矩

力偶是由两个力组成的特殊力系，它对物体产生转动效应，可用力偶中的两个力对其作用面内某点的矩的代数和来度量。

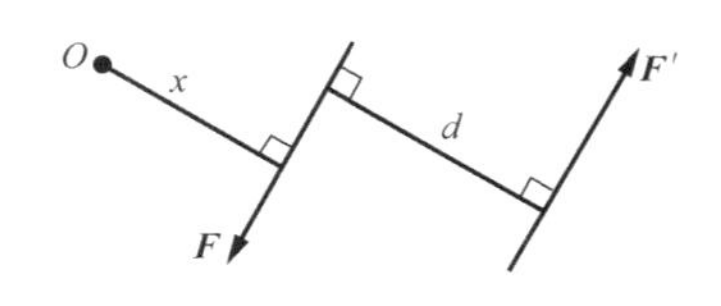

图 3-13　力偶对其作用面内任意点的矩

设有力偶($\boldsymbol{F},\boldsymbol{F}'$)，其力偶臂为 d，如图 3-13 所示，在力偶的作用面内任取一点 O 为矩心，现求此力偶对 O 点的矩。设矩心 O 与力 $\boldsymbol{F}$ 的垂直距离为 x，则力偶对 O 点的矩等于组成力偶的两个力对 O 点矩的代数和，即

$$M_O(\boldsymbol{F},\boldsymbol{F}')=M_O(\boldsymbol{F})+M_O(\boldsymbol{F}')=-Fx+F'(x+d)=F'd$$

可见，其值等于力与力偶臂的乘积，与矩心的位置无关。

力偶在平面内的转向不同，其作用效应也不同。因此，平面力偶对物体的作用效应，由以下两个因素决定：

①力偶矩的大小；

②力偶在作用面内的转向。

因此，平面力偶矩可视为代数量，以 M 或 $M(\boldsymbol{F},\boldsymbol{F}')$ 表示，即

$$M=\pm Fd \tag{3-7}$$

于是可得结论：力偶矩是一个代数量，其绝对值等于力的大小与力偶臂的乘积，正负号表示力偶的转向，一般以逆时针转向为正，反之为负。力偶矩的单位与力矩的单位相同，也是 N·m或 kN·m。

2. 力偶的性质

力偶不同于力，具有如下性质：

(1)力偶在任一坐标轴上的投影恒为零，故力偶无合力，不能用一个力来代替，也不能和一个力平衡，力偶只能和力偶平衡。

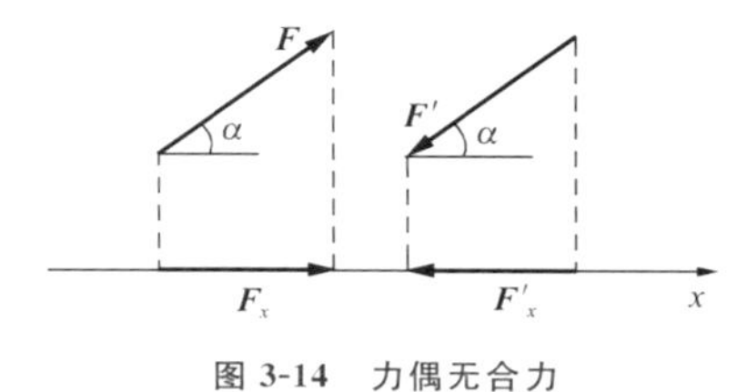

图 3-14　力偶无合力

设在物体上作用一力偶($\boldsymbol{F},\boldsymbol{F}'$)，如图 3-14 所示。任意取一坐标轴 x，力与 x 轴的夹角为 α，则力偶在该轴上的投影为

$$\sum F_x = F\cos\alpha - F'\cos\alpha = 0$$

可见，力偶无合力，它对物体的平移运动不会产生任何影响，力偶只能使物体转动。而力可以使物体运动或兼转动。

(2)力偶对其作用平面内任一点的矩恒等于力偶矩，而与矩心位置无关。这一性质在前面

力偶矩中已证明。

(3)在同一平面内的两个力偶，如果它们的力偶矩相等，转向相同，则这两个力偶是等效的，这叫作力偶的等效性。

力偶的这一性质，已为实践所证实。根据力偶的等效性，可以得出下面两个推论：

推论 1 任一力偶可以在它的作用面内任意移动和转动，而不改变它对刚体的转动效应。即力偶对刚体的转动效应与其作用面内的位置无关。

例如司机操纵方向盘时，只要转向相同，不管手放在 1-1 位置还是 2-2 位置，因力臂不变，只要力的大小不变，转动效果就一样，如图 3-15(a)所示。

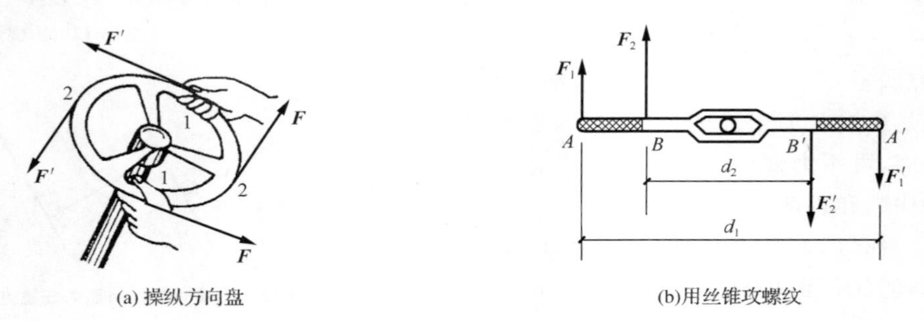

(a) 操纵方向盘　　(b)用丝锥攻螺纹

图 3-15　力偶的等效性

推论 2 只要保持力偶矩的大小和力偶的转向不变，可以同时改变力偶中力的大小和力偶臂的长短，而不改变它对刚体的转动效应。

例如用丝锥攻螺纹时，虽然所施加的力的大小和力偶臂不同，但力偶($\boldsymbol{F}_1$，$\boldsymbol{F}_1'$)与($\boldsymbol{F}_2$，$\boldsymbol{F}_2'$)的力偶矩相同，即 $F_1d_1=F_2d_2$，故对扳手的转动效应一样，如图 3-15(b)所示。

由此可见，力偶的力偶臂和力的大小都不是力偶的特征量，只有力偶矩是力偶作用效应的唯一度量。力偶对物体的转动效应完全取决于三个要素：力偶矩的大小、力偶的转向和力偶所在的作用面。因此，力偶除了用力和力矩臂表示外，也可直接用力偶矩表示，即用带箭头的折线或者弧线表示力偶矩的转向，用字母 M 表示力偶矩的大小，如图 3-16 所示。

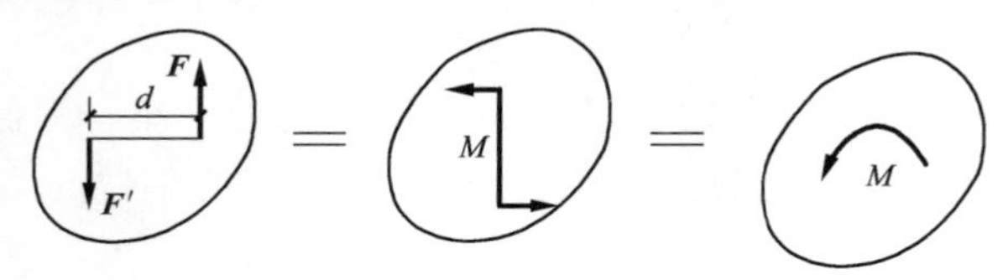

图 3-16　力偶的表示方法

3. 平面力偶系的合成与平衡

同时作用在物体上的两个或两个以上的力偶，称为力偶系。作用在同一平面内的力偶系称为平面力偶系。

(1)平面力偶系的合成

力偶只能使物体转动。同样，在平面力偶系的作用下，物体也只能转动而不能移动，其转动效应必等于力偶系中各个力偶转动效应的总和。可见，平面力偶系可合成为一个合力偶，其合力偶矩等于各个力偶矩的代数和，即

$$M=M_1+M_2+\cdots+M_n=\sum M \tag{3-8}$$

【例 3-7】 如图 3-17 所示，某物体受三个共面力偶作用，已知 $F_1=25\ \text{kN}$，$d_1=2\ \text{m}$，$F_2=50\ \text{kN}$，$d_2=1.5\ \text{m}$，$M_3=-20\ \text{kN}\cdot\text{m}$，试求其合力偶。

解 计算各力偶矩

$M_1=F_1\cdot d_1=25\times2=50\ \text{kN}\cdot\text{m}$

$M_2=F_2\cdot d_2=-50\times1.5=-75\ \text{kN}\cdot\text{m}$

$M_3=-20\ \text{kN}\cdot\text{m}$

由式(3-8)得合力偶矩为

$$M=M_1+M_2+M_3=50+(-75)+(-20)=-45\ \text{kN}\cdot\text{m}$$

合力偶矩的大小为 45 kN·m，负值表示合力偶顺时针转向，与原力偶系共面。

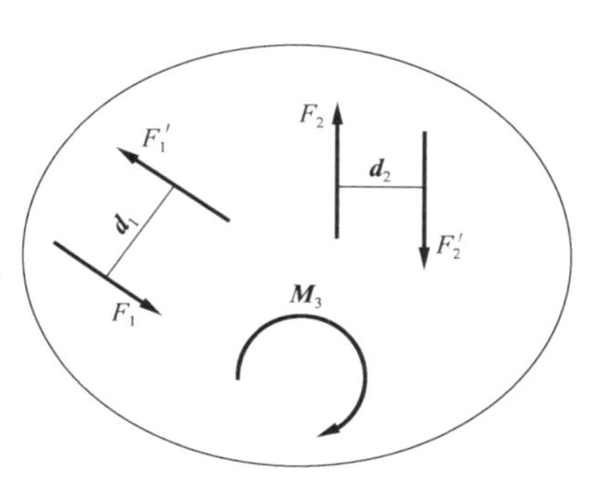

图 3-17 【例 3-7】图

(2)平面力偶系的平衡条件

平面力偶系合成的结果为一个合力偶，力偶系平衡时，其合力偶的矩等于零。因此，平面力偶系平衡的充分必要条件是：力偶系中所有各力偶矩的代数和等于零，即

$$\sum M=0 \tag{3-9}$$

上式又称为平面力偶系的平衡方程。平面力偶系只有一个独立的平衡方程，即可求解一个未知量。

【例 3-8】 如图 3-18(a)所示，简支梁 AB 受一力偶的作用，已知力偶 $M=60\ \text{kN}\cdot\text{m}$，梁长 $l=6$ m，梁的自重不计。求梁 A、B 支座处的反力。

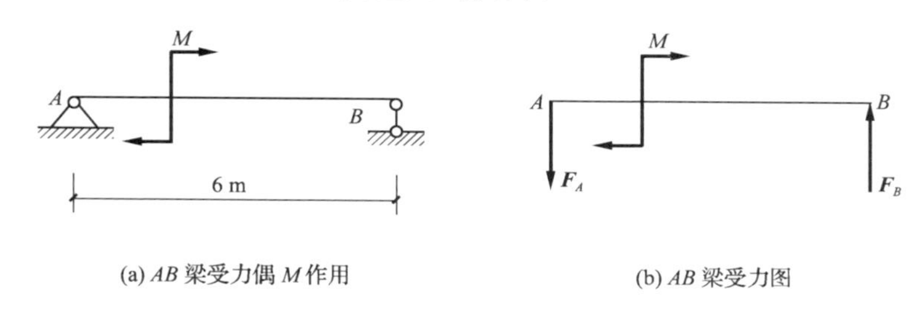

(a) AB 梁受力偶 M 作用　　(b) AB 梁受力图

图 3-18 【例 3-8】图

解　取 AB 梁为研究对象，AB 梁上作用一集中力偶 M 且保持平衡，由于力偶只能用力偶来平衡，则 A、B 处的支座反力必形成一对与已知力偶 M 反向的力偶。B 处是可动铰支座，支座反力垂直于支承面，要形成与已知力偶 M 反向的力偶，B 处的支座反力 $\boldsymbol{F}_B$ 的方向只能向上，A 处的支座反力 $\boldsymbol{F}_A$ 的方向只能向下，如图 3-13(b) 所示。由 $\sum M=0$，得

$$F_Bl-M=0,\quad F_B\times6-60=0$$

解得

$$F_B=10\ \text{kN},\quad F_A=F_B=10\ \text{kN}$$

本章小结

(1)基本概念

①力矩表示力使物体绕矩心的转动效应。力矩等于力的大小与力臂的乘积。在平面问题中它是一个代数量。通常规定：力使物体绕矩心作逆时针方向转动时，力矩取正号，反之取负号。

②由两个大小相等、方向相反且不共线的平行力组成的力系，称为力偶。力偶与力是组成力系的两个基本元素。

③力偶中力的大小与力偶臂的乘积，称为力偶矩，为代数量。一般使物体逆时针转向为正，反之为负。

④力偶对物体的转动效应完全取决于三个要素：力偶矩的大小、力偶的转向和力偶所在的

作用面。

(2)力在坐标轴上的投影和力矩的计算

①力在坐标轴上的投影计算

定义式
$$\left.\begin{aligned}F_x=\pm F\cos\alpha\\F_y=\pm F\sin\alpha\end{aligned}\right\}$$

式中,α 为力 $\boldsymbol{F}$ 与坐标轴 x 所夹的锐角。

②力矩的计算

定义式　$M_O(\boldsymbol{F})=\pm Fd$

d 为 O 点到力 $\boldsymbol{F}$ 作用线的垂直距离,称为力臂。

合力矩定理　平面汇交力系的合力对于平面内任一点之矩,等于所有各分力对于该点之矩的代数和。即

$$M_O(\boldsymbol{F}_R)=M_O(\boldsymbol{F}_1)+M_O(\boldsymbol{F}_2)+\cdots+M_O(\boldsymbol{F}_n)=\sum M_O(\boldsymbol{F})$$

(3)求平面汇交力系的合力

根据合力投影定理,利用力系中各分力在两个正交轴上的投影的代数和,来确定合力的大小和方向,其计算式为

$$\left.\begin{aligned}F_R&=\sqrt{F_{Rx}^2+F_{Ry}^2}=\sqrt{\left(\sum F_x\right)^2+\left(\sum F_y\right)^2}\\\alpha&=\arctan\frac{|F_{Ry}|}{|F_{Rx}|}=\arctan\frac{\left|\sum F_y\right|}{\left|\sum F_x\right|}\end{aligned}\right\}$$

α 为合力 $\boldsymbol{F}_R$ 与坐标轴 x 所夹的锐角。合力作用线通过力系的汇交点 O,合力 $\boldsymbol{F}_R$ 的指向由 F_{Rx} 和 F_{Ry}(即 $\sum F_x$、$\sum F_y$)的正负号来确定。

(4) 平面汇交力系的平衡条件

① 平面汇交力系平衡的必要和充分条件是平面汇交力系的合力为零,即

$$F_R=\sum F=0$$

② 平面汇交力系平衡的解析条件是平面汇交力系中各力在两个坐标轴上投影的代数和分别等于零,即

$$\left.\begin{aligned}\sum F_x=0\\\sum F_y=0\end{aligned}\right\}$$

(5) 平面力偶系的合成与平衡

平面力偶系的合成结果为一个合力偶,其合力偶矩等于各个力偶矩的代数和,即

$$M=M_1+M_2+\cdots+M_n=\sum M$$

平面力偶系的平衡条件是合力偶矩等于零,即

$$\sum M=0$$

复习思考题

3-1　同一个力在两个互相平行的轴上的投影有什么关系?如果两个力在同一轴上的投影相等,问这两个力的大小是否一定相等?

3-2　力在坐标轴上的投影与力沿相应轴向的分力有什么区别和联系?

3-3　试比较力矩和力偶矩的异同点。

3-4　平面汇交力系向汇交点以外一点简化，其结果可能是一个力吗？可能是一个力偶吗？可能是一个力和一个力偶吗？

3-5　如图 3-19 所示，两轮的半径都是 r。在图 3-19(a)和图 3-19(b)所示的两种情况下力对轮的作用有何不同？

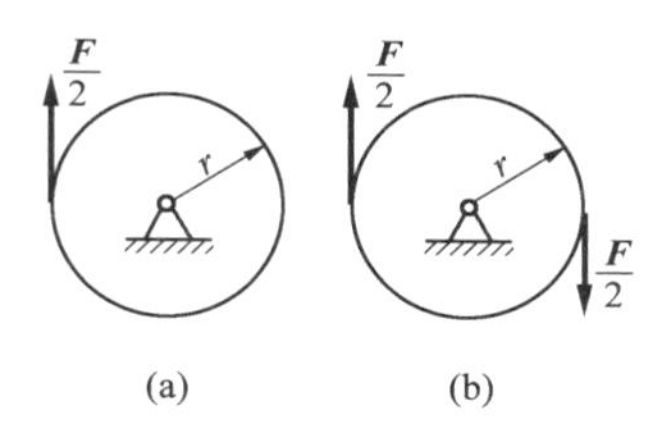

图 3-19　复习思考题 3-5 图

习　题

3-1　平面 Oxy 内有五个力汇交于 O 点，如图 3-20 所示。图 3-20 方格的边长为单位 1，试求该力系的合力。

3-2　用一组绳悬挂某重量为 $F_W=600$ N 的重物，如图 3-21 所示。试求各段绳的拉力。

3-3　如图 3-22 所示，固定在墙壁上的圆环受三条绳索的拉力作用，力 F_1 沿水平方向，力 F_2 与水平方向成 40°夹角，力 F_3 沿铅直方向。三力的大小分别为 $F_1=4000$ N，$F_2=5000$ N，$F_3=3000$ N。试求该力系的合力。

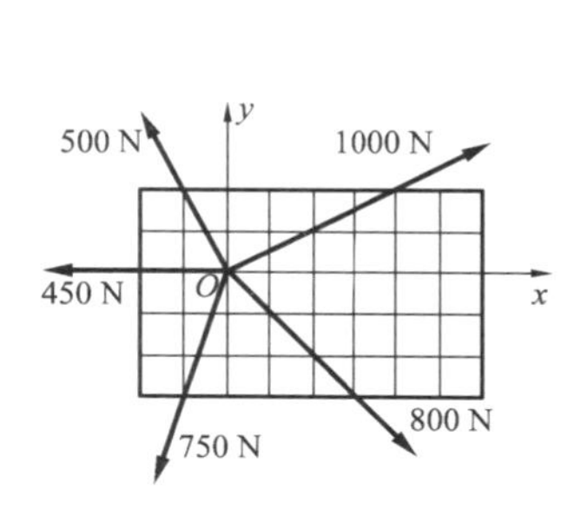

图 3-20　习题 3-1 图

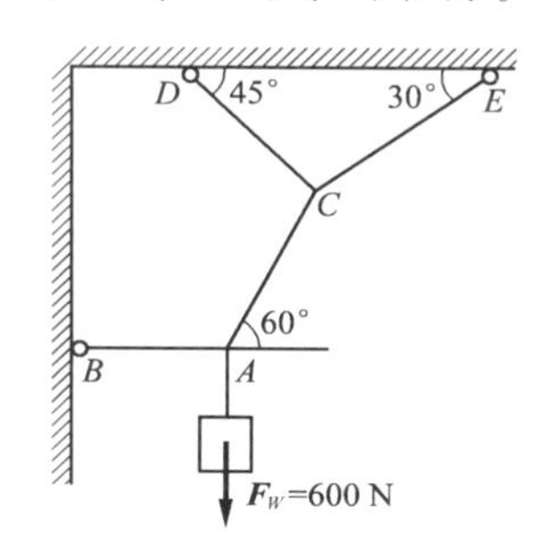

图 3-21　习题 3-2 图

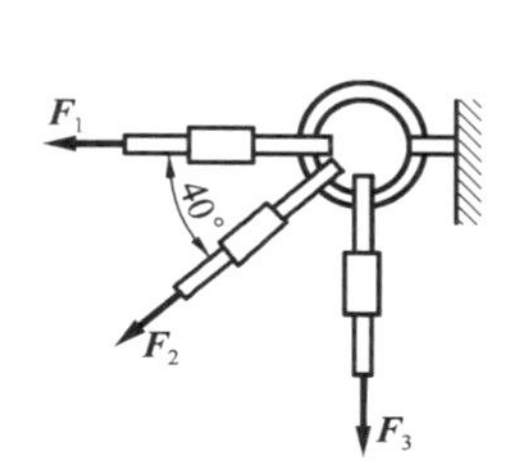

图 3-22　习题 3-3 图

3-4　如图 3-23 所示支架由杆 AB、AC 构成，A、B、C 处都是铰接，在 A 点作用有竖向力 $F=200$ kN。求图示三种情况下 AB、AC 杆所受的力。

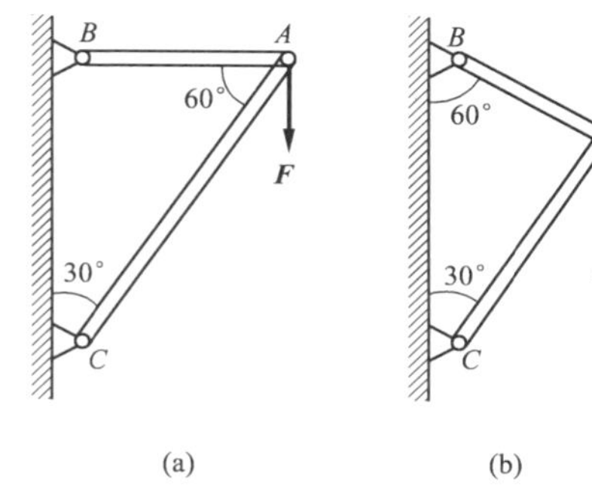

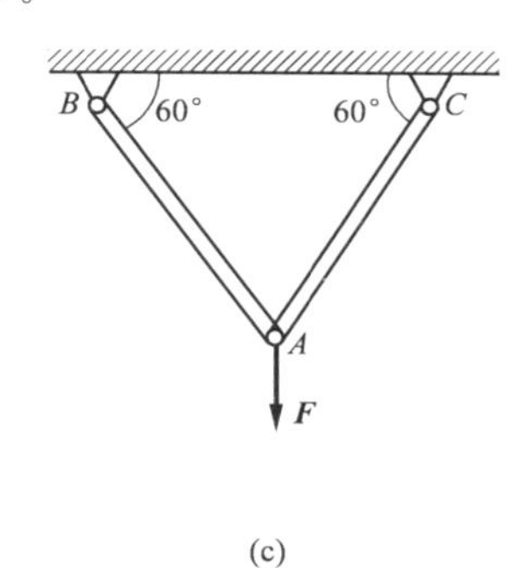

图 3-23　习题 3-4 图

3-5　求如图 3-24 所示各种情况下力 $\boldsymbol{F}$ 对 O 点的矩。

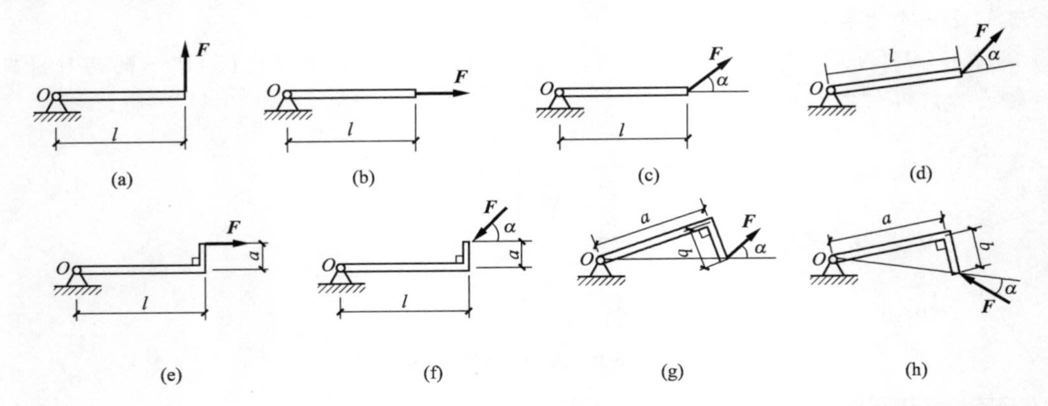

图 3-24　习题 3-5 图

3-6　试计算如图 3-25 所示力 $\boldsymbol{F}_1$ 和 $\boldsymbol{F}_2$ 对 A 点的矩。

3-7　一烟筒高 48 m，自重 W=4092.2 kN，基础面上烟筒的底截面直径为 4.66 m，受风力如图 3-24 所示，试验算烟筒在基础面 AB 上是否会倾覆？

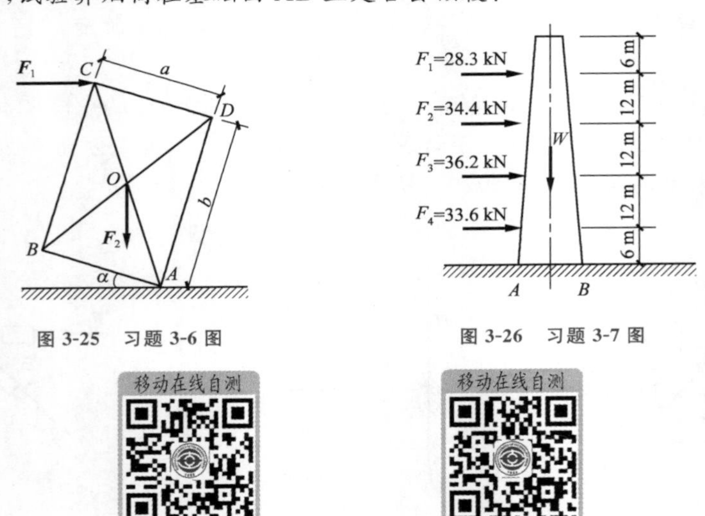

图 3-25　习题 3-6 图

图 3-26　习题 3-7 图

移动在线自测

练习 3-1

移动在线自测

练习 3-2

第4章 平面一般力系

学习目标

通过本章的学习，掌握力的平移定理及平面一般力系的简化方法，掌握主矢和主矩的概念及计算；了解力系简化的结果；理解平面一般力系的平衡条件及平衡方程的几种形式；掌握在平面一般力系作用下物体和物体系的平衡问题。

学习重点

平面一般力系的简化，主矢和主矩的概念；平面一般力系的平衡方程及其应用；求解物体系平衡问题的方法和思路。

平面一般力系是指各力的作用线位于同一平面内，但不都汇交于同一点，也不都彼此相互平行的力系。如图4-1所示悬臂式吊车的水平梁AB，受平面一般力系作用。

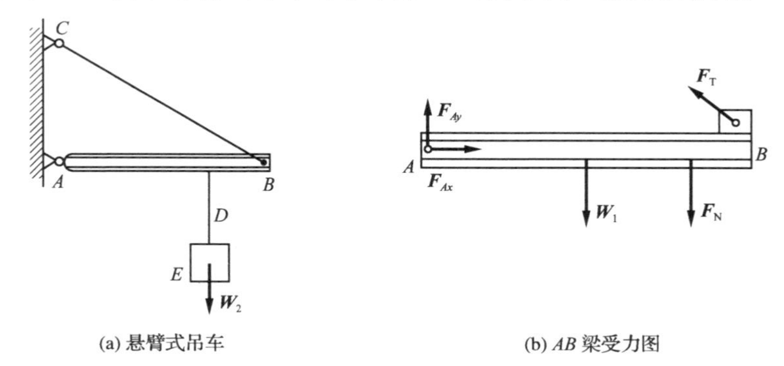

(a) 悬臂式吊车　　(b) AB梁受力图

图4-1　平面一般力系

4.1　平面一般力系的简化

力系向一点简化是一种较为简便并具有普遍性的力系简化方法。此方法的理论基础是力的平移定理。

1. 力的平移定理

力可以沿其作用线在物体上移动，而不改变它对物体的作用效果。如果将一个力在其作用面内平行移动，即改变力的三要素中的一个要素，则会改变它对物体的作用效果。如图 4-2(a)所示，设一力 $\boldsymbol{F}_A$ 作用在轮缘上的 A 点，此力可使轮子转动，如果将它平移到轮心 O 点，如图 4-2(b)所示，则它就不能使轮子转动，可见力的作用线是不能随便平移的。但是，如果我们将作用于 A 点的力平移到 O 点的同时，再在轮上附加一个适当的力偶，如图 4-2(c)所示，就可以使轮子的转动效应和图 4-2(a)是等效的。这个例子说明，要想把力平行移动，需要附加一个力偶才能和平移前等效。

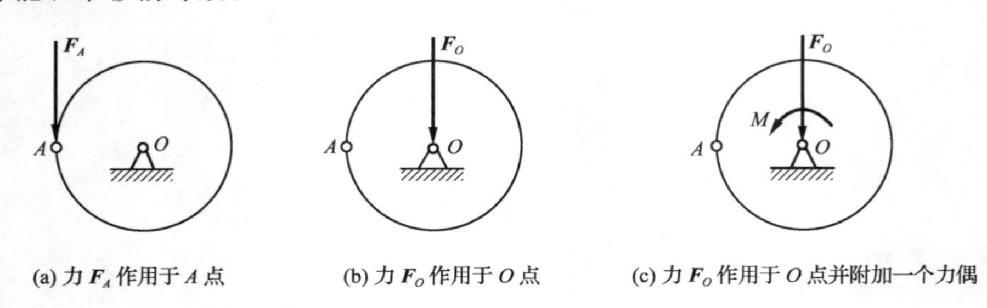

(a) 力 $\boldsymbol{F}_A$ 作用于 A 点　(b) 力 $\boldsymbol{F}_O$ 作用于 O 点　(c) 力 $\boldsymbol{F}_O$ 作用于 O 点并附加一个力偶

图 4-2　力的平移

如图 4-3(a)所示，刚体的 A 点作用有一个力 $\boldsymbol{F}$，欲将该力平移到刚体上任一指定点 O 而又不改变刚体的运动效果，则应根据加减平衡力系公理，可在 O 点加上一对与力 $\boldsymbol{F}$ 等值、平行的平衡力 $\boldsymbol{F}'$ 与 $\boldsymbol{F}''$，如图 4-3(b)所示。而力 $\boldsymbol{F}$ 和 $\boldsymbol{F}''$ 组成一个附加力偶，其力偶矩等于原力对 O 点的矩，即

$$M=M_O(\boldsymbol{F})=Fd \tag{4-1}$$

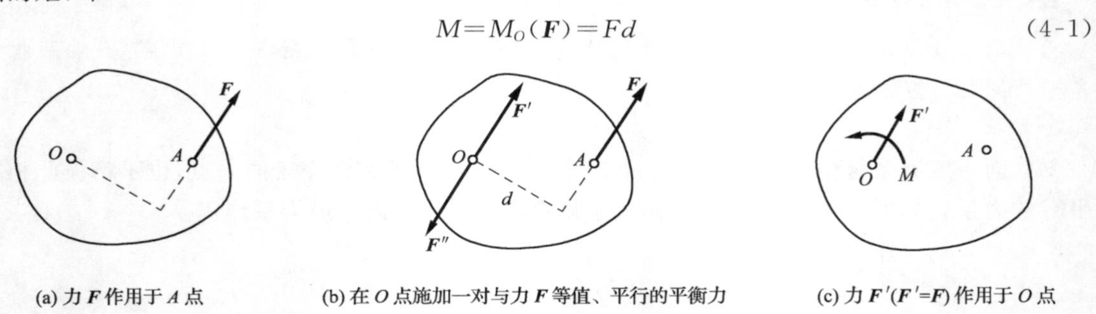

(a) 力 $\boldsymbol{F}$ 作用于 A 点　(b) 在 O 点施加一对与力 $\boldsymbol{F}$ 等值、平行的平衡力　(c) 力 $\boldsymbol{F}'(\boldsymbol{F}'=\boldsymbol{F})$ 作用于 O 点

图 4-3　力的平移定理

于是原来作用于 A 点的力 $\boldsymbol{F}$ 与现在作用于 O 点的力 $\boldsymbol{F}'$ 和附加力偶($\boldsymbol{F}$,$\boldsymbol{F}''$)的联合作用等效，如图 4-3(c)所示。

由此可知，作用于刚体上的力，可平移到此刚体上任一点，但必须同时附加一个力偶，其力偶矩等于原力对新作用点的矩，这就是力的平移定理。

力的平移定理将一个力转化为一个力和一个力偶。反过来也可以将同平面内的一个力 $\boldsymbol{F}$ 和一个力偶矩为 M 的力偶合成为一个合力，这个合力与原力 $\boldsymbol{F}$ 大小相等、方向相同、作用线平行，作用线间的距离为

$$d=\frac{|M|}{F}$$

力的平移定理是一般力系向一点简化的理论依据，也是分析力对物体作用效应的一个重要方法。

【例 4-1】 如图 4-4(a)所示，柱子的 A 点受到吊车梁传来的集中力 $F=120$ kN。求将该力 $\boldsymbol{F}$ 平移到柱轴上 O 点时应附加的力偶矩，其中 $e=0.4$ m。

解　根据力的平移定理，力 $\boldsymbol{F}$ 由 A 点平移到 O 点，必须附加一力偶，如图 4-4(b)所示，它的力偶矩 M 等于力 $\boldsymbol{F}$ 对 O 点的矩，即

$$M=M_O(\boldsymbol{F})=-Fe=-120\times0.4=-48\ \text{kN}\cdot\text{m}$$

负号表示该附加力偶的转向是顺时针的。

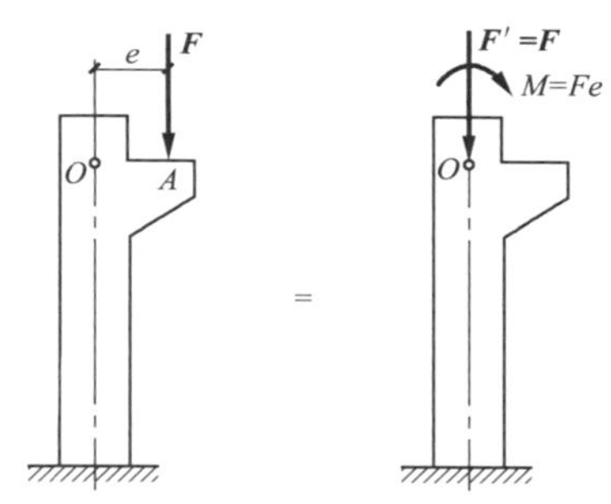

(a) 立柱上 A 点受有力 $\boldsymbol{F}$　(b) 将力 $\boldsymbol{F}$ 平移到 O 点

图 4-4 【例 4-1】图

2. 平面一般力系向作用面内任一点的简化和结果

设在物体上作用有平面一般力系 $\boldsymbol{F}_1,\boldsymbol{F}_2,\cdots,\boldsymbol{F}_n$，如图 4-5(a)所示。为将该力系简化，首先在物体上力系的作用面内任选一点 O 为简化中心。根据力的平移定理，将各力全部平移到 O 点，同时附加相应的力偶，于是得到作用于点 O 的平面汇交力系 $\boldsymbol{F}'_1,\boldsymbol{F}'_2,\cdots,\boldsymbol{F}'_n$ 以及力偶矩分别为 $M_1,M_2,\cdots,M_n$ 的附加力偶系，如图 4-5(b)所示。平面汇交力系中，各力的大小和方向分别与原力系中对应的各力相同，即

$$\boldsymbol{F}'_1=\boldsymbol{F}_1,\boldsymbol{F}'_2=\boldsymbol{F}_2,\cdots,\boldsymbol{F}'_n=\boldsymbol{F}_n$$

而各附加力偶的力偶矩分别等于原力系中各力对简化中心 O 的矩，即

$$M_1=M_O(\boldsymbol{F}_1),M_2=M_O(\boldsymbol{F}_2),\cdots,M_n=M_O(\boldsymbol{F}_n)$$

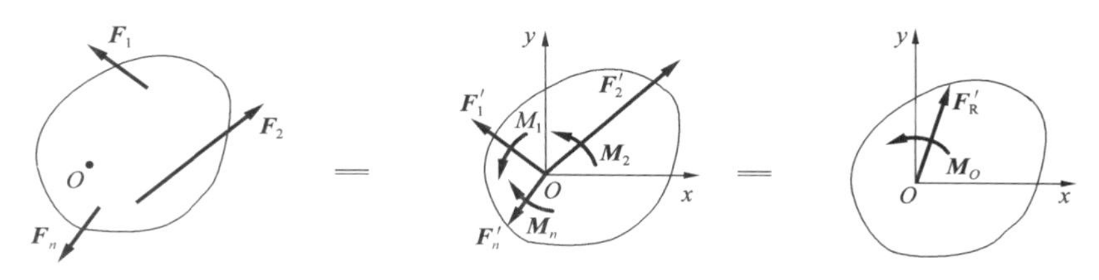

(a) 平面一般力系　(b) 将力系中各力都平移到 O 点同时附加相应的力偶　(c) 主矢和主矩

图 4-5　平面一般力系向作用面内任一点的简化

于是，平面一般力系的简化问题便成为平面汇交力系与平面力偶系的合成问题。

将平面汇交力系合成，得到作用在 O 点的一个力，这个力的大小和方向等于作用在 O 点的各力的矢量和，也就是等于原力系中各力的矢量和，用 $\boldsymbol{F}'_R$ 表示，则有

$$\boldsymbol{F}'_R=\boldsymbol{F}'_1+\boldsymbol{F}'_2+\cdots+\boldsymbol{F}_n{}'=\boldsymbol{F}_1+\boldsymbol{F}_2+\cdots+\boldsymbol{F}_n=\sum\boldsymbol{F}\qquad(4\text{-}2)$$

原力系中各力的矢量和 $\boldsymbol{F}'_R$ 称为该力系的主矢量，简称主矢，

平面力偶系可合成为一合力偶，其力偶矩等于各附加力偶矩的代数和，又等于原力系中各力对简化中心 O 之矩的代数和，用 M_O 表示，则有

$$M_O=M_1+M_2+\cdots+M_n=M_O(\boldsymbol{F}_1)+M_O(\boldsymbol{F}_2)+\cdots+M_O(\boldsymbol{F}_n)=\sum M_O(\boldsymbol{F})\ (4\text{-}3)$$

式中　M_O—— 原力系 $\boldsymbol{F}_1,\boldsymbol{F}_2,\cdots,\boldsymbol{F}_n$ 对 O 点的主矩。

于是可得结论：平面一般力系向作用面内任意一点简化的结果，是一个力和一个力偶。这个力作用在简化中心，它的矢量称为原力系的主矢；这个力偶的力偶矩称为原力系对简化中心的主矩，如图 4-5(c) 所示。

主矢是力系中各力的矢量和，完全取决于各力的大小和方向，所以它与简化中心的位置无关。而主矩等于力系中各力对简化中心之矩的代数和，当取不同的简化中心时，各力的力臂和转向均将改变，所以一般情况下主矩与简化中心的位置有关。因此，在说到主矩时，必须指出是

对哪一点的主矩。

求主矢 $\boldsymbol{F}'_{R}$ 的大小和方向可应用解析法。过 O 点取直角坐标系 Oxy，如图 4-5(c) 所示，主矢 $\boldsymbol{F}'_{R}$ 在 x 轴和 y 轴上的投影为

$$F'_{Rx} = F'_{1x} + F'_{2x} + \cdots + F'_{nx} = F_{1x} + F_{2x} + \cdots + F_{nx} = \sum F_x$$

$$F'_{Ry} = F'_{1y} + F'_{2y} + \cdots + F'_{ny} = F_{1y} + F_{2y} + \cdots + F_{ny} = \sum F_y$$

式中，F'_{ix}、F'_{iy} 和 F_{ix}、F_{iy} 分别是力 $F_i{}'$ 和 F_i 在坐标轴 x 和 y 上的投影。由于 $\boldsymbol{F}_i{}'$ 和 $\boldsymbol{F}_i$ 大小相等、方向相同，所以它们在同一轴上的投影相等。于是可得主矢 $\boldsymbol{F}'_{R}$ 的大小为

$$F'_{R} = \sqrt{(F'_{Rx})^2 + (F'_{Ry})^2} = \sqrt{(\sum F_x)^2 + (\sum F_y)^2} \tag{4-4}$$

主矢作用线与坐标轴 x 夹的锐角

$$\alpha = \arctan \frac{|F'_{Ry}|}{|F'_{Rx}|} = \arctan \frac{|\sum F_y|}{|\sum F_x|} \tag{4-5}$$

$\boldsymbol{F}'_{R}$ 的指向由 $\sum F_x$ 和 $\sum F_y$ 的正负号确定。

从式(4-4) 和式(4-5) 可知，求主矢的大小和方向时，只要直接求出原力系中各力在两个坐标轴上的投影即可，而不必将力平移后再求投影。

3. 平面一般力系简化结果的讨论

平面一般力系向一点简化，一般可得一力 $\boldsymbol{F}'_{R}$（主矢）和一力偶 M_O（主矩），但这并不是简化的最终结果，还可进一步合成，得到最简形式。根据主矢和主矩是否为零，可能出现以下几种情形：

(1) $F'_{R} = 0, M_O \neq 0$

此时原力系与一个力偶等效，即原力系合成为一个力偶，合力偶矩等于原力系对简化中心的主矩，即

$$M_O = M_O(\boldsymbol{F}_1) + M_O(\boldsymbol{F}_2) + \cdots + M_O(\boldsymbol{F}_n) = \sum M_O(\boldsymbol{F})$$

由于力偶对其平面内任一点的矩都相同，因此当力系合成为一个力偶时，主矩与简化中心的位置无关。

(2) $F'_{R} \neq 0, M_O = 0$

此时原力系与通过简化中心的一个力等效，即原力系合成为一个合力，合力的大小、方向与原力系的主矢相同，合力的作用线通过简化中心。

(3) $F'_{R} = 0, M_O = 0$

这时原力系处于平衡状态，这种情况将在下节详细讨论。

(4) $F'_{R} \neq 0, M_O \neq 0$

此时原力系与主矢、主矩的共同作用等效。根据力的平移定理的逆过程，将主矢和主矩进一步合成为一个合力。如图 4-6(a) 所示，现将主矩为 M_O 的力偶用两个反向、平行的力 $\boldsymbol{F}_{R}$ 和 $\boldsymbol{F}''_{R}$ 表示，并令 $F'_{R} = F_{R} = -F''_{R}$，如图 4-6(b) 所示。再去掉一对平衡力 $\boldsymbol{F}'_{R}$ 与 $\boldsymbol{F}''_{R}$，于是就将作用于 O 点的力 $\boldsymbol{F}'_{R}$ 和力偶 M_O 合成为一个作用于另一点 O' 的合力 $\boldsymbol{F}_{R}$，如图 4-6(c) 所示，这个力 $\boldsymbol{F}_{R}$ 就是原力系的合力。合力 $\boldsymbol{F}_{R}$ 的大小和方向与原力系的主矢 $\boldsymbol{F}'_{R}$ 相同，而合力作用线至简化中心的距离 d 为

$$d = \frac{|M_O|}{F'_{R}} = \frac{|M_O|}{F_{R}}$$

合力 $\boldsymbol{F}_{R}$ 在 O 点的哪一侧，由 $\boldsymbol{F}_{R}$ 对 O 点的矩的转向与主矩 M_O 的转向一致来确定。

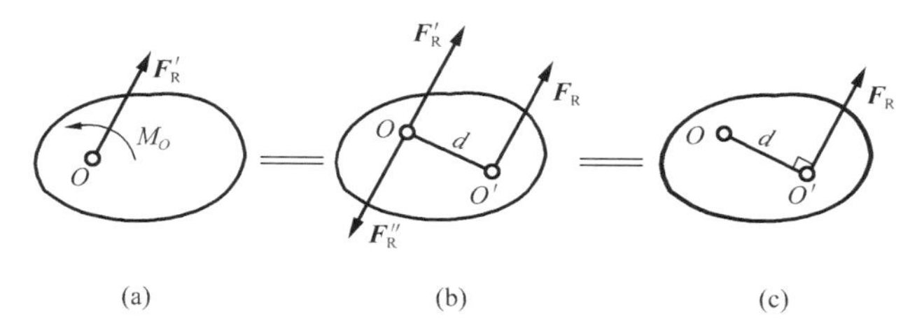

图 4-6　简化结果的讨论

【例 4-2】　一矩形平板 $OABC$，在其平面内受 $\boldsymbol{F}_1$、$\boldsymbol{F}_2$ 及 M 的作用，如图 4-7(a) 所示。已知 $F_1=20\ \text{kN}$，$F_2=30\ \text{kN}$，$M=100\ \text{kN}\cdot\text{m}$，$a=6\ \text{m}$，$b=10\ \text{m}$，试将此力系向 O 点简化。

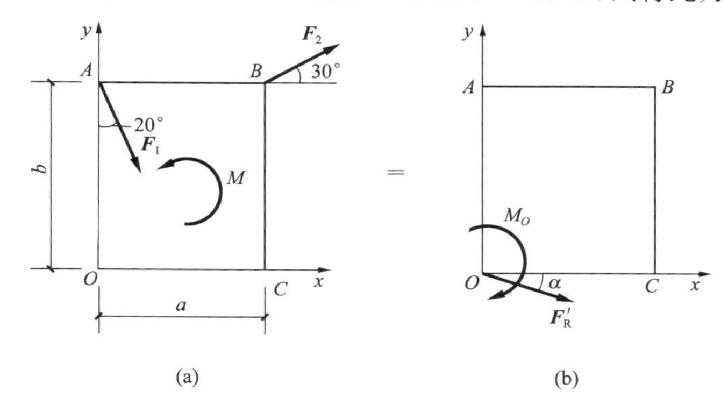

图 4-7　【例 4-2】图

解　取 O 点为简化中心，选取坐标轴如图 4-7 所示。

(1) 求主矢 $\boldsymbol{F}'_R$ 的大小和方向

主矢 $\boldsymbol{F}'_R$ 在 x，y 轴上的投影为

$$\sum F_x = F_1\sin20^\circ + F_2\cos30^\circ = 20\times0.342+30\times0.866=32.82\ \text{kN}$$

$$\sum F_y = -F_1\cos20^\circ + F_2\sin30^\circ = -20\times0.94+30\times0.5=-3.8\ \text{kN}$$

主矢 $\boldsymbol{F}'_R$ 的大小为

$$F'_R=\sqrt{\left(\sum F_x\right)^2+\left(\sum F_y\right)^2}=\sqrt{(38.82)^2+(-3.8)^2}=33\ \text{kN}$$

主矢 $\boldsymbol{F}'_R$ 的方向为

$$\tan\alpha=\frac{\left|\sum F_y\right|}{\left|\sum F_x\right|}=\frac{|-3.8|}{|32.82|}=0.1158,\quad \alpha=6.6^\circ$$

因为 $\sum F_x$ 为正值，$\sum F_y$ 为负值，故主矢 $\boldsymbol{F}'_R$ 在第四象限内，与 x 轴的夹角为 6.6°，如图 4-7(b) 所示。

(2) 求主矩 M_O

力系对点 O 的主矩为

$$\begin{aligned}M_O &= \sum M_O(\boldsymbol{F}) = -F_1\sin20^\circ\cdot b - F_2\cos30^\circ\cdot b + F_2\sin30^\circ\cdot a + M\\ &= -20\times0.342\times10-30\times0.866\times10+30\times0.5\times6+100\\ &= -138\ \text{kN}\cdot\text{m}\end{aligned}$$

顺时针方向。

4.2 平面一般力系的平衡方程及其应用

1. 平面一般力系的平衡条件与平衡方程

平面一般力系向作用面内任一点简化可得到一主矢 $\boldsymbol{F}'_R$ 和主矩 M_O。当主矢 $\boldsymbol{F}'_R$ 和主矩 M_O 都等于零时，力系处于平衡状态；反之，若力系平衡，则其主矢 $\boldsymbol{F}'_R$ 和主矩 M_O 必定为零。由此可见，平面一般力系平衡的必要和充分条件是力系的主矢 $\boldsymbol{F}'_R$ 和主矩 M_O 都等于零，即

$$\left.\begin{aligned} F'_R &= 0 \\ M_O &= 0 \end{aligned}\right\} \tag{4-6}$$

上述条件可用解析式表示。将式(4-3) 和式(4-4) 代入式(4-6)，可得

$$\left.\begin{aligned} \sum F_x &= 0 \\ \sum F_y &= 0 \\ \sum M_O(\boldsymbol{F}) &= 0 \end{aligned}\right\} \tag{4-7}$$

因此，平面一般力系平衡的必要和充分的解析条件是：力系中所有各力在两个坐标轴上的投影的代数和都等于零，以及各力对任意一点力矩的代数和也等于零。

式(4-7) 称为平面一般力系平衡方程的基本形式，其中前两个式子称为投影方程，后一式子称为力矩方程。

平面一般力系有三个独立的平衡方程，可以求解三个未知量。

2. 平衡方程的其他形式

平面一般力系的平衡方程除了公式(4-7) 所示的基本形式外，还可以表示为二力矩形式和三力矩形式。

(1) 二力矩形式的平衡方程

$$\left.\begin{aligned} \sum F_x &= 0 \\ \sum M_A(\boldsymbol{F}) &= 0 \\ \sum M_B(\boldsymbol{F}) &= 0 \end{aligned}\right\} \tag{4-8}$$

其中，x 轴不得垂直于 A、B 两点的连线。

(2) 三力矩形式的平衡方程

$$\left.\begin{aligned} \sum M_A(\boldsymbol{F}) &= 0 \\ \sum M_B(\boldsymbol{F}) &= 0 \\ \sum M_C(\boldsymbol{F}) &= 0 \end{aligned}\right\} \tag{4-9}$$

其中，A、B、C 三点不得共线。

3. 平衡方程的应用

平面一般力系有三种形式的平衡方程，每种形式都只有三个独立的平衡方程，因此只能求解三个未知量。其解题步骤如下：

(1) 选取研究对象。根据题意分析已知量和未知量，选择适当的研究对象。

(2) 画受力图。必须对研究对象进行认真的受力分析，正确地画出作用于研究对象上的所有主动力和约束反力。

(3) 列平衡方程求解未知量。选用适当形式的平衡方程，最好是一个方程只包含一个未知量，这样可避免解联立方程，从而简化计算。为此，要选择适当的坐标系和矩心。在应用投影方程时，选取的投影轴应尽量与多个未知力相垂直；应用力矩方程时，矩心应选择多个未知力的交点上，这样可使方程中的未知量减少，使计算简化。

(4) 校核。校核时将已求出的未知力作为已知力，列出第四个非独立的平衡方程，若其代数和为零，则计算结果正确。

【例 4-3】　悬臂式起重机的水平梁 AB，A 端以铰链固定，B 端用斜杆 BC 拉住，如图 4-8(a) 所示。梁自重 $W=4$ kN，载荷重 $Q=10$ kN。拉杆 BC 的自重不计，试求拉杆的拉力和铰链 A 的约束反力。

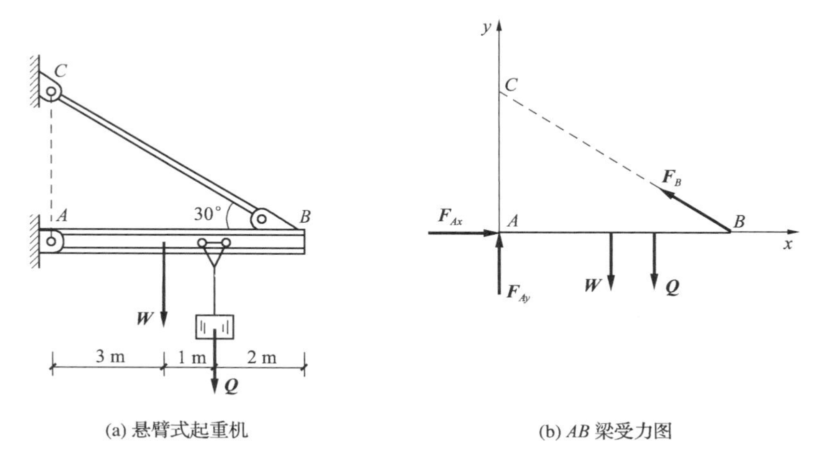

图 4-8　【例 4-3】图

解　(1) 选取梁 AB 与重物一起为研究对象。

(2) 画受力图。梁除了受到已知力 $\boldsymbol{W}$ 和 $\boldsymbol{Q}$ 作用外，还受未知力：斜杆的拉力和铰链 A 的约束力作用。因杆 BC 为二力杆，故拉力 $\boldsymbol{F}_B$ 沿连线 BC；铰链 A 的约束力用两个互相垂直的分力 $\boldsymbol{F}_{Ax}$ 和 $\boldsymbol{F}_{Ay}$ 表示，指向假设如图 4-8(b) 所示。

(3) 列平衡方程。由于梁 AB 处于平衡状态，因此这些力必然满足平面任意力系的平衡方程。取坐标轴如图 4-8(b) 所示，应用平面任意力系的平衡方程，得

$$\sum F_x=0,\quad F_{Ax}-F_B\cos30^\circ=0$$

$$\sum F_y=0,\quad F_{Ay}+F_B\sin30^\circ-W-Q=0$$

$$\sum M_A(\boldsymbol{F})=0,\quad F_B\sin30^\circ\times6-W\times3-Q\times4=0$$

(4) 解联立方程，得

$$F_B=17.33\ \text{kN},\quad F_{Ax}=15.01\ \text{kN},\quad F_{Ay}=5.33\ \text{kN}$$

(5) 校核

$$\sum M_B(\boldsymbol{F})=W\times3+Q\times2-F_{Ay}\times6=4\times3+10\times2-5.33\times6=0$$

计算无误。

【例 4-4】　如图 4-9(a) 所示一钢筋混凝土刚架的计算简图，其左侧受到一水平推力 $F=10$ kN 的作用。刚架顶上承受均布荷载 $q=15$ kN/m，刚架自重不计，试求 A、D 处的支座反力。

解　(1) 取刚架 $ABCD$ 为研究对象，作受力图，如图 4-9(b) 所示。

(2) 列平衡方程，求解未知量

$$\sum F_x = 0,\quad F - F_{Ax} = 0$$

$$\sum M_A(\boldsymbol{F}) = 0,\quad F_{Dy} \times 6 - F \times 3 - q \times 6 \times 3 = 0$$

$$\sum M_D(\boldsymbol{F}) = 0,\quad -F_{Ay} \times 6 - F \times 3 + q \times 6 \times 3 = 0$$

解得

$$F_{Ax} = 10\ \text{kN},\quad F_{Ay} = 40\ \text{kN},\quad F_{Dy} = 50\ \text{kN}$$

(3) 校核

$$\sum F_y = F_{Ay} - q \times 6 + F_{Dy} = 40 - 15 \times 6 + 50 = 0$$

计算无误。

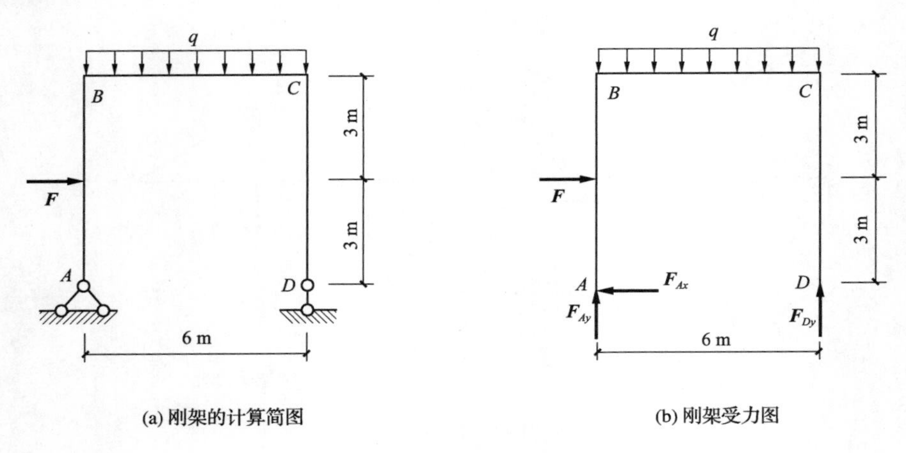

(a) 刚架的计算简图　　(b) 刚架受力图

图 4-9 【例 4-4】图

4.3 平面平行力系的平衡方程

平面力系中各力的作用线互相平行时，称为平面平行力系。

平面平行力系是平面一般力系的特殊情况，因此，它的平衡方程可由平面一般力系的平衡方程导出。如果取 x 轴与平行力系各力的作用线垂直，y 轴与各力平行，如图 4-10 所示，则不论力系是否平衡，各力在 x 轴上的投影恒等于零，即 $\sum F_x \equiv 0$。于是，平面平行力系的独立平衡方程的数目只有两个，即

$$\left.\begin{aligned} \sum F_y &= 0 \\ \sum M_O(\boldsymbol{F}) &= 0 \end{aligned}\right\} \tag{4-10}$$

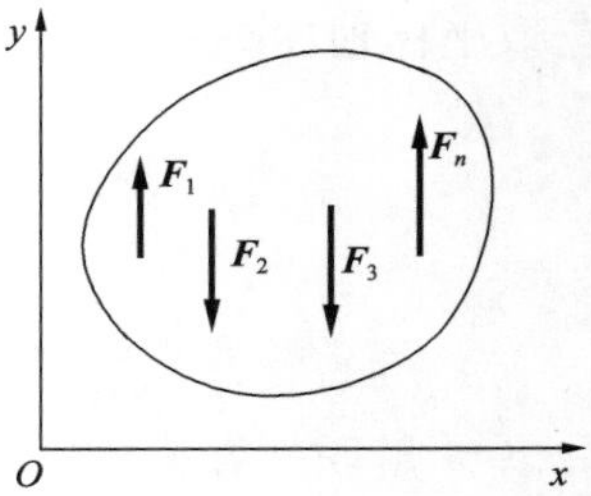

图 4-10 平面平行力系

因为各力与 y 轴平行，所以 $\sum F_y = 0$，表明各力的代数和等于零。这样，平面平行力系平衡的充分必要条件是力系中所有各力的代数和等于零，力系中各力对任一点的矩的代数和等于零。

同理，由平面一般力系平衡方程的二力矩式形式，可导出平面平行力系平衡方程的二力矩式，即

$$\left.\begin{aligned}\sum M_A(\boldsymbol{F}) = 0 \\ \sum M_B(\boldsymbol{F}) = 0\end{aligned}\right\} \qquad (4\text{-}11)$$

其中，A、B 两点的连线不与各力的作用线平行。

平面平行力系有两个独立的平衡方程，可以求解两个未知量。

【例 4-5】 简支梁 AB 受荷载及尺寸如图 4-11(a) 所示。已知均布荷载的集度 $q = 20\ \text{kN/m}$，试求支座 A、B 的反力。

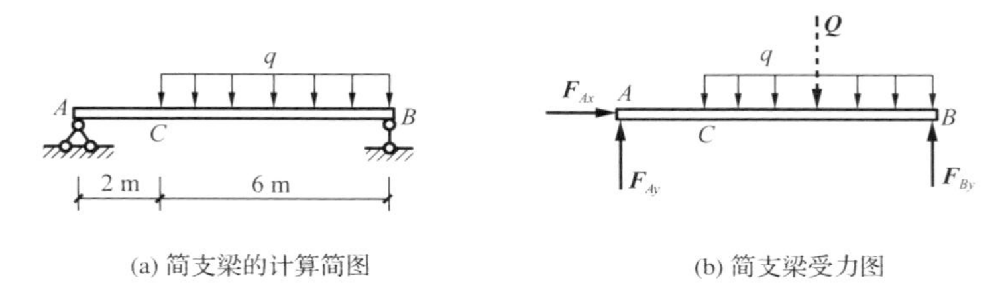

(a) 简支梁的计算简图　　(b) 简支梁受力图

图 4-11 【例 4-5】图

解 (1) 取 AB 为研究对象，画出受力图如图 4-11(b) 所示。作用在梁上的有已知荷载 q，未知力有 $\boldsymbol{F}_{Ay}$、$\boldsymbol{F}_{By}$、$\boldsymbol{F}_{Ax}$。除 $\boldsymbol{F}_{Ax}$ 外，以上各力都互相平行，显然在 $\sum \boldsymbol{F}_x = 0$ 式中，$\boldsymbol{F}_{Ax}$ 必然为零。于是，可按平面平行力系的平衡方程求出 $\boldsymbol{F}_{Ay}$ 和 $\boldsymbol{F}_{By}$。

(2) 列平衡方程，求解未知量

根据合力矩定理，均布荷载对某矩心力矩之和，等于它们的合力 Q 对该矩心的力矩。均布荷载的合力 $Q = 20 \times 6 = 120\ \text{kN}$，方向与均布荷载相同，作用在 BC 段的中点。

$$\sum M_A(\boldsymbol{F}) = 0, \quad F_{By} \times 8 - 120 \times (2 + 3) = 0$$

得

$$F_{By} = \frac{120 \times 5}{8} = 75\ \text{kN}$$

$$\sum M_B(\boldsymbol{F}) = 0, \quad 120 \times 3 - F_{Ay} \times 8 = 0$$

得

$$F_{Ay} = \frac{120 \times 3}{8} = 45\ \text{kN}$$

(3) 校核

$$\sum F_y = F_{Ay} - Q + F_{By} = 45 - 120 + 75 = 0$$

计算无误。

【例 4-6】 一桥梁桁架受荷载 $\boldsymbol{F}_1$、$\boldsymbol{F}_2$ 和 $\boldsymbol{F}_3$ 作用，桁架各杆的自重不计，各部分尺寸如图 4-12(a) 所示。已知 $F_1 = 60\ \text{kN}$，$F_2 = 100\ \text{kN}$，$F_3 = 40\ \text{kN}$，试求支座 A、B 的反力。

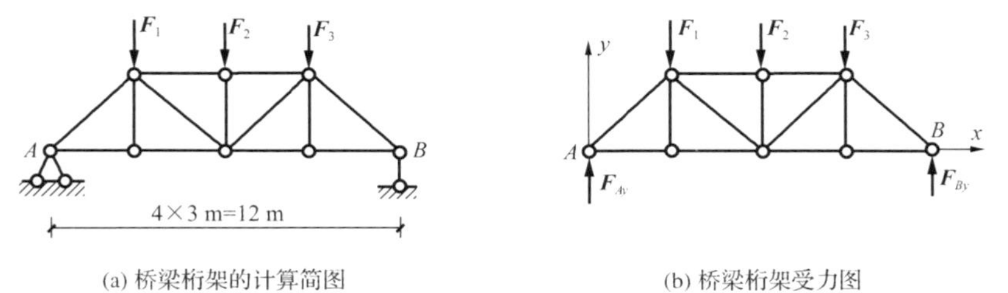

(a) 桥梁桁架的计算简图　　(b) 桥梁桁架受力图

图 4-12 【例 4-6】图

解 (1) 取整个桁架为研究对象，画出受力图如图 4-12(b) 所示。

(2) 列平衡方程,求解未知量

$$\sum M_A(\boldsymbol{F}) = 0, \quad F_{By} \times 12 - F_1 \times 3 - F_2 \times 6 - F_3 \times 9 = 0$$

得
$$F_{By} = \frac{60 \times 3 + 100 \times 6 + 40 \times 9}{12} = 95 \text{ kN}$$

$$\sum F_y = 0, \quad F_{Ay} + F_{By} - F_1 - F_2 - F_3 = 0$$

得
$$F_{Ay} = F_1 + F_2 + F_3 - F_{By} = 60 + 100 + 40 - 95 = 105 \text{ kN}$$

(3) 校核

$$\sum M_B(\boldsymbol{F}) = 60 \times 9 + 100 \times 6 + 40 \times 3 - 105 \times 12 = 0$$

计算无误。

4.4 物体系统的平衡问题

在前面讨论的,都是单个物体的平衡问题,但在实际工程中,工程结构物一般都是由若干个物体通过不同的约束按一定方式连接而成的系统,这种系统称为物体系统,简称物体系或物系。如图 4-13(a) 所示的三铰拱,由左拱 AC 和右拱 BC 通过铰 C 连接,并支承在支座 A、B 上而组成的一个物体系统。

研究物体系统的平衡问题,不仅需要求解支座反力,而且还要求出系统内物体与物体之间的相互作用力。通常将系统以外的物体对这个系统的作用力称为外力,系统内各物体之间的相互作用力称为系统的内力。如图 4-13(b) 所示,荷载 $\boldsymbol{F}_1$、$\boldsymbol{F}_2$ 及支座 A、B 的反力就是三铰拱的外力,而铰 C 处左、右两半拱之间的相互作用的力就是三铰拱的内力。由于内力总是成对出现的,且每对内力中的两个力均等值、共线、反向并分别作用于所选的两个物体上,在以整体为研究对象时,每对内力均可抵消。所以,内力不应出现在整体的受力图和平衡方程中。

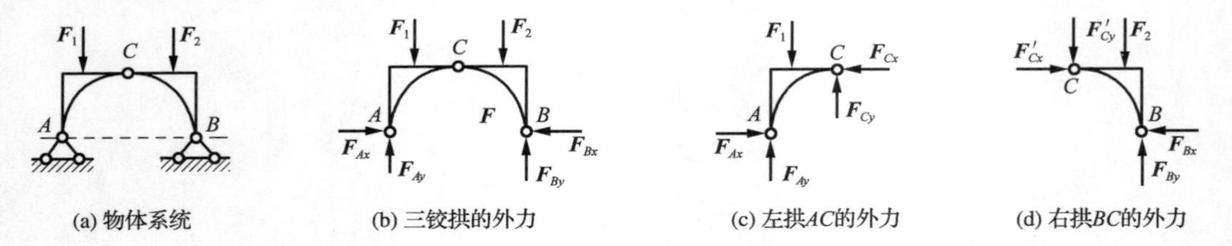

(a) 物体系统　(b) 三铰拱的外力　(c) 左拱AC的外力　(d) 右拱BC的外力

图 4-13　三铰拱

应当注意,外力和内力的概念是相对的,取决于所选取的研究对象。如果不是取整个三铰拱而是分别取左半拱或右半拱为研究对象,则铰 C 对左半拱[图 4-13(c)]或右半拱[图 4-13(d)]作用的力就成为外力了。由此可见,如需求出系统内某两物体间的相互作用力,则应将系统自两物体的连接处拆开以使系统成为两部分,并任取其一为研究对象,于是两物体间的相互作用力就成为作用于所选研究对象上的外力,而理应出现在它的受力图和相应的平衡方程中。

当整个物体系统平衡时,组成该系统的每一个物体都处于平衡状态。所以,可取整个系统或系统中某个物体为研究对象,然后列出相应的平衡方程,以求解所需的未知量。如果系统是由 n 个物体组成,而每个物体又都是在平面一般力系作用下,则共有 $3n$ 个独立的平衡方程,可以求解 $3n$ 个未知量。如果系统中的物体受平面汇交力系或平面平行力系作用时,则独立的平衡方程个数将相应减少,而所能求的未知量的个数也相应减少。

下面举例说明求解物体系统平衡问题的方法。

【例 4-7】　组合梁的支承及荷载情况如图 4-14(a) 所示，已知 $F_1 = 10\ \text{kN}$，$F_2 = 20\ \text{kN}$，试求支座 A、B、D 及铰 C 处的约束反力。

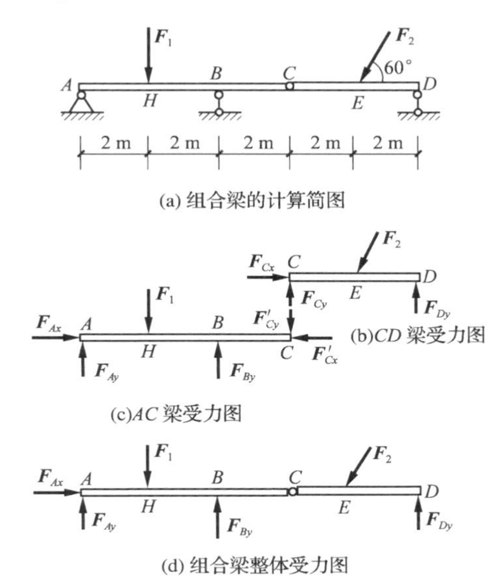

图 4-14　【例 4-7】图

解　组合梁由梁 AC 和 CD 两段组成，作用在每段梁上的力系都是平面一般力系，因此可列出六个独立的平衡方程。未知量也有六个：A、C 处各两个，B、D 处各一个。六个独立的平衡方程能求解六个未知量。

梁 CD、梁 AC 及整体梁的受力图如图 4-14(b)、(c)、(d) 所示。各约束反力的指向都是假定的，但约束反力 $\boldsymbol{F}'_{Cx}$、$\boldsymbol{F}'_{Cy}$ 必须分别与 $\boldsymbol{F}_{Cx}$、$\boldsymbol{F}_{Cy}$ 等值、反向、共线。由三个受力图可看出，在梁 CD 上只有三个未知力，而在梁 AC 及整体梁上都各有四个未知力。因此，应先取梁 CD 为研究对象，求出 $\boldsymbol{F}_{Cx}$、$\boldsymbol{F}_{Cy}$、$\boldsymbol{F}_{Dy}$，然后再考虑梁 AC 或整体梁平衡，就能解出其余未知力。

(1) 取 CD 梁为研究对象，如图 4-14(b) 所示

$$\sum M_C(\boldsymbol{F}) = 0,\quad F_{Dy} \times 4 - F_2 \sin 60^\circ \times 2 = 0$$

得
$$F_{Dy} = \frac{F_2 \sin 60^\circ \times 2}{4} = \frac{20 \times 0.866 \times 2}{4} = 8.66\ \text{kN}$$

$$\sum F_x = 0,\quad F_{Cx} - F_2 \cos 60^\circ = 0$$

得
$$F_{Cx} = F_2 \cos 60^\circ = 20 \times 0.5 = 10\ \text{kN}$$

$$\sum F_y = 0,\quad F_{Cy} + F_{Dy} - F_2 \sin 60^\circ = 0$$

得
$$F_{Cy} = F_2 \sin 60^\circ - F_{Dy} = 20 \times 0.866 - 8.66 = 8.66\ \text{kN}$$

(2) 取 AC 梁为研究对象，如图 4-14(c) 所示

$$\sum M_A(\boldsymbol{F}) = 0,\quad F_{By} \times 4 - F_1 \times 2 - F'_{Cy} \times 6 = 0$$

得
$$F_{By} = \frac{2F_1 + 6F'_{Cy}}{4} = \frac{2 \times 10 - 6 \times 8.66}{4} = 17.99\ \text{kN}$$

$$\sum F_x = 0,\quad F_{Ax} - F'_{Cx} = 0$$

得
$$F_{Ax} = F'_{Cx} = 10 \text{ kN}$$

$$\sum F_y = 0, \quad F_{Ay} - F_1 + F_{By} - F'_{Cy} = 0$$

得
$$F_{Ay} = F_1 - F_{By} + F'_{Cy} = 10 - 17.99 + 8.66 = 0.67 \text{ kN}$$

(3) 校核，取整体梁为研究对象，如图 4-14(d) 所示

$$\sum F_x = F_{Ax} - F_2 \cos 60^\circ = 10 - 20 \times 0.5 = 0$$

$$\sum F_y = F_{Ay} + F_{By} + F_{Dy} - F_1 - F_2 \sin 60^\circ = 0.67 + 17.99 + 8.66 - 10 - 20 \times 0.866 = 0$$

计算无误。

【例 4-8】 钢筋混凝土三铰刚架受荷载作用，如图 4-15(a) 所示，已知 $F = 18$ kN，$q = 12$ kN/m，求支座 A、B 及铰 C 处的约束反力。

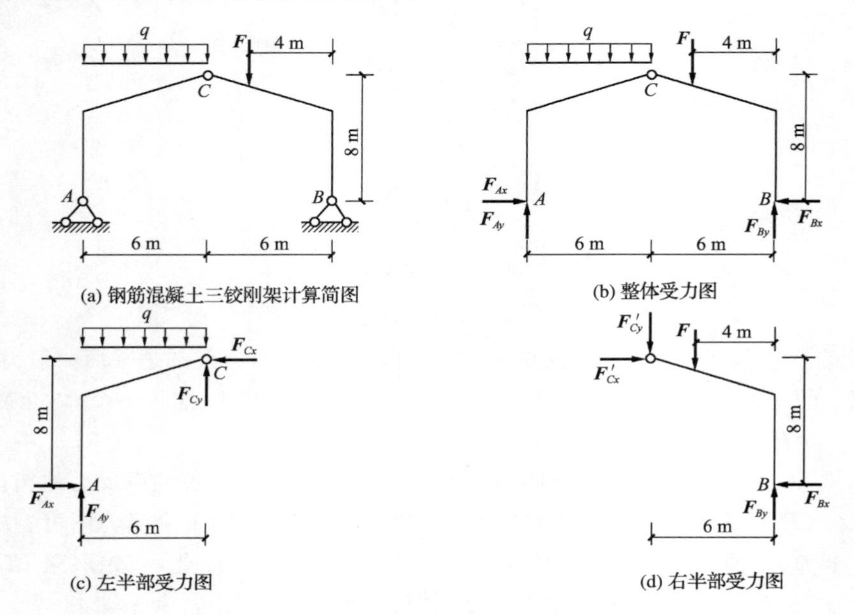

图 4-15 【例 4-8】图

解 三铰刚架整体和左、右两半刚架的受力图如图 4-15(b)、(c)、(d) 所示。由图可见，如果先取左半刚架或右半刚架为研究对象，都有四个未知力，不论是列出力矩方程或投影方程，每个方程中至少含有两个未知力，不可能做到一个方程求解一个未知力。如果先取整体刚架为研究对象，虽然也有四个未知力，由于 $\boldsymbol{F}_{Ax}$、$\boldsymbol{F}_{Ay}$、$\boldsymbol{F}_{Bx}$ 交于 A 点，$\boldsymbol{F}_{Bx}$、$\boldsymbol{F}_{By}$、$\boldsymbol{F}_{Ax}$ 交于 B 点，所以分别以 A 和 B 为矩心列平衡方程，可以先求出 $\boldsymbol{F}_{By}$ 和 $\boldsymbol{F}_{Ay}$。然后，在考虑任一个半刚架的平衡，这时，每个半刚架都只剩下三个未知力，问题就迎刃而解了。

综上分析，计算如下：

(1) 取三铰刚架整体刚架为研究对象，如图 4-15(b) 所示

$$\sum M_A(\boldsymbol{F}) = 0, \quad F_{By} \times 12 - F \times 8 - q \times 6 \times 3 = 0$$

$$\sum M_B(\boldsymbol{F}) = 0, \quad -F_{Ay} \times 12 + F \times 4 + q \times 6 \times 9 = 0$$

$$\sum F_x = 0, \quad F_{Ax} - F_{Bx} = 0$$

解得

$$F_{Ay} = 60 \text{ kN}, \quad F_{By} = 30 \text{ kN}, \quad F_{Ax} = F_{Bx}$$

(2) 取左半刚架为研究对象，如图 4-15(c) 所示

$$\sum F_x = 0,\quad F_{Ax} - F_{Cx} = 0$$

$$\sum F_y = 0,\quad F_{Cy} + F_{Ay} - q \times 6 = 0$$

$$\sum M_C(\boldsymbol{F}) = 0,\quad -F_{Ay} \times 6 + F_{Ax} \times 8 + q \times 6 \times 3 = 0$$

解得

$$F_{Ax} = F_{Bx} = 18\ \text{kN},\quad F_{Cx} = 18\ \text{kN},\quad F_{Cy} = 12\ \text{kN}$$

(3) 校核，取右半刚架为研究对象，如图 4-15(d) 所示

$$\sum M_C(\boldsymbol{F}) = F_{By} \times 6 - F_{Bx} \times 8 - F \times 2 = 30 \times 6 - 18 \times 8 - 18 \times 2 = 0$$

计算无误。

通过以上实例的分析，可见物体系统平衡问题的解题步骤与单个物体的平衡问题基本相同。现将物体系统平衡问题的解题特点归纳如下：

(1) 比较系统的独立平衡方程个数和未知量个数，若彼此相等，则可根据平衡方程求解出全部未知量。一般来说，有 n 个物体组成的系统，可以建立 $3n$ 个独立的平衡方程。

(2) 根据已知条件和所求的未知量，适当选取研究对象，使计算简化。通常可先有整个物体系统的平衡，求出某些未知量，然后根据需要选取受力情形最简单的某一部分(一个物体或几个物体)作为研究对象，且最好这个研究对象所包含的未知量个数不超过其所受力系的平衡方程的数目，求出其余未知量。

(3) 要抓住一个“拆”字。需要将系统拆开时，要在各个物体连接处拆开，而不可将物体或杆件切开，但对二力杆可以切开。在拆开的地方用相应的约束反力代替约束对物体的作用。这样，就把物体系统分解为若干单个物体，单个物体受力简单，便于分析。

(4) 在画研究对象的受力图时，切记受力图中只能画出研究对象所受的外力，不能画出研究对象的内力。

(5) 选择平衡方程的形式和注意选取适当的投影坐标轴和矩心，尽可能做到在一个平衡方程中只含有一个未知量，使计算简化。

本章小结

(1) 平面一般力系向任一点的简化

1) 简化依据　力的平移定理

2) 简化结果

主矩 $\boldsymbol{F}'_R = \sum \boldsymbol{F}$，与简化中心的位置无关；

主矩 $M_O = \sum M_O(\boldsymbol{F})$，与简化中心的位置有关。

3) 简化结果讨论

① $F'_R = 0, M_O \neq 0$　为一个力偶，M_O 与简化中心的位置无关。

② $F'_R \neq 0, M_O = 0$　为一个力，作用线通过简化中心，$\boldsymbol{F}_R = \boldsymbol{F}'_R$。

③ $F'_R = 0, M_O = 0$　力系平衡。

④ $F'_R \neq 0, M_O \neq 0$　为一个力，合力作用线至简化中心的距离为 $d = \dfrac{|M_O|}{F_R}$，$F_R = F'_R$。

(2) 平面力系的平衡

① 平衡方程

力系类别		平衡方程	限制条件	可求未知量个数
一般力系	基本形式	$\sum F_x=0,\sum F_y=0,\sum M_O=0$		3
	二力矩形式	$\sum F_x=0,\sum M_A=0,\sum M_B=0$	x 轴不垂直于 AB 连线	3
	三力矩形式	$\sum M_A=0,\sum M_B=0,\sum M_C=0$	A、B、C 三点不共线	3
平行力系		$\sum F_y=0\quad,\sum M_O=0$		2
		$\sum M_A=0\quad,\sum M_B=0$	AB 连线不与各力作用线平行	2
汇交力系		$\sum \boldsymbol{F}_x=0,\quad \sum \boldsymbol{F}_y=0$		2
力偶系		$\sum M=0$		1

②平衡方程的应用

应用平面力系的平衡方程，可以求解单个物体及物体系统的平衡问题，求解时要通过受力分析，正确地选取研究对象，画出分离体受力图。平面一般力系有三个相互独立的平衡方程，可求解三个未知量。在解题时，为了避免解联立方程组，应尽量使一个方程只含有一个未知量。为此，坐标轴的选取应尽可能与未知力的作用线相平行或垂直，矩心选在两个未知力的交点上。

复习思考题

4-1　如图 4-16 所示，设一平面一般力系 $\boldsymbol{F}_1$、$\boldsymbol{F}_2$、$\boldsymbol{F}_3$、$\boldsymbol{F}_4$ 分别作用于矩形钢板 A、B、C、D 四个顶点，且各力的大小与各边长成比例，试问该力系简化结果是什么？

4-2　在刚体上 A、B、C 三点分别作用三个力 $\boldsymbol{F}_1$、$\boldsymbol{F}_2$、$\boldsymbol{F}_3$，各力的方向如图 4-17 所示，大小恰好与△ABC 的边长成比例。问该力系是否平衡？为什么？

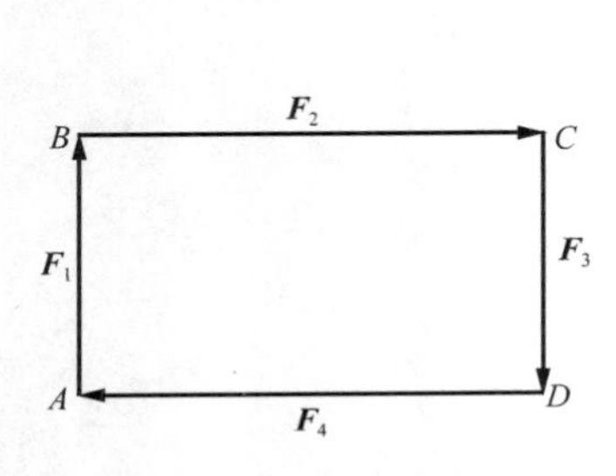

图 4-16　复习思考题 4-1 图

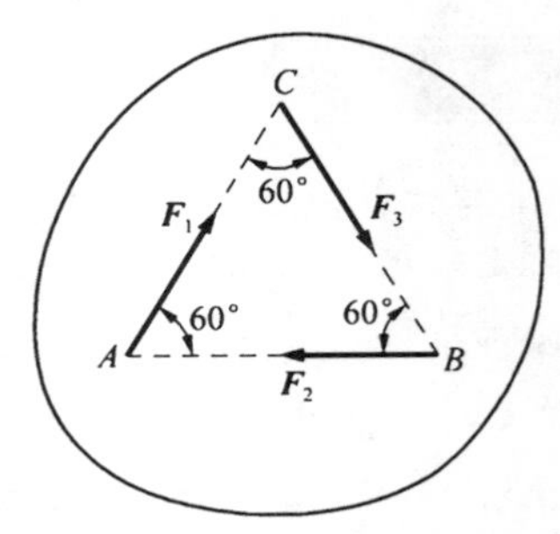

图 4-17　复习思考题 4-2 图

4-3　某平面力系向 A、B 两点简化的主矩皆为零，此力系简化的最终结果可能是一个力吗？可能是一个力偶吗？可能平衡吗？

4-4　平面一般力系的平衡方程有几种形式？应用时有什么限制条件？

4-5　设一平面任意力系向一点简化得到一合力。如另选适当的点为简化中心，问力系能否简化为一力偶？为什么？

习　题

4-1　梁 AB 如图 4-18 所示。在梁的中点作用一力 $F=20$ kN，力和梁的轴线成 45°角。如梁的重量略去不计，试分别求(a)和(b)两种情形下的支座反力。

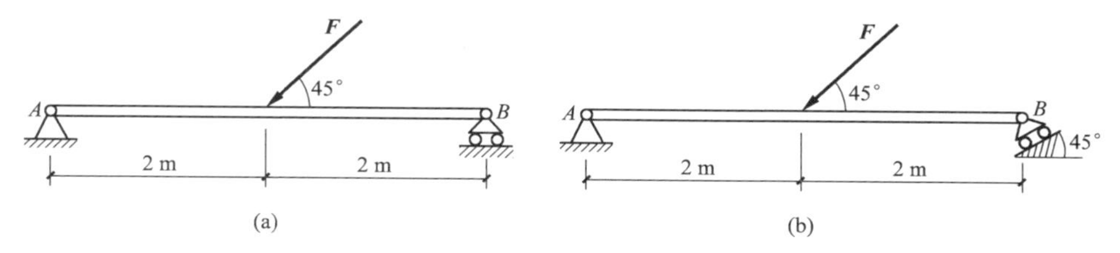

图 4-18　习题 4-1 图

4-2　求如图 4-19 所示各梁的支座反力。

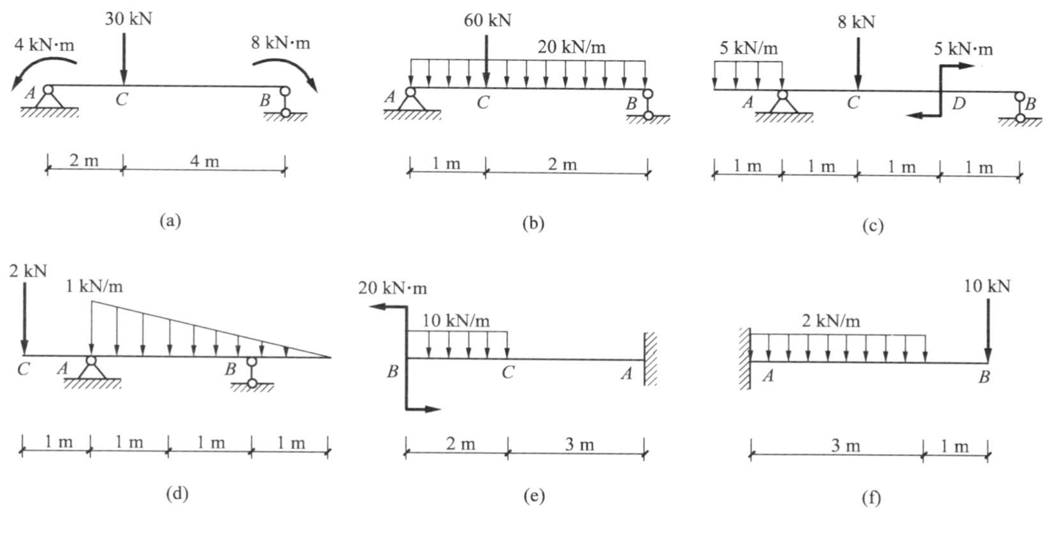

图 4-19　习题 4-2 图

4-3　求如图 4-20 所示多跨梁的支座反力。

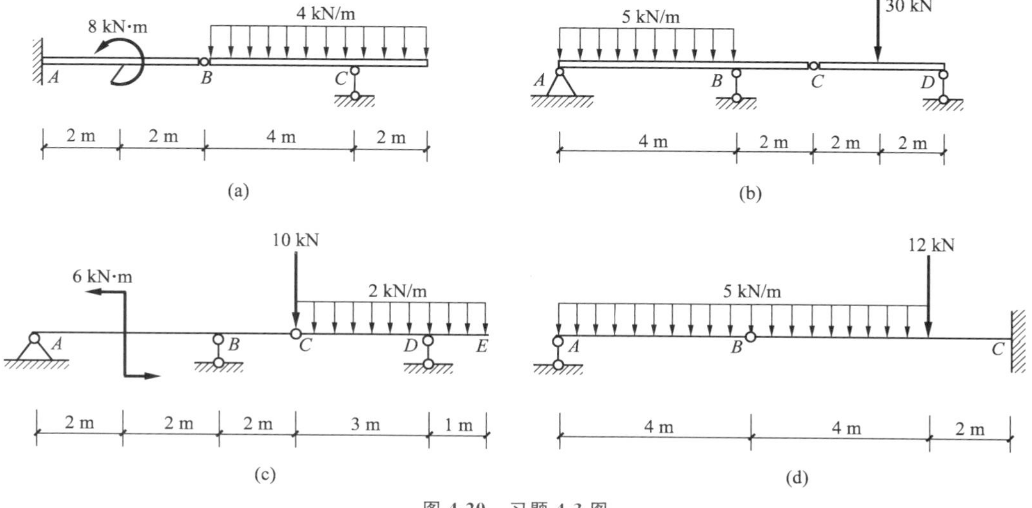

图 4-20　习题 4-3 图

4-4 求如图 4-21 所示刚架的支座反力。

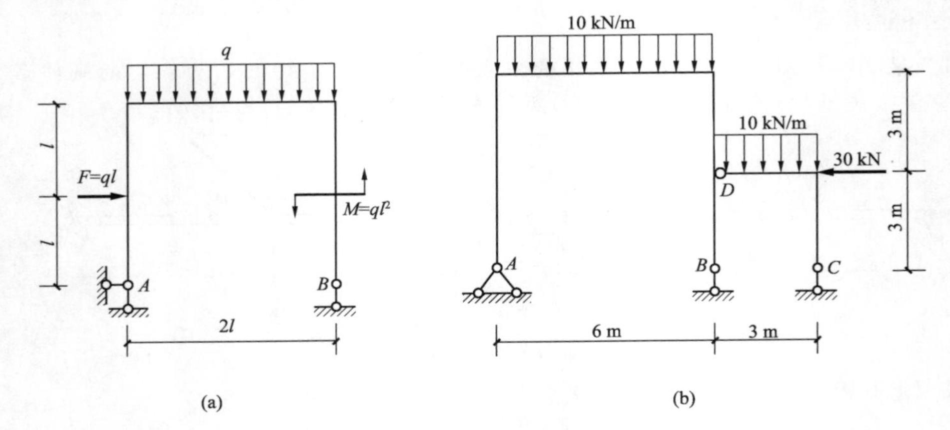

图 4-21 习题 4-4 图

4-5 如图 4-22 所示，三铰刚架顶部受均布荷载作用，荷载集度为 $q=2$ kN/m，AC 杆上作用一水平集中荷载 $F=5$ kN。已知 $l=a=2$ m，$h=4$ m，试求支座 A、B 的约束反力。

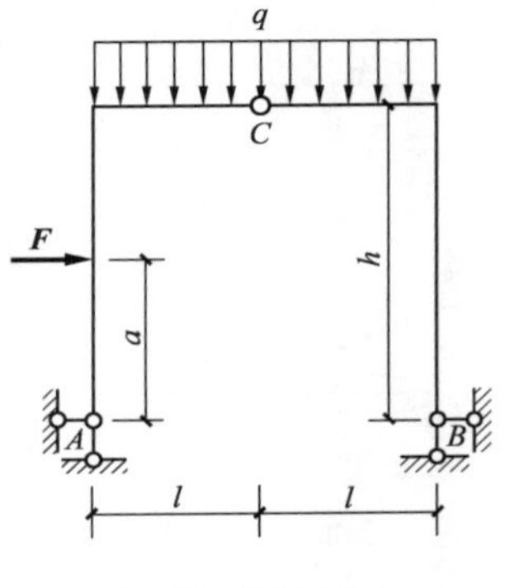

图 4-22 习题 4-5 图

第 4 章

练习 4-1

练习 4-2

第5章 平面体系的几何组成分析

学习目标

通过本章的学习，了解几何不变体系和几何可变体系的概念，理解几何组成分析的目的；了解刚片、自由度与约束的概念；掌握平面体系的几何组成规则并能熟练应用；了解静定结构和超静定结构的联系和区别。

学习重点

平面杆件体系的几何组成分析规则及应用。

5.1 概 述

若干个杆件按一定规律相互连接，并与基础连接成一整体，构成杆件体系。如果体系的所有杆件和约束及外部作用均在同一平面内，则称为平面体系。但并不是无论怎样组成的体系都能作为工程结构使用的。

1. 几何不变体系和几何可变体系

体系受到荷载作用后，构件将产生变形，一般这种变形与结构的尺寸相比是很微小的，在不考虑材料变形的条件下，体系受力后，能保持其几何形状和位置的不变，且不发生刚体形式的运动，这类体系称为几何不变体系。如图5-1(a)所示体系，由两根杆件与地基组成铰接三角形，受到任意荷载作用时，它的几何形状和位置都不会改变，这种体系就是几何不变体系，但对如图5-1(b)所示体系，它是一个铰接四边形，即使不考虑材料的变形，在很小的荷载作用下，也会发生机械运动而不能保持原有的几何形状和位置，这样的体系称为几何可变体系。对于用来承受荷载的建筑结构，必须是几何不变体系。因此，在设计结构和选取其计算简图时，首先必须判断它是否是几何不变的，然后决定能否用作结构。这一工作就称为体系几何组成分析或几何构造分析。本章只讨论平面体系的几何组成分析。

2. 几何组成分析的目的

(1)判断体系是否为几何不变体系，从而决定它能否作为结构。

(2)研究几何不变体系的组成规则，以便设计出合理的结构形式。

(3)正确区分静定结构和超静定结构，从而选择相应的计算方法。

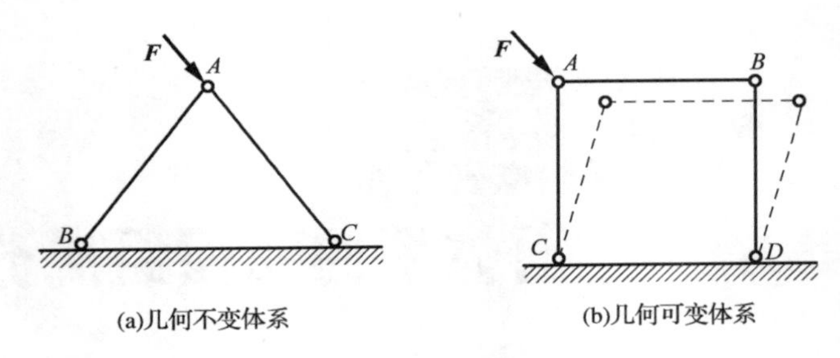

(a)几何不变体系　　(b)几何可变体系

图 5-1 几何组成分析

3. 几个重要概念

刚片——平面内的刚体称为刚片。在进行几何组成分析时，由于不考虑材料的应变，因而可以把每根杆件、基础或已经判断出为几何不变的部分视为刚片。

自由度——体系在运动时可以独立变化的几何参数的数目，也就是确定其体系位置所需独立坐标的数目，简称为自由度。例如，一个点在平面内自由运动时，其位置可用两个独立坐标值 x，y 来确定，如图 5-2(a)所示，所以一个点在平面内有两个自由度。一个刚片在平面内自由运动时，其位置可由它上面的任一点 A 的坐标值 x，y 和任一直线 AB 的倾角 φ 来确定，如图 5-2(b)所示，所以一个刚片在平面内有三个自由度。

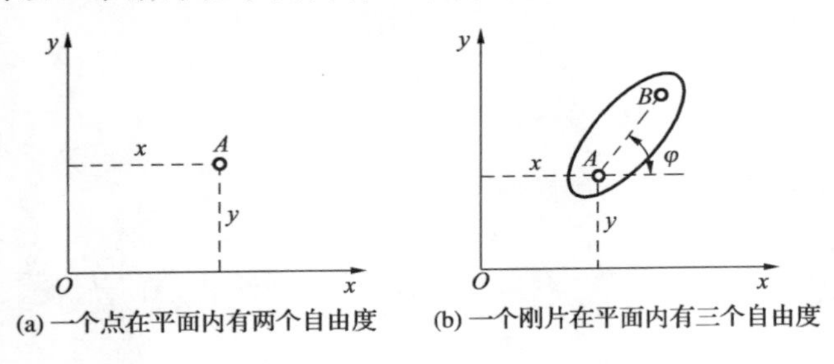

(a) 一个点在平面内有两个自由度　　(b) 一个刚片在平面内有三个自由度

图 5-2 点和刚片的自由度

约束——对运动起限制作用的装置称为约束。约束使构件(刚片)之间的相对运动受到限制，因此约束的存在将会使体系的自由度减少。常见的约束有链杆、铰和刚性连接。

链杆是两端用铰与其他两个物体相连的刚性杆。链杆只限制与其连接的刚片沿链杆两铰连线方向上的运动，因此一个链杆相当于一个约束，能使体系减少一个自由度。如图 5-3(a)所示刚片Ⅰ与基础用一根链杆相连接，则刚片Ⅰ在链杆方向的运动将被限制，但此时刚片仍可进行两种独立运动，即链杆 AB 绕 B 点的转动以及刚片绕 A 点的转动。加入链杆后，刚片的自由度减少为两个，可见一根链杆可减少一个自由度，故一根链杆相当于一个约束。

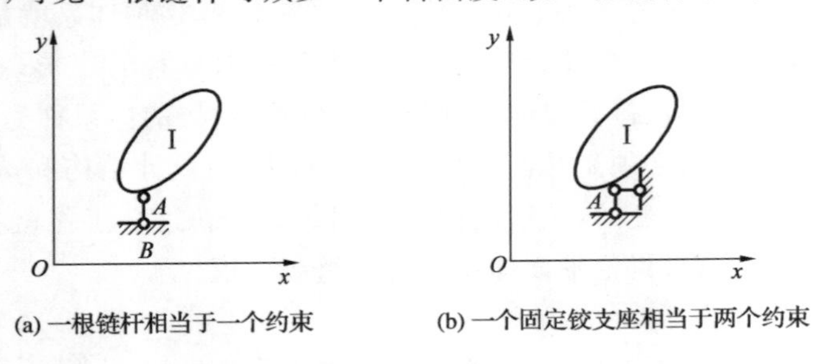

(a) 一根链杆相当于一个约束　　(b) 一个固定铰支座相当于两个约束

图 5-3 约束

如果在 A 点处再加一链杆将刚片Ⅰ与基础相连，如图 5-3(b)所示，即 A 点处成为一个固定铰支座，此时，刚片Ⅰ只能绕 A 点转动，其自由度减少为一个。可见一个固定铰支座可减少两个自由度，故一个固定铰支座相当于两个约束。

连接两个刚片的铰称为单铰。如图 5-4(a)所示刚片Ⅰ与Ⅱ用一个铰连在一起，如果用两个坐标值 x、y 和倾角 φ_1 确定了刚片Ⅰ的位置，则刚片Ⅱ只能绕 A 转动，因此只需要一个倾角 φ_2 就可以确定刚片Ⅱ的位置。因此，两刚片原有的 6 个自由度就减少为 4 个，可见一个单铰相当于两个约束，也就是相当于两根链杆的作用。

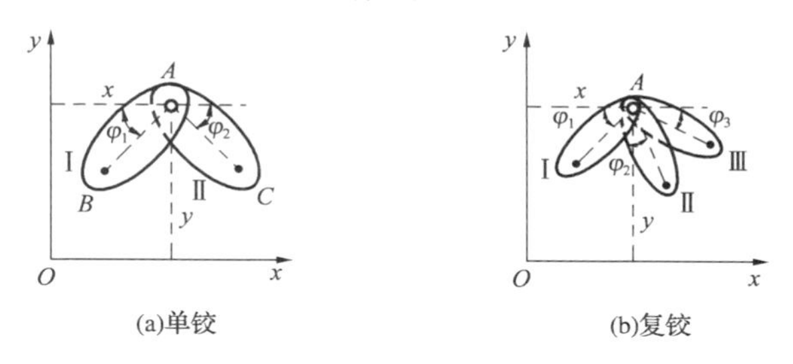

图 5-4　单铰和复铰

有时一个铰同时连接两个以上的刚片，这种铰称为复铰。如图 5-4(b)所示为连接三个刚片的复铰。三个刚片连接后的自由度由原来的 9 个减少为 5 个。即 A 点处的复铰减少了 4 个自由度，相当于两个单铰的作用。由此及彼，连接 n 个刚片的复铰，其作用相当于$(n-1)$个单铰，也即相当于 $2(n-1)$个约束。如图 5-5(a)所示的四个刚片用一圆柱铰连接，即为一复铰，连接刚片数为 $n=4$，相当于 $n-1=5-1=3$ 个单铰；如图 5-5(b)所示的三个刚片用一圆柱铰连接，经折算后相当于 2 个单铰；而如图 5-5(c)所示，是两个刚片用一圆柱铰连接，其单铰数为 1。

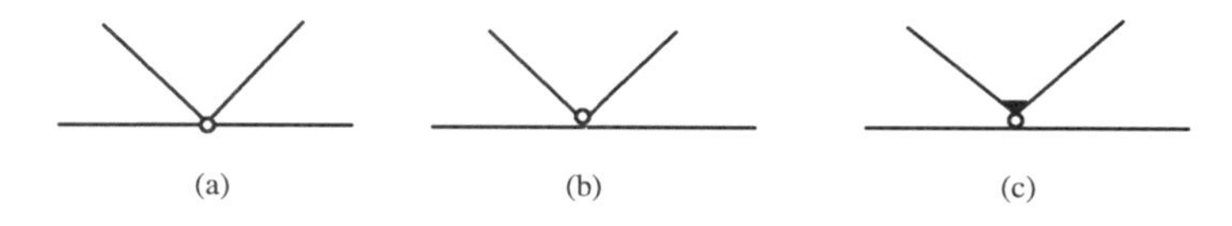

图 5-5　复铰和单铰示例

如图 5-6(a)所示刚片Ⅰ和刚片Ⅱ间为刚性连接方式。当两个刚片单独存在时，它们的自由度为 6；两者通过刚性连接后，刚片Ⅰ相对于刚片Ⅱ不发生任何相对运动，构成了一个刚片，这时它的自由度是 3，所以一个刚性连接相对于三个约束。这三个约束也可以用彼此既不完全平行也不交于一点的三根链杆来代替。因此，可把图 5-6(a)画成图 5-6(b)、(c)的情况。悬臂梁的固定端就是刚片与基础间的刚性连接。

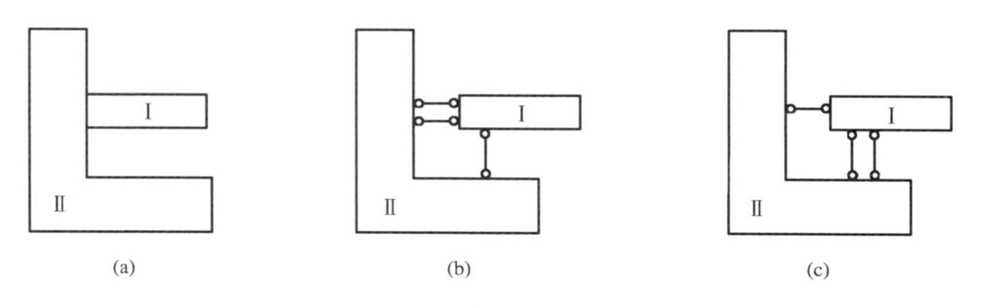

图 5-6　刚性连接

必要约束和多余约束——凡使体系的自由度减少为零所需要的最少约束，就称为必要约束。如果在一个体系中增加一个约束，而体系的自由度并不因此而减少，则此约束称为多余约束。例如,平面内有一个自由点 A 原来有两个自由度,如果用两根不共线的链杆 1 和 2 把 A 点与基础相连,如图 5-7(a)所示,则 A 点即被固定,因此减少了两个自由度,可见链杆 1 和 2 都是必要约束。

如果用三根不共线的链杆把 A 点与基础相连,如图 5-7(b)所示,实际上仍只减少两个自由度。因此,这三根链杆中只有两根是必要约束,而一根是多余约束(可把三根链杆中的任何一根链杆视作多余约束)。

图 5-7 约束

另外,一个体系中如果有多余约束存在,那么,应当分清楚哪些约束是多余的,哪些约束是必要的。只有必要约束才对体系的自由度有影响,而多余约束则对体系的自由度没有影响。

5.2 平面几何不变体系的基本组成规则

本节介绍无多余约束的几何不变平面体系的基本组成规则。无多余约束是指体系内的约束数目恰好使该体系成为几何不变,如果去掉任意一个约束就会变成几何可变体系。

几何不变体系的组成规则

1. 基本组成规则

(1)三刚片规则

三个刚片用不在同一直线上的三个铰两两相连,所组成的体系为几何不变体系,且无多余约束。

如图 5-8(a)所示铰接体系,刚片Ⅰ、Ⅱ、Ⅲ用不在同一直线上的 A、B、C 三个单铰两两相连,这三个刚片组成一个三角形,因为三边的长度是定值,所组成的三角形是唯一的,形状不会改变,所以该体系是几何不变的。同理,当三个刚片每两个刚片之间都用两根链杆相连,而且每两根链杆都相交于一点,构成一个虚铰。这三个刚片由不在同一直线上的虚铰两两相连,所构成的体系也是几何不变的,如图 5-8(b)、(c)所示。

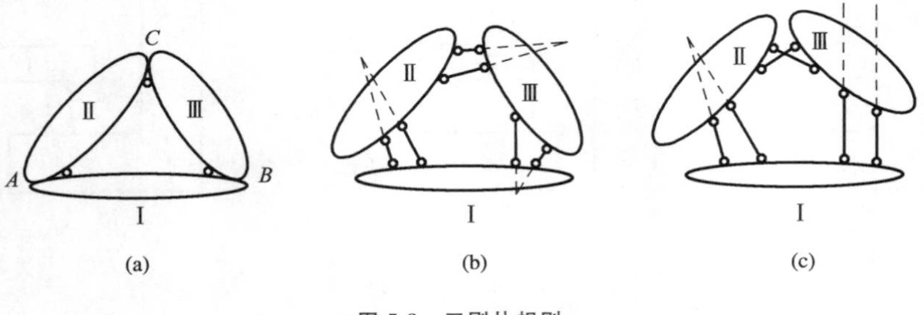

图 5-8 三刚片规则

（2）两刚片规则

两个刚片用一个铰和一根延长线不通过该铰的链杆相连；或者两个刚片用三根既不完全平行也不交于同一点的链杆相连，组成的体系为几何不变体系，且无多余约束。

如图5-9(a)所示体系，当连接两个刚片的链杆作为刚片来处理时，很显然，该体系组成的是一个简单的三角形体系，为几何不变。

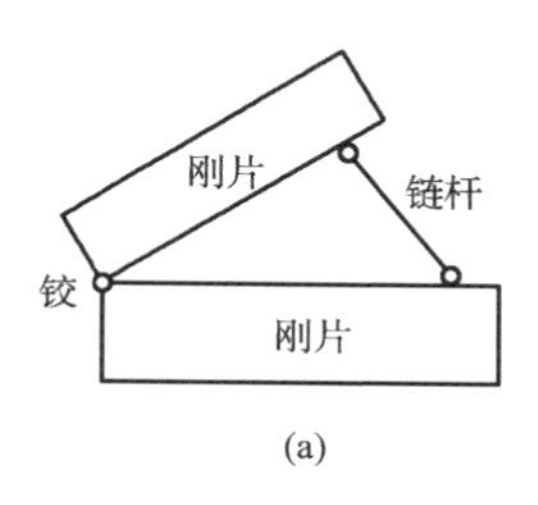

(a)

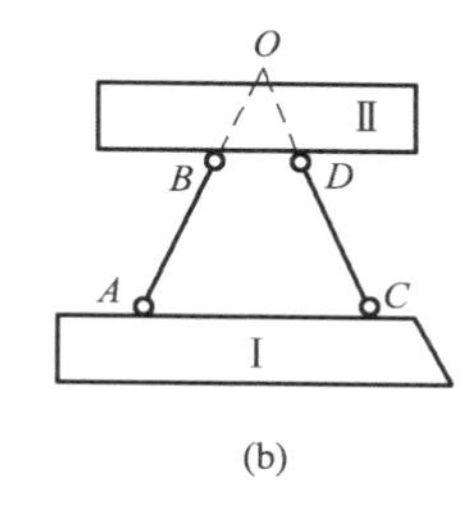

(b)

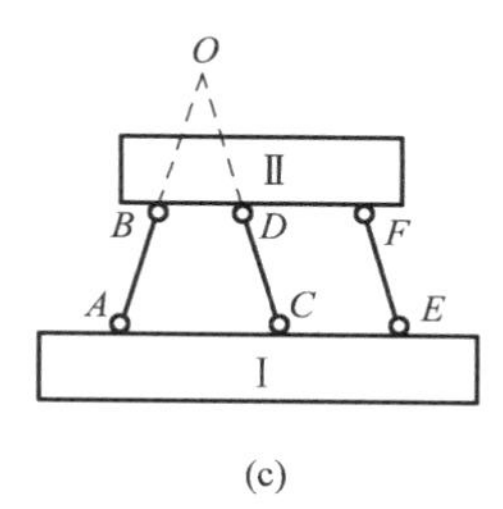

(c)

图5-9　两刚片规则

此外，对于如图5-9(c)所示体系，两个刚片用三个链杆相连的情形，要分析此体系，先来讨论两刚片间用两根链杆相连时的运动情况，如图5-9(b)所示，假定刚片Ⅱ不动，则刚片Ⅰ运动时，链杆 AB 将绕 B 点转动，因而 A 点将沿与 AB 杆垂直的方向运动；同理，C 点将沿与 CD 杆垂直的方向运动。因而可知，整个刚片Ⅰ将绕 AB 与 CD 两杆延长线的交点 O 转动。O 点称为刚片Ⅰ和Ⅱ的相对转动瞬心。此情形就相当于将刚片Ⅰ和Ⅱ在 O 点用一个铰相连一样。因此连接两个刚片的两根链杆的作用相当于在其交点处的一个单铰，但这个铰的位置是随着链杆的转动而改变的，这种铰称为虚铰。这样对于如图5-9(c)所示体系，此时可把链杆 AB、CD 看作是在其交点 O 处的一个铰，故此两刚片又相当于用铰 O 和链杆 EF 相连，而当铰与链杆不在一直线上时，成为几何不变体系。

（3）二元体规则

用两根不在同一直线上的链杆连接一个新铰结点的装置称为二元体。如图5-10所示的结点 A 和链杆 AB、AC 组成的就是二元体，通常写为二元体 $B-A-C$。由上节可知，平面内一个结点的自由度为2，而两根不共线的链杆相当于二个约束，因此增加一个二元体对体系的自由度没有影响。相反，若在一个体系上去掉一个二元体，也不会改变原体系的自由度及其几何组成性质。由此，二元体规则可表述为：在一个体系上增加或减少二元体，不改变体系的几何不变性或几何可变性。

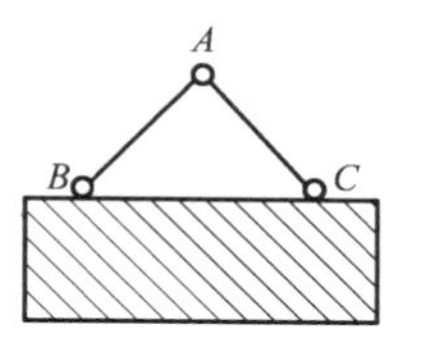

图5-10　二元体规则

2. 常变体系与瞬变体系

在平面体系中，不满足上述规则的体系称为几何可变体系。几何可变体系又分为常变体系与瞬变体系。

如图5-11(a)所示，刚片Ⅱ与基础Ⅰ用三根等长且相互平行的链杆相连接，刚片Ⅱ可相对基础平行运动；如图5-11(b)所示的体系，刚片Ⅱ始终可绕 O 点任意转动，这类体系称为常变体系。

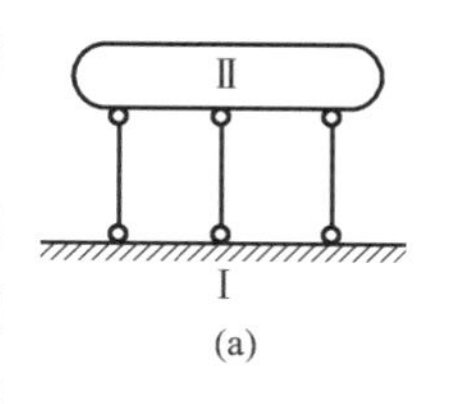

(a)

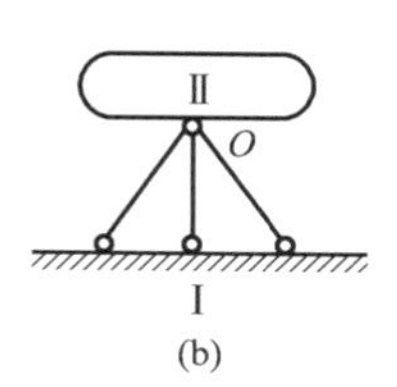

(b)

图5-11　常变体系

如图 5-12(a)所示两刚片用三根链杆相连的体系，三根链杆延长线交于同一 O 点，不满足两刚片规则，体系是几何可变的。当刚片绕 O 点作微小转动后，三杆延长线不再交于 O 点，此时体系为几何不变，把这种原为几何可变，产生微小位移后变为几何不变的体系称为瞬变体系。如图 5-12(b)、(c)所示体系也是瞬变体系。

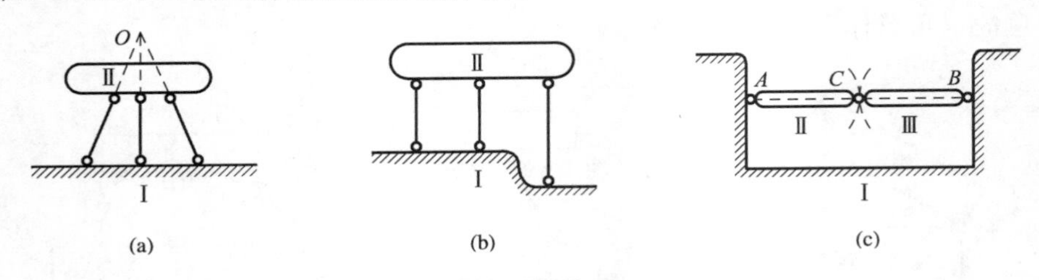

图 5-12 瞬变体系 1

从瞬变体系的定义可以看出，瞬变体系在发生微小位移后，即成为几何不变体系。那么瞬变体系是否可以作为结构呢？下面通过如图 5-13(a)所示的体系加以讨论，在荷载 F 作用下，铰 C 向下发生微小位移而到达 C' 位置，如图 5-13(b)所示。由如图 5-13(c)所示列出平衡方程

$$\sum X = 0,\quad F_{BC}\cos\theta - F_{AC}\cos\theta = 0$$

得

$$F_{BC} = F_{AC} = F_{N}$$

$$\sum Y = 0,\quad 2F_{N}\sin\theta - F = 0$$

得

$$F_{N} = \frac{F}{2\sin\theta}$$

当 $\theta \to 0$ 时，不论 F 有多么小，$F_{N} \to \infty$，这将造成杆件破坏。因此工程中不允许采用瞬变体系作为结构，也不允许采用接近瞬变体系的几何不变体系作为结构使用。

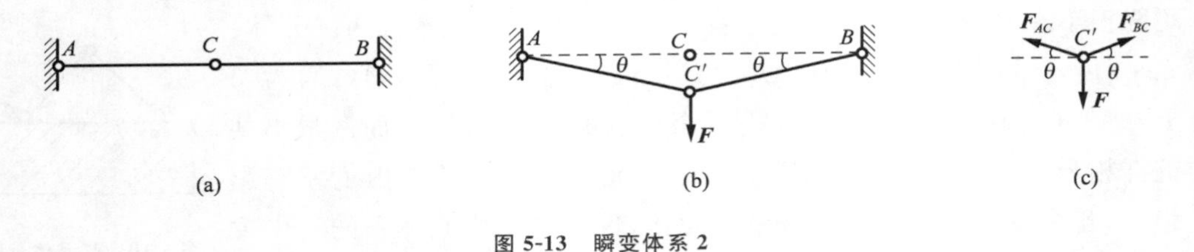

图 5-13 瞬变体系 2

5.3 几何组成分析示例

体系几何组成分析的依据是前述的基本组成规则，但在具体分析问题时，往往会发生困难，因为常见的体系比较复杂，刚片数往往超过两刚片或三刚片的范围。因此，对体系进行组成分析时，可按下列思路进行：

(1)对简单体系可直接根据几何组成规则进行分析。

(2)对稍微复杂的体系，先对体系进行简化。简化的方法：一是去掉或增加二元体后再进行体系几何分析；二是将已确定为几何不变的部分看作为一个刚片。

(3)如果体系只通过不全平行也不全交于一点的三根链杆与基础相连接，可只对体系进行

几何组成分析来判断其是否几何可变。

(4)注意应用一些约束等价代换关系。一是把只有两个铰与外界连接的刚片看成一个链杆约束，反之链杆约束也可看成刚片；二是两刚片之间的两根链杆构成的实铰或虚铰与一个单铰等价。这里的链杆不得重复利用。

例 5-1　试分析如图 5-14 所示的多跨静定梁的几何组成。

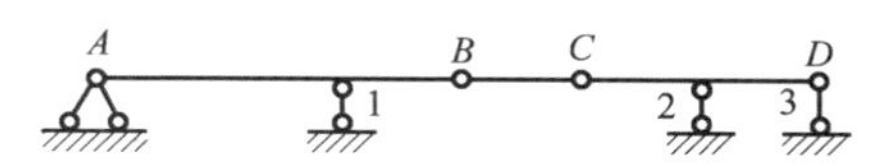

图 5-14　例 5-1 图

解　将 AB 段梁看作刚片，它用铰 A 和链杆 1 与基础相连接，组成几何不变体系。这样，就可以把基础与 AB 段梁一起看成是一个扩大了的刚片。将 BC 段梁看作链杆，则 CD 段梁用不交于同一点的 BC、2、3 链杆和扩大了的刚片相连组成几何不变体系，且无多余约束。

例 5-2　试分析如图 5-15 所示体系的几何组成。

解　体系本身用铰 A 和链杆 BE 与基础相连，符合两刚片规则。因此，可撤去支座链杆，只分析体系本身即可。将 AB 看成刚片，用链杆 1、2 固定 C，链杆 3、4 固定 D，则链杆 5 是多余约束，因此体系本身是几何不变，但有一个多余约束。

图 5-15　例 5-2 图

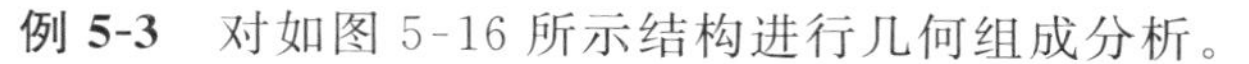

例 5-3　对如图 5-16 所示结构进行几何组成分析。

解　三角形 ACD 和 BKL 可看成刚片，梯形 $FGHJ$ 也可看成刚片，此刚片分别用三根链杆 DF、DI、EH 和 GK、IK、JM 与三角形 ACD 和 BKL 连接，符合两刚片规则，所以结构内部是几何不变且无多余联系。

结构外部用两个固定铰与基础相连接，则有一个多余约束。

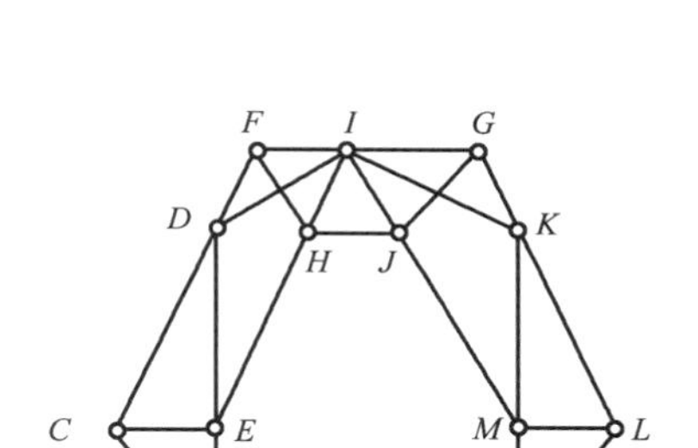

图 5-16　例 5-3 图

例 5-4　对如图 5-17 所示结构进行几何组成分析。

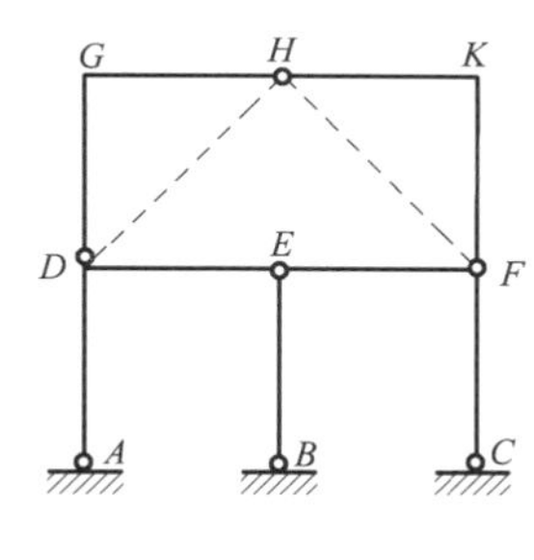

图 5-17　例 5-4 图

解　用链杆 DH、FH 分别代换折杆 DGH 和 FKH。体系的 $ADEB$ 部分与基础用三个不共线的铰 A、E、B 相连的三铰刚架，与基础一起组成几何不变体系，然后分别用各对 EF、CF，DH、FH 链杆依次固定 F、H 点，其中每对链杆均不共线，组成几何不变体系，且无多余约束。

例 5-5　对如图 5-18 所示结构进行几何组成分析。已知体系中杆 DE、FG、AB 互相平行。

解　拆除二元体 $D-C-E$，剩下部分中三角形 ADF 和 BEG 是两刚片，这两刚片用互相平行的三根链杆连接，故构成瞬变体系。

例 5-6　对如图 5-19 所示结构进行几何组成分析。

解 将基础和杆 $BCDEF$ 视为刚片 Ⅰ、Ⅱ，而刚片 AB 是用 A、B 两铰与其他部分相连，可将刚片 AB 看作为链杆。因此，本题可用规则一来分析，两刚片用三根不全平行也不全交于一点的链杆相连，故体系是几何不变的，且无多余联系。

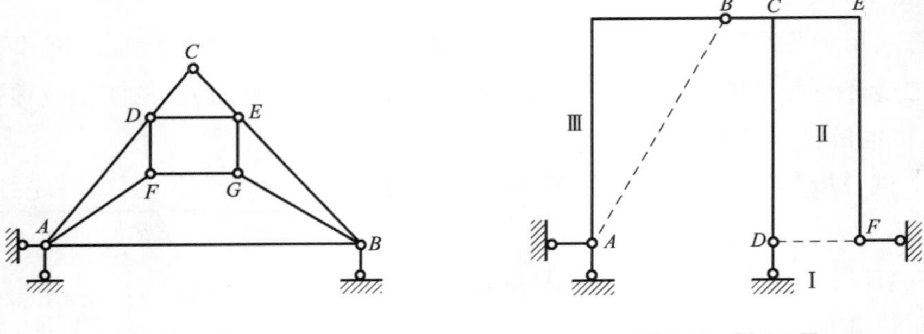

图 5-18 例 5-5 图

图 5-19 例 5-6 图

例 5-7 对如图 5-20(a)所示结构进行几何组成分析。

解 ADC、BCE 以及基础符合三刚片规则，可视为一大刚片，如图 5-20(b)所示，在此大刚片上依次增加二元体形成结点 I、F、J，得到图 5-20(c)所示体系为几何不变体系，而原体系比之多出两根链杆 DG、EH，可见链杆 DG、EH 为两个多余约束，故该体系为几何不变体系且有两个多余约束。

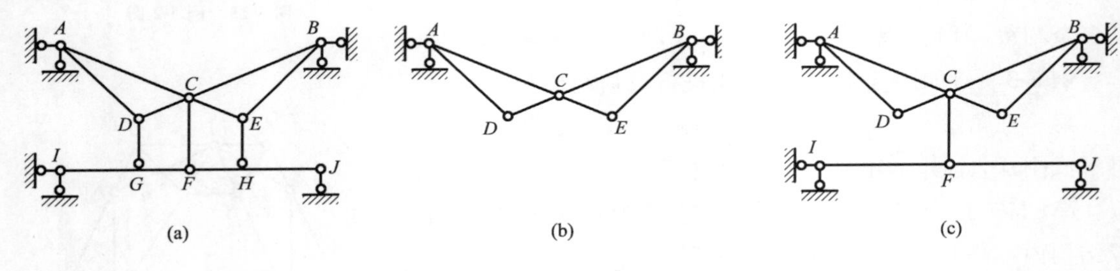

图 5-20 例 5-7 图

5.4 静定结构和超静定结构

用来作为结构的体系，必须是几何不变的。几何不变体系可分为无多余约束和有多余约束两类。对于无多余约束的结构，如图 5-21 所示的简支梁，它的全部约束反力和内力都可由静力平衡方程求解，这类结构称为静定结构。工程中为了减少结构的变形，增加其强度和刚度，常常在静定结构上增加约束，形成有多余约束的结构，如图 5-22 所示的连续梁，其约束反力有五个，而静力平衡方程只有三个，未知量的数目大于独立平衡方程的数目，仅用静力平衡方程不能求解出全部未知量，这类结构称为超静定结构。超静定结构中多余约束的个数，称为超静定次数。

图 5-21 静定结构

图 5-22 超静定结构

静定结构与超静定结构有很大的区别。对静定结构进行内力分析时，由于全部未知量数目等于独立平衡方程数目，只需考虑静力平衡条件；而对超静定结构进行内力分析时，由于未知量的数目大于独立平衡方程的数目，除了考虑静力平衡条件外，还需考虑变形条件。对结构体系进行几何组成分析，有助于正确区分静定结构和超静定结构，以便选择适当的结构内力计算方法。

本章小结

1. 体系可以分为几何不变体系和几何可变体系两大类。只有几何不变体系才能作结构，几何可变及瞬变体系不能作结构。

2. 工程中常见的约束及性质：①一个链杆相当于一个约束；②一个简单铰或铰支座相当于两个约束；③一个刚性连接或固定支座相当于三个约束；④连接两刚片的两根链杆的交点相当于一个铰。

3. 几何不变体系组成规则有三条。满足这三条规则的体系都是几何不变体系。

4. 结构可以分为静定结构和超静定结构两大类。几何不变体系中没有多余约束的称为静定结构，有多余约束的称为超静定结构。

复习思考题

5-1　什么是几何不变体系、几何可变体系、瞬变体系？工程中的结构不能使用哪些体系？

5-2　为什么要对结构进行几何组成分析？

5-3　在一个体系上去掉二链杆的铰结点后会影响其几何组成特性吗？

5-4　三刚片有三个铰两两相连接后组成的体系一定是几何不变体系吗？

5-5　何为单铰、复铰、虚铰？平面内连接五个刚片的复铰相当于几个约束？

5-6　两刚片用一个单铰和一根链杆相连接所构成几何不变体系的条件是什么？

5-7　什么是约束？什么是必要约束？什么是多余约束？如何确定多余约束的个数？几何可变体系就一定没有多余约束吗？

5-8　何谓二元体？如图5-23所示 $B-A-C$ 能否都看成二元体？

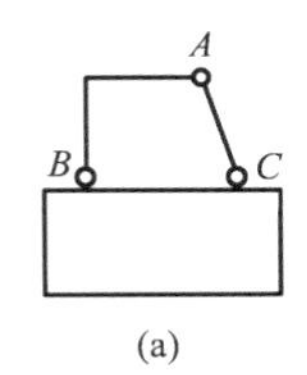

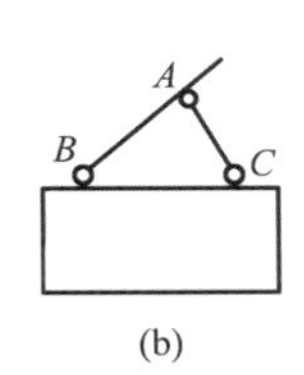

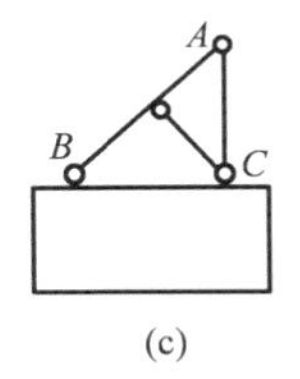

图5-23　复习思考题5-8图

5-9　什么是静定结构？什么是超静定结构？它们有什么共同点？其根本区别是什么？

习　题

试对如图5-24所示的平面体系进行几何组成分析。若体系是具有多余约束的几何不变体系，请指出体系具有的多余约束数目。

第5章

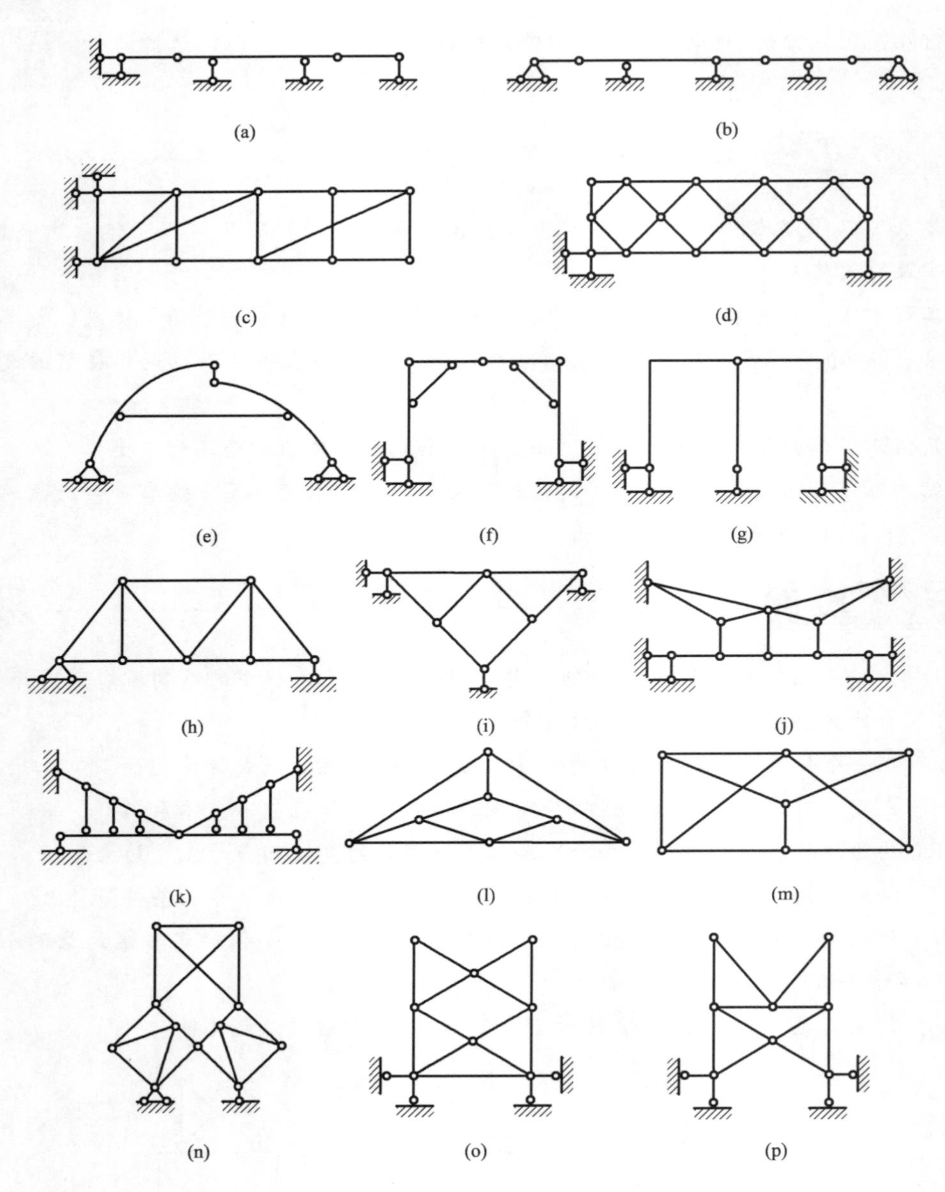

图 5-24 习题图

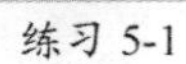
练习 5-1

练习 5-2

第6章 静定结构杆件的内力分析

学习目标

通过本章的学习，了解基本变形的特点；理解内力的概念及其计算方法——截面法；掌握轴向拉压杆横截面上的内力计算并熟练绘制杆的轴力图；能进行剪切和扭转变形时的内力计算；掌握平面弯曲梁、多跨静定梁和静定平面刚架的内力计算及熟练绘制内力图；掌握结点法、截面法计算静定平面桁架的内力；能进行静定拱、平面组合结构的内力计算。

学习重点

轴向拉压杆的内力计算及轴力图的绘制；梁和平面刚架的内力计算及内力图的绘制；运用结点法、截面法计算平面桁架的内力。

6.1 轴向拉压杆的内力

1. 轴向拉伸和压缩的概念

轴向拉伸和压缩变形是杆件基本变形形式之一，在工程结构中经常见到，如图6-1(a)所示三角支架中，AB杆产生轴向拉伸，BC杆产生轴向压缩；图6-1(b)所示桁架式屋架的每一根支杆都是二力杆，均产生轴向拉伸或压缩变形。这类杆件的受力特点是：外力或外力合力的作用线与杆件的轴线重合。其变形的特点是：杆件沿轴线方向伸长或缩短，同时横向尺寸也发生变化，这种变形形式称为轴向拉伸或压缩，这类杆件称为拉(压)杆，如图6-2所示。

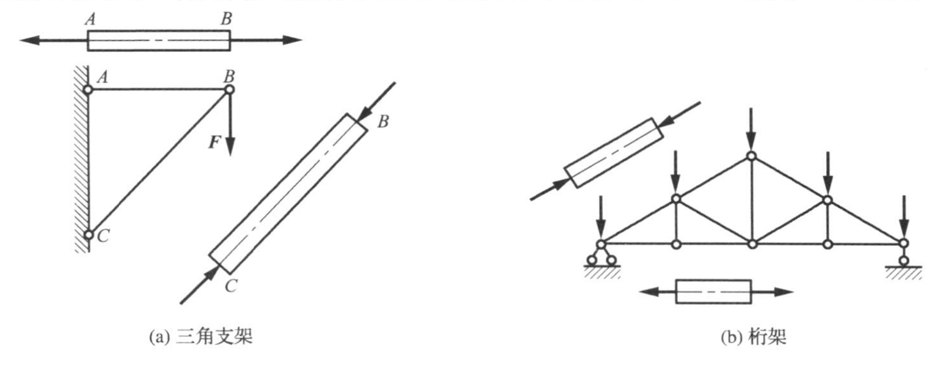

(a) 三角支架　　(b) 桁架

图6-1　轴向拉伸和压缩

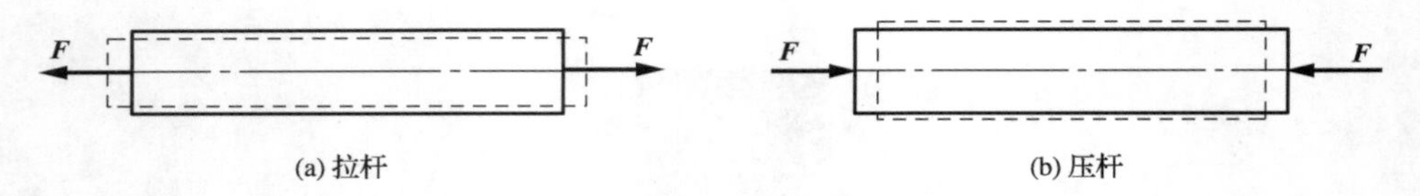

(a) 拉杆 (b) 压杆

图 6-2 拉(压)杆

2. 轴向拉压杆的内力

(1)内力的概念

轴向拉压杆的内力

当杆件受到外力作用后,在杆件内部各质点之间产生的相互作用力称为内力。内力是由外力引起的,并随外力的增大而增大。但对于某一确定的杆件,内力的增大是有限度的,超过此限度,杆件就会发生破坏。因而内力与杆件的强度、刚度是密切相关的。由此可知,内力是建筑力学研究的重要内容。

(2)截面法和轴力

为了计算杆件某截面内力,可以假想将杆件沿需求内力的截面截开,把杆件分为两部分,任取其中一部分作为研究对象。此时,截面上的内力被显示出来,再利用平衡方程求出杆件在被切开处的内力,这种求内力的方法称为截面法。

下面以图 6-3(a)所示为例,用截面法来确定拉压杆横截面上的内力。

假想将杆件沿截面 m-m 截开,取左段为研究对象,如图 6-3(b)所示,由平衡条件可知,该截面上必有与外力 $\boldsymbol{F}$ 平衡的内力,因为内力作用线与杆的轴线重合,故称为轴力,通常用 $\boldsymbol{F}_{\mathrm{N}}$ 表示。由平衡方程 $\sum F_x = 0$ 得

$$F_{\mathrm{N}} - F = 0, \quad F_{\mathrm{N}} = F$$

若取截面的右段同样可求得 $F_{\mathrm{N}} = F$,如图 6-3(c) 所示。

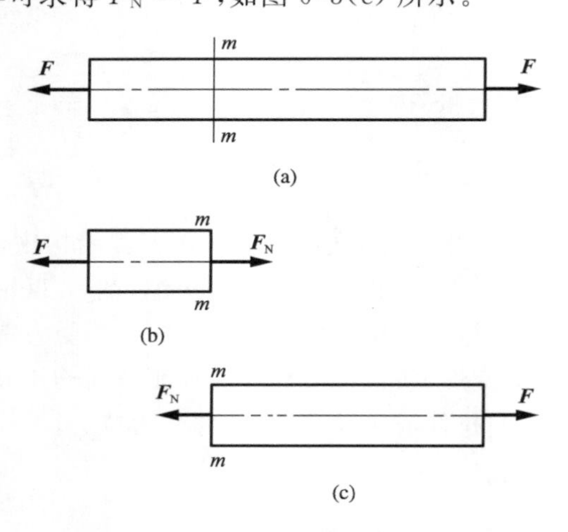

图 6-3 截面法求内力

由上述可知,截面法的实质是假想地将杆件截开,把杆件的内力暴露出来,使之转化为外力,从而能够运用静力学的平衡条件求解。其具体步骤可归纳为:

① 截开。在需求内力的截面处,把杆件假想地截为两部分,任取其中一部分截离体作为研究对象。

② 代替。将弃去部分对留下的部分的作用以截面上的内力代替。

③ 平衡。对留下的部分建立平衡方程,求出内力的大小和方向。

为了表示轴力的方向,区别拉伸和压缩两种变形,保证无论取左部分还是右部分为截离

体，所求得的同一横截面的内力不仅大小相等，而且正负号也相同。对轴力的正负号规定如下：使杆件受拉伸时的轴力为正，此时轴力背离截面，称为拉力，如图 6-4(a) 所示；使杆件受压缩时的轴力为负，此时轴力指向截面，称为压力，如图 6-4(b) 所示。

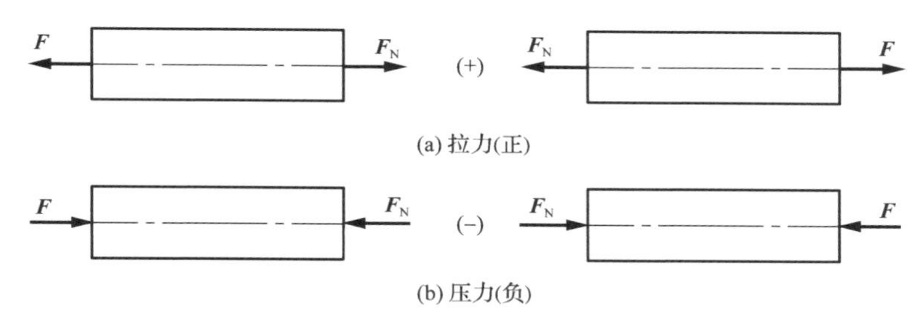

图 6-4　轴力的正负号

(3) 轴力图

若作用于杆件上的轴向外力多于两个时，则杆件的不同段上将有不同的轴力。为了直观表示出杆的轴力沿横截面位置变化的规律，通常以平行于杆轴线的坐标(即 x 坐标) 表示横截面的位置，以垂直于杆轴线的坐标(即 F_N 坐标) 表示横截面上的轴力，按一定的比例将轴力沿横截面位置变化的情况画成图形，这种表明轴力沿横截面位置变化规律的图形称为轴力图。从轴力图上可以很直观地看出最大轴力所在横截面位置及数值。习惯上将正轴力画在 x 轴上方，负轴力画在 x 轴下方。

【例 6-1】　如图 6-5(a) 所示等截面直杆，已知 $F_1 = 20$ kN，$F_2 = 40$ kN，$F_3 = 50$ kN，$F_4 = 30$ kN。试作出杆件的轴力图。

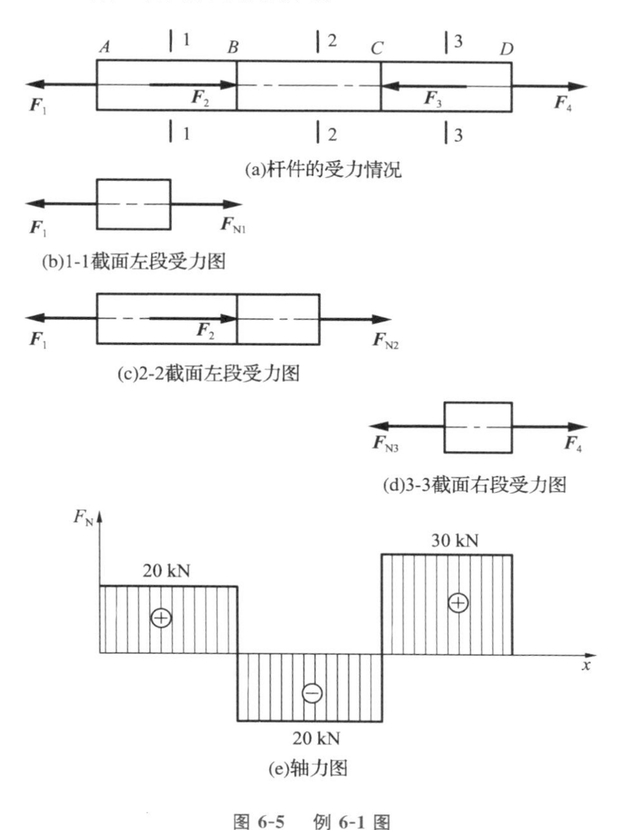

轴力和轴力图

图 6-5　例 6-1 图

解 (1) 计算杆件各段的轴力

根据外力 F_1、F_2、F_3 和 F_4 的作用点位置将杆件分为 AB、BC 和 CD 三段，用截面法分别计算各段轴力。

在 AB 段，用 1-1 截面将杆件截开，取其左段为研究对象[图 6-5(b)]，右段对左段截面的作用力用 F_{N1} 来代替，并假设 F_{N1} 为拉力，由平衡方程

$$\sum F_x = 0,\quad F_{N1} - F_1 = 0$$

得
$$F_{N1} = F_1 = 20\ \text{kN}$$

在 BC 段，用 2-2 截面将杆件截开，依然取其左段为研究对象[图 6-5(c)]，右段对左段截面的作用力用 F_{N2} 来代替，并假设 F_{N2} 为拉力，由平衡方程

$$\sum F_x = 0,\quad F_{N2} + F_2 - F_1 = 0$$

得
$$F_{N2} = F_1 - F_2 = 20 - 40 = -20\ \text{kN}$$

在 CD 段，用 3-3 截面将杆件截开，取其右段为研究对象[图 6-5(d)]，左段对右段截面的作用力用 F_{N3} 来代替，并假设 F_{N3} 为拉力，由平衡方程

$$\sum F_x = 0,\quad F_4 - F_{N3} = 0$$

得
$$F_{N3} = F_4 = 30\ \text{kN}$$

(2) 作轴力图

建立 $x - F_N$ 坐标系，其中，x 轴平行于杆的轴线，以表示横截面的位置；F_N 轴垂直于杆的轴线，表示轴力的大小和正负，正值轴力(拉力) 绘制在 x 轴的上方，负值轴力(压力) 绘制在 x 轴的下方。根据上述计算结果，即可作出该杆件的轴力图，如图 6-5(e) 所示。

需要特别指出，在画轴力图时，一定要使轴力图的位置与拉压杆的位置相对应。

6.2 连接件的内力

1. 剪切与挤压的概念

实际工程中，构件之间的连接通常采用螺栓、铆钉、键、销钉等作为连接件，它们担负着传递力或运动的任务。在连接件的横截面上受到剪力作用，同时连接件与构件接触面间相互挤压，受到挤压力作用，连接的主要变形形式是剪切与挤压。

如图 6-6(a) 所示为一铆钉连接钢板的结构图，当钢板受到外力 F 作用后，力由两块钢板传到铆钉与钢板的接触面上，铆钉受到大小相等、方向相反的两组分布内力的合力 F 的作用，如图 6-6(b) 所示。当外力足够大时，铆钉沿截面 m-m 发生相对错动，上、下部分沿着外力的方向分别向右和向左移动，甚至将使铆钉沿两块钢板的接触面切线方向剪断，如图 6-6(b)、(c) 所示。

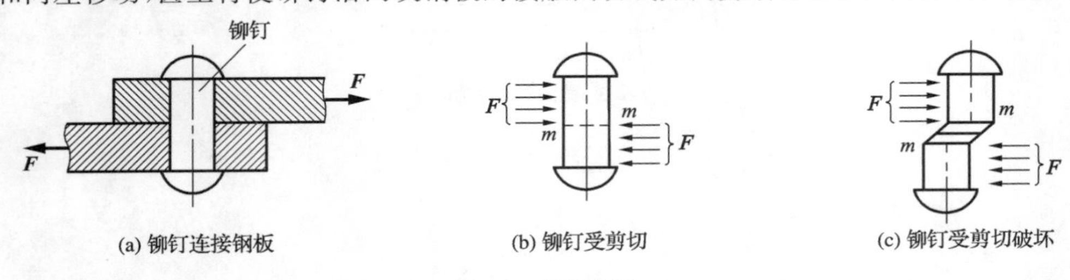

图 6-6 铆钉连接

剪切的受力特点是：构件受到一对大小相等、方向相反、作用线平行且相距很近并垂直于杆轴的外力作用，如图 6-6(b) 所示。

剪切的变形特点是：构件沿位于两外力之间的截面发生相对错动。构件的这种变形称为剪切变形。发生相对错动的截面称为剪切面。

构件在受到剪切变形的同时，还伴有挤压现象。在外力作用下，连接件和被连接件的接触面上相互压紧，这种局部受压的现象称为挤压。由于一般接触面较小而传递的压力较大，就有可能使较软构件的接触面产生局部压陷的塑性变形，这种变形称为挤压变形。图 6-7 所示为铆钉连接两块钢板时，铆钉与钢板之间的挤压情况。两构件相互接触的局部受压面称为挤压面，挤压面上的压力称为挤压力。

2. 剪切面上的内力

利用截面法分析铆钉剪切面上的内力。假想将铆钉沿 m-m 截面截开，分为上下两部分，取其下部为研究对象，如图 6-8(a) 所示。由平衡条件可知，剪切面上存有与外力大小相等、方向相反，且平行于截面的内力，称为剪力，用 F_S 表示。由平衡方程 $\sum F_x = 0$ 得

$$F_S - F = 0, \quad F_S = F$$

与剪力相对应的应力为切应力，如图 6-8(b) 所示。

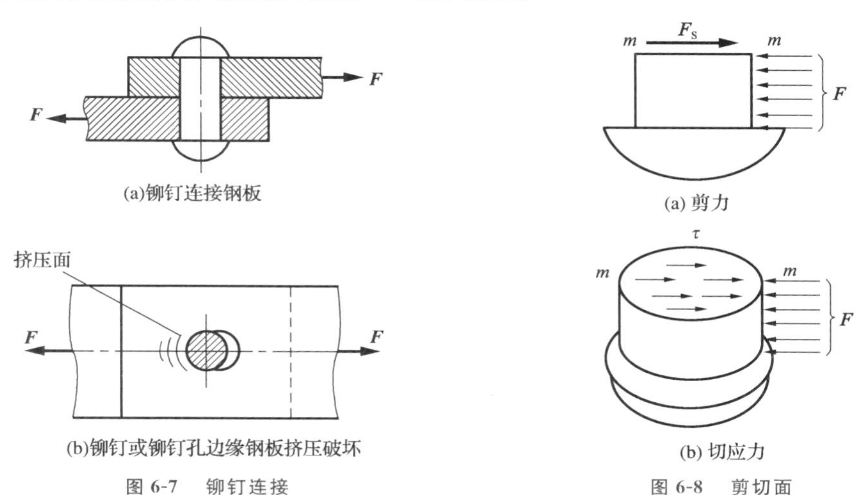

图 6-7　铆钉连接　　图 6-8　剪切面

6.3　圆轴扭转时的内力

扭转变形是杆件基本变形之一。工程中发生扭转变形的杆件很多，例如，汽车方向盘的转向轴[图 6-9(a)]，房屋中的雨篷梁[图 6-9(b)]。此外，生活中常用的钥匙、改锥等都受到不同程度的扭转作用。扭转变形杆件的受力特点是：杆件两端受到一对大小相等、转向相反、作用面与轴线垂直的力偶作用。其变形特点是：位于力偶间的各横截面绕杆轴线发生相对转动。杆件任意两横截面间相对转动的角度称为相对扭转角，简称扭转角。如图 6-10 所示，φ 角就是 B 截面相对于 A 截面的扭转角；纵向线 ab 扭转变形后倾斜的角度 γ 称为剪切角或切应变。工程中常把以扭转变形为主要变形的杆件称为轴。

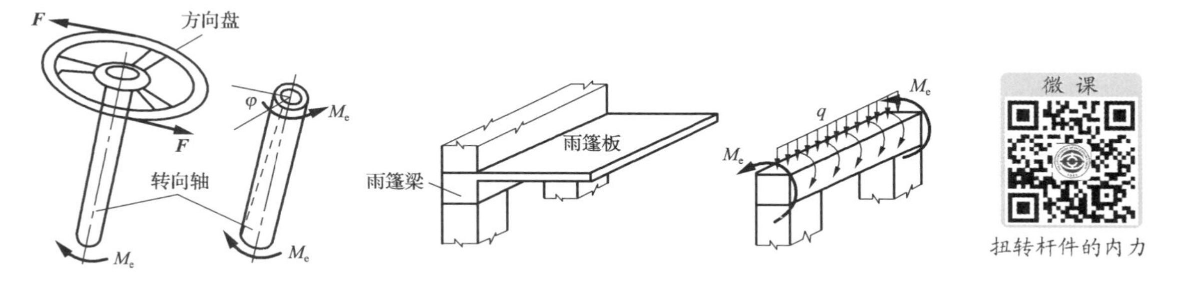

(a) 汽车方向盘的转向轴　　(b) 房屋中的雨篷梁

图 6-9　扭转

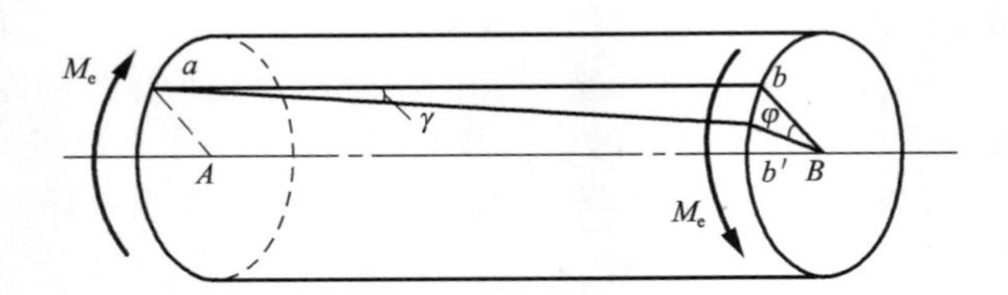

图 6-10　扭转角和剪切角

1. 扭矩的计算

现在研究圆轴横截面上的内力 —— 扭矩。如图 6-11 所示圆轴，在垂直于轴线的两个平面受到一对外力偶 M_e 的作用，现求任一截面 m-m 的内力。

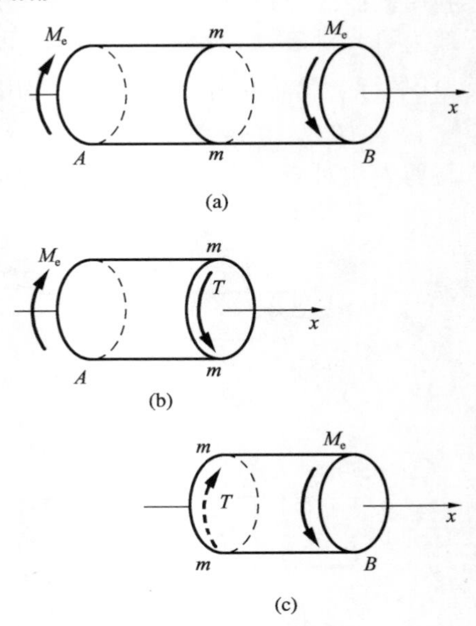

图 6-11　截面法求扭矩

求内力的基本方法仍是截面法，用一个假想横截面在轴的任意位置 m-m 将其截为左右两段，并取左段为研究对象，如图 6-11(b) 所示。由于圆轴 AB 是平衡的，因此截取部分也处于平衡状态，根据力偶的性质，横截面 m-m 上一定有与外力偶矩 M_e 相平衡的内力偶矩，我们把这个内力偶矩称为扭矩，用 T 表示，扭矩的单位与力矩相同，常用 N · m 或 kN · m。由平衡方程 $\sum M_x = 0$ 得

$$T - M_e = 0,\quad T = M_e$$

若取右段为研究对象，如图 6-11(c) 所示，也可得到相同的结果。无论取该截面左侧还是右侧为研究对象，求出的扭矩大小都相等且转向相反，因为它们是作用与反作用的关系。

2. 扭矩正负号规定

为了使从截面左、右两侧求得同一截面的扭矩数值相等，而且有同样的正负号，通常用右手螺旋法则规定扭矩的正负号：以右手的四指指向表示扭矩的转向，若大拇指的指向背离截面时，扭矩为正，如图 6-12(a) 所示；反之，扭矩为负，如图 6-12(b) 所示。

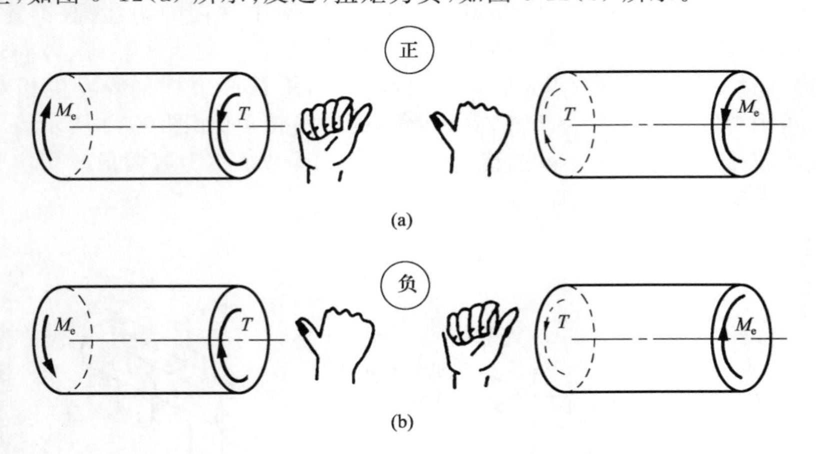

图 6-12　扭矩正负号规定

当横截面上扭矩的实际转向未知时，一般先假设扭矩为正。若求得结果为正，表示扭矩实

际转向与假设相同；若求得结果为负，则表示扭矩实际转向与假设相反。

3. 扭矩图

表示杆件各横截面上扭矩随截面位置不同而变化的图形称为扭矩图。根据扭矩图可以确定最大扭矩值及其所在截面的位置。

扭矩图的绘制方法与轴力图相似。需先以轴线为横轴 x，以扭矩 T 为纵轴，建立 $T-x$ 坐标系，然后将各截面上的扭矩标在 $T-x$ 坐标系中，正扭矩在 x 轴上方，负扭矩在 x 轴下方。

【例 6-2】　如图 6-13(a) 所示的传动轴，受外力偶作用，其外力偶矩分别为 $M_{e1}=8\ \text{kN}\cdot\text{m}$，$M_{e2}=M_{e3}=2.4\ \text{kN}\cdot\text{m}$，$M_{e4}=3.2\ \text{kN}\cdot\text{m}$，试作出轴的扭矩图。

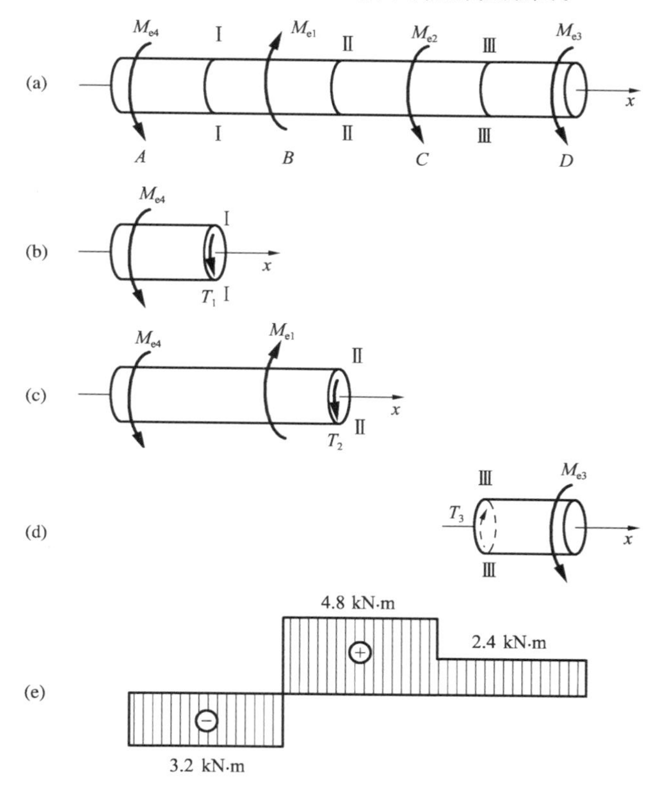

图 6-13　例 6-2 图

解　分段计算扭矩，根据外力偶的作用面将其分为 AB、BC、CD 段。

(1)AB 段：在截面 Ⅰ－Ⅰ 处将轴截开，取左段为脱离体，如图 6-13(b) 所示，由平衡方程

$$\sum M_x=0,\quad T_1+M_{e4}=0$$

得

$$T_1=-M_{e4}=-3.2\ \text{kN}\cdot\text{m}$$

(2)BC 段：在截面 Ⅱ－Ⅱ 处将轴截开，取左段为脱离体，如图 6-13(c) 所示，由平衡方程

$$\sum M_x=0,\quad T_2+M_{e4}-M_{e1}=0$$

得

$$T_2=-M_{e4}+M_{e1}=-3.2+8=4.8\ \text{kN}\cdot\text{m}$$

(3)CD 段：在截面 Ⅲ－Ⅲ 处将轴截开，取右段为脱离体，如图 6-13(d) 所示，由平衡方程

$$\sum M_x=0,\quad T_3-M_{e3}=0$$

得

$$T_3 = M_{e3} = 2.4\ \text{kN} \cdot \text{m}$$

其扭矩图如图 6-13(e) 所示，由图可知，最大扭矩在 BC 段内，其值等于 4.8 kN · m。

由上面的计算结果不难看出：受扭杆件任一横截面上扭矩的大小，等于此截面一侧（左或右）所有外力偶矩的代数和。

6.4　平面弯曲梁的内力

微课

平面弯曲的概念

1. 弯曲和平面弯曲

弯曲变形是工程中最常见的一种基本变形形式。例如，房屋建筑中的楼面梁如图 6-14(a) 所示、阳台挑梁如图 6-14 (b) 所示及桥式起重机横梁如图 6-14 (c) 所示等的变形都是弯曲变形的实例。这些杆件的共同受力特点是：所受的外力（常称作横向力）垂直于杆件轴线，或所受的力偶作用在纵向平面内。其变形特点是：杆件的轴线由直线变成曲线，这种变形称为弯曲变形。凡是以弯曲变形为主要变形的杆件通常称为梁。

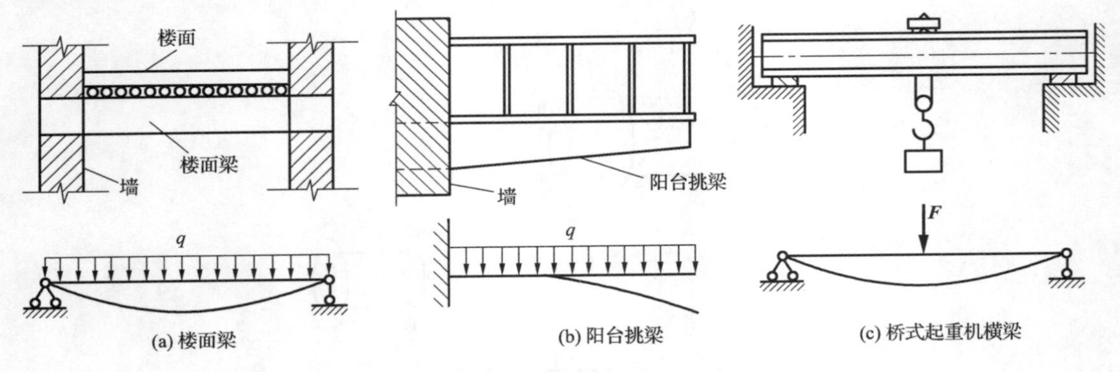

(a) 楼面梁　(b) 阳台挑梁　(c) 桥式起重机横梁

图 6-14　弯曲变形

在工程中常见的梁，其横截面大多为矩形、圆形、工字形及 T 形等，如图 6-15 所示，这些截面通常都具有对称轴。梁横截面的对称轴与梁的轴线所构成的平面称为纵向对称面，如图 6-16 所示。如果作用在梁上的外力（包括荷载和支座反力）均位于纵向对称面内，且外力垂直于轴线，则轴线将在这个纵向对称平面内弯曲成一条平面曲线，这种弯曲变形称为平面弯曲。图 6-16 中的梁就产生了平面弯曲。

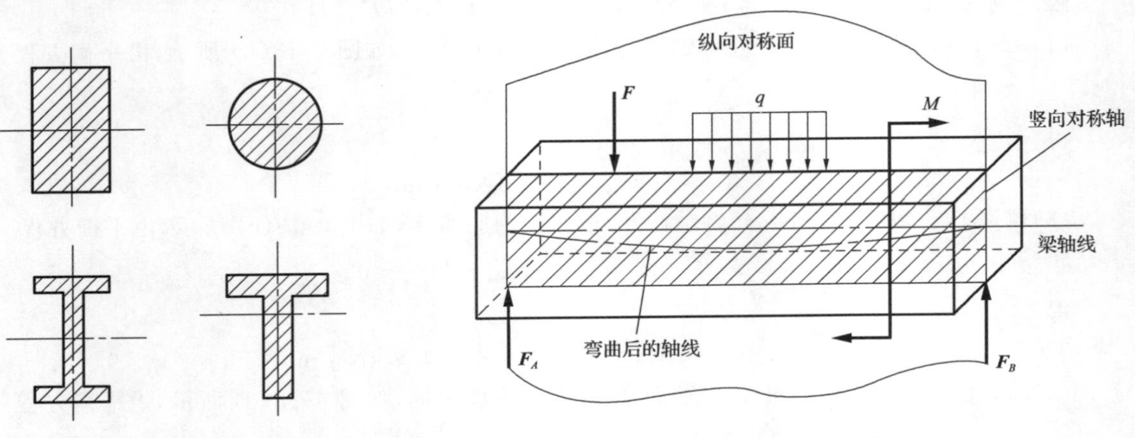

图 6-15　不同横截面的梁

图 6-16　纵向对称面

工程上常见的单跨静定梁一般可分为三种形式：

(1) 简支梁。一端为固定铰支座，另一端为可动铰支座的梁，如图 6-17(a) 所示。

(2) 悬臂梁。一端为固定端支座，另一端为自由端的梁，如图 6-17 (b) 所示。

(3) 外伸梁。梁身的一端或两端伸出支座的简支梁，如图 6-17 (c)、(d) 所示。

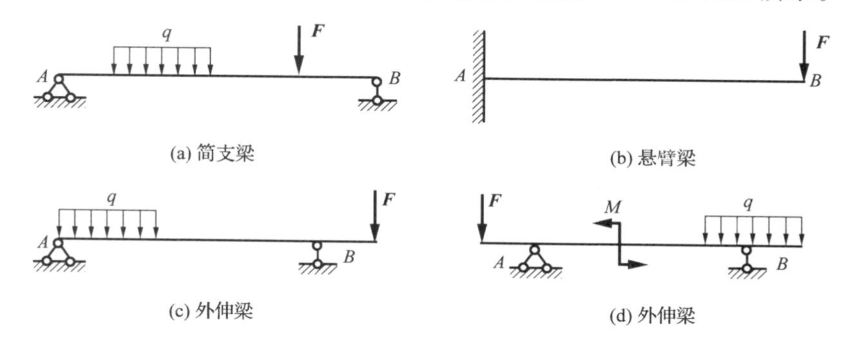

图 6-17　常见梁的形式

梁在两个支座之间的部分称为跨，其长度称为跨度或跨长。

以上三种梁，支座的约束反力均可通过静力平衡方程求出，故称为静定梁。

2. 梁横截面上的内力

(1) 剪力和弯矩

为了计算梁的应力和变形，必须先研究梁的内力。梁在外力作用下，横截面上的内力仍然可采用截面法求得。现以图 6-18(a) 所示的简支梁为例，说明求梁上任一横截面 m-m 上的内力的方法，截面 m-m 离左端支座 A 的距离为 x。

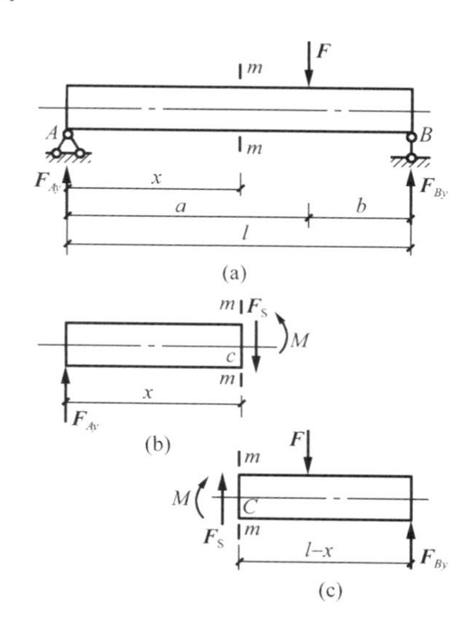

图 6-18　梁横截面上的内力

根据梁的平衡条件，首先求出梁的支座反力 F_{Ay}、F_{By}，然后用假想的平面将梁在截面 m-m 处截成左、右两段。由于梁原来处于平衡状态，所以被截开后它的左段或右段也处于平衡状态。若取左段梁为研究对象，如图 6-18(b) 所示，A 端有向上的支座反力 F_{Ay} 作用，要使左段不发生移动，在截开的截面上必定存在与 F_{Ay} 大小相等、方向相反的内力 F_S 与之平衡；同时，支座反力 F_{Ay} 对 m-m 截面形心 C 有一个顺时针方向的力矩 $F_{Ay}x$，这个力矩使该段有顺时针方向转动的趋势，为使梁不发生转动，在截面上还必定存在一个与 $F_{Ay}x$ 大小相等、转向相反的内力偶 M，才能保持平衡。

由此可见，梁在平面弯曲时横截面上存在的两种内力：其一是与横截面相切的内力 F_S，称为剪力，单位是 N 或 kN；其二是位于纵向对称平面内的内力偶，其力偶矩为 M，称为弯矩，单位是 N·m 或 kN·m。

由左段梁的平衡方程可求出 m-m 横截面上的剪力 F_S 与弯矩 M，即

$$\sum F_y = 0,\quad F_{Ay} - F_S = 0,\quad F_S = F_{Ay}$$

$$\sum M_C = 0,\quad -F_{Ay}x + M = 0,\quad M = F_{Ay}x$$

若取右段梁为研究对象，用同样的方法可以求出 m-m 横截面的剪力和弯矩，根据作用与

反作用原理，两者大小相等、方向相反。

(2) 剪力和弯矩的正负号规定

为了使取左段梁或右段梁得到的同一横截面上的剪力和弯矩，不仅大小相等，而且正负号保持一致，根据梁的变形情况，对剪力和弯矩的正负号规定如下：

① 剪力的正负号　截面上的剪力使该截面的邻近微段作顺时针转动为正，反之为负。即对左段截离体，截面上的剪力向下为正，对右段截离体，截面上的剪力向上为正，反之为负，如图 6-19(a)、(b) 所示。

② 弯矩的正负号　截面上的弯矩使该截面的邻近微段向下凸时为正，反之为负。即对左段截离体，截面上的弯矩逆时针转动为正，对右段截离体，截面上的弯矩顺时针转动为正，反之为负，如图 6-19(c)、(d) 所示。

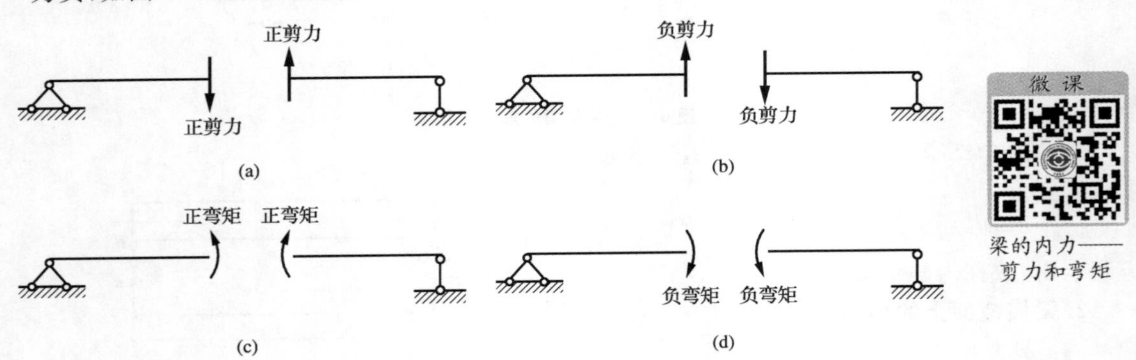

图 6-19　剪力和弯矩的正负号规定

(3) 用截面法计算指定截面的剪力和弯矩

用截面法计算梁指定截面的剪力和弯矩时，一般可按下列步骤进行：

① 求支座反力。

② 在指定截面处假想地将梁截开，取其中的任一段为研究对象。

③ 画出所选梁段的受力图，横截面上的剪力 F_S 和弯矩 M 均按正方向假设。

④ 由平衡方程 $\sum F_y = 0$ 求出剪力 F_S。

⑤ 由平衡方程 $\sum M_C = 0$ 求出弯矩 M。

列力矩方程时，矩心选取在要求内力的截面形心处，这样可以简化计算。若计算结果为正值，说明内力为正向；若计算结果为负值，说明假设方向与实际方向相反，即内力实际为负向。

【例 6-3】　简支梁如图 6-20(a) 所示，受集中力 $F = 10\ \text{kN}$ 和集中力偶 $M = 4\ \text{kN}\cdot\text{m}$ 的作用，试计算截面 1-1、2-2 上的剪力和弯矩。其中截面 1-1 和截面 2-2 均无限接近于 C 截面。

解　(1) 求梁的支座反力

取梁整体为研究对象，假设支座反力 F_{Ay}、F_{By} 方向向上，由平衡方程

$$\sum M_B = 0,\quad F\times 4 - 4 - F_{Ay}\times 6 = 0$$

得

$$F_{Ay} = 6\ \text{kN}$$

$$\sum F_y = 0,\quad F_{Ay} + F_{By} - F = 0$$

得

$$F_{By} = 4\ \text{kN}$$

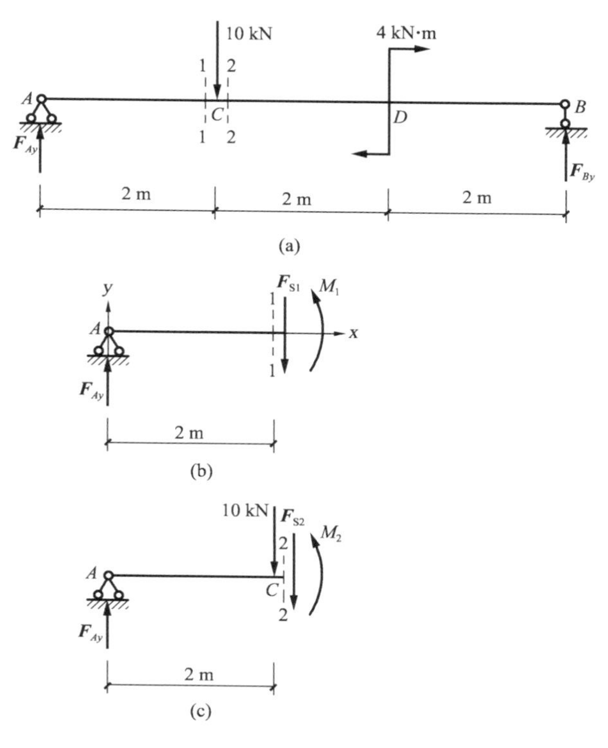

图 6-20　例 6-3 图

(2) 求各指定截面的内力

1-1 截面的内力

在截面 1-1 处假想将梁截开,取左段梁为研究对象[图 6-20(b)],设该截面上的剪力和弯矩均为正值,由平衡方程

$$\sum F_y = 0, \quad F_{Ay} - F_{S1} = 0, \quad F_{S1} = F_{Ay} = 6 \text{ kN}$$

$$\sum M_{C1} = 0, \quad M_1 - F_{Ay} \times 2 = 0, \quad M_1 = 6 \times 2 = 12 \text{ kN} \cdot \text{m}$$

2-2 截面的内力

在截面 2-2 处假想将梁截开,取左段梁为研究对象[图 6-20(c)],设该截面上的剪力和弯矩均为正值,由平衡方程

$$\sum F_y = 0, \quad F_{Ay} - F - F_{S2} = 0, \quad F_{S2} = 6 - 10 = -4 \text{ kN}$$

$$\sum M_{C2} = 0, \quad M_2 - F_{Ay} \times 2 = 0, \quad M_2 = 6 \times 2 = 12 \text{ kN} \cdot \text{m}$$

通过上面例题,做如下分析:

比较截面 1-1 和截面 2-2 的内力

$$M_1 = M_2 = 12 \text{ kN} \cdot \text{m}, \quad |F_{S2} - F_{S1}| = |-4 - 6| = 10 \text{ kN} = F$$

可见,在集中力作用处左右两侧无限接近的截面上,弯矩相等,而剪力发生突变,突变值等于集中力的大小。因此,在集中力作用的截面上剪力是不确定的,不能模糊地说该截面上的剪力是多大,而应该说“在集中力作用处左侧截面和右侧截面上的剪力各为多大”。

(4) 求剪力和弯矩的简便方法

截面法是计算梁内力的基本方法,将平衡方程 $\sum F_y = 0$ 和 $\sum M_C = 0$ 移项后可得到计算梁剪力和弯矩的简便方法。

① 梁内任一横截面上的剪力(设剪力为正)等于该截面一侧梁段上与截面平行的所有外力的代数和,表示为

$$F_S = \sum F^L \quad 或 \quad F_S = \sum F^R$$

其中若对截面左侧梁段上所有外力求和,则外力以向上为正;若是对截面右侧梁段上所有外力求和,外力则以向下为正。简记为“左上右下正,反之为负”。

② 梁内任一横截面上的弯矩(设弯矩为正)等于该截面一侧所有外力对该截面形心取力矩的代数和,表示为

$$M = \sum M_C(F^L) \quad 或 \quad M = \sum M_C(F^R)$$

截面左侧梁段上的外力(包括外力偶)对该截面形心之矩以顺时针转动为正,截面右侧梁段上的外力(包括外力偶)对该截面形心之矩以逆时针转动为正。简记为“左顺右逆正,反之负”。

利用上述规律求梁指定截面的内力时,不必将梁用假想的截面截开,也无须列平衡方程,因此可以大大简化计算过程。

【例 6-4】 一外伸梁 AD 如图 6-21 所示,已知 $M = 12\ \text{kN}\cdot\text{m}, q = 4\ \text{kN/m}, F = 12\ \text{kN}$,试利用简便方法计算梁各指定截面的剪力和弯矩。

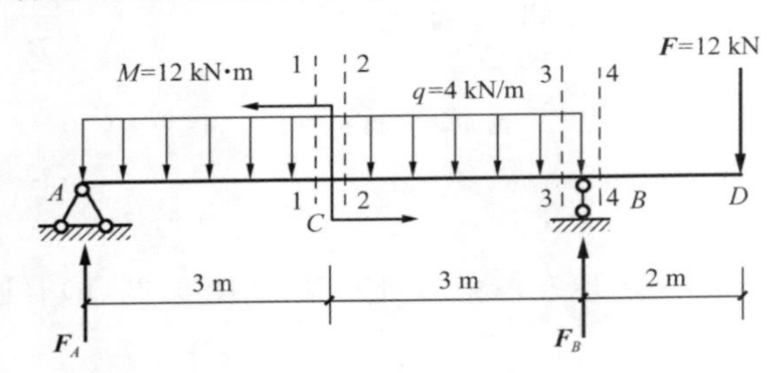

图 6-21 例 6-4 图

解 (1) 求支座反力

$$\sum M_B = 0, \quad -F_A \times 6 + q \times 6 \times 3 + M - F \times 2 = 0$$

$$-F_A \times 6 + 4 \times 6 \times 3 + 12 - 12 \times 2 = 0$$

$$F_A = 10\ \text{kN}$$

$$\sum F_y = 0, \quad F_A + F_B - q \times 6 - F = 0$$

$$10 + F_B - 4 \times 6 - 12 = 0$$

$$F_B = 26\ \text{kN}$$

(2) 求 1-1 截面上的剪力和弯矩。从 1-1 位置处将梁截开后,取该截面的左侧为截离体。作用在左侧梁段上的外力有:支座反力 F_A、均布荷载 q,由 $F_S = \sum F^L$ 及左上剪力正,反之负的规律可知

$$F_{S1} = F_A - q \times 3 = 10 - 4 \times 3 = -2\ \text{kN}$$

由 $M = \sum M_C(F^L)$ 及左顺弯矩正,反之负的规律可知

$$M_1 = F_A \times 3 - q \times 3 \times \frac{3}{2} = 10 \times 3 - 4 \times 3 \times \frac{3}{2} = 12\ \text{kN}\cdot\text{m}$$

(3) 求 2-2 截面上的剪力和弯矩。从 2-2 位置处将梁截开后，取该截面的左侧为截离体。作用在左侧梁段上的外力有：支座反力 F_A、均布荷载 q、力偶 M，由 $F_S = \sum F^L$ 及左上剪力正，反之负的规律可知

$$F_{S2} = F_A - q \times 3 = 10 - 4 \times 3 = -2 \text{ kN}$$

由 $M = \sum M_C(F^L)$ 及左顺弯矩正，反之负的规律可知

$$M_2 = F_A \times 3 - q \times 3 \times \frac{3}{2} - M = 10 \times 3 - 4 \times 3 \times \frac{3}{2} - 12 = 0$$

(4) 求 3-3 截面上的剪力和弯矩。从 3-3 位置处将梁截开后，取该截面的右侧为截离体。作用在右侧梁段上的外力有：支座反力 F_B、荷载 F，由 $F_S = \sum F^R$ 及右下剪力正，反之负的规律可知

$$F_{S3} = -F_B + F = -26 + 12 = -14 \text{ kN}$$

由 $M = \sum M_C(F^R)$ 及右逆弯矩正，反之负的规律可知

$$M_3 = -F \times 2 = -12 \times 2 = -24 \text{ kN} \cdot \text{m}$$

(5) 求 4-4 截面上的剪力和弯矩。从 4-4 位置处将梁截开后，取该截面的右侧为截离体。作用在右侧梁段上的外力有：荷载 F，由 $F_S = \sum F^R$ 及右下剪力正的规律可知

$$F_{S4} = F = 12 \text{ kN}$$

由 $M = \sum M_C(F^R)$ 及右逆弯矩正，反之负的规律可知

$$M_4 = -F \times 2 = -12 \times 2 = -24 \text{ kN} \cdot \text{m}$$

6.5　平面弯曲梁的内力图

通过对剪力和弯矩的计算可知，梁在弯曲时，不同截面的内力一般是不相同的，即梁的内力随其横截面的位置而变化。因此，除了要计算指定截面上的内力外，还必须知道内力沿梁轴线的变化规律，从中找到内力的最大值及其位置，以便进行强度和刚度计算。

1. 剪力方程和弯矩方程

若横截面沿梁轴线的位置用横坐标 x 表示，则梁内各横截面上的剪力和弯矩就可以表示为坐标 x 的函数，即

$$F_S = F_S(x), \quad M = M(x)$$

以上两函数式分别称为梁的剪力方程与弯矩方程，分别表达了梁横截面上的剪力和弯矩沿梁轴线的变化规律。

在列剪力方程与弯矩方程时，可取梁的左端或右端为坐标原点，并根据梁上荷载的分布情况分段进行，集中力(包括支座反力)、集中力偶的作用点和分布荷载的起止点均为分段点。

关于方程定义域的两点说明：

(1) 梁的端截面是端面的内侧相邻截面，端面不是截面，因此不应包括在剪力方程的定义域中。

(2) 集中力作用处的截面，实际上是分布力作用在一个小面积范围内，此处剪力是变化的，无定值。因此，集中力作用处的截面不应包括在剪力方程的定义域中。同理，集中力偶作用处的截面不应包括在弯矩方程的定义域中。

2. 剪力图和弯矩图

梁各截面的剪力和弯矩沿梁轴线的变化情况可用图形表示出来。用平行于梁轴线的横坐标 x 表示横截面的位置，用垂直于梁轴线的纵坐标 F_S、M 分别表示相应截面上的剪力和弯矩，所画出的表示剪力和弯矩沿梁轴线变化的图线分别称为剪力图和弯矩图。

剪力图和弯矩图

在画梁内力图时，正剪力画在 x 轴的上方，负剪力画在 x 轴的下方，并标明正负号；正弯矩画在 x 轴的下方，负弯矩画在 x 轴的上方，即弯矩图画在梁受拉的一侧，同时在内力图上应标明一些梁特殊截面位置的特征内力值。由内力图可以确定梁的最大剪力和最大弯矩及其所在的截面（危险截面）的位置。

利用内力方程绘内力图，是绘梁内力图的基本方法，下面通过例题说明内力图的画法。

【例 6-5】 简支梁受均布线荷载 q 作用，如图 6-22(a) 所示，试画出梁的剪力图和弯矩图。

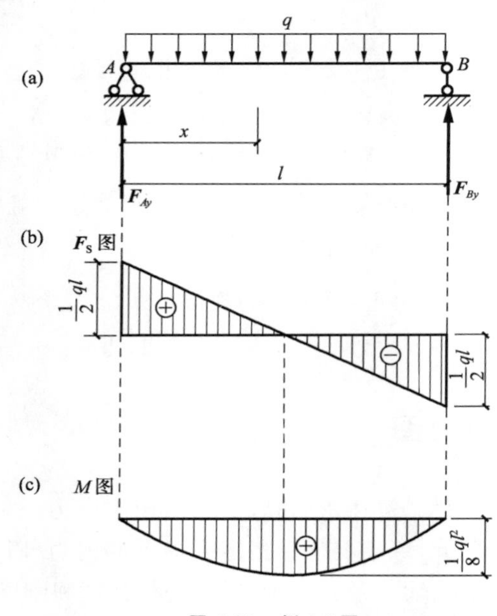

图 6-22　例 6-5 图

解　(1) 求支座反力

$$F_{Ay} = F_{By} = \frac{ql}{2}$$

(2) 列剪力方程和弯矩方程

以梁的最左端 A 点为坐标原点，取距梁 A 端为 x 的任一横截面。由该截面以左列出剪力方程和弯矩方程分别为

$$F_S(x) = F_{Ay} - qx = \frac{ql}{2} - qx \quad (0 < x < l)$$

$$M(x) = F_{Ay}x - qx\frac{x}{2} = \frac{ql}{2}x - \frac{q}{2}x^2 \quad (0 \leqslant x \leqslant l)$$

(3) 画剪力图和弯矩图

由剪力方程可知，剪力 $F_S(x)$ 是 x 的一次函数，故剪力图为一条斜直线，因此只需求出两个点即可作图。计算如下：

当 $x \to 0$ 时　　$F_{SA} = \frac{ql}{2}$

当 $x \to l$ 时 $\qquad F_{SB} = \frac{ql}{2} - ql = -\frac{ql}{2}$

连接两竖标的顶点，即得斜直线的剪力图，如图 6-22(b) 所示。

由弯矩方程可知，弯矩 $M(x)$ 是 x 的二次函数，弯矩图为一条抛物线，因此必须求出三个点才能作图。计算如下：

当 $x = 0$ 时 $\qquad M_A = 0$

当 $x = \frac{l}{2}$ 时 $\qquad M_C = \frac{ql}{2}x - \frac{q}{2}x^2 = \frac{ql}{2}\frac{l}{2} - \frac{q}{2}\left(\frac{l}{2}\right)^2 = \frac{ql^2}{8}$

当 $x = l$ 时 $\qquad M_B = \frac{ql}{2}x - \frac{q}{2}x^2 = \frac{ql}{2}l - \frac{q}{2}l^2 = 0$

用光滑曲线连接这三个竖标的顶点，即得抛物线的弯矩图，如图 6-22(c) 所示。

由剪力图和弯矩图可以看出，在梁的两端剪力值(绝对值)最大，$F_{Smax} = ql/2$；在梁的跨中剪力为零，而弯矩值最大，$M_{max} = ql^2/8$。

【例 6-6】 简支梁 AB 在截面 C 处受到集中荷载 F 作用，如图 6-23(a) 所示，试画出梁的剪力图和弯矩图。

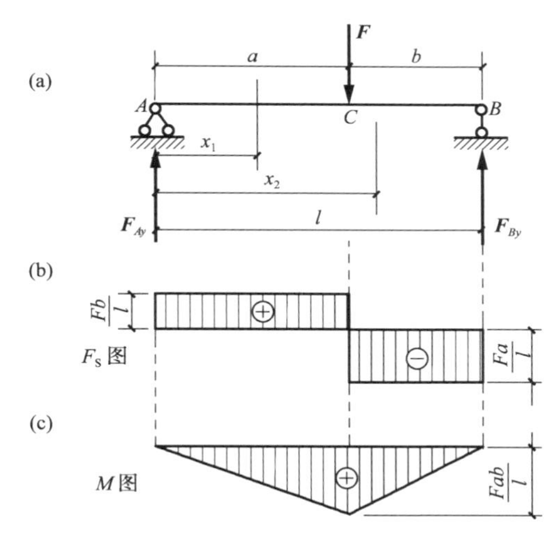

图 6-23 例 6-6 图

解 (1) 求支座反力

$$\sum M_B = 0, \quad -F_{Ay}l + Fb = 0, \quad F_{Ay} = \frac{Fb}{l}$$

$$\sum M_A = 0, \quad F_{By}l - Fa = 0, \quad F_{By} = \frac{Fa}{l}$$

(2) 列剪力方程和弯矩方程

梁在 C 截面处有集中力作用，故 AC 段和 CB 段的剪力方程、弯矩方程不同，必须分段列出。以梁的最左端 A 点为坐标原点，AC 段和 CB 段分别取距梁 A 端为 x_1 和 x_2 的任一横截面。由该截面以左列出剪力方程和弯矩方程分别为

AC 段

$$F_S(x_1) = F_{Ay} = \frac{Fb}{l} \quad (0 < x_1 < a)$$

$$M(x_1)=F_{Ay}x_1=\frac{Fb}{l}x_1 \quad (0\leqslant x_1\leqslant a)$$

CB 段

$$F_S(x_2)=F_{Ay}-F=\frac{Fb}{l}-F=-\frac{Fa}{l} \quad (a<x_2<l)$$

$$M(x_2)=F_{Ay}x_2-F(x_2-a)=\frac{Fb}{l}x_2-F(x_2-a) \quad (a\leqslant x_2\leqslant l)$$

(3) 画剪力图和弯矩图

由 AC 段的剪力方程可知，AC 段的剪力为正值常数 Fb/l，剪力图是一条在 x 轴上方的水平直线；由 CB 段的剪力方程可知，CB 段的剪力为负值常数 $-Fa/l$，剪力图是一条在 x 轴下方的水平直线。梁的剪力图如图 6-23(b) 所示。

AC 段和 CB 段的弯矩方程 $M(x)$ 均为 x 的一次函数，故两段梁的弯矩图均为斜直线。每段分别计算出两端截面的 M 值后可作出弯矩图。计算如下：

当 $x_1=0$ 时　　$M_A=0$

当 $x_1=a$ 时　　$M_C=\frac{Fb}{l}x_1=\frac{Fab}{l}$

当 $x_2=a$ 时　　$M_C=\frac{Fb}{l}x_2-F(x_2-a)=\frac{Fb}{l}a-F(a-a)=\frac{Fab}{l}$

当 $x_2=l$ 时　　$M_B=\frac{Fb}{l}x_2-F(x_2-a)=\frac{Fb}{l}l-F(l-a)=0$

梁的弯矩图如图 6-23(c) 所示。

由剪力图和弯矩图可以看出，在集中力 F 作用的 C 处，左截面剪力 Fb/l，右截面剪力 $-Fa/l$，剪力图发生突变，突变的方向是从左到右与集中力的指向一致，突变值等于集中力 F；弯矩图出现尖点，即弯矩图在截面 C 处发生转折。

6.6 利用微分关系作梁的内力图

1. 剪力 $F_S(x)$、弯矩 $M(x)$ 与分布荷载集度 $q(x)$ 间的微分关系

如图 6-24(a) 所示的简支梁受集度为 $q(x)$ 的分布荷载作用，$q(x)$ 以向上为正。从梁中横坐标 x 处取一微段梁 $\mathrm{d}x$。因为是微段，所以其上的分布荷载可视为均布荷载，如图 6-24(b) 所示。假设 $\mathrm{d}x$ 微段梁只作用均布荷载 $q(x)$，无集中力和集中力偶。当 x 有增量 $\mathrm{d}x$ 时，其右侧剪力、弯矩的微小增量分别为 $\mathrm{d}F_S(x)$、$\mathrm{d}M(x)$。因此，$\mathrm{d}x$ 微段梁右侧的剪力、弯矩分别为 $F_S(x)+\mathrm{d}F_S(x)$、$M(x)+\mathrm{d}M(x)$。由平衡方程

$$\sum F_y=0,\quad F_S(x)+q(x)\mathrm{d}x-[F_S(x)+\mathrm{d}F_S(x)]=0 \tag{a}$$

$$\sum M_C=0,\quad -M(x)-F_S(x)\mathrm{d}x-q(x)\mathrm{d}x\,\frac{\mathrm{d}x}{2}+[M(x)+\mathrm{d}M(x)]=0 \tag{b}$$

由(a) 式整理后可得

$$\frac{\mathrm{d}F_S(x)}{\mathrm{d}x}=q(x) \tag{6-1}$$

式(6-1) 表明，梁上任一横截面上的剪力对 x 的一阶导数等于作用在该截面处的分布荷载集度。这一微分关系的几何意义是剪力图上某点切线的斜率等于该点对应截面处的分布荷载集度。

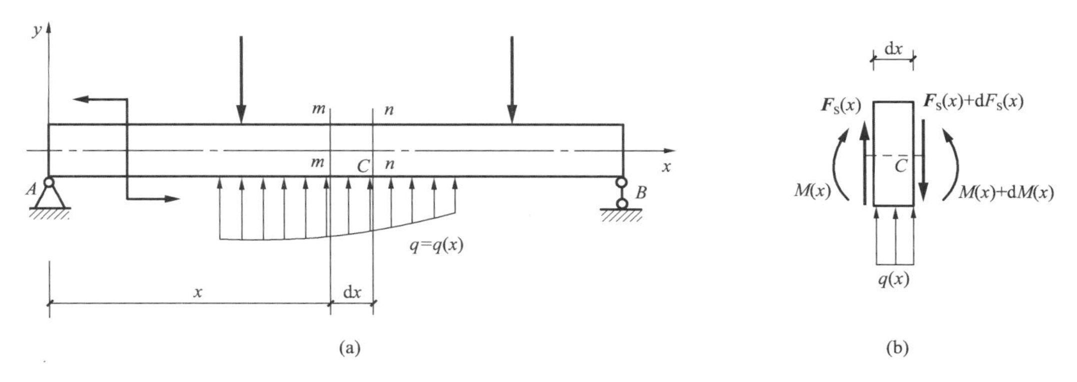

图 6-24　剪力、弯矩与分布荷载集度间的微分关系

由(b)式略去高阶微量 $\mathrm{d}x\,\dfrac{\mathrm{d}x}{2}$，整理后可得

$$\frac{\mathrm{d}M(x)}{\mathrm{d}x}=F_S(x) \tag{6-2}$$

式(6-2)表明：梁上任一横截面上的弯矩对 x 的一阶导数等于该截面上的剪力。这一微分关系的几何意义是：弯矩图上某点切线的斜率等于该点对应截面上的剪力。

将式(6-2)两边求导整理后可得

$$\frac{\mathrm{d}^2M(x)}{\mathrm{d}x^2}=q(x) \tag{6-3}$$

式(6-3)表明，梁上任一横截面上的弯矩对 x 的二阶导数等于该截面处的分布荷载集度。这一微分关系的几何意义是：弯矩图上某点的曲率等于该点对应截面处的分布荷载集度。可见，由分布荷载集度的正负可以确定弯矩图的凹凸方向。

2. 用剪力、弯矩与分布荷载集度间的微分关系作剪力图和弯矩图

根据剪力 $F_S(x)$、弯矩 $M(x)$ 与分布荷载集度 $q(x)$ 之间的微分关系及几何意义，即可得出关于剪力图与弯矩图的变化规律。

(1) 梁上无分布荷载作用的区段

由 $q(x)=0$，即 $\dfrac{\mathrm{d}F_S(x)}{\mathrm{d}x}=q(x)=0$ 可知，$F_S(x)=$ 常数，故该段剪力图为一条平行于 x 轴的直线。又由 $\dfrac{\mathrm{d}M(x)}{\mathrm{d}x}=F_S(x)=$ 常数，可知弯矩 $M(x)$ 为 x 的一次函数，故该段弯矩图为一条斜率为 F_S 的斜直线。斜直线的倾斜方向由剪力正负确定：

① 当 $F_S(x)=$ 常数 >0 时，弯矩图为一条下斜直线(\)；

② 当 $F_S(x)=$ 常数 <0 时，弯矩图为一条上斜直线(/)；

③ 当 $F_S(x)=$ 常数 $=0$ 时，弯矩图为一条水平直线(—)。

(2) 梁上均布荷载作用的区段

由 $q(x)=$ 常数，即 $\dfrac{\mathrm{d}F_S(x)}{\mathrm{d}x}=q(x)=$ 常数可知，剪力 $F_S(x)$ 为 x 的一次函数，故该段剪力图为一条斜率为 q 的斜直线。又由 $\dfrac{\mathrm{d}^2M(x)}{\mathrm{d}x^2}=\dfrac{\mathrm{d}F_S(x)}{\mathrm{d}x}=q(x)=$ 常数可知，弯矩 $M(x)$ 为 x 的二次函数，故该段弯矩图为二次抛物线。

① 当 $q(x)=$ 常数 >0(均布荷载向上)时，剪力图为一条上斜直线(/)，弯矩图为上凸的二

次抛物线(⌒);

② 当$q(x)=$常数<0(均布荷载向下)时,剪力图为一条下斜直线(\),弯矩图为下凸的二次抛物线(⌣)。

(3) 弯矩的极值

由$\dfrac{\mathrm{d}M(x)}{\mathrm{d}x}=F_{\mathrm{S}}(x)=0$可知,在剪力等于零的截面上,$M(x)$具有极值;反过来,在弯矩具有极值的截面上,剪力一定等于零。

(4)集中力作用处

在集中力作用的左、右两侧面,剪力图有突变,突变值就等于该集中力值;弯矩值没有变化,但弯矩图的斜率会有突变,即弯矩图发生转折。

(5)集中力偶作用处

在集中力偶作用的左、右两侧面,剪力没有变化,但是弯矩图有突变,突变值等于该集中力偶矩值。

上述规律如表 6-1 所示。

表 6-1　　剪力图和弯矩图的规律

荷载类型	无荷载段 $q(x)=0$		均布荷载段 $q(x)=$常数				集中力		集中力偶	
			$q>0$		$q<0$		F, C	C, F	M, C	M, C
F_{S} 图	水平直线		斜直线 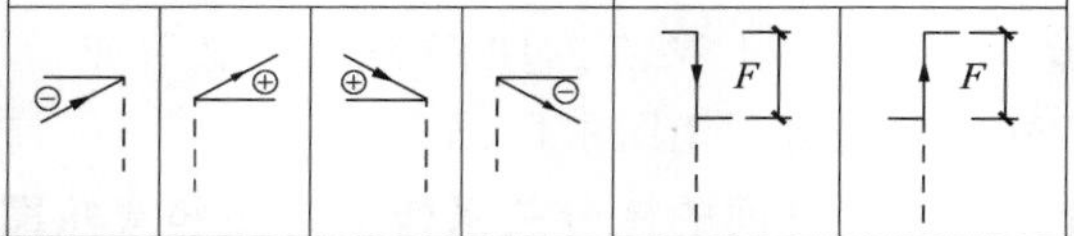				产生突变		无影响	
			⊖	⊕	⊕	⊖	F	F		
M 图	$F_{\mathrm{S}}>0$	斜直线	顶点	顶点	顶点	顶点	C	C	M	M
	$F_{\mathrm{S}}=0$	水平线								
	$F_{\mathrm{S}}<0$	斜直线								
			二次抛物线,$F_{\mathrm{S}}=0$ 处有极值				在 C 处有转折		在 C 处产生突变	

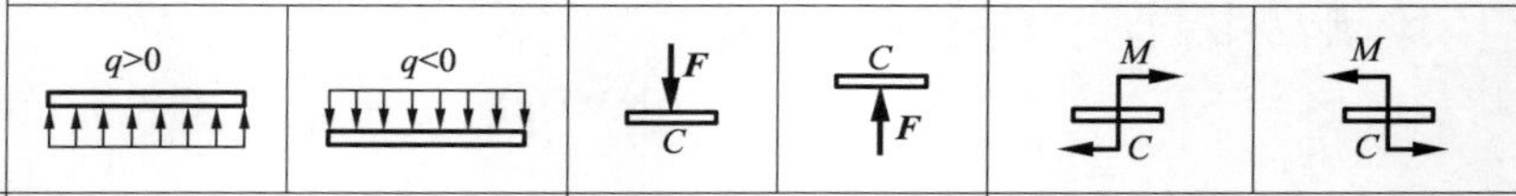

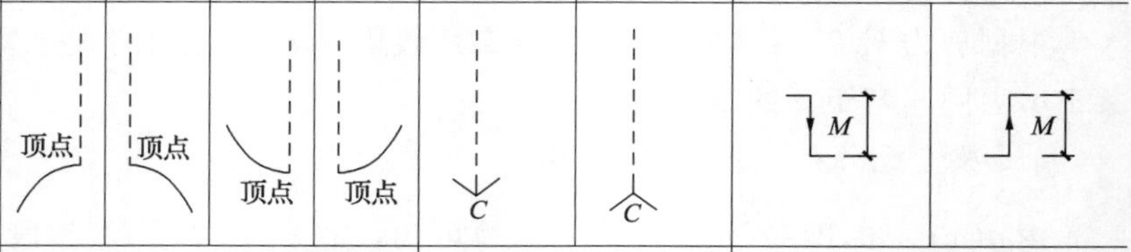

根据梁上荷载作用的情况,利用上述规律就可以判断各区段梁剪力图和弯矩图的形状。因此,只要计算出各控制截面(梁的端点,集中力的作用点,集中力偶的作用点,分布荷载的起、止点及内力的极值点所在的截面)的剪力和弯矩值,就可以快速、准确地画出梁的剪力图和弯矩图,而不必列出内力方程。这种方法一般称为控制截面法,或称简易法。

【例 6-7】 简支梁 AB 如图 6-25(a)所示,已知 $M=20\ \mathrm{kN\cdot m}$,$q=5\ \mathrm{kN/m}$,$F=10\ \mathrm{kN}$,试利用简易法画出梁的剪力图和弯矩图。

解 (1)求支座反力

$$F_{Ay}=15\ \mathrm{kN},\quad F_{By}=15\ \mathrm{kN}$$

(2) 根据梁上的外力将梁分为 AC、CD、DB 三区段。

(3) 分段画剪力图

AC、CD、DB 区段上梁的起点和终点的剪力为

A 右侧截面:$F_{SA}^{R}=15\ \mathrm{kN}$

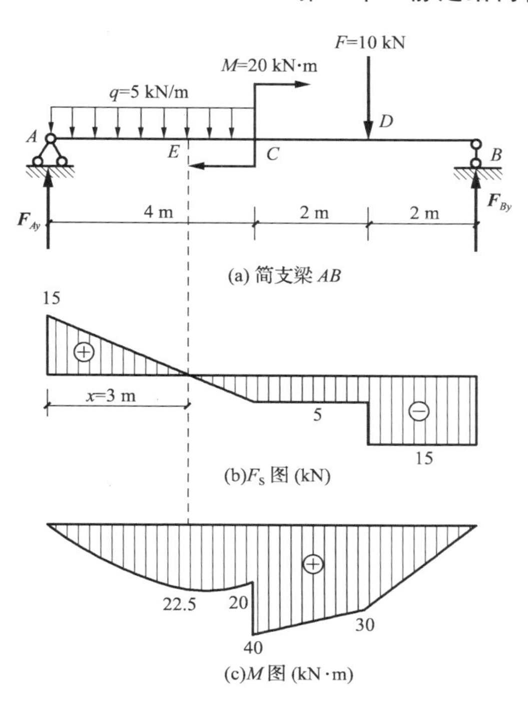

图 6-25　例 6-7 图

C 左、右两侧截面：$F_{SC}^{L}=F_{SC}^{R}=15-5\times 4=-5\ \text{kN}$

D 左、右两侧截面：$F_{SD}^{L}=-5\ \text{kN}$，　$F_{SD}^{R}=15-5\times 4-10=-15\ \text{kN}$

B 左侧截面：$F_{SB}^{L}=-15\ \text{kN}$

由于 AC 区段梁上有向下的均布荷载，剪力图为下斜直线，CD、DB 区段梁上无分布荷载作用，故这两段梁的剪力图为负的水平直线。梁的剪力图如图 6-25(b) 所示。

(4) 分段画弯矩图

AC、CD、DB 区段上梁的起点和终点的弯矩为

A 右侧截面：$M_A^R=0$

C 左、右两侧截面：$M_C^L=15\times 4-5\times 4\times 2=20\ \text{kN}\cdot\text{m}$

$M_C^R=15\times 4-5\times 4\times 2+20=40\ \text{kN}\cdot\text{m}$

D 左、右两侧截面：$M_D^L=M_D^R=15\times 2=30\ \text{kN}\cdot\text{m}$

B 左侧截面：$M_B^L=0$

在剪力 $F_S=0$ 的截面上弯矩取极值，设剪力为零的截面 E 距支座 A 的距离为 x，则

$$F_S=F_{Ay}-qx=0\,,\quad x=\frac{F_{Ay}}{q}=\frac{15}{5}=3\ \text{m}$$

$$M=F_{Ay}\times 3-q\times 3\times\frac{3}{2}=15\times 3-5\times 3\times\frac{3}{2}=22.5\ \text{kN}\cdot\text{m}$$

由于 AC 区段梁上有向下的均布荷载，弯矩图为下凸的二次抛物线，CD、DB 区段梁上无分布荷载作用，剪力图为负的水平线，故这两段梁的弯矩图为上斜直线。梁的弯矩图如图 6-25(c) 所示。

【例 6-8】 用简易法画出如图 6-26(a) 所示外伸梁的剪力图和弯矩图。

解 (1) 求支座反力

$$F_{Ay} = 16\ \text{kN},\quad F_{By} = 40\ \text{kN}$$

(2) 分段画剪力图

AC 段为无荷载区段，其内各截面的剪力为 $F_{SAC} = F_{Ay} = 16\ \text{kN}$。可见，$AC$ 段剪力图是一条正的水平线。

CB 段也是无荷载区段，其内各截面的剪力为 $F_{SCB} = F_{Ay} - 40 = -24\ \text{kN}$。因此，$CD$ 段剪力图是一条负的水平线。

BD 段为均布荷载区段，剪力图是一条斜直线，需计算出该段两端控制截面的剪力来确定图形

$$F_{SB}^{R} = 8 \times 2 = 16\ \text{kN},\quad F_{SD}^{L} = 0$$

梁的剪力图如图 6-26(b) 所示。

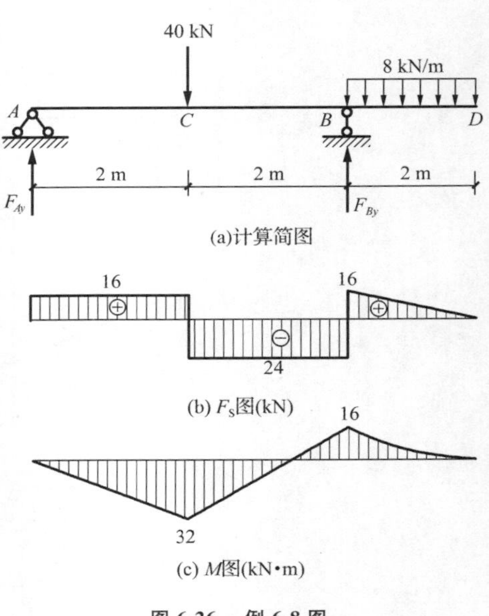

图 6-26 例 6-8 图

(3) 分段画弯矩图

AC 段为无荷载区段，剪力图为一条正的水平线，则弯矩图从左往右是一条下斜直线，需计算该段两端控制截面的弯矩来确定弯矩图形

$$M_A = 0,\quad M_C = 16 \times 2 = 32\ \text{kN} \cdot \text{m}$$

CB 段为无荷载区段，剪力图是一条负的水平线，则弯矩图从左往右是一条上斜直线，该段两端控制截面的弯矩为

$$M_C = 32\ \text{kN} \cdot \text{m},\quad M_B = -8 \times 2 \times 1 = -16\ \text{kN} \cdot \text{m}$$

BD 区段梁上有向下的均布荷载，弯矩图是一条下凸的抛物线。由剪力图可知，该段弯矩图无极值，计算出两端控制截面的弯矩，即可确定出该段的弯矩图

$$M_B = -16\ \text{kN} \cdot \text{m},\quad M_D = 0$$

梁的弯矩图如图 6-26(c) 所示。

6.7 叠加法画梁的内力图

1. 简支梁内力图的叠加

梁在小变形的情况下，其支座反力、内力、应力和变形等参数均与外荷载呈线性关系，这种情况下，当梁上有几个荷载共同作用时，由每一个荷载所引起的某一参数将不受其他荷载的影响。因此，梁在多个荷载共同作用时所引起的某一参数等于各个荷载单独时所引起的该参数值的代数和，这种关系称为叠加原理。

根据叠加原理绘制内力图的方法称为叠加法。所谓叠加是将同一截面上的内力纵坐标的代数值相加，而不是图形的简单拼合。

【例 6-9】 试用叠加法绘制简支梁的剪力图和弯矩图。

解 如图 6-27(a) 所示，简支梁 AB 上的荷载是由均布荷载 q 和跨中的集中荷载 F 组合而成，分别画出梁在均布荷载 q 和跨中的集中荷载 F 单独作用下的剪力图和弯矩图，将对应图

形叠加即可得到简支梁的内力图，如图 6-27(b)、(c) 所示。

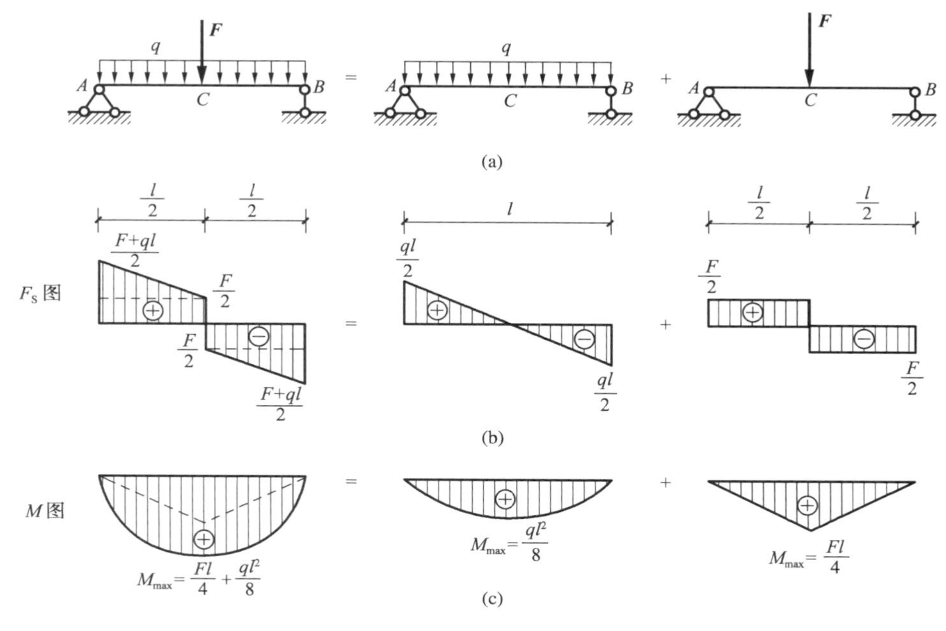

图 6-27　例 6-9 图

当遇到叠加两个异号图形时，可在基线的同一侧相加，重叠部分正负相消去，剩下来的面积就是叠加后的图形，如图 6-28 所示。

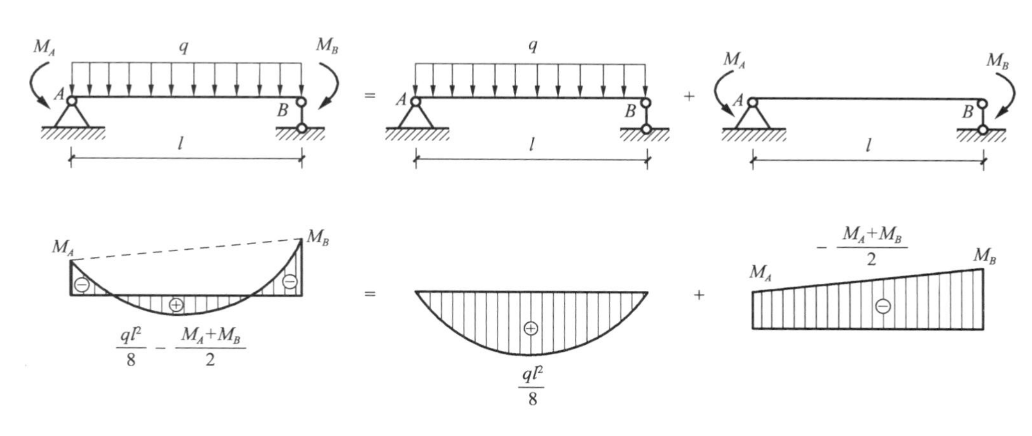

图 6-28　叠加法画弯矩图

2. 区段叠加法画梁的弯矩图

当梁上的荷载布置比较复杂时，可将梁进行分段，再在每个区段上利用叠加原理画出弯矩图，这种方法称为区段叠加法。作图步骤可归纳为：首先求出区段两端截面的弯矩；然后，在无叠加弯矩的区段，将两个弯矩纵坐标的顶点直接连直线，而在有叠加弯矩的区段连虚线；最后，以此虚线为基线，再叠加相应简支梁在区段内荷载（均布荷载或集中荷载）作用下的弯矩图，即为所求的弯矩图。

【例 6-10】　外伸梁 AD 如图 6-29(a) 所示，已知 $F=60$ kN，$q=30$ kN/m，试利用区段叠加法画出梁的弯矩图。

解　(1) 根据梁上的外力将梁分为 AB、BD 两区段（区段上可有一个集中力）

(2) 画弯矩图

AB、BD 区段上梁的起点和终点的弯矩为

A 右侧截面：$M_A^R = 0$

B 左、右两侧截面：$M_B^L = M_B^R = -30\times2\times1 = -60\ \text{kN}\cdot\text{m}$

D 左侧截面：$M_D^R = 0$

AB 区段 C 点处有集中荷载，弯矩图将要进行叠加。由简支梁算得 C 点的弯矩叠加值为

$$\frac{Fab}{l} = \frac{Fl_{AC}l_{CB}}{l_{AB}} = \frac{60\times4\times2}{6} = 80\ \text{kN}\cdot\text{m}$$

以 AB 区段梁杆端弯矩为基线，再叠加相应简支梁在集中荷载作用下的弯矩图，可得其弯矩图。AB 区段 C 点的弯矩为

$$M_C = -\frac{60\times4}{6} + \frac{Fl_{AC}l_{CB}}{l_{AB}} = -40+80 = 40\ \text{kN}\cdot\text{m}$$

BD 区段梁上有均布荷载，弯矩图将要进行叠加。由简支梁算得 BD 区段中点的弯矩叠加值为

$$\frac{ql_{BD}^2}{8} = \frac{30\times2^2}{8} = 15\ \text{kN}\cdot\text{m}$$

梁的弯矩图如图 6-29(b) 所示。

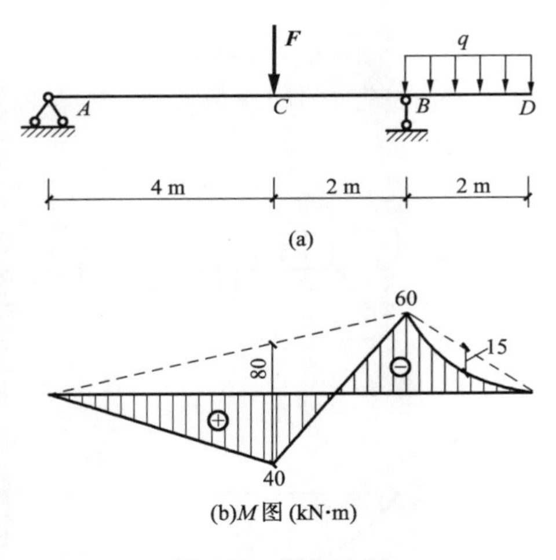

图 6-29　例 6-10 图

6.8　多跨静定梁的内力

多跨静定梁是由若干个单跨梁用铰连接而成的静定结构。它能跨越几个相连的跨度，且受力性能又优于相应的一连串的简支梁，所以在公路桥梁和房屋建筑中常被采用。

常用的多跨静定梁有图 6-30 所示的两种形式，图 6-30(a) 所示的是在外伸梁 AC 上依次加上 CE 和 EF 两根梁；图 6-30(b) 所示的是在 AC 和 DF 两根外伸梁上再加上一小悬跨 CD。通过几何组成分析可知，它们都是几何不变且无多余约束的体系，所以均为静定结构。

从几何组成上看，多跨静定梁的各个部分可分为基本部分和附属部分。如图 6-30(a) 所示的多跨静定梁，ABC 是通过三根既不全平行也不全相交于一点的三根链杆与基础连接，所以它是几何不变的，故将其称为基本部分。CDE 梁是通过铰 C 和支座链杆 D 连接在 ABC 梁和基

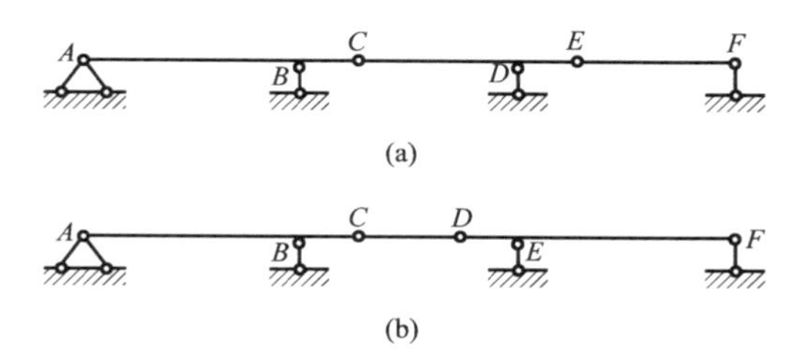

图 6-30　多跨静定梁

础上；EF 梁又是通过铰 E 和支座链杆 F 连接在 CDE 梁和基础上；所以 CDE 或 EF 梁要依靠基本部分 ABC 才能保证其几何不变性，故将其称为附属部分。如果将梁的附属部分去掉，则基本部分仍然是几何不变的；若将梁的基本部分去掉，则附属部分的几何不变性就不复存在了。

上述组成顺序可用如图 6-31(a) 来表示，这种图形称为层次图。从层次图可以看出力的传递路线。例如作用在最上面的附属部分 EF 上的荷载 F_3 不但会使 EF 梁受力，而且还通过 E 支座将力传给 CDE 梁，再通过 C 支座传给 ABC 梁。同样，荷载 F_2 能使 CE 梁和 ABC 梁受力，但它不会传给 EF 梁。而基本部分 ABC 上的荷载 F_1，只对自身结构引起内力和反力，而对附属部分 CDE 和 EF 都不会产生影响。据此，计算多跨静定梁时，先依次计算附属部分，再计算基本部分，然后画出可视为一单跨静定梁的各个部分的剪力图和弯矩图，最后将其连接在一起，即得到多跨静定梁的内力图。

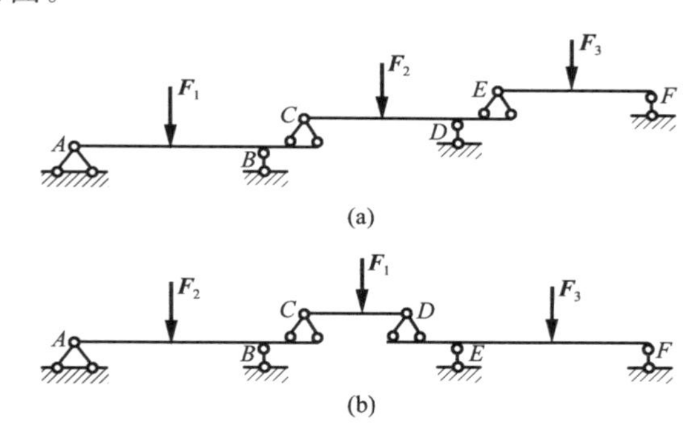

图 6-31　多跨静定梁的层次图

对如图 6-30(b) 所示的梁，如果仅承受竖向荷载作用，则不但 ABC 梁能独立承受荷载维持平衡，DEF 梁也能独立承受荷载维持平衡。这时，ABC 梁和 DEF 梁都可分别视为基本部分。其层次图如图 6-31(b) 来所示，由层次图可知，对该梁的计算应从附属部分 CD 梁开始，然后再计算 ABC 梁和 DEF 梁。

【例 6-11】　画出如图 6-32(a) 所示多跨静定梁的剪力图和弯矩图。

解　(1) 多跨静定梁的层次图如图 6-32(b) 所示，各层次单跨静定梁的受力图如图 6-32(c) 所示。

(2) 依次计算各层次单跨静定梁的支座反力

首先从附属部分 CED 开始，由对称性可得

$$F_{Cy} = F_{Dy} = 30\ \text{kN}$$

再计算基本部分 ABC，由平衡条件得

$$\sum M_A = 0\text{，}\quad F_{By} \times 4 - 20 \times 4 \times 2 - 30 \times 6 = 0$$

得　　$F_{By} = 85\ \text{kN}$

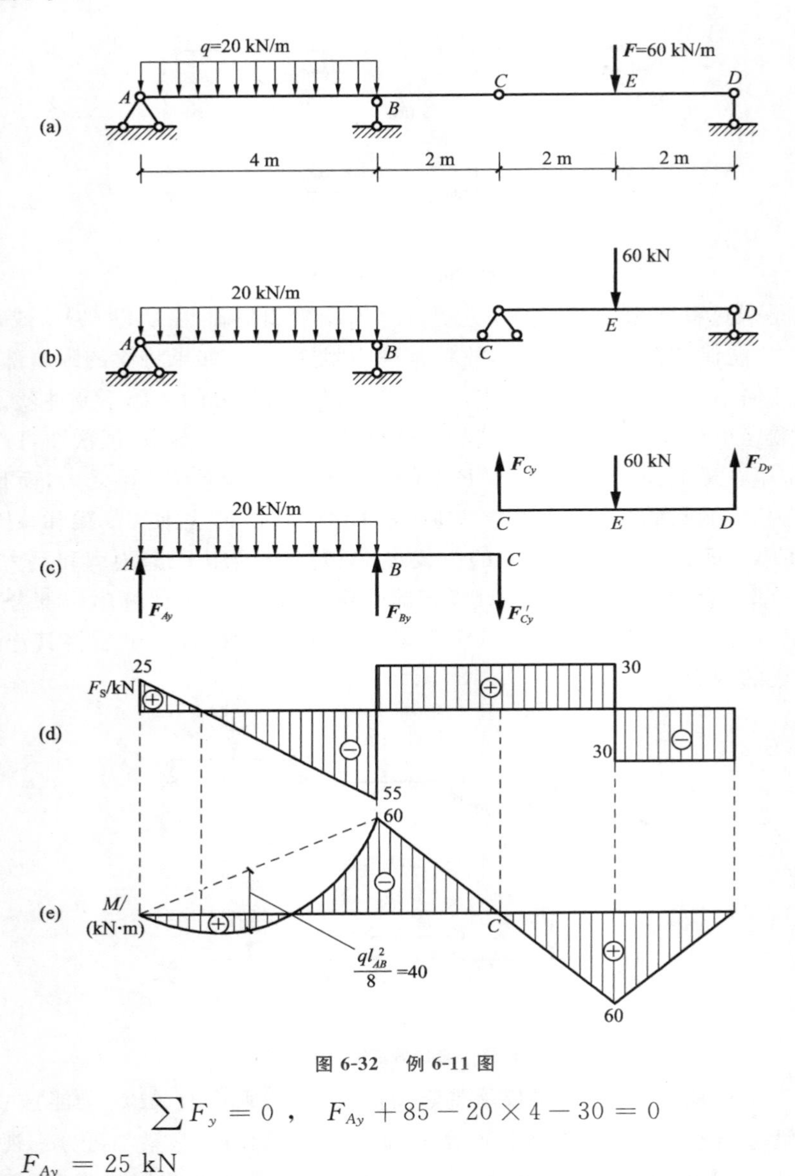

图 6-32　例 6-11 图

$$\sum F_y = 0\text{ ,}\quad F_{Ay} + 85 - 20 \times 4 - 30 = 0$$

得　　　$F_{Ay} = 25\ \text{kN}$

(3) 画出单跨静定梁的各个部分的剪力图和弯矩图(计算过程从略),最后将其连接在一起,即得到多跨静定梁的剪力图和弯矩图,如图 6-32(d)、(e) 所示。

6.9　静定平面刚架的内力

1. 概述

平面刚架是由梁和柱组成的平面结构。当平面结构受外力作用发生变形时,汇交于连接处的各杆端之间的夹角始终保持不变,这种结点称为刚结点。刚结点是刚架具备的主要结构特征。当刚架柱子的下端用细石混凝土填缝而嵌固于杯形基础内,可看作是固定支座,如图 6-33(a) 所示的站台雨篷。当刚架柱子的下端用沥青麻刀填缝而嵌固于杯形基础内,柱可绕基础发生微小转动,则可看作为固定铰支座,如图 6-34(a) 所示的三铰刚架。如图 6-33 和图 6-34

所示横梁和立柱之间的连结点均为刚结点。

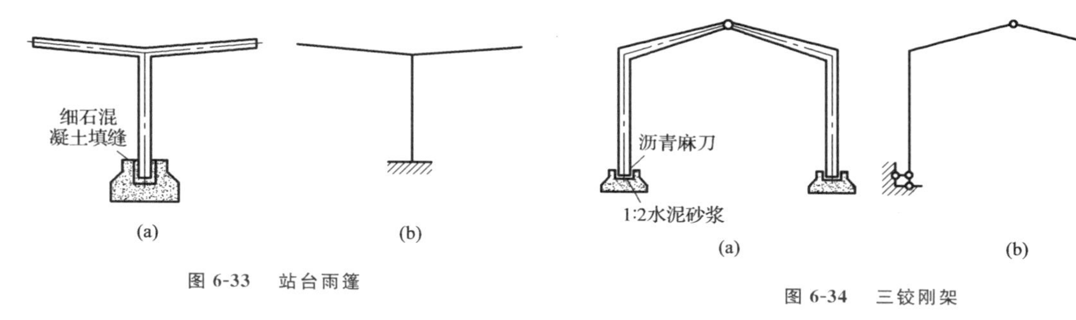

图 6-33 站台雨篷

图 6-34 三铰刚架

2. 刚架的内力

刚架的内力是指各杆横截面上的弯矩 M、剪力 F_S 和轴力 N。在计算静定刚架内力时，通常应由整体或某些部分的平衡条件，先求出刚架支座的反力和各杆铰接处的约束力，再用截面法计算各杆端横截面上的内力，最后逐一画出各组成杆件的内力图。前面介绍的梁上荷载作用的情况与梁内力的对应规律，以及绘制内力图的叠加法等在刚架的内力计算中仍然适用。

在刚架中，通常规定弯矩图绘在杆件的受拉一侧，不标正负号。剪力和轴力的正负号规定同前，剪力图和轴力图可绘在杆件的任一侧，但须标明正负号。

为了明确表示刚架上不同截面的内力，特别是为了区分汇交于同一结点的各杆端截面的内力，在内力符号右下角引用两个角标：第一个表示内力所属截面，第二个表示该截面所属杆件的另一端。例如，M_{AB} 表示 AB 杆 A 端截面的弯矩，F_{SBC} 表示 BC 杆 B 端的剪力。

【例 6-12】 画出如图 6-35(a) 所示刚架的内力图。

解 (1) 考虑刚架的整体平衡，计算支座反力

$$\sum F_x = 0\ , \quad F_{Ax} - 10 \times 4 = 0$$

得

$$F_{Ax} = 40\ \mathrm{kN}$$

$$\sum M_A = 0\ , \quad F_{Dy} \times 4 - 20 \times 2 - 10 \times 4 \times 2 = 0$$

得

$$F_{Dy} = 30\ \mathrm{kN}$$

$$\sum F_y = 0\ , \quad F_{Ay} + 30 - 20 = 0$$

得

$$F_{Ay} = -10\ \mathrm{kN}$$

在此由 $\sum M_D = 0$ 作校核，有

$$\sum M_D = -10 \times 4 + 40 \times 4 - 10 \times 4 \times 2 - 20 \times 2 = 0$$

表明计算结果正确。

(2) 用截面法求刚架各组成杆件的杆端弯矩、剪力和轴力

杆 AB：取点 A 上和点 B 下两控制截面以内的杆段为截离体如图 6-35(b) 所示，列平衡方程，解得

$$\sum F_x = 0\ , \quad F_{SBA} + 10 \times 4 - 40 = 0\ , \quad F_{SBA} = 0$$

$$\sum F_y = 0, \quad F_{NBA} - 10 = 0, \quad F_{NBA} = 10\ \mathrm{kN}$$

$$\sum M_A = 0\ , \quad M_{BA} - F_{SBA} \times 4 - 10 \times 4 \times 2 = 0, \quad M_{BA} = 80\ \mathrm{kN \cdot m}(\text{右侧受拉})$$

杆 BD：取点 B 右和点 D 左两控制截面以内的杆段为截离体如图 6-35(c) 所示，列平衡方

程，解得

$$\sum F_x = 0, \quad F_{NBD} = 0$$

$$\sum F_y = 0, \quad F_{SBD} - 20 + 30 = 0, \quad F_{SBD} = -10 \text{ kN}$$

$$\sum M_D = 0, \quad M_{BD} + F_{SBD} \times 4 - 20 \times 2 = 0, \quad M_{BD} = 80 \text{ kN} \cdot \text{m}(\text{下侧受拉})$$

(3) 画弯矩图。弯矩图画在杆的受拉纤维一侧，不标注正负号

杆 AB：该杆两端弯矩分别为 $M_{AB} = 0$ 和 $M_{BA} = 80 \text{ kN} \cdot \text{m}$。

AB 区段梁上有均布荷载，弯矩图将要进行叠加。由简支梁算得 AB 区段中点的弯矩叠加值为

$$\frac{ql_{AB}^2}{8} = \frac{10 \times 4^2}{8} = 20 \text{ kN} \cdot \text{m}$$

以 AB 区段梁杆端弯矩为基线，再叠加相应简支梁在均布荷载作用下的弯矩图，可得其弯矩图。AB 区段中点的弯矩为

$$M_{AB}^{M} = \frac{0 + 80}{2} + \frac{ql_{AB}^2}{8} = 40 + 20 = 60 \text{ kN} \cdot \text{m}$$

杆 BD：该杆两端弯矩分别为 $M_{BD} = 80 \text{ kN} \cdot \text{m}$ 和 $M_{DB} = 0$。

BD 区段中点有集中荷载，弯矩图将要进行叠加。由简支梁算得 C 点的弯矩叠加值为

$$\frac{Fl_{BD}}{4} = \frac{20 \times 4}{4} = 20 \text{ kN} \cdot \text{m}$$

以 BD 区段梁杆端弯矩为基线，再叠加相应简支梁在集中荷载作用下的弯矩图，可得其弯矩图。BD 区段 C 点的弯矩为

$$M_C = \frac{0 + 80}{2} + \frac{Fl_{BD}}{4} = 40 + 20 = 60 \text{ kN} \cdot \text{m}$$

最后画出整个刚架的弯矩图如图 6-35(d) 所示。

(4) 画剪力图。截面上的剪力使截离体作顺时针转动为正。剪力图可画在杆的任意一侧，但须标注正负号

杆 AB：该杆两端剪力分别为 $F_{SAB} = F_{Ax} = 40 \text{ kN}$(顺时针转动) 和 $F_{SBA} = 0$。连接两竖标的顶点，即得斜直线的剪力图。

杆 BD：该杆两端剪力分别为 $F_{SBD} = -10 \text{ kN}$(逆时针转动) 和 $F_{SDB} = F_{Dy} = 30 \text{ kN}$(逆时针转动)。过竖标的顶点连水平线，在杆中点的集中力作用处对应有 20 kN 的突变值，即水平线有跳跃，标注负号，即得到无均布荷载作用的杆 BD 的剪力图。

最后画出整个刚架的剪力图如图 6-35(e) 所示。

(5) 画轴力图。轴力以拉力为正，轴力图可画在杆的任意一侧，并标注正负号。

杆 AB：该杆两端轴力为 $F_{NAB} = F_{NBA} = 10 \text{ kN}$。连接两竖标的顶点，标注正号，即得杆 AB 的轴力图。

杆 BD：该杆两端轴力为 $F_{NBD} = F_{NDB} = 0$。得杆 BD 的轴力图即轴力图基线本身。

最后画出整个刚架的轴力图如图 6-35(F) 所示。

(6) 校核。取刚节点 B 为截离体，在杆端弯矩作用下的受力图如图 6-35(g) 所示，因 $\sum M_B = 80 - 80 = 0$，故刚节点 B 满足力矩平衡条件。同样，在杆端剪力和轴力作用下的受力图如图 6-35(h) 所示，因 $\sum F_x = 0$，$\sum F_y = 10 - 10 = 0$，故刚节点 B 满足力的平衡条件，表明计算结果正确。

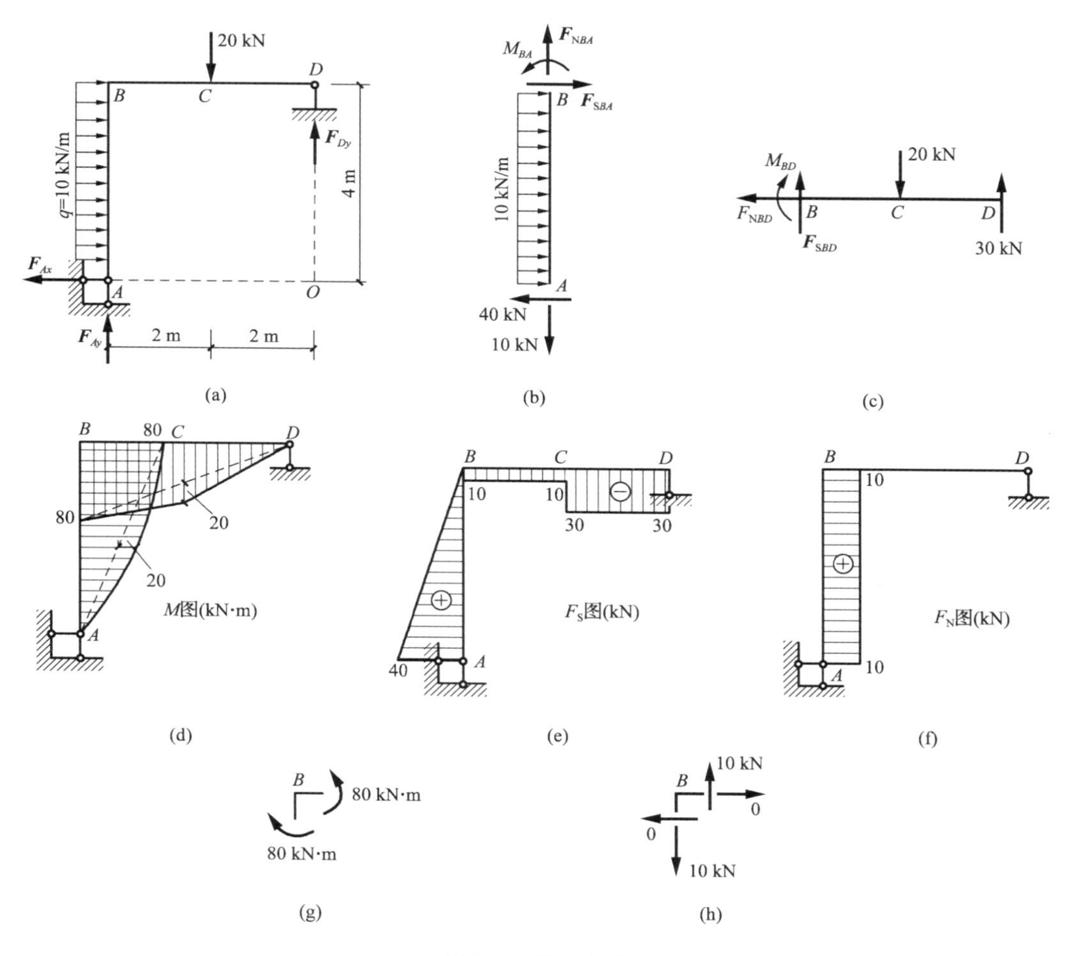

图 6-35　例 6-12 图

【例 6-13】　画出如图 6-36(a) 所示悬臂刚架的内力图。

解　该刚架是悬臂刚架,可以不必先求支座反力。

(1) 画弯矩图。弯矩图画在杆的受拉纤维一侧,不标注正负号。

逐杆分段取截离体列平衡方程,用截面法计算各控制截面弯矩。

杆 CB:$M_{CB}=0,\sum M_B=0,M_{BC}=4\times2=8\ \text{kN}\cdot\text{m}$(上侧受拉),如图 6-36(b) 所示。

因 CB 杆中间无荷载,其弯矩图为斜直线。

杆 BD:$M_{DB}=0,\sum M_B=0,M_{BD}=2\times2\times1=4\ \text{kN}\cdot\text{m}$(上侧受拉),如图 6-36(c) 所示。

因 BD 杆作用有均布荷载,其弯矩图为抛物线。

取节点 B 为截离体:$\sum M_B=0,M_{BA}=8-4=4\ \text{kN}\cdot\text{m}$(右侧受拉),如图 6-36(d) 所示。

因 AB 杆无荷载,其弯矩图为直线。

最后画出整个刚架的弯矩图如图 6-36(e) 所示。

(2) 画剪力图。截面上的剪力使截离体作顺时针转动为正。剪力图可画在杆的任意一侧,但需标注正负号

逐杆分段取截离体列平衡方程,用截面法计算各控制截面剪力。

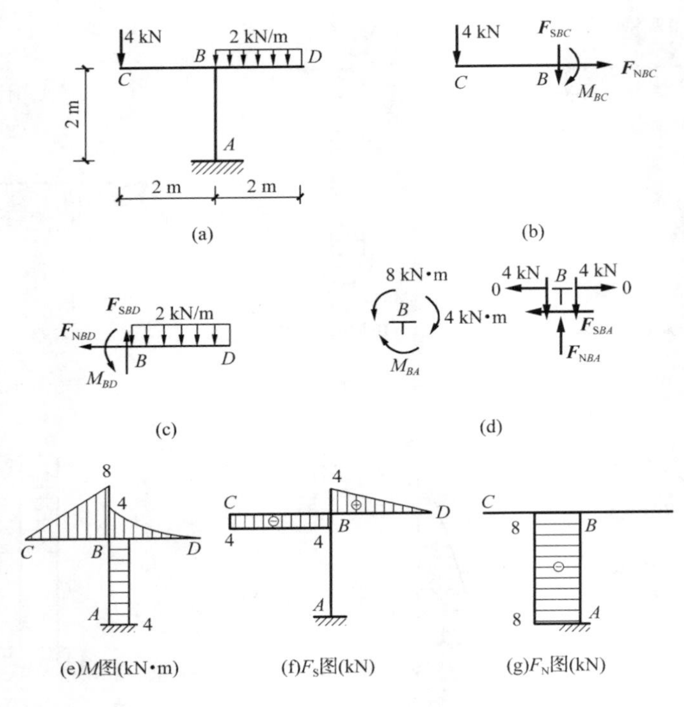

图 6-36　例 6-13 图

杆 CB：$\sum F_y = 0$，$F_{SBC} = -4$ kN，如图 6-36(b) 所示。

因 CB 杆中间无荷载，其剪力图为水平线。

杆 BD：$\sum F_y = 0$，$F_{SBD} = 2 \times 2 = 4$ kN，$F_{SDB} = 0$，如图 6-36(c) 所示。

因 BD 杆作用有均布荷载，其剪力图为斜直线。

取节点 B 为截离体：$F_{NBC} = F_{NBD} = 0$，$\sum F_X = 0$，$F_{SBA} = 0$，所以 $F_{SAB} = 0$，如图 6-36(d) 所示。

最后画出整个刚架的剪力图如图 6-36(f) 所示。

(3) 画轴力图。轴力以拉力为正，轴力图可画在杆的任意一侧，并标注正负号。

取节点 B 为截离体：$\sum F_y = 0$，$F_{NBA} = 4 + 4 = 8$ kN(压力)，如图 6-36(d) 所示。

最后画出整个刚架的轴力图如图 6-36(g) 所示。

6.10　静定平面桁架的内力

1. 桁架的特点

桁架是由若干直杆在两端用铰链连接而成的结构。当组成各杆的轴线都在同一平面内，且外力也在这个平面内时，称为平面桁架，否则称为空间桁架。桁架在土木工程结构中较为常见，如桥梁主体[图 6-37(a)]、钢木屋架[图 6-38(a)]等。这些桁架结构一般都具有对称的平面，当荷载作用在对称平面内时，即可将空间桁架简化为平面桁架[图 6-37(b)、图 6-38(b)]。桁架的结点可以通过铆接、焊接、榫接等连接。

在实际结构中，桁架的受力情况比较复杂，为了简化计算，桁架的计算简图通常采用下列

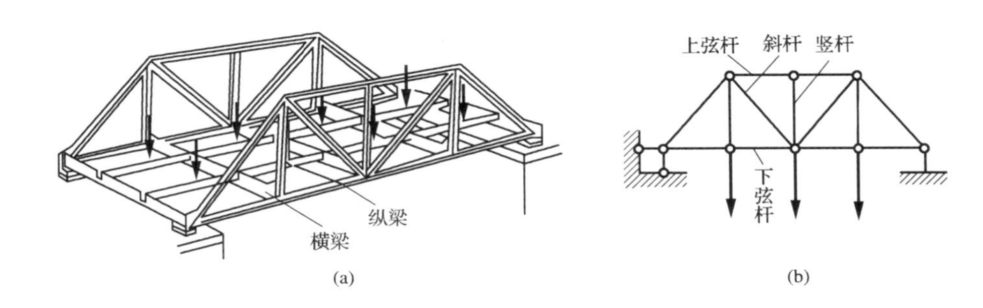

图 6-37　桥梁主体和计算简图

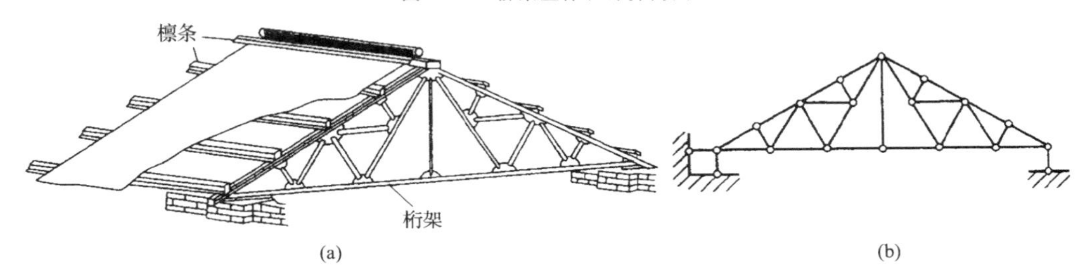

图 6-38　钢木屋架和计算简图

假设：

(1) 连接杆件的各结点都是无摩擦的理想铰。

(2) 各杆的轴线都是直线，在同一平面内且通过铰的中心。

(3) 荷载和支座反力都作用在结点上，并位于桁架平面内。

(4) 桁架杆件的自重可忽略不计，或将杆件的自重平均分配到桁架的结点上。

满足上述假设的桁架称为理想桁架。理想桁架中各杆只受轴力作用，应力在截面上均匀分布，材料能得到充分利用。因而与梁相比，桁架用料较省，并能跨越更大的跨度。

在绘制理想桁架的计算简图时，以轴线代替各杆件，且都是只承受轴力的二力杆，以小圆圈代替铰结点，如图 6-37(b)、图 6-38(b) 所示。

2. 桁架的分类

(1) 按几何组成方式分

按几何组成方式分，静定平面桁架可分为简单桁架、联合桁架和复杂桁架。

① 简单桁架。以一个基本铰接三角形为基础，依次增加二元体而组成的无多余约束的几何不变体系，如图 6-39(a) ～ 图 6-39(d) 所示。

② 联合桁架。由几个简单桁架按几何不变体系组成规则组成的桁架，如图 6-39(e) 所示。

③ 复杂桁架。不属于前两类的桁架即为复杂桁架，如图 6-39(f) 所示。

(2) 按桁架外形分

按桁架外形可分为三角形桁架[图 6-39(a)]、平行弦桁架[图 6-39(b)]、折线形桁架[图 6-39(c)] 和梯形桁架[图 6-39(d)]。

桁架中的杆件，按其所在的位置不同，可分为弦杆和腹杆两类，如图 6-40 所示。

弦杆是指桁架上、下外围的杆件，上边的称为上弦杆，下边的称为下弦杆，桁架两端与支座相连的外围杆称为端杆。上、下弦杆之间的杆件称为腹杆，腹杆又分为竖杆和斜杆。弦杆上相邻两结点之间的区间称为节间，其间距称为节间长度。两支座间的水平距离 l 称为跨度。支座连线至桁架最高点的距离称为桁高。

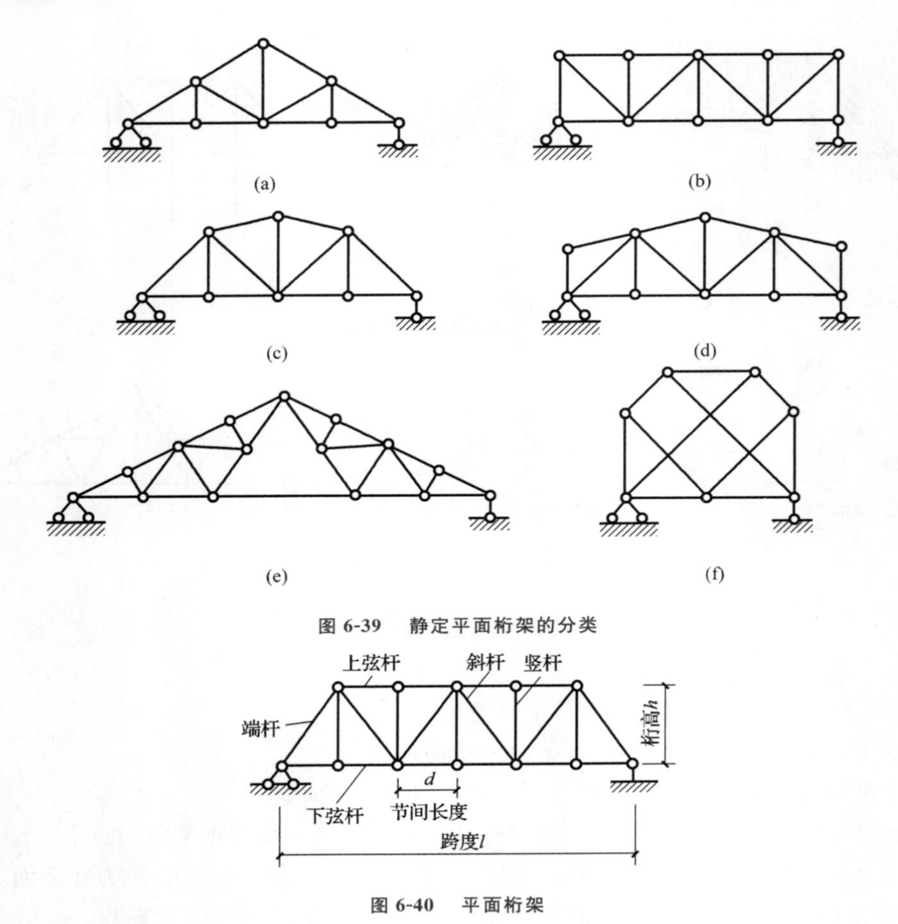

图 6-39　静定平面桁架的分类

图 6-40　平面桁架

3. 桁架的内力计算

桁架在结点荷载和支座反力的作用下，处于平衡状态，则桁架的每一个结点、杆件、局部截离体也都处于平衡状态。

桁架内力计算的方法一般有结点法、截面法和联合法。

(1) 结点法

结点法就是取桁架的结点为截离体，通过结点的受力图和静力平衡方程来求桁架各杆内力的一种方法。

首先取整个桁架作为研究对象，列出桁架整体的平衡方程，解出支座的约束反力。然后按照一定的顺序取各结点为研究对象。由于桁架中各杆都是通过铰心的二力杆，且外力或支座反力都作用于结点上，所以作用于任一结点上的力系都是平面汇交力系，对于每个结点只能列出两个独立的平衡方程，求解两个未知力。在实际计算中，为了避免解联立方程，应从未知力不超过两个的结点开始，依次逐点计算，即可求得所有杆件的内力。

桁架的内力只有轴力，并规定拉力为正、压力为负。

【例 6-14】　试用结点法计算如图 6-41(a) 所示桁架中各杆的内力。

解　(1) 求支座反力。取整个桁架为研究对象，列平衡方程，即

$$\sum M_8 = 0, \quad (F_{1y} - 10) \times 8 - 20 \times 6 - 10 \times 4 = 0$$

得

$$F_{1y} = 30\ \text{kN}$$

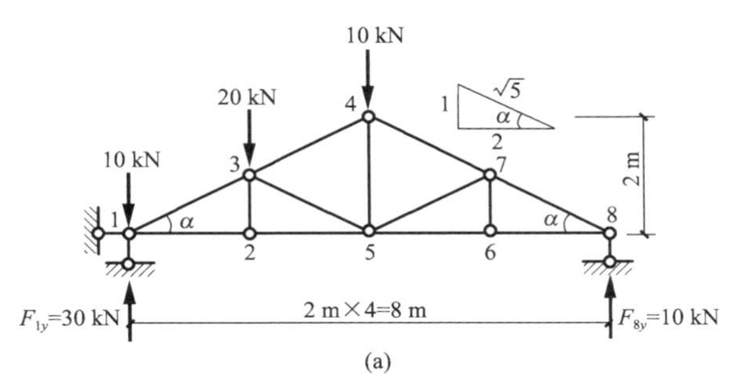

(a)

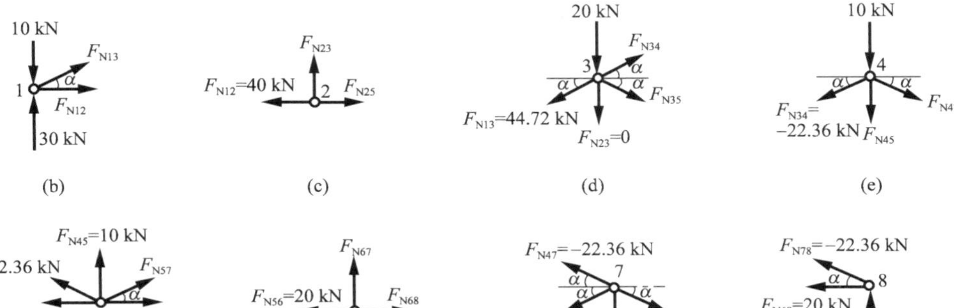

(b)　(c)　(d)　(e)

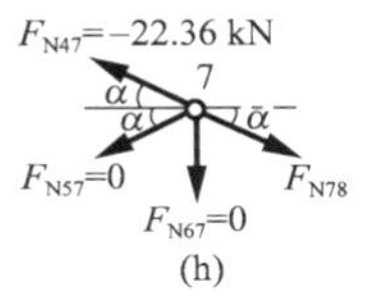

(f)　(g)　(h)　(i)

图 6-41　例 6-14 图

$$\sum F_y = 0,\quad 30 - 10 - 20 - 10 + F_{8y} = 0$$

得
$$F_{8y} = 10\ \text{kN}$$

(2) 取结点 1 为截离体,受力图如图 6-41(b) 所示,列平衡方程

$$\sum F_y = 0,\quad F_{N13} \times \frac{1}{\sqrt{5}} - 10 + 30 = 0$$

得
$$F_{N13} = -44.72\ \text{kN(压力)}$$

$$\sum F_x = 0,\quad F_{N13} \times \frac{2}{\sqrt{5}} + F_{N12} = 0$$

得
$$F_{N12} = 40\ \text{kN(拉力)}$$

(3) 取结点 2 为截离体,受力图如图 6-41(c) 所示,列平衡方程

$$\sum F_y = 0,\quad F_{N23} = 0$$

$$\sum F_x = 0,\quad F_{N25} - F_{N12} = 0$$

得
$$F_{N25} = F_{N12} = 40\ \text{kN}$$

(4) 取结点 3 为截离体,受力图如图 6-41(d) 所示,列平衡方程

$$\sum F_x = 0,\quad -F_{N13} \times \frac{2}{\sqrt{5}} + F_{N34} \times \frac{2}{\sqrt{5}} + F_{N35} \times \frac{2}{\sqrt{5}} = 0$$

$$\sum F_y = 0,\quad -20 + F_{N34} \times \frac{1}{\sqrt{5}} - F_{N35} \times \frac{1}{\sqrt{5}} - F_{N13} \times \frac{1}{\sqrt{5}} = 0$$

得
$$F_{N34} = F_{N35} = -22.36\ \text{kN}$$

同理,依次取结点 4、5、6、7 为截离体,得各杆的轴力为

$F_{N47} = -22.36\ \text{kN}$,　$F_{N45} = 10\ \text{kN}$,　$F_{N57} = 0$,　$F_{N56} = 20\ \text{kN}$,　$F_{N67} = 0$,

$F_{N68}=20\ \text{kN}$，　$F_{N78}=-22.36\ \text{kN}$。

最后对所求轴力进行校核，取结点 8 为截离体，受力图如图 6-41(i) 所示。

$$\sum F_x=-(-22.36)\times\frac{2}{\sqrt{5}}-20=0$$

$$\sum F_y=-22.36\times\frac{1}{\sqrt{5}}+10=0$$

故知计算结果无误。

为了清晰起见，将此桁架各杆的内力标注在图 6-42 中。

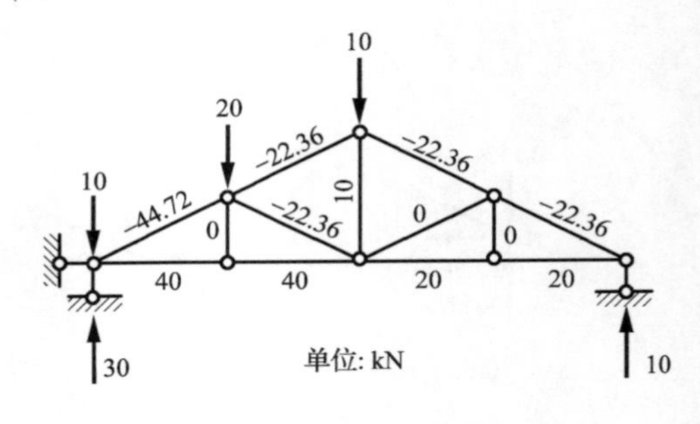

图 6-42　桁架各杆的内力

在例 6-14 中，由于 23 杆是一根零杆，所以杆 12 和 25 中的内力相等，在计算时此两杆可视为一根杆件 15。同理，由于 67、57 是两根零杆，杆 47 和 78 及杆 56 和 68 均可作为一根杆件对待，这样，计算将得到简化。

桁架中轴力为零的杆件称为零杆。在计算桁架的内力之前，若能预先判断出零杆，则使计算得以简化。常见的零杆有以下几种情况：

① 不共线的两杆结点上，当无荷载作用时[图 6-43(a)]，两杆必为零杆。

② 不共线的两杆结点上，当荷载与其中一杆共线时[图 6-43 (b)]，该杆的内力与荷载大小相等，性质相同(同为拉力或压力)，另一杆必为零杆。

③ 两杆共线的三杆结点上，当无荷载作用时[图 6-43 (c)]，不共线的第三杆必为零杆，而共线的两杆内力大小相等，性质相同。

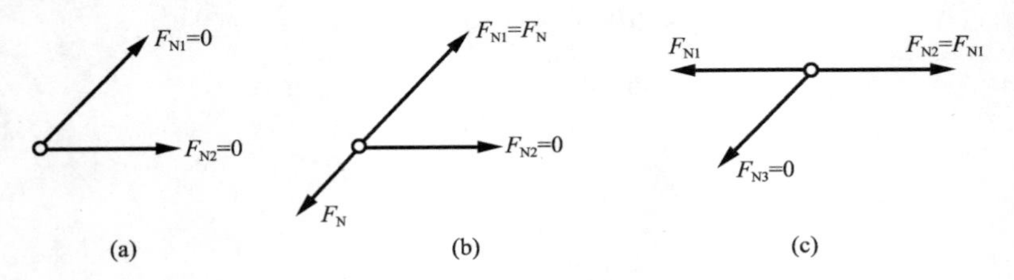

图 6-43　常见零杆的三种情况

应用上述结论，容易看出图 6-44 中虚线所示的各杆均为零杆。在分析桁架时，首先将零杆识别出来，可使计算工作大为简化。

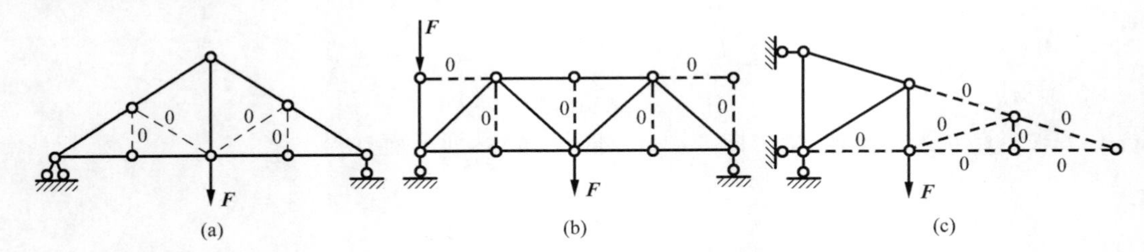

图 6-44　桁架中的零杆

(2) 截面法

截面法就是用一截面将桁架分为两部分，取其中一部分(包括两个或两个以上结点)为截离体，利用平衡条件求出所截杆件内力的方法。由于平面一般力系只有三个独立的平衡方程，只要未知力的个数不超过三个，则可直接把截面上的全部未知力求出。

截面法适用于联合桁架的计算以及简单桁架中只需求出某些指定杆件内力的情况。

【例 6-15】　试用截面法计算如图 6-45(a) 所示桁架中指定杆件的内力。

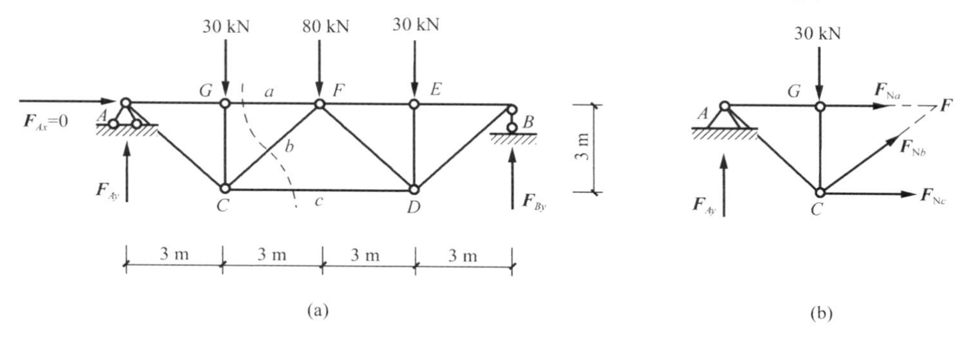

图 6-45　例 6-15 图

解　(1) 计算支座反力

$$F_{Ax}=0,\quad F_{Ay}=F_{By}=70\ \text{kN}$$

(2) 计算指定杆件内力。用假想截面〔图 6-45(a) 中虚线所示〕通过 a、b、c 三杆将桁架截开，取左半部分为研究对象，受力图如图 6-45(b) 所示，列平衡方程，则有

$$\sum F_x=0,\quad F_{Na}+F_{Nb}\times\frac{\sqrt{2}}{2}+F_{Nc}=0$$

$$\sum F_y=0\ ,\quad F_{Ay}-30+F_{Nb}\times\frac{\sqrt{2}}{2}=0$$

$$\sum M_C(F)=0\quad -F_{Ay}\times3-F_{Na}\times3=0$$

$F_{Na}=-70\ \text{kN}$(压力)，　$F_{Nb}=-56.58\ \text{N}$(压力)，　$F_{Nc}=110\ \text{kN}$(拉力)

(3) 校核

由 $\sum M_F(F)=-70\times6+30\times3+110\times3=0$，表明计算结果正确。

【例 6-16】　桁架尺寸及受力如图 6-46(a) 所示，$F=10\ \text{kN}$。求其中 1、2、3 杆的内力。

解　由图中几何关系得　$\sin\alpha=\cos\alpha=\dfrac{\sqrt{2}}{2}$

取 Ⅰ—Ⅰ 截面右边的截离体，受力分析如图 6-46(b) 所示。

由
$$\sum M_F=0,F_{N1}\times4-F\times2=0$$

$$F_{N1}=\frac{F}{2}=\frac{10}{2}=5\ \text{kN}(拉力)$$

取 Ⅱ—Ⅱ 截面右边的截离体，受力分析如图 6-46(c) 所示。

由 $\sum M_D=0,\quad F_{N1}\times4+F_{N2}\times(2\times\dfrac{\sqrt{2}}{2}+2\times\dfrac{\sqrt{2}}{2})-F\times2-F\times4=0$(拉力)

由 $\sum F_y=0$ ，解得

$$F_{N3}=-14.14\ \text{kN}(压力)$$

利用截面法计算桁架内力时，被截开杆件有时会超过三个，可通过取矩心和取投影轴的技巧求出杆件内力，取矩心应取大多数未知轴力的交点，而取投影轴应使之垂直于大多数的未知力。例如，如图 6-47 所示的截面，被截杆件有四个，除了第一根杆外，均交于 B 点，由 $\sum M_B=0$

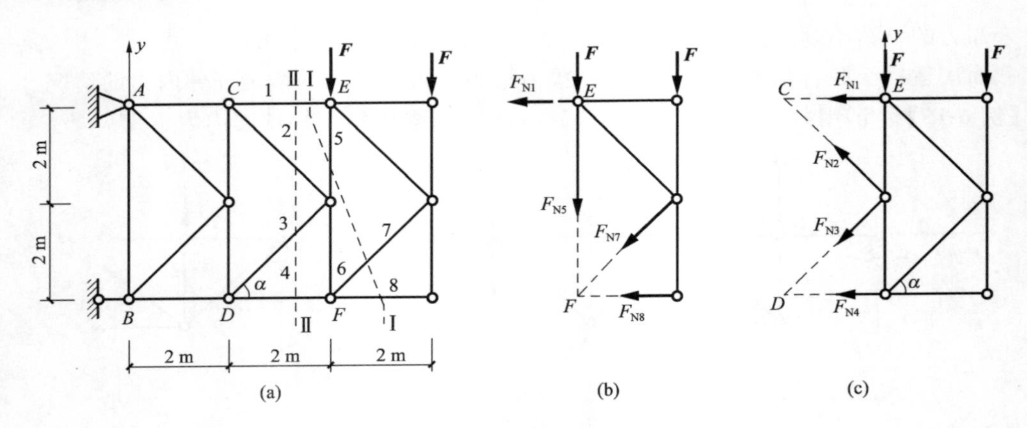

图 6-46　例 6-16 图

可求出 F_{N1}，如图 6-48 所示的截面中，被截杆件仍为四个，除一杆外均相互平行，这时 F_{N4} 仍可由投影方程(垂直于 F_{N1}、F_{N2}、F_{N3})求出。

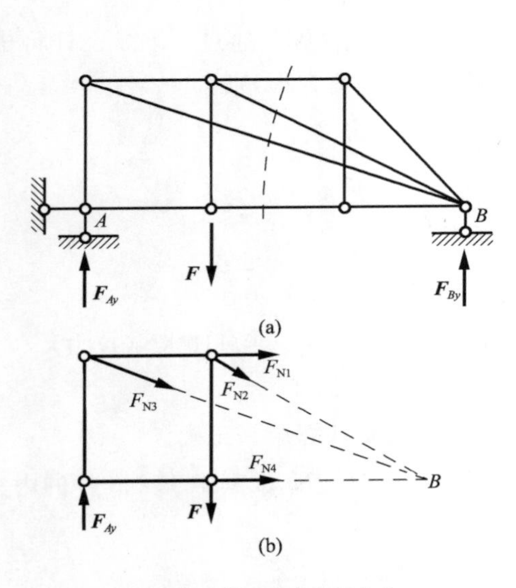

图 6-47　截面法求桁架内力

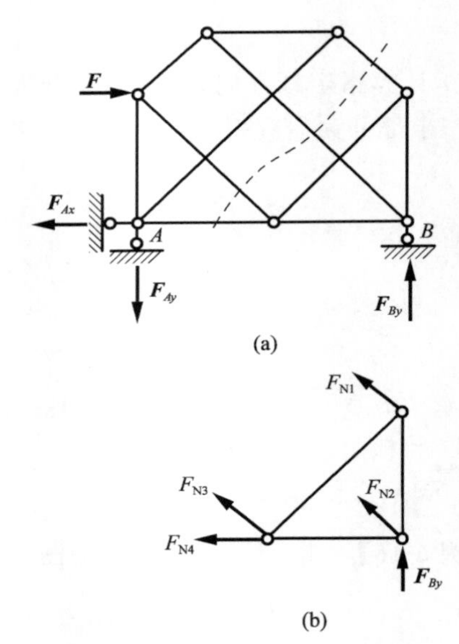

图 6-48　截面法求桁架内力

(3) 结点法与截面法的联合应用

在各种桁架的计算中，若只需求解某几根指定杆件的内力，而单独应用结点法或截面法又不能一次求出结果时，则联合应用结点法和截面法，常可获得较好的效果。

【例 6-17】　计算如图 6-49(a) 所示桁架中 a、b 两杆的内力。

解　(1) 计算支座反力

$$F_{Ax}=0,\quad F_{Ay}=20\ \text{kN},\quad F_{By}=25\ \text{kN}$$

(2) 计算指定杆件内力。用假想截面〔图 6-49(a) 中虚线所示〕通过 a 杆将桁架截开，取左半部分为研究对象，受力图如图 6-49(b) 所示，列平衡方程，则有

$$\sum F_y=0\ ,\quad F_{Ay}-15-F_{Na}\times\frac{4}{\sqrt{4^2+6^2}}=0$$

得　$F_{Na}=9.01\ \text{kN}$(拉力)

考虑结点 F 平衡的特殊情况可知，EF 杆受压力，大小为 15 kN。

取结点 E 为截离体，受力图如图 6-49(c) 所示，列平衡方程，则有

$$\sum F_y = 0,\quad -15 - F_{Nb} \times \frac{4}{5} = 0$$

得

$$F_{Nb} = 18.75\ \text{kN}(拉力)$$

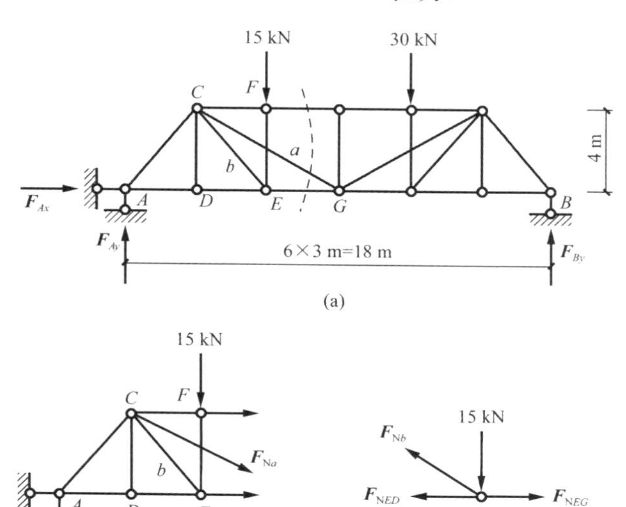

图 6-49 例 6-17 图

6.11 三铰拱的内力

三铰拱的有关概念及内力计算

1. 概述

(1) 拱的特点

轴线为曲线，在竖向荷载作用下支座处有水平反力的结构称为拱。两个曲杆刚片和基础由三个不共线的铰两两相连，组成的静定结构称为三铰拱。拱结构是桥梁建筑、房屋建筑和水利建筑中常被采用的结构形式之一。图 6-50(a) 所示为一三铰拱桥，图 6-50(b) 所示为其计算简图。

拱结构的特点是杆轴为曲线，而且在竖向荷载作用下，支座将产生水平反力(或称为水平推力)。

拱结构与梁的区别，不仅在于外形不同，更重要的还在于在竖向荷载作用下是否产生水平推力。如图 6-51 所示的两结构，虽然它们的杆轴都是曲线，但图 6-51(a) 所示的结构在竖向荷载作用下，不产生水平推力，其任一横截面上的弯矩与相应简支梁(荷载和跨度相同的梁) 相等，这种结构不是拱，而是一根曲梁。如图 6-51(b) 所示的结构，在竖向荷载作用下有水平推力，属于拱结构。

(2) 拱的分类

拱按其组成形式可分为无铰拱[图 6-52(a)]、两铰拱[图 6-52(b)] 和三铰拱。三铰拱又分为无拉杆的三铰拱[图 6-52(c)] 和有拉杆的三铰拱[图 6-52(d)]。前两种为超静定结构，三铰拱为静定结构。

(a) 三铰拱桥

(b) 计算简图

图 6-50　三铰拱

(a) 曲梁　(b) 拱结构

图 6-51　拱结构与梁的区别

(a)无铰拱　(b)两铰拱　(c) 无拉杆的三铰拱　(d) 有拉杆的三铰拱

图 6-52　拱的分类

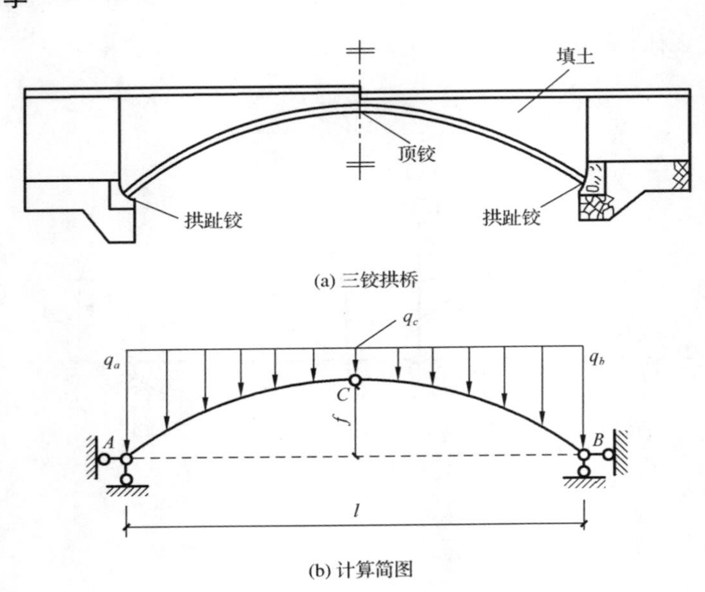

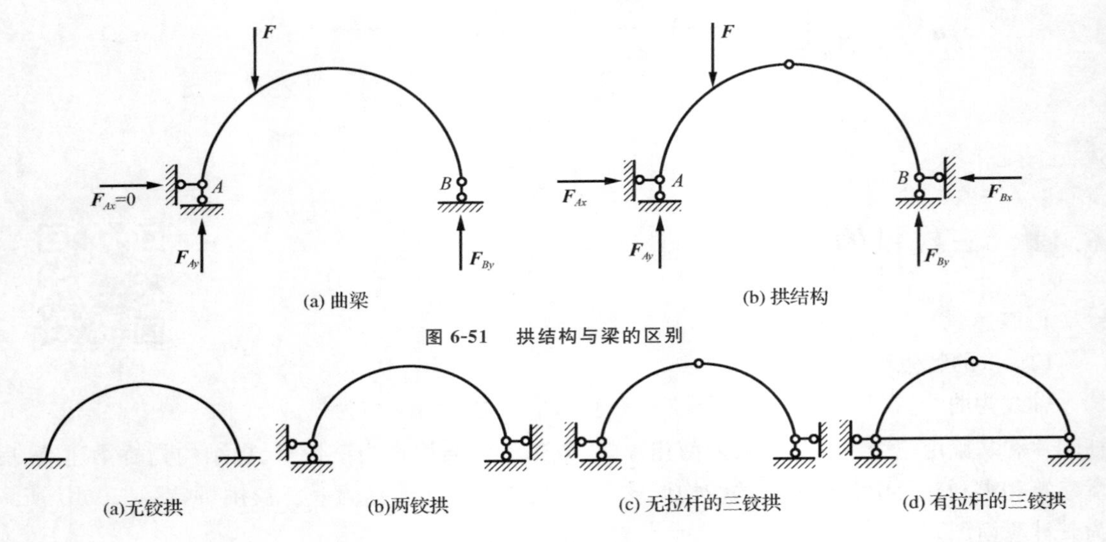

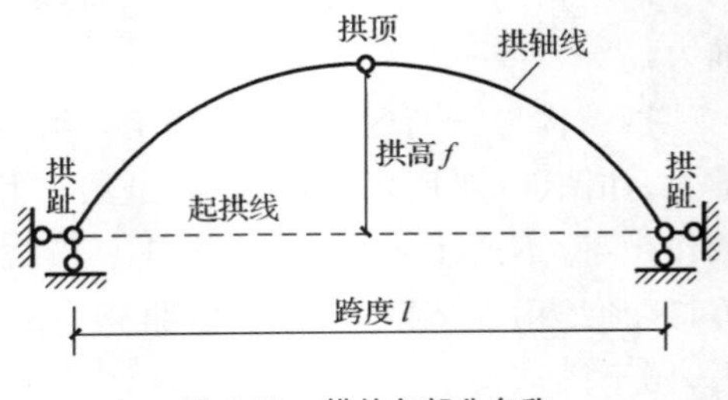

图 6-53　拱的各部分名称

(3) 拱的各部分名称

拱的各部分名称如图 6-53 所示。拱身各截面形心的连线称为拱轴线；两端支座处称为拱趾；两拱趾间的水平距离称为拱的跨度；两拱趾连线称为起拱线；拱轴线上最高的点称为拱顶，三铰拱通常在拱顶处设置铰；拱顶至起拱线间的竖直距离称为拱高或矢高；拱高与跨度之比称为高跨比或矢跨比。高跨比是拱的一个重要参数，在实际工程中，其高跨比一般为 1/2 ～ 1/8。

2. 三铰拱的内力计算

三铰拱为静定结构，其支座反力和内力都可由平衡条件确定。现以如图 6-54(a) 所示的三铰拱为例说明其支座反力和内力的计算方法。并将三铰拱和同跨度同荷载的相应简支梁[图 6-54(b)] 做比较，用以说明三铰拱的受力特性。

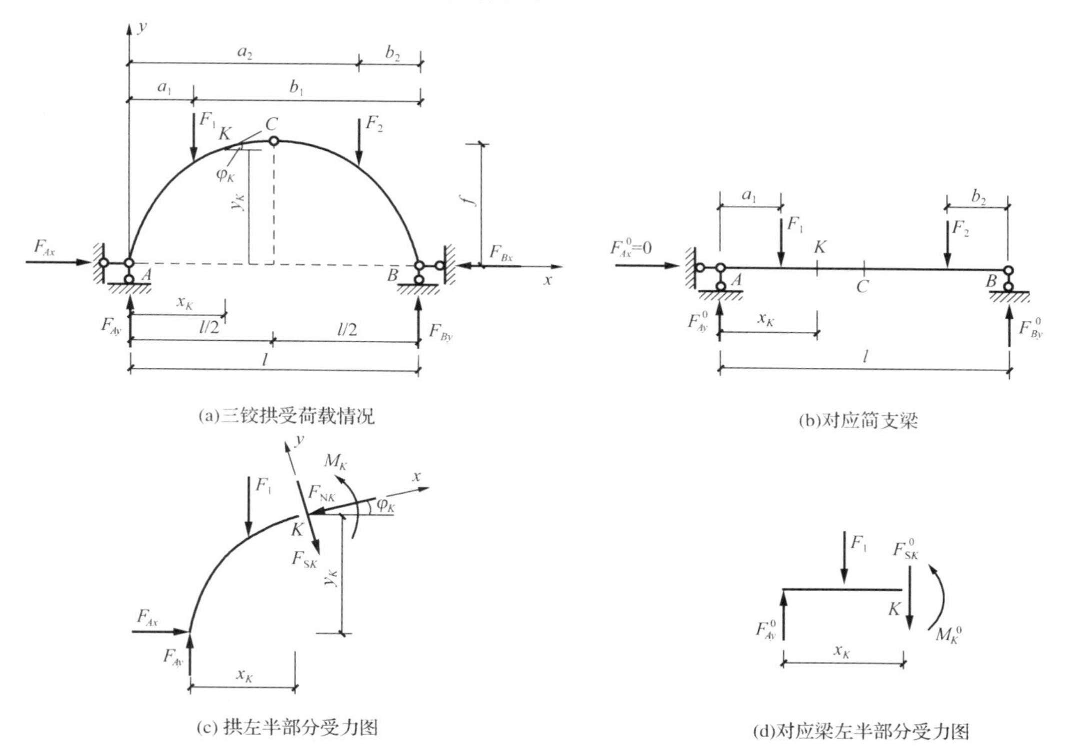

图 6-54　三铰拱的内力分析

(1) 支座反力的计算

考虑拱整体的平衡条件，则

$$\sum M_A = 0, \quad F_{By} = \frac{1}{l}(F_1 a_1 + F_2 a_2)$$

$$\sum M_B = 0, \quad F_{Ay} = \frac{1}{l}(F_1 b_1 + F_2 b_2)$$

$$\sum F_x = 0, \quad F_{Ax} = F_{Bx} = F_x$$

考虑左半拱的平衡条件，则

$$\sum M_C = 0, \quad F_{Ax} = \frac{F_{Ay} \times \frac{l}{2} - F_1 \times \left(\frac{l}{2} - a_1\right)}{f}$$

式中，F_{Ay} 及 F_{By} 与相应简支梁的支座反力 F_{Ay}^0 及 F_{By}^0 相等，梁与拱顶铰相应位置的截面 C

上弯矩以 M_C^0 表示，则

$$M_C^0 = F_{Ay}^0 \times \frac{l}{2} - F_1\left(\frac{l}{2} - a_1\right)$$

将以上各式写为

$$\left.\begin{aligned} F_{Ay} &= F_{Ay}^0 \\ F_{By} &= F_{By}^0 \\ F_{Ax} &= F_{Bx} = \frac{M_C^0}{f} \end{aligned}\right\} \tag{6-4}$$

由此可知，推力与拱轴线形式无关，而与拱高 f 成反比，拱越低推力越大。

(2) 内力的计算

由于拱轴线是曲线，用截面法计算内力时，所取截面应与该截面拱轴线的切线垂直。该截面的位置由截面形心坐标 x_K、y_K 及该截面处拱轴线切线的倾角 φ_K 来确定。

用假想截面在 K 处沿横截面将拱截开，取左半部分为研究对象，受力图如图 6-54(c) 所示。则

$$\sum M_K = 0\ ,\ M_K = F_{Ay}x_k - F_1(x_K - a_1) - F_{Ax}y_K$$

$$\sum F_y = 0,\quad F_{SK} = (F_{Ay} - F_1)\cos\varphi_K - F_{Ax}\sin\varphi_K$$

$$\sum F_x = 0,\quad F_{NK} = (F_{Ay} - F_1)\sin\varphi_K + F_{Ax}\cos\varphi_K$$

相应简支梁上相对应的 K 截面内力，$F_{SK}^0 = F_{Ay}^0 - F_1$，$M_K^0 = F_{Ay}^0 x_K - F_1(x_K - a_1)$，则有

$$M_K = M_K^0 - F_x y_K \tag{6-5}$$

$$F_{SK} = F_{SK}^0\cos\varphi_K - F_x\sin\varphi_K \tag{6-6}$$

$$F_{NK} = F_{SK}^0\sin\varphi_K - F_x\cos\varphi_K \tag{6-7}$$

拱截面内力正负号规定：弯矩以使拱内侧纤维受拉为正，反之为负；剪力以使截离体有顺时针转动趋势时为正，反之取负号；轴力以压为正，拉为负。

由上述分析可知拱的受力特点为：

① 在竖向荷载作用下，梁没有水平推力，而拱有水平推力。

② 由式(6-5) 可知，由于推力的存在，三铰拱截面上的弯矩比简支梁的弯矩小。弯矩的降低，使拱能更充分地发挥材料的作用。

③ 在竖向荷载作用下，梁的截面内没有轴力，而拱的截面内轴力较大，且一般为压力。

总的看来，拱比梁能更有效地发挥材料的作用，因此适用于较大的跨度和较重的荷载。由于拱主要是受压，便于利用抗压性能好而抗拉性能差的材料，如砖、石、混凝土等。但拱在支座处受到向内的水平推力作用，同时也给基础施加向外的水平推力，所以三铰拱的基础比梁的基础要大。因此，用拱作屋架时，都采用有拉杆的三铰拱，以减少对墙或柱的推力。

【例 6-18】 计算如图 6-55 所示三铰拱截面 D 处的内力，已知拱轴线的方程为 $y = \frac{4f}{l^2}x(l - x)$。

解 (1) 计算支座反力。考虑整体的平衡条件，则

$$\sum M_A = 0,\quad F_{By} = \frac{10 \times 8 \times 4 + 40 \times 12}{16} = 50\ \text{kN}$$

$$\sum M_B = 0,\quad F_{Ay} = \frac{10 \times 8 \times 12 + 40 \times 4}{16} = 70\ \text{kN}$$

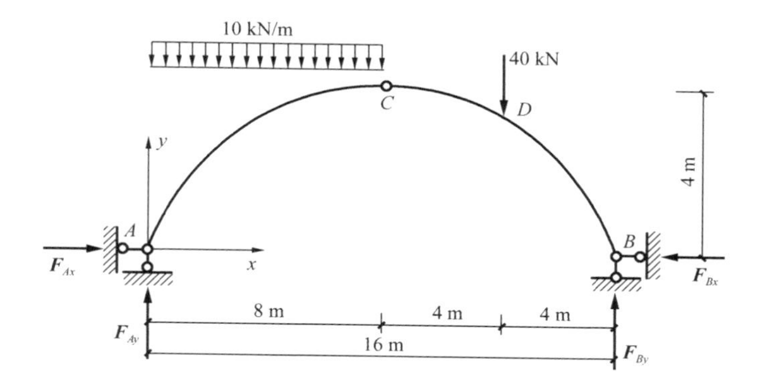

图 6-55　例 6-18 图

$$\sum F_x = 0,\quad F_{Ax} = F_{Bx} = F_x$$

考虑左半部分的平衡条件，则

$$\sum M_C = 0,\quad F_{Bx} = F_{Ax} = F_x = \frac{70\times 8 - 10\times 8\times 4}{4} = 60\ \text{kN}$$

(2) 计算截面 D 处的内力

$$y_D = \frac{4f}{l^2}x(l-x) = \frac{4\times 4}{16^2}\times 12\times(16-12) = 3\ \text{m}$$

$$\tan\varphi_D = \frac{\mathrm{d}y}{\mathrm{d}x} = \frac{4f}{l^2}(l-2x) = -0.5$$

$$\varphi_D = -26°34',\quad \sin\varphi_D = -0.447,\quad \cos\varphi_D = 0.894$$

$$M_D = M_D^0 - F_x y_D = 50\times 4 - 60\times 3 = 20\ \text{kN}\cdot\text{m}(\text{下侧受拉})$$

在集中荷载作用处，由于 F_{SD}^0 有突变，所以要分别计算截面 D 左右两侧的剪力和轴力。

$$F_{SD}^{L} = F_{SD}^0\cos\varphi_D - F_x\sin\varphi_D = -10\times 0.894 - 60\times(-0.447) = 17.9\ \text{kN}$$

$$F_{ND}^{L} = F_{SD}^0\sin\varphi_D + F_x\cos\varphi_D = -10\times(-0.447) + 60\times 0.894 = 58.1\ \text{kN}(\text{压力})$$

$$F_{SD}^{R} = F_{SD}^0\cos\varphi_D - F_x\sin\varphi_D = -50\times 0.894 - 60\times(-0.447) = -17.9\ \text{kN}$$

$$F_{ND}^{R} = F_{SD}^0\sin\varphi_D + F_x\cos\varphi_D = -50\times(-0.447) + 60\times 0.894 = 76.0\ \text{kN}(\text{压力})$$

3. 三铰拱的合理轴线

拱的合理轴线

在一定荷载作用下，拱轴上所有截面的弯矩都等于零，这时拱的轴线称为在该荷载作用下的合理轴线。

确定合理轴线的方法是建立求任意截面的弯矩通式，然后令其为零，从而解得拱的合理轴线方程。

具有合理轴线的拱，各截面均没有弯矩，只有轴力，因而正应力沿截面均匀分布，材料能得到充分利用。

【例 6-19】　计算如图 6-56 所示三铰拱在满跨竖向均布荷载作用下的合理拱轴线。

解　(1) 计算支座反力

$$F_{Ay} = F_{By} = \frac{1}{2}ql,\quad F_{Ax} = F_{Bx} = \frac{ql^2}{8f}$$

(2) 列弯矩方程。取任意横截面，则有

$$M_K(x) = F_{Ay}x - F_{Ax}y - \frac{1}{2}qx^2 = \frac{1}{2}qlx - \frac{ql^2}{8f}y - \frac{1}{2}qx^2$$

令 $M_K(x) = 0$，得 $y = \dfrac{4f}{l^2}x(l-x)$。

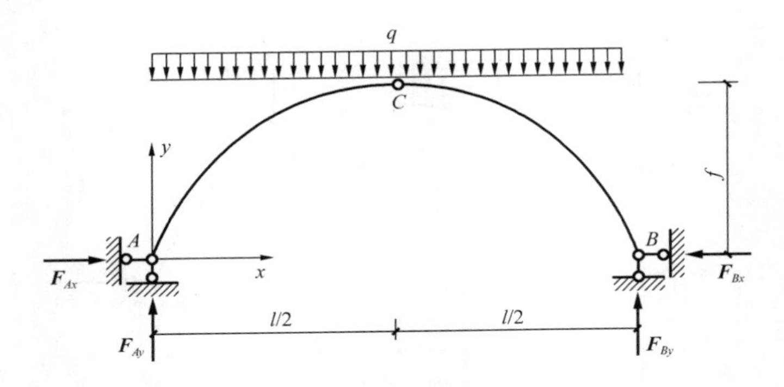

图 6-56 例 6-19 图

故可知，在满跨竖向均布荷载作用下，对称三铰拱的合理轴线为二次抛物线。

应当指出，三铰拱的一种合理轴线只对应一种荷载，不同的荷载有不同的合理拱轴。但全部荷载按同一比例增加或减少，合理拱轴不变。

6.12 平面组合结构的内力

1. 组合结构的概念

在实际工程中，经常会遇到一种结构，这种结构中一部分杆件只受轴力作用，属于链杆(即二力杆)，另一部分杆件除受轴力作用外同时还承受弯矩和剪力，属于梁式杆。这种由链杆和梁式杆组成的结构称为组合结构。

在组合结构中，利用链杆的受力特点能较充分地发挥材料性能，并由于其对梁的加劲作用，使梁式杆的受力状态得到改善，因此，组合结构常用于房屋建筑中的屋架、吊车梁以及桥梁等承重结构。如图 6-57(a) 所示的下撑式五角形屋架，其上弦杆由钢筋混凝土制成，主要承受弯矩和剪力；下弦杆和腹杆由型钢或下弦杆由圆钢制作，主要承受轴力，其计算简图如图 6-57(b) 所示。

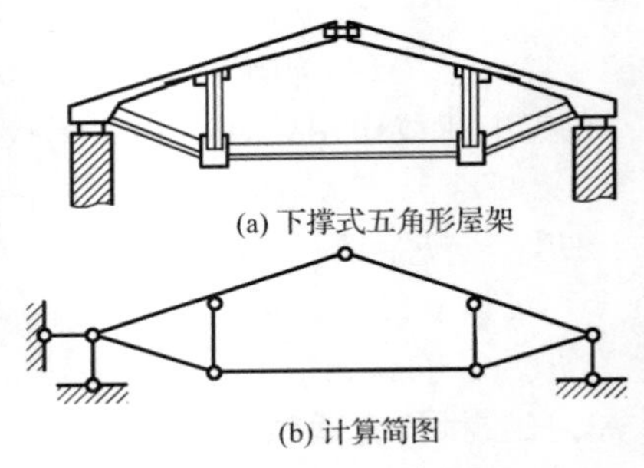

(a) 下撑式五角形屋架

(b) 计算简图

图 6-57 桁梁组合结构

2. 平面组合结构的内力计算

分析组合结构首先必须要分清结构中哪些杆件是链杆，哪些杆件是梁式杆。取截离体时，截断的如果是链杆，则其横截面上就只有轴力；如果截断的是梁式杆，则其横截面上一般作用有弯矩、剪力和轴力。为了使截离体上未知力不致过多，应尽量避免截断梁式杆。因此，计算组合结构的步骤是先求支座反力，然后计算各链杆的轴力，最后计算梁式杆的内力并绘制结构的内力图。

【例 6-20】 计算如图 6-58(a) 所示组合结构的内力，并绘制梁式杆的内力图。

解 此结构为一下撑式组合屋架。其中杆 AC、CB 为梁式杆，杆 AD、DF、DE、EG、EB 为链杆。由于荷载和结构都是对称的，所以支座反力和内力也是对称的，故可只计算半个结构上的内力。

(1) 求支座反力。由于对称性，支座反力为

$$F_{Ax}=0,\quad F_{Ay}=F_{By}=60\ \text{kN}$$

(2) 计算链杆内力

用假想截面通过铰 C 和链杆 DE 将组合结构截开，取左半部分为研究对象，先计算铰 C 和

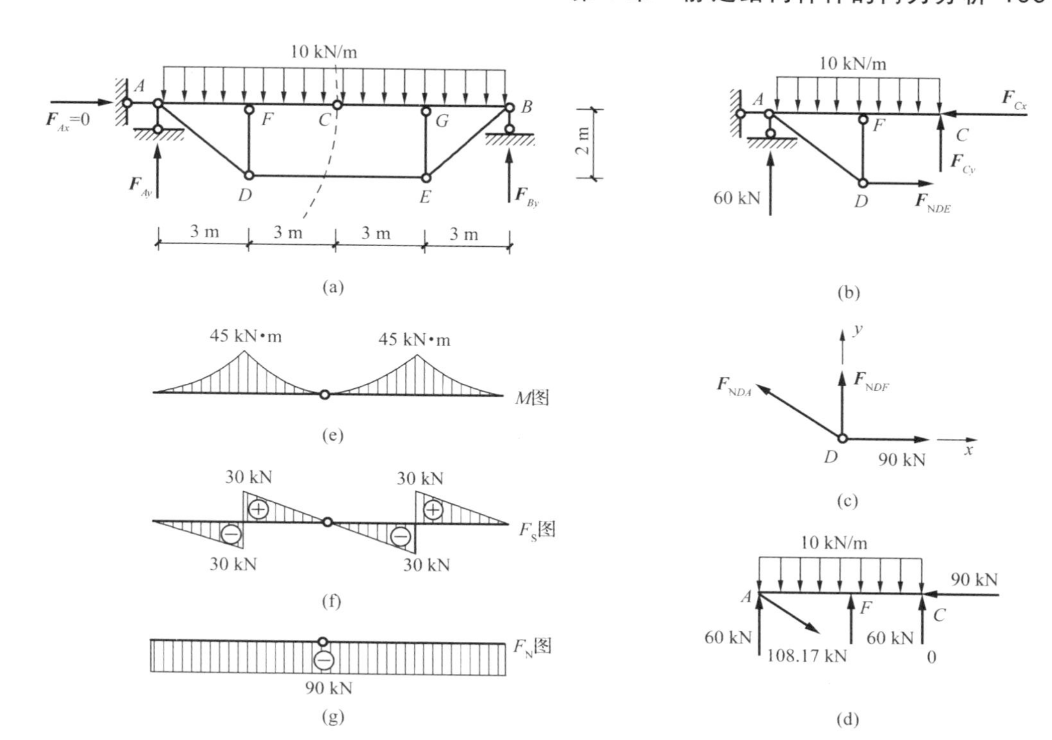

图 6-58　例 6-20 图

链杆 DE 的约束反力，受力图如图 6-58(b) 所示，由平衡方程

$$\sum M_C = 0\ ,\quad F_{NDE} \times 2 - F_{Ay} \times 6 + 10 \times 6 \times 3 = 0$$

得
$$F_{NDE} = 90\ \text{kN}$$

$$\sum F_x = 0,\quad F_{Cx} = F_{NDE} = 90\ \text{kN}$$

$$\sum F_y = 0\ ,\quad F_{Ay} - 10 \times 6 + F_{Cy} = 0$$

得
$$F_{Cy} = 0$$

取结点 D 为截离体，受力图如图 6-58(c) 所示，由平衡方程

$$\sum F_x = 0,\quad F_{NDE} - F_{NDA} \times \frac{3}{\sqrt{13}} = 0$$

得
$$F_{NDA} = 108.17\ \text{kN}$$

$$\sum F_y = 0,\quad F_{NDF} + F_{NDA} \times \frac{2}{\sqrt{13}} = 0$$

得
$$F_{NDF} = -60\ \text{kN}$$

(3) 计算梁式杆内力

将链杆内力的反作用力作为荷载作用在梁式杆上，取杆 AFC 为截离体，受力图如图 6-58(d) 所示，以 A、F、C 为控制截面，控制截面上的内力为

$$M_{AF} = 0,\quad M_{FA} = M_{FC} = -10 \times 3 \times 1.5 = -45\ \text{kN} \cdot \text{m}(\text{上侧受拉}),\quad M_{CF} = 0$$

$$F_{SAF} = 0,\quad F_{SFA} = 60 - 108.17 \times \frac{2}{\sqrt{13}} - 10 \times 3 = -30\ \text{kN},\quad F_{SFC} = 30\ \text{kN},\quad F_{SCF} = 0$$

$$F_{NAC} = F_{NCA} = -90\ \text{kN}$$

(4) 绘制梁式杆的内力图

根据梁式杆内力计算的结果,可以绘出梁式杆的内力图,分别如图 6-58(e)、(f)、(g)所示。

本章小结

本章讨论了杆件的轴向拉伸(压缩)、剪切、扭转、弯曲四种基本变形的内力计算和内力图的绘制;也介绍了静定结构的内力计算和内力图的绘制。

(1)内力　内力是由外力作用引起的杆件内部的相互作用力。

(2)截面法　截面法是内力分析计算的基本方法,基本依据是平衡条件,其具体步骤可归纳为截开、代替、平衡。

(3)几种基本变形的内力和内力图

内力表示一个具体截面上内力的大小和方向,内力图表示内力沿着构件轴线的变化规律。

①轴向拉压杆在横截面上只有一种内力,即轴力 F_N,它通过截面形心,与横截面相垂直。轴力的正负号规定:拉力为正,压力为负。

轴力图是表示轴力沿杆轴方向变化的图形。从轴力图上可以很直观地看出最大轴力的数值及所在横截面位置。

②圆轴扭转时,横截面上的内力为扭矩。扭矩的正负号规定:以右手的四指指向表示扭矩的转向,若大拇指的指向背离截面时,扭矩为正;反之,扭矩为负。

扭矩图是表示杆件各横截面上扭矩沿轴线变化规律的图形。根据扭矩图可以确定最大扭矩值及其所在截面的位置。

③梁弯曲时横截面上存在两种内力——剪力和弯矩。剪力和弯矩的正负号规定:

剪力　截面上的剪力使该截面的邻近微段作顺时针转动为正,反之为负。即对左段截离体,截面上的剪力向下为正,对右段截离体,截面上的剪力向上为正,反之为负。

弯矩　截面上的弯矩使该截面的邻近微段向下凸时为正,反之为负。即对左段截离体,截面上的弯矩逆时针转动为正,对右段截离体,截面上的弯矩顺时针转动为正,反之为负。

梁的内力图是指梁的剪力图和弯矩图。它们分别表示梁各横截面上的剪力和弯矩沿梁轴线变化规律的图形。

绘制内力图的方法有三种:根据剪力方程和弯矩方程作内力图;利用剪力 $F_S(x)$、弯矩 $M(x)$ 与分布荷载集度 $q(x)$之间的微分关系作内力图;用叠加法作内力图。由内力方程作内力图是最基本的方法,由微分关系作内力图是较简捷的方法。

(4)多跨静定梁的内力和内力图

多跨静定梁在竖向荷载作用下,主要内力为剪力和弯矩。解题的思路是先分析绘出多跨静定梁的层次图,把多跨静定梁拆成多个静定梁,按照依存关系依次计算各单跨静定梁的内力。

多跨静定梁内力图的绘制方法也和单跨静定梁相同,可采用将各附属部分和基本部分的内力图拼合在一起的方法,或根据整体受力图直接绘制的方法。

(5)静定平面刚架的内力和内力图

静定平面刚架的内力是指各杆横截面上的弯矩、剪力和轴力。

静定平面刚架的内力图绘制,在方法上也和静定梁基本相同。需要注意的是,刚架的弯矩图通常不统一规定正负号,只强调弯矩图应绘制在杆件的受拉侧。刚架弯矩图用区段叠加法绘制比较简单。

(6)静定平面桁架的内力

桁架结构是指由若干直杆在其两端用圆柱铰链连接而成的结构。在结点荷载作用下，桁架只承受轴力。

内力的计算方法有结点法和截面法，也可结点法和截面法联合应用。桁架的内力计算可先判断零杆。

(7)三铰拱的反力和内力

拱是在竖向荷载作用下支座处有水平推力的曲杆结构。在竖向荷载作用下有无水平推力，是拱和梁的根本区别。由于水平推力的存在，拱内各截面的弯矩要比相应的曲梁或简支梁的弯矩小得多。轴向压力是拱的主要内力。

在已知荷载作用下，使拱身截面只有轴向压力的拱轴线称为合理拱轴线。合理拱轴线只是相对于某一种荷载情况而言的，当荷载的大小或作用位置改变时，合理拱轴线一般要发生相应的变化。

(8)平面组合结构的内力

平面组合结构是由轴力杆杆和梁式杆件组成。轴力杆杆为两端铰接的链杆，内力只有轴力。梁式杆件为受弯构件，内力一般有弯矩、剪力和轴力。其受力分析步骤是先求支座反力，然后计算各链杆的轴力，最后计算梁式杆的内力。计算时须分清链杆和梁式杆。

复习思考题

6-1　轴向拉伸或压缩的受力特点、变形特点是什么？

6-2　试指出图6-59所示中哪些构件是轴向拉伸或轴向压缩？

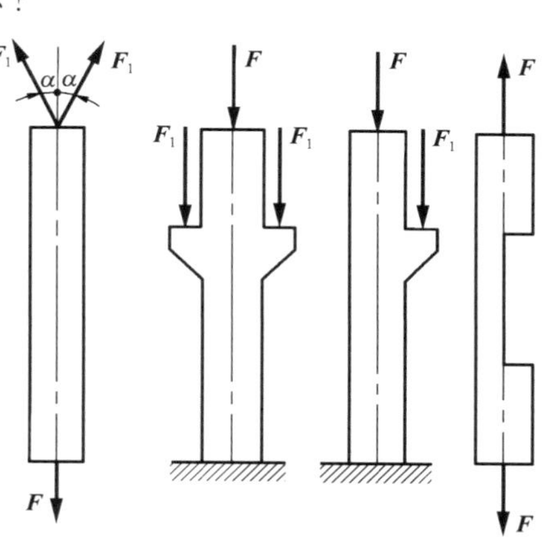

图6-59　复习思考题6-2图

6-3　什么是内力？计算内力的一般步骤是什么？

6-4　什么是轴力？如何确定轴力的正负号？

6-5　什么是轴力图？如何绘制轴力图？

6-6　什么是剪切变形？什么是挤压变形？

6-7　什么是剪切面？什么是挤压面？

6-8　圆轴扭转时的受力特点和变形特点是什么？

6-9　简述平面弯曲梁的受力特点和变形特点？

6-10　何谓平面弯曲、纵向对称面？

6-11　单跨静定梁分为哪几类？

6-12　什么是剪力？什么是弯矩？剪力和弯矩的正负号如何规定？

6-13　简述截面法求梁横截面内力的一般步骤？

6-14　如何建立梁的剪力方程和弯矩方程？试问在梁的何处需要分段？

6-15　何谓剪力图和弯矩图？

6-16　剪力 F_S、弯矩 M 与分布荷载集度 q 之间的微分关系是什么？

6-17　简述用区段叠加法绘制弯矩图的一般步骤？

6-18　结构的基本部分与附属部分是如何划分的？荷载作用在结构的基本部分上时，在附属部分是否引起内力？若荷载作用在附属部分时，是否在所有基本部分都会引起内力？

6-19 在荷载作用下，刚架的弯矩图在刚节点处有何特点？

6-20 什么是桁架？桁架的类型有哪些？

6-21 对平面桁架使用结点法和截面法求解，每次能列出几个独立平衡方程？求得几个未知力？

6-22 桁架中的零杆是否可以拆除不要？为什么？

6-23 拱的受力特点是什么？曲梁和拱有何区别？

6-24 什么是拱的合理轴线？三铰拱在各种荷载作用下的合理拱轴是否相同？

6-25 组合结构的构造特点是什么？两类杆件是受力性能如何？如何进行受力分析？

习 题

6-1 计算如图 6-60 所示拉(压)杆各指定截面的轴力，并作轴力图。

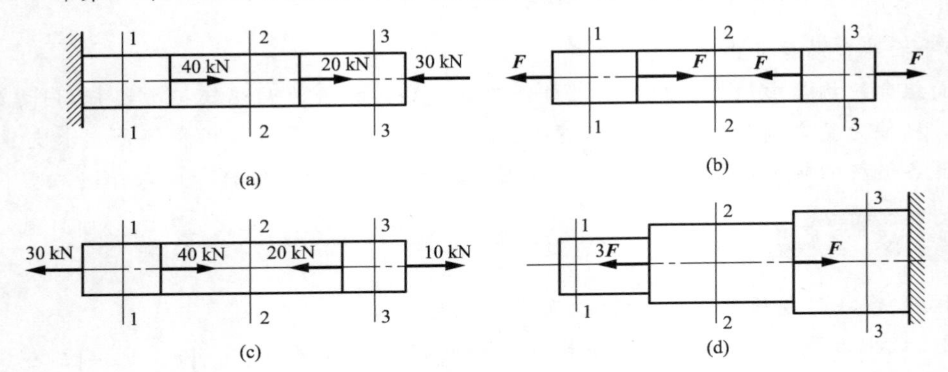

图 6-60 习题 6-1 图

6-2 求如图 6-61 所示各轴中每段的扭矩，并作扭矩图。

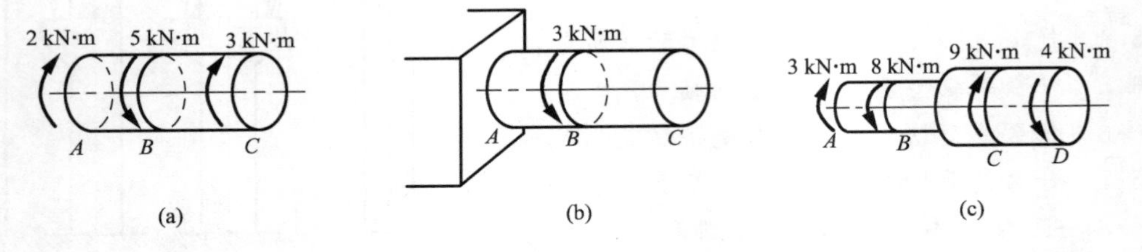

图 6-61 习题 6-2 图

6-3 用截面法计算如图 6-62 所示各梁指定的截面的剪力和弯矩。

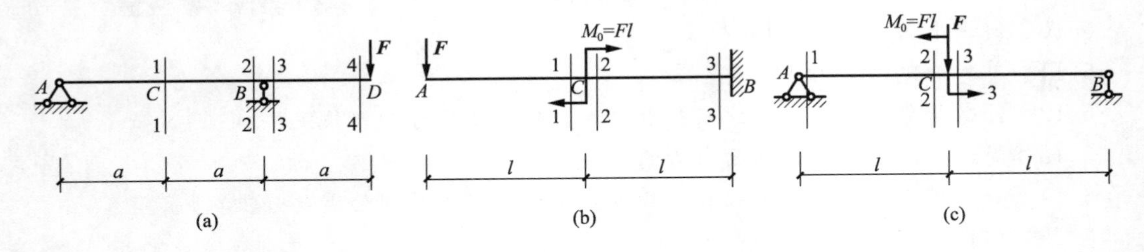

图 6-62 习题 6-3 图

26-4　列如图 6-63 所示各梁的剪力方程和弯矩方程，画出剪力图和弯矩图。

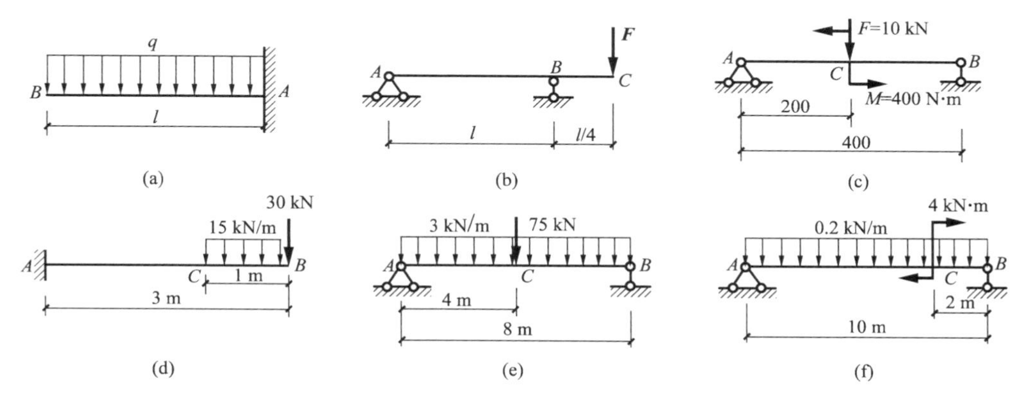

图 6-63　习题 6-4 图

6-5　利用微分关系画如图 6-64 所示各梁的剪力图和弯矩图。

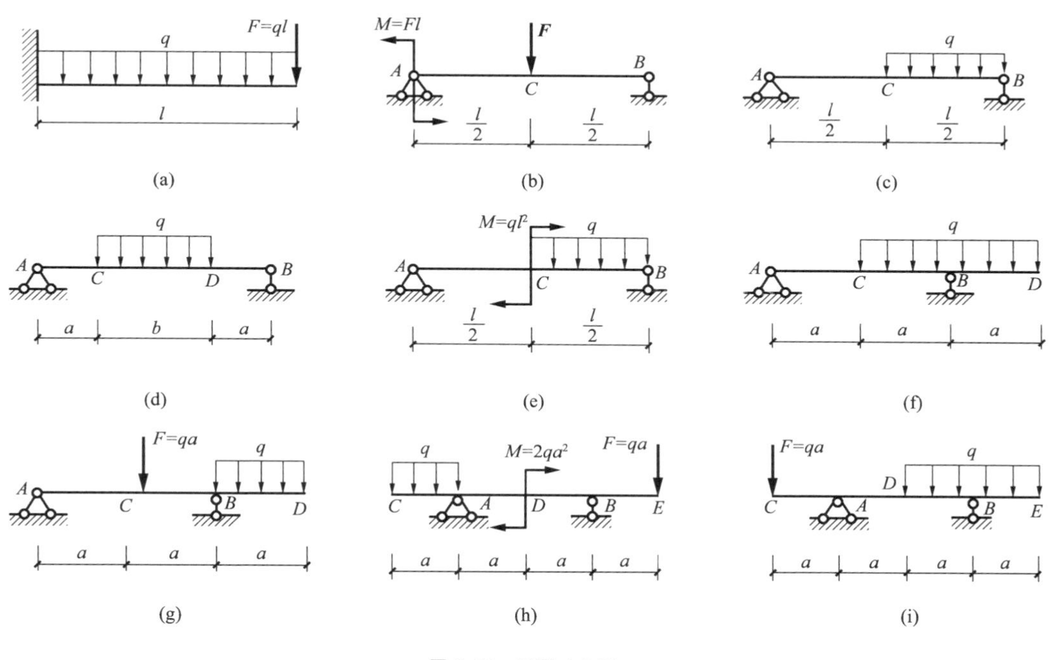

图 6-64　习题 6-5 图

6-6　试作出如图 6-65 所示多跨静定梁的剪力图和弯矩图。

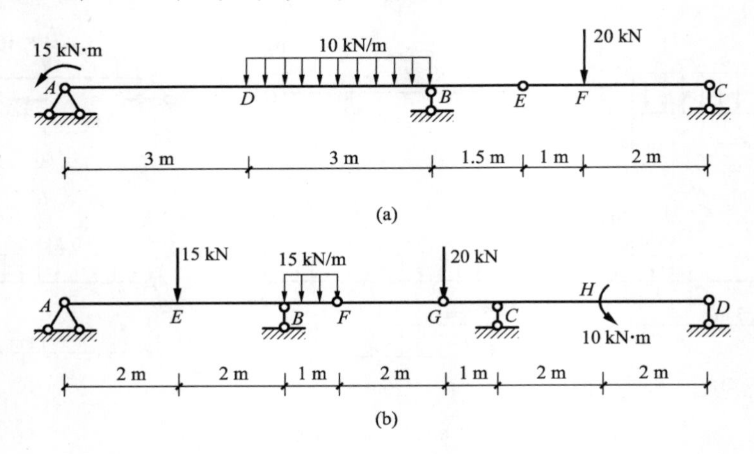

图 6-65　习题 6-6 图

6-7　试作出如图 6-66 所示平面刚架的内力图。

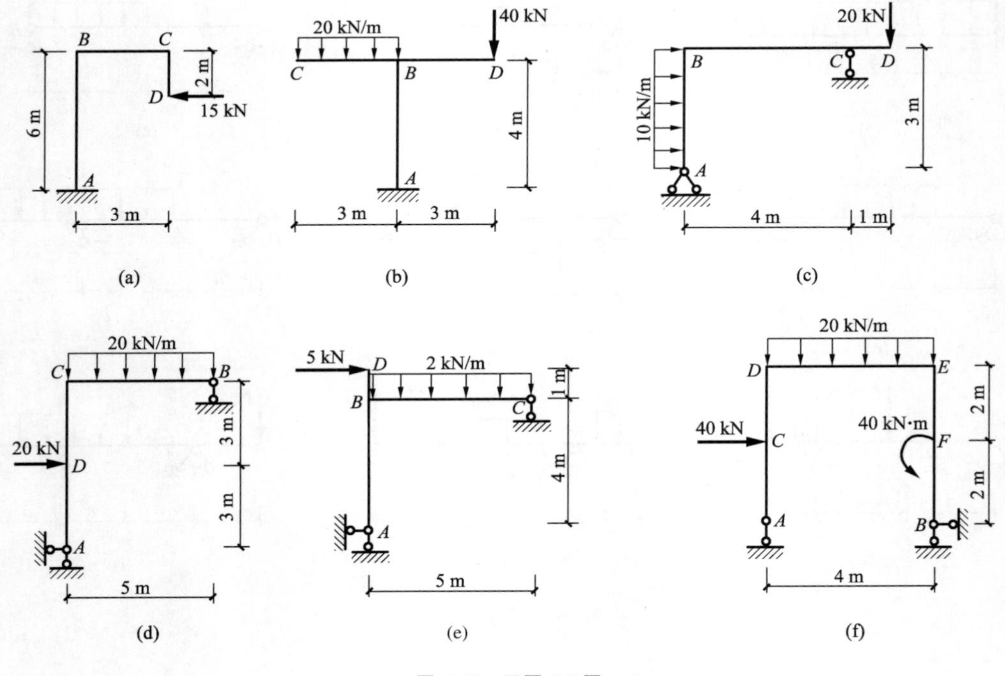

图 6-66　习题 6-7 图

6-8　用结点法计算如图 6-67 所示桁架各杆的内力。

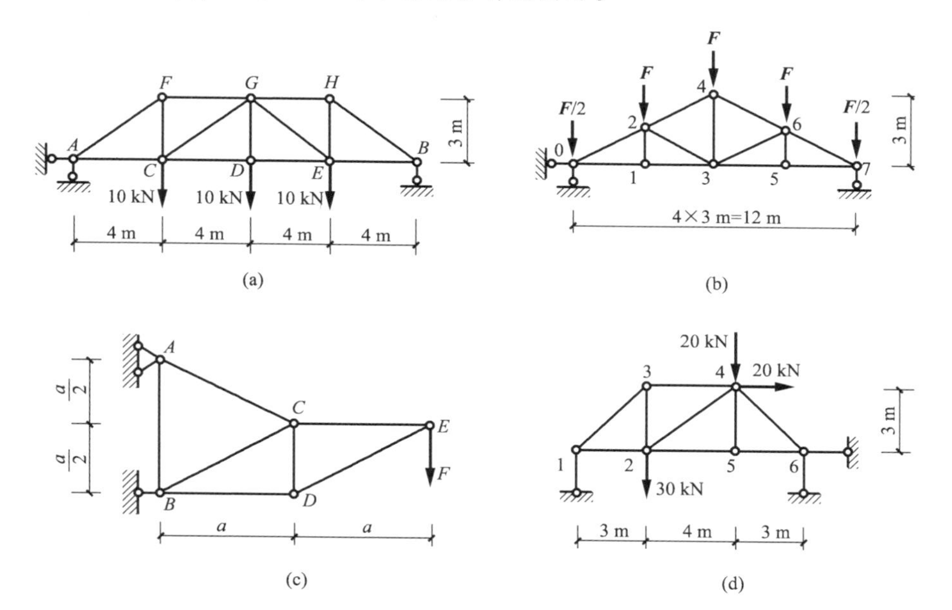

图 6-67　习题 6-8 图

6-9　用截面法计算如图 6-68 所示桁架各指定杆的内力。

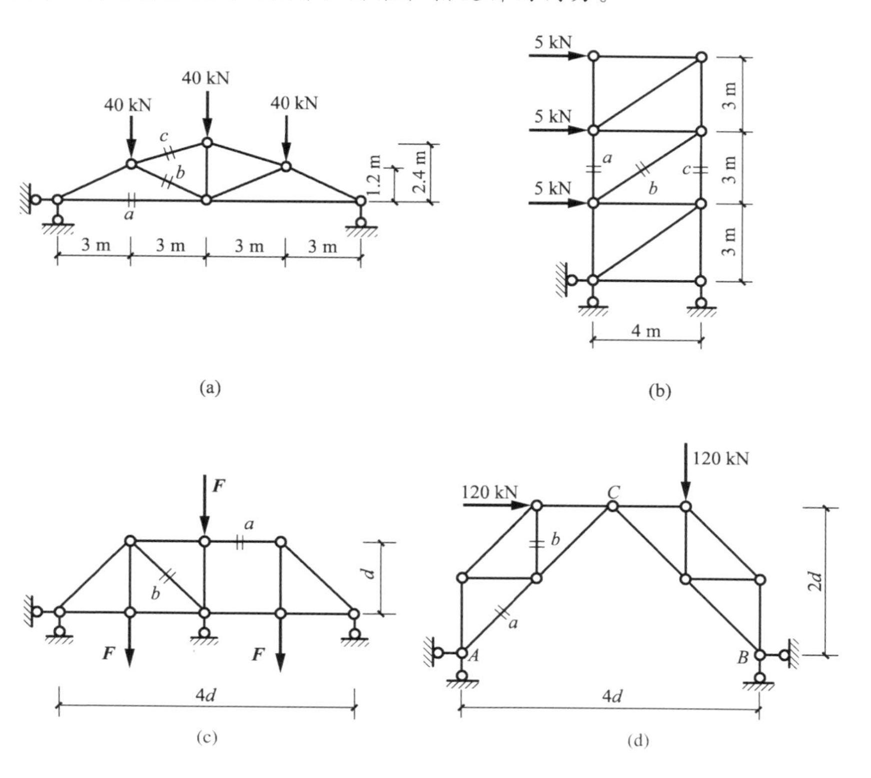

图 6-68　习题 6-9 图

6-10　计算如图 6-69 所示三铰拱截面 D 和 E 的内力。已知拱轴线的方程为 $y=\frac{4f}{l^2}x(l-x)$。

6-11　计算如图 6-70 所示三铰拱截面 K 的内力。

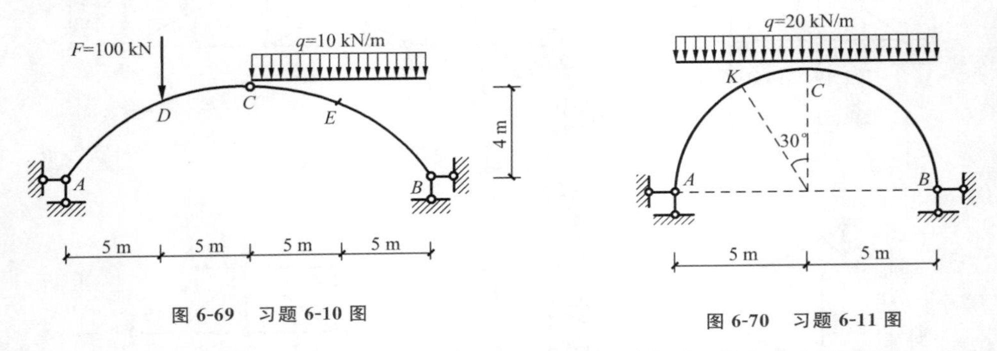

图 6-69　习题 6-10 图

图 6-70　习题 6-11 图

6-12　计算如图 6-71 所示组合结构，在二力杆旁标明轴力，并绘出梁式杆的内力图。

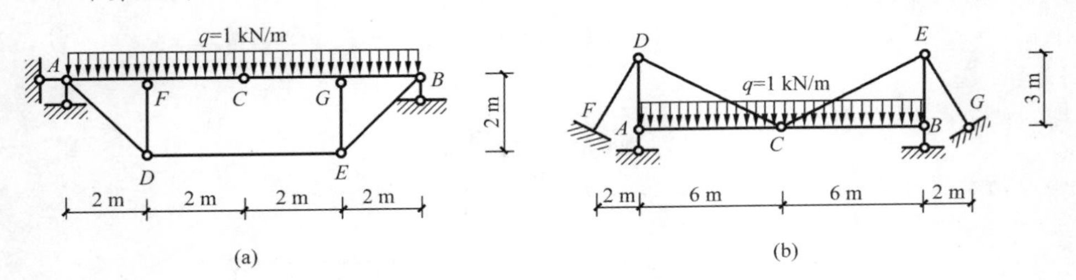

图 6-71　习题 6-12 图

第7章 平面图形的几何性质

学习目标

通过本章的学习，掌握静矩、惯性矩、极惯性矩、惯性积及惯性半径的概念和计算方法；熟悉惯性矩和极惯性矩的关系；熟练掌握平行移轴公式；掌握组合图形几何性质的计算。

学习重点

简单图形和组合图形静矩、形心位置的计算；简单图形和组合图形惯性矩的计算；惯性半径的计算。

工程结构中所研究的构件，其横截面都是具有一定几何形状的平面图形。与平面图形形状和尺寸有关的几何量称为平面图形的几何性质。构件的强度、刚度和稳定性与平面图形的几何性质密切相关，因此，要分析构件的承载能力，就必须掌握平面图形的几何性质及其计算。

7.1 静　矩

1. 静矩的概念

如图7-1所示为一任意形状的平面图形，其面积为A，在平面图形内选取坐标系zOy。在坐标为(z,y)处取一微面积$\mathrm{d}A$，则微面积$\mathrm{d}A$乘以它到z轴的坐标y，即$y\mathrm{d}A$为微面积对z轴的静矩(或称面积矩)。同理，$z\mathrm{d}A$为微面积对y轴的静矩。平面图形上所有微面积对z轴(或y轴)的静矩之和，称为该平面图形对z轴(或y轴)的静矩，分别用S_z、S_y表示。即

$$S_z=\int_A y\mathrm{d}A,\quad S_y=\int_A z\mathrm{d}A \tag{7-1}$$

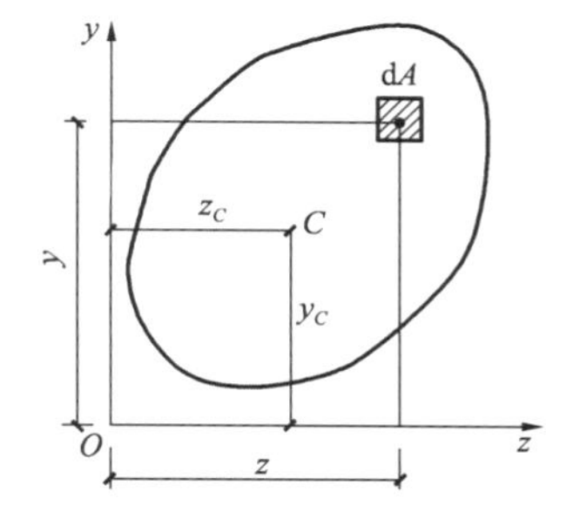

图7-1　静矩

从式(7-1)可见，平面图形的静矩是对指定的坐标轴而言的。同一平面图形对不同的坐标轴，其静矩是不同的。静矩的数值可能为正、为负或等于零。静矩的常用单位是m^3、cm^3或mm^3。

2. 静矩与形心的关系

设平面图形的形心坐标为(z_C,y_C)，如图7-1所示。平面图形的形心坐标公式为

$$z_C = \frac{\int_A z\,\mathrm{d}A}{A}, \quad y_C = \frac{\int_A y\,\mathrm{d}A}{A} \tag{7-2}$$

比较式(7-2)和式(7-1)可得静矩与形心的关系式

$$S_z = Ay_C, \quad S_y = Az_C \tag{7-3}$$

由式(7-3)可知,平面图形对某轴的静矩等于平面图形的面积乘以其形心到该轴的坐标。当坐标轴通过平面图形的形心时,其静矩为零;反之,若平面图形对某轴的静矩为零,则该轴一定通过平面图形的形心。

若平面图形有对称轴,则形心必在对称轴上。因此,某些最简单的平面图形的形心位置是不用计算就可以知道的。例如,矩形的形心在两条对称轴的交点;圆的形心在圆心。

【例 7-1】 试求如图 7-2 所示的矩形截面对 z、y 轴的静矩。

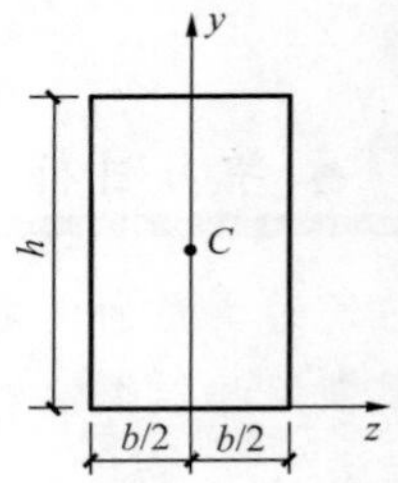

解 (1) 计算矩形截面对 z 轴的静矩。由式(7-3)可得

$$S_z = Ay_C = bh\,\frac{h}{2} = \frac{bh^2}{2}$$

(2) 计算矩形截面对形心轴的静矩。由于 y 轴为矩形截面的对称轴,通过截面形心,所以矩形截面对 y 轴的静矩为

$$S_y = 0$$

图 7-2 例 7-1 图

3. 组合图形的静矩和形心

工程实际中,经常遇到 L 形、工字形、T 形、环形等横截面的构件,这些构件的截面图形是由几个简单的几何图形(例如矩形、圆形等)组合而成的,称为组合图形。根据平面图形静矩的定义可知,组合图形对某一轴的静矩,等于各简单图形对同一轴静矩的代数和,即

$$S_z = \sum_{i=1}^{n} A_i y_{C_i}, \quad S_y = \sum_{i=1}^{n} A_i z_{C_i} \tag{7-4}$$

式中 A_i、y_{C_i}、z_{C_i}—— 各简单图形的面积和形心坐标;

n—— 组成组合图形的简单图形的个数。

将式(7-4)代入式(7-3),并注意 $A = \sum_{i=1}^{n} A_i$,可得组合图形的形心坐标计算公式为

$$z_C = \frac{S_y}{A} = \frac{\sum_{i=1}^{n} A_i z_{C_i}}{\sum_{i=1}^{n} A_i}, \quad y_C = \frac{S_z}{A} = \frac{\sum_{i=1}^{n} A_i y_{C_i}}{\sum_{i=1}^{n} A_i} \tag{7-5}$$

【例 7-2】 试求如图 7-3 所示的平面图形的形心位置。

解 取参考轴 z、y,如图 7-3 所示。将平面图形分解为两个矩形部分,这两个矩形部分的形心位置和面积则很容易得出

矩形 Ⅰ:$z_{C_1} = \frac{10}{2} = 5\ \mathrm{mm}$, $y_{C_1} = \frac{100}{2} = 50\ \mathrm{mm}$,

$A_1 = 10 \times 100 = 1000\ \mathrm{mm}^2$

矩形 Ⅱ:$z_{C_2} = 10 + \frac{70}{2} = 45\ \mathrm{mm}$, $y_{C_2} = \frac{10}{2} = 5\ \mathrm{mm}$,

$A_2 = 10 \times 70 = 700\ \mathrm{mm}^2$

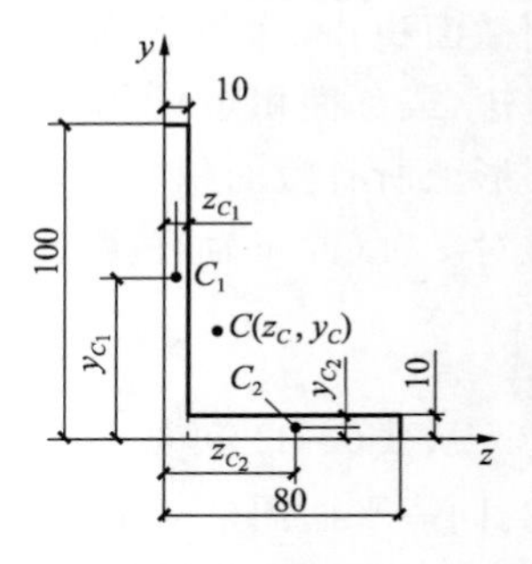

图 7-3 例 7-2 图

利用式(7-4)可得平面图形的静矩为

$$S_z = \sum_{i=1}^{n} A_i y_{C_i} = 1000 \times 50 + 700 \times 5 = 53500\ \text{mm}^3$$

$$S_y = \sum_{i=1}^{n} A_i z_{C_i} = 1000 \times 5 + 700 \times 45 = 36500\ \text{mm}^3$$

利用式(7-5)可得平面图形形心 C 的位置为

$$z_C = \frac{S_y}{A} = \frac{36500}{1000+700} = 21.5\ \text{mm}, \quad y_C = \frac{S_z}{A} = \frac{53500}{1000+700} = 31.5\ \text{mm}$$

7.2　惯性矩、极惯性矩、惯性积、惯性半径

1. 惯性矩

设任意平面图形如图 7-4 所示，面积为 A，zOy 为平面图形所在平面内的坐标系。在坐标为(z,y)处取一微面积 $\mathrm{d}A$，则微面积 $\mathrm{d}A$ 乘以它到 z 轴的坐标 y 的平方，即 $y^2\mathrm{d}A$ 为微面积对 z 轴的惯性矩。同理，$z^2\mathrm{d}A$ 为微面积对 y 轴的惯性矩。整个平面图形上各微面积对 z 轴(或 y 轴)惯性矩的总和称为该平面图形对 z 轴(或 y 轴)的惯性矩，分别用 I_z、I_y 表示，即

$$I_z = \int_A y^2 \mathrm{d}A, \quad I_y = \int_A z^2 \mathrm{d}A \tag{7-6}$$

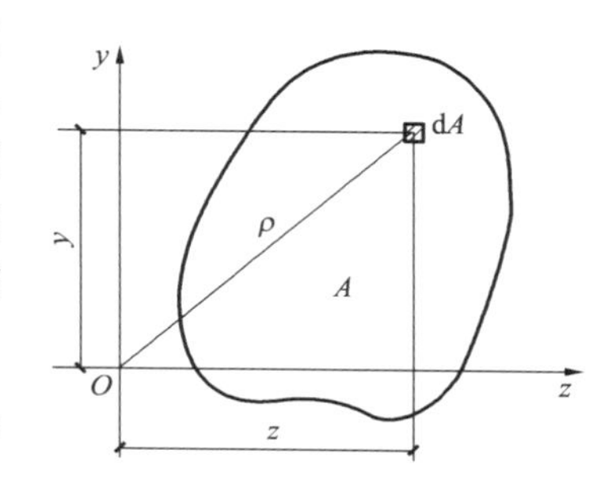

图 7-4　惯性矩、极惯性矩、惯性积

惯性矩是对坐标轴而言的，同一平面图形对不同的坐标轴，其惯性矩不同，惯性矩恒为正值，其量纲为长度的四次方，常用单位为 m^4、cm^4 或 mm^4。

2. 极惯性矩

如图 7-4 所示，微面积 $\mathrm{d}A$ 到坐标原点 O 的距离为 ρ。微面积 $\mathrm{d}A$ 乘以它到原点距离 ρ 的平方，即 $\rho^2\mathrm{d}A$ 为微面积对坐标原点的极惯性矩。平面图形上所有微面积对坐标原点极惯性矩的总和称为该图形对坐标原点的极惯性矩，用 I_ρ 表示，即

$$I_\rho = \int_A \rho^2 \mathrm{d}A \tag{7-7}$$

极惯性矩是针对坐标原点而言的，同一平面图形对不同点的极惯性矩也不相同。其值也恒为正值，常用单位为 m^4、cm^4 或 mm^4。

由 $\rho^2 = z^2 + y^2$，故有

$$I_\rho = \int_A \rho^2 \mathrm{d}A = \int_A (z^2 + y^2)\mathrm{d}A = \int_A z^2 \mathrm{d}A + \int_A y^2 \mathrm{d}A = I_y + I_z \tag{7-8}$$

式(7-8)表明，平面图形对任一点的极惯性矩，等于图形对以该点为原点的任意两正交坐标轴的惯性矩之和。

3. 惯性积

如图 7-4 所示，微面积 $\mathrm{d}A$ 与它的两个坐标轴 z、y 的乘积 $zy\mathrm{d}A$ 称为微面积对 z、y 两坐标轴的惯性积。整个图形上所有微面积对 z、y 两轴惯性积的总和称为该图形对 z、y 两轴的惯性积，用 I_{zy} 表示，即

$$I_{zy} = \int_A zy \mathrm{d}A \tag{7-9}$$

惯性积是平面图形对两个正交坐标轴而言的，同一图形对不同的正交坐标轴，其惯性积不同。由于坐标值 z、y 有正负，因此惯性积的数值可能为正或负，也可能为零，常用单位为 m^4、cm^4 或 mm^4。

4. 惯性半径

在工程中因为某些计算的特殊需要，常将图形的惯性矩表示为图形面积 A 与某一长度平方的乘积，即

$$I_z = i_z^2 A,\quad I_y = i_y^2 A \tag{7-10}$$

或

$$i_z = \sqrt{\frac{I_z}{A}},\quad i_y = \sqrt{\frac{I_y}{A}} \tag{7-11}$$

式中　i_z、i_y——平面图形对 z 轴和 y 轴的惯性半径，也称回转半径，常用单位为 m、cm 或 mm。

几种常见截面图形的面积、形心和惯性矩列于表 7-1。

表 7-1　几种常见截面图形的面积、形心和惯性矩

序号	图形	面积	形心到边缘(或顶点)距离	惯性矩
1	y, C, z, h, e_y, e_z, b	$A=bh$	$e_z=\frac{b}{2}$ $e_y=\frac{h}{2}$	$I_z=\frac{bh^3}{12}$ $I_y=\frac{hb^3}{12}$
2	y, C, z, d	$A=\frac{\pi}{4}d^2$	$e=\frac{d}{2}$	$I_z=I_y=\frac{\pi}{64}d^4$
3	y, C, z, D, d	$A=\frac{\pi}{4}(D^2-d^2)$	$e=\frac{D}{2}$	$I_z=I_y=\frac{\pi D^4}{64}(1-\alpha^4)$ $(\alpha=\frac{d}{D})$
4	y, C, z, h, e_2, e_1, b	$A=\frac{bh}{2}$	$e_1=\frac{h}{3}$ $e_2=\frac{2h}{3}$	$I_z=\frac{bh^3}{36}$
5	y, a, C, z, h, e_2, e_1, b	$A=\frac{h(a+b)}{2}$	$e_1=\frac{h(2a+b)}{3(a+b)}$ $e_2=\frac{h(a+2b)}{3(a+b)}$	$I_z=\frac{h^3(a^2+4ab+b^2)}{36(a+b)}$
6	y, C, z, e_2, e_1, d=2R	$A=\frac{\pi R^2}{2}$	$e_1=\frac{4R}{3\pi}$	$I_z=\left(\frac{1}{8}-\frac{8}{9\pi^2}\right)\pi R^4$ $I_y=\frac{\pi R^4}{8}$

【例 7-3】 矩形截面的尺寸如图 7-5 所示，试计算矩形截面对其形心轴 z、y 的惯性矩、惯性半径及惯性积。

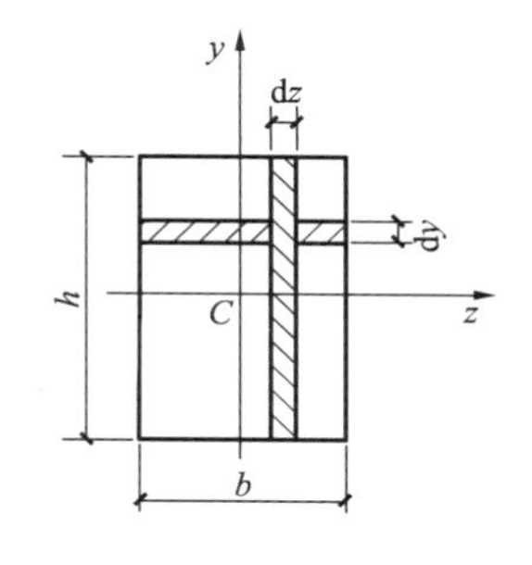

图 7-5　例 7-3 图

解　(1) 计算矩形截面对 z 轴和 y 轴的惯性矩。取平行于 z 轴的狭长条作为面积元素，即 $dA = b\mathrm{d}y$，dA 到 z 轴的距离为 y，由式(7-6)，可得矩形截面对 z 轴的惯性矩为

$$I_z = \int_A y^2 \mathrm{d}A = \int_{-\frac{h}{2}}^{\frac{h}{2}} by^2 \mathrm{d}y = \frac{bh^3}{12}$$

同理可得，矩形截面对 y 轴的惯性矩为

$$I_y = \int_A z^2 \mathrm{d}A = \int_{-\frac{b}{2}}^{\frac{b}{2}} hz^2 \mathrm{d}y = \frac{hb^3}{12}$$

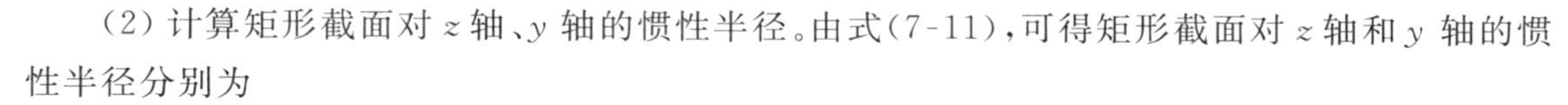

(2) 计算矩形截面对 z 轴、y 轴的惯性半径。由式(7-11)，可得矩形截面对 z 轴和 y 轴的惯性半径分别为

$$i_z = \sqrt{\frac{I_z}{A}} = \sqrt{\frac{bh^3/12}{bh}} = \frac{h}{2\sqrt{3}}$$

$$i_y = \sqrt{\frac{I_y}{A}} = \sqrt{\frac{hb^3/12}{bh}} = \frac{b}{2\sqrt{3}}$$

(3) 计算矩形截面对 z 轴、y 轴的惯性积。因为 z 轴、y 轴为矩形截面的两根对称轴，故

$$I_{zy} = \int_A zy \mathrm{d}A = 0$$

7.3　组合图形的惯性矩

1. 平行移轴公式

同一平面图形对互相平行的两对坐标轴，其惯性矩不同，但它们之间存在一定的关系。下面讨论两根平行轴的惯性矩之间的关系。

如图 7-6 所示为一任意平面图形，图形面积为 A，C 为图形的形心，z_C 轴与 y_C 轴为形心轴。z 轴、y 轴是分别与 z_C 轴、y_C 轴平行的轴，且距离分别为 a、b。若已知图形对形心轴 z_C、y_C 的惯性矩为 I_{z_C}、I_{y_C}。下面求该图形对 z 轴、y 轴的惯性矩。

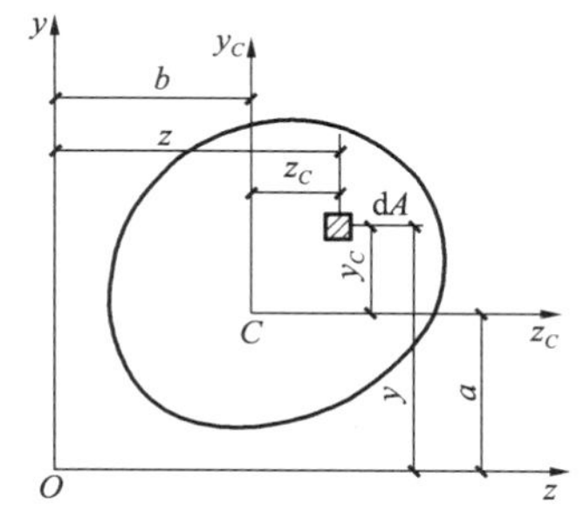

图 7-6　平行移轴公式

在平面图形上取一微面积 dA，微面积在 zOy 和 z_CCy_C 坐标系中的坐标分别为(z,y)和(z_C,y_C)，它们之间的关系为 $z = z_C + b$，$y = y_C + a$，其中 b、a 是图形形心在 zOy 坐标系中的坐标值。

根据惯性矩的定义，图形对 z 轴的惯性矩为

$$I_z = \int_A y^2 \mathrm{d}A = \int_A (y_C + a)^2 \mathrm{d}A = \int_A y_C^2 \mathrm{d}A + 2a\int_A y_C \mathrm{d}A + a^2\int_A \mathrm{d}A$$

上式中的第一项 $\int_A y_C^2 \mathrm{d}A$ 是平面图形对形心轴 z_C 的惯性矩 I_{z_C}；第二项中的 $\int_A y_C \mathrm{d}A$ 是图形对形心轴 z_C 轴的静矩，其值为零；第三项中的 $\int_A \mathrm{d}A$ 是截面面积 A。故有

$$I_z = I_{z_C} + a^2 A \tag{7-12}$$

同理得

$$I_y = I_{y_C} + b^2 A \tag{7-13}$$

式(7-12)、式(7-13)称为惯性矩的平行移轴公式，它表明：图形对任一轴的惯性矩，等于图形对与该轴平行的形心轴的惯性矩，再加上图形的面积与两平行轴间距离平方的乘积。由于 a^2（或 b^2）恒为正值，故在所有平行轴中，平面图形对形心轴的惯性矩最小。

【例 7-4】 计算如图 7-7 所示的矩形截面对 z 轴和 y 轴的惯性矩。

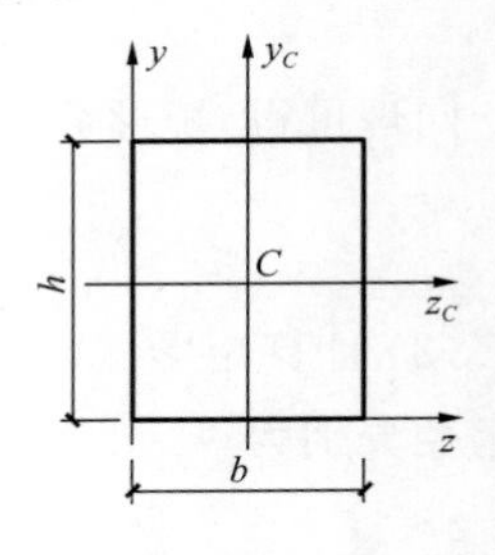

图 7-7 例 7-4 图

解 z_C 轴和 y_C 轴都是矩形截面的形心轴，它们分别与 z 轴和 y 轴平行，则由平行移轴公式(7-12)和公式(7-13)可得矩形截面对 z 轴和 y 轴的惯性矩分别为

$$I_z = I_{z_C} + a^2 A = \frac{bh^3}{12} + \left(\frac{h}{2}\right)^2 bh = \frac{bh^3}{3}$$

$$I_y = I_{y_C} + b^2 A = \frac{hb^3}{12} + \left(\frac{b}{2}\right)^2 hb = \frac{hb^3}{3}$$

2. 组合图形的惯性矩

组合图形对任一轴的惯性矩，等于组成组合图形的各简单图形对同一轴惯性矩之和。即

$$I_z = \sum_{i=1}^{n} I_{z_i}, \quad I_y = \sum_{i=1}^{n} I_{y_i} \tag{7-14}$$

在计算组合图形的惯性矩时，首先应确定组合图形的形心位置，然后通过积分或查表求得各简单图形对自身形心轴的惯性矩，再利用平行移轴公式，就可计算出组合图形对其形心轴的惯性矩。

【例 7-5】 试计算如图 7-8 所示的 T 形截面对其形心轴 z、y 的惯性矩。

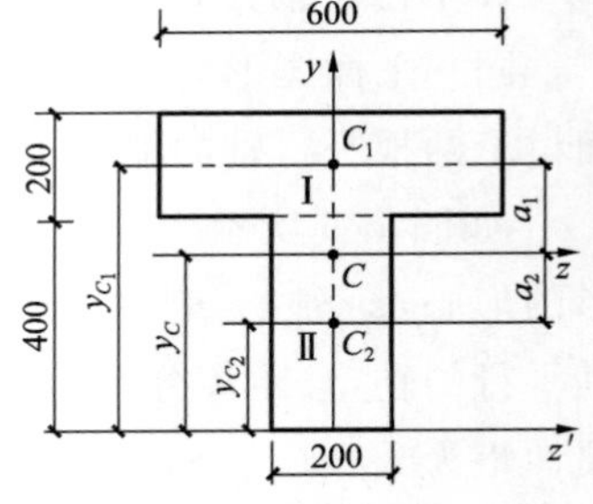

图 7-8 例 7-5 图

解 (1) 计算截面形心 C 的位置。由于 T 形截面有一根对称轴 y，形心必在此轴上。即 $z_C = 0$。

为确定截面形心的位置 y_C，建立如图 7-8 所示的参考轴 z'。将 T 形截面分解为两个矩形 Ⅰ、Ⅱ，这两个矩形的面积和形心坐标分别为

$$A_1 = 600 \times 200 = 12 \times 10^4 \text{ mm}^2 = 1200 \text{ cm}^2, \quad y_{C_1} = 400 + 200/2 = 500 \text{ mm} = 50 \text{ cm}$$

$$A_2 = 400 \times 200 = 8 \times 10^4 \text{ mm}^2 = 800 \text{ cm}^2, \quad y_{C_2} = 400/2 = 200 \text{ mm} = 20 \text{ cm}$$

T 形截面的形心坐标为

$$y_C = \frac{A_1 y_{C1} + A_2 y_{C2}}{A_1 + A_2} = \frac{1200 \times 50 + 800 \times 20}{1200 + 800} = 38 \text{ cm}$$

(2) 计算组合截面对形心轴的惯性矩 I_z、I_y。首先分别求出矩形 Ⅰ、Ⅱ 对形心轴 z 的惯性矩。由平行移轴公式可得

$$I_{z1} = I_{z_{C1}} + a_1^2 A_1 = \frac{60 \times 20^3}{12} + \left[(40 - 38) + \frac{20}{2}\right]^2 \times 1200 = 212800 \text{ cm}^4$$

$$I_{z2}=I_{z_{C2}}+a_2^2A_2=\frac{20\times 40^3}{12}+(38-\frac{40}{2})^2\times 800=365867\ \text{cm}^4$$

整个图形对 z、y 的惯性矩分别为

$$I_z=I_{z1}+I_{z2}=212800+365867=578667\ \text{cm}^4$$

$$I_y=I_{y1}+I_{y2}=\frac{20\times 60^3}{12}+\frac{40\times 20^3}{12}=386667\ \text{cm}^4$$

【例 7-6】 试计算如图 7-9 所示由两个 22a 热轧槽钢组成的组合图形对形心轴 z、y 的惯性矩。

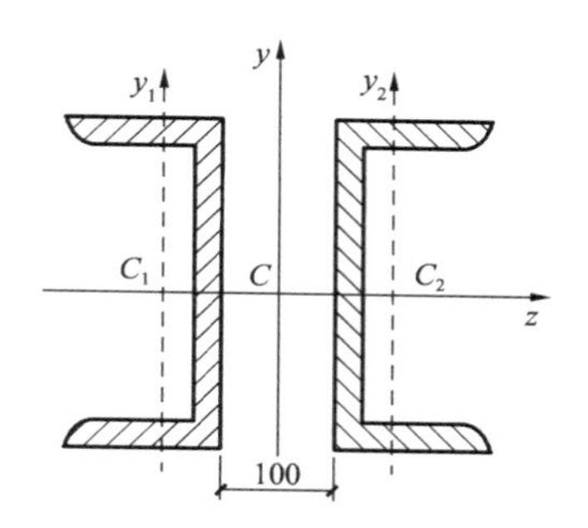

图 7-9　例 7-6 图

解　组合图形的形心在对称轴 z、y 的交点上。由附录型钢规格表查得每个槽钢的形心 C_1 或 C_2 到腹板外边缘的距离为 2.1 cm，每个热轧槽钢的截面面积为 $A_1=A_2=31.846\ \text{cm}^2$，每个热轧槽钢的惯性矩为 $I_{z1}=I_{z2}=2390\ \text{cm}^4$，$I_{y_{C1}}=I_{y_{C2}}=158\ \text{cm}^4$。

整个图形对 z、y 的惯性矩分别为

$$I_z=I_{z1}+I_{z2}=2I_{z1}=2\times 2390=4780\ \text{cm}^4$$

$$I_y=2I_{y1}=2[I_{y_{C1}}+a_1^2A_1]=2\left[158+\left(2.1+\frac{10}{2}\right)^2\times 31.846\right]=3526.71\ \text{cm}^4$$

本章小结

在杆件的应力和变形等计算中，都要涉及构件的截面形状、尺寸有关的几何量。本章所介绍的形心、静矩、惯性矩、极惯性矩等都是截面的几何量，这些几何量统称为平面图形截面的几何性质，截面的几何性质是确定各种构件承载能力的重要参数。

1. 平面图形的几何性质

(1) 静矩　　$S_z=\int_A y\,\mathrm{d}A$，　$S_y=\int_A z\,\mathrm{d}A$

(2) 惯性矩　　$I_z=\int_A y^2\,\mathrm{d}A$，　$I_y=\int_A z^2\,\mathrm{d}A$

(3) 极惯性矩　　$I_\rho=\int_A \rho^2\,\mathrm{d}A=\int_A (z^2+y^2)\,\mathrm{d}A=I_y+I_z$

(4) 惯性积　　$I_{zy}=\int_A zy\,\mathrm{d}A$

上述的几何性质，都是对一定的坐标轴而言的，同一图形对不同的坐标轴，它们的数值是不同的。静矩、惯性矩都是对一个坐标轴而言的，而惯性积是对两个正交的坐标轴而言的。惯性矩和极惯性矩恒为正；面积矩和惯性积都可为正、为负或等于零。

2. 平行移轴公式

$$I_z=I_{z_C}+a^2A,\quad I_y=I_{y_C}+b^2A$$

平行移轴公式要求 z 与 z_C、y 与 y_C 两轴平行，并且 z_C、y_C 轴通过平面图形的形心。

3. 组合图形

组合图形对某一轴的静矩等于各简单图形对同一轴静矩的代数和；组合图形对某一轴的惯性矩等于组成组合图形的各简单图形对同一轴惯性矩之和，即

$$S_z = \sum_{i=1}^{n} A_i y_{C_i}, \quad S_y = \sum_{i=1}^{n} A_i z_{C_i}$$

$$I_z = \sum_{i=1}^{n} I_{zi}, \quad I_y = \sum_{i=1}^{n} I_{yi}$$

复习思考题

7-1 静矩和形心有何关系？

7-2 已知平面图形对其形心轴的静矩 $S_z = 0$，问该图形的惯性矩 I_z 是否也为零？为什么？

7-3 组合截面的形心怎样确定？

7-4 静矩和惯性矩的量纲是什么？为什么它们的值有的恒为正？有的可正、可负或为零？

7-5 如图 7-10 所示两截面的惯性矩可否按下式计算？

$$I_z = \frac{BH^3}{12} - \frac{bh^3}{12}$$

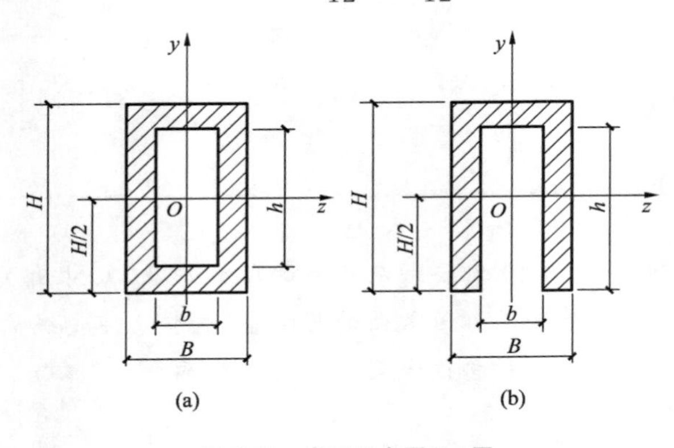

图 7-10 复习思考题 7-5 图

习 题

7-1 试求如图 7-11 所示平面图形的形心位置和图中阴影部分面积对 z 轴的静矩。

7-2 试求如图 7-12 所示各平面图形对 z_1 轴的静矩。

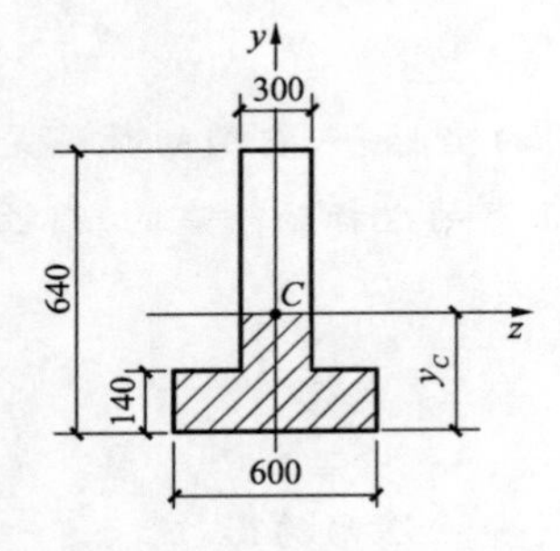

图 7-11 习题 7-1 图

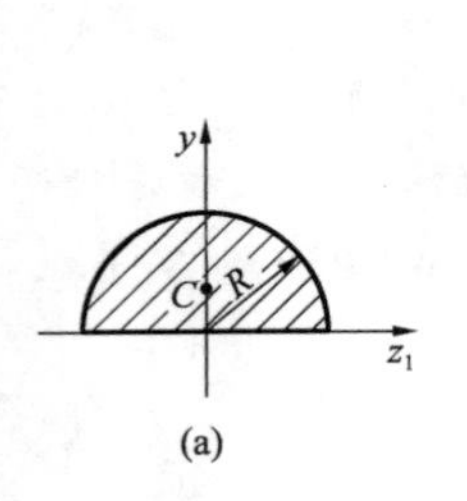

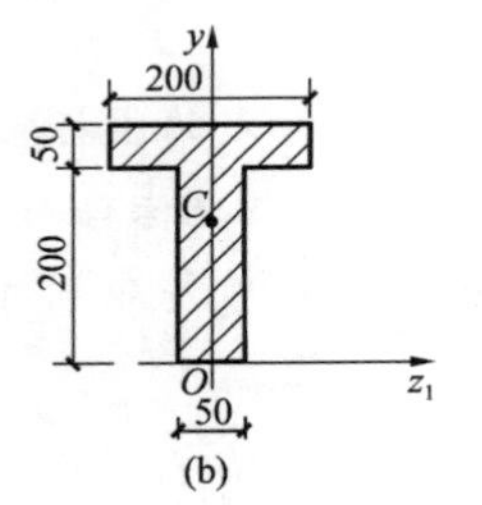

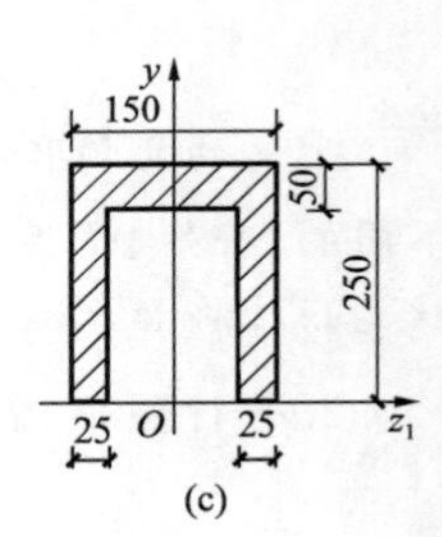

图 7-12 习题 7-2 图

7-3　试求如图 7-13 所示各平面图形对形心轴 z、y 轴的惯性矩和惯性半径。

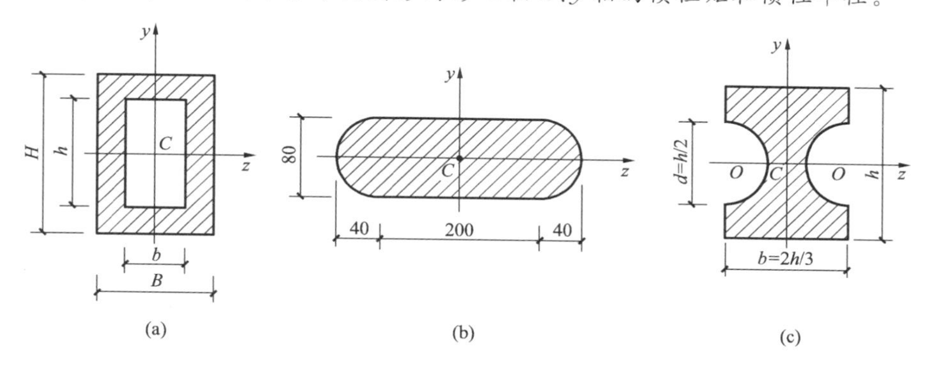

图 7-13　习题 7-3 图

7-4　如图 7-14 所示由两个 20a 槽钢构成的组合图形，若使 $I_z = I_y$，试求间距 a 应为多大。

7-5　试求如图 7-15 所示各平面图形对形心轴 z 的惯性矩。

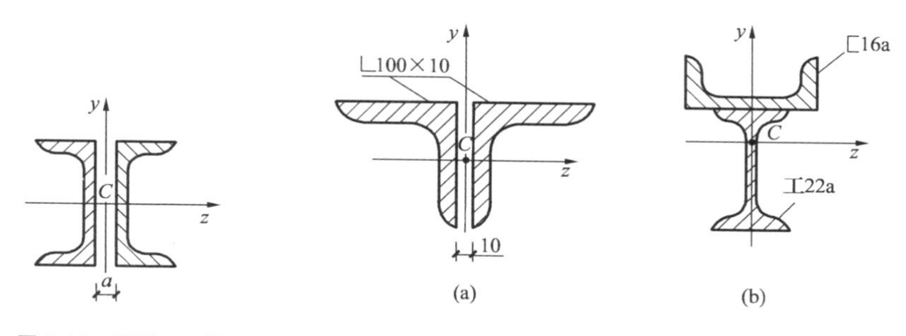

图 7-14　习题 7-4 图

图 7-15　习题 7-5 图

第 7 章

练习 7-1

练习 7-2

第8章 杆件的应力与强度计算

学习目标

通过本章的学习，了解应力的概念；了解材料在拉伸与压缩时的力学性能；掌握轴向拉压杆横截面上的应力和强度计算；掌握连接件的强度计算；正确理解并掌握圆轴扭转切应力的计算及强度计算；熟悉工程上常见梁的弯曲正应力、切应力的概念，掌握常见梁的弯曲正应力、切应力的计算及强度计算；掌握提高梁承载能力的措施。

学习重点

应力的计算；轴向拉压杆的强度与连接件的强度计算；圆轴扭转的强度计算；工程上常见梁的弯曲正应力、切应力的计算及强度计算；梁承载能力的提高措施。

8.1 应力的概念

只知道内力的大小，还不能判断杆件是否会因强度不足而破坏。例如，两根材料相同、横截面面积不同的杆件，同时受逐渐增加相同的轴向拉力作用，当拉力达到某一值时，细杆将首先被拉断。这一事实说明，拉杆的强度不仅与杆件横截面上的内力有关，而且还与横截面的面积有关，也就是说杆件的强度还与内力在截面上分布的集度有关。

内力在一点处的集度称为应力。为了研究杆件某一截面上任一点的应力，如求图 8-1(a)所示杆件 $m-m$ 横截面上 k 点处的应力，可围绕 k 点取一微小面积 ΔA，作用在该面积上分布内力的合力为 ΔF。则 ΔF 与 ΔA 的比值

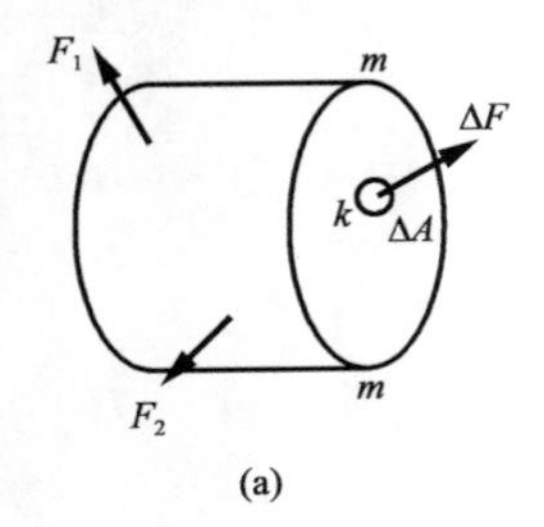

(a)

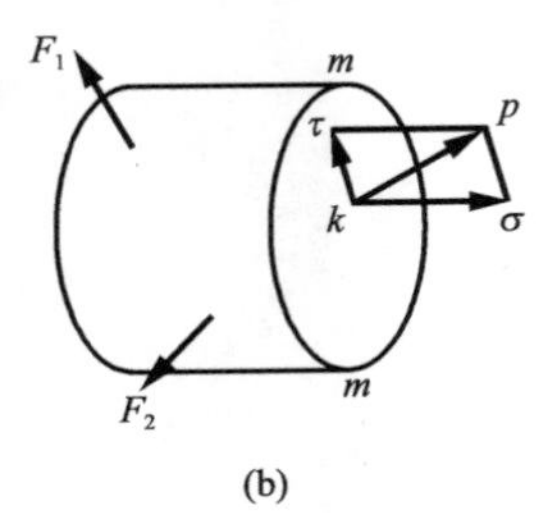

(b)

图 8-1　应力

$$p_m = \frac{\Delta F}{\Delta A}$$

式中　p_m——面积 ΔA 上的平均应力。

一般来说，$m-m$ 横截面上的内力并不是均匀分布的，平均应力的值将随 ΔA 的大小而变化，它不能确切地反映 k 点处内力的集度。只有当 ΔA 趋近于零时，平均应力 p_m 的极限值 p 才能代表 k 点处的内力集度，即 k 点的应力为

$$p = \lim_{\Delta A \to 0} \frac{\Delta F}{\Delta A} = \frac{\mathrm{d}F}{\mathrm{d}A} \tag{8-1}$$

应力 p 是一个矢量，一般既不与截面垂直，也不与截面相切。通常将它分解为与截面垂直的分量 σ 和与截面相切的分量 τ。σ 称为正应力，τ 称为切应力，如图 8-1(b)所示。

在国际单位制中，应力的单位为 Pa(帕)表示，1 Pa＝1 N/m^2。由于 Pa 这个单位太小，故工程中应力的常用单位为 MPa(兆帕)，有时还采用 kPa(千帕)、GPa(吉帕)。

1 kPa＝10^3 Pa，1 MPa＝10^6 Pa＝1 N/mm^2，1 GPa＝10^9 Pa。

8.2　材料在拉伸与压缩时的力学性能

构件的强度、刚度与稳定性，不仅与材料的形状、尺寸及所受的外力有关，而且还与材料的力学性能有关。材料的力学性能又称机械性能，是指材料在外力作用下，在变形和强度方面所表现出来的性能。材料的力学性能需要通过试验确定。本节主要介绍材料在常温(指室温)、静载(加载速度缓慢平稳)条件下的力学性能。

工程材料的种类很多，通常根据其断裂时产生变形的大小分为塑性材料和脆性材料两类。塑性材料如低碳钢、合金钢、铜、铝等，在断裂时产生较大的塑性变形；而脆性材料如铸铁、混凝土、砖石和玻璃等，在断裂时塑性变形很小。通常以低碳钢和铸铁分别作为塑性材料和脆性材料的典型代表，通过拉伸和压缩试验来认识这两类材料的力学性能。

1. 低碳钢拉伸时的力学性能

拉伸试验是测定材料力学性能的基本试验。为了保证试验结果的可比性，将材料做成标准试样，标准拉伸试样如图 8-2 所示，试样中间的 AB 段作为工作段来测量变形，其长度 l 称为标距。根据国家金属拉伸试验的有关标准，对于试验段直径为 d 的圆形截面试样，规定

$$l = 10d \quad 或 \quad l = 5d$$

对于试验段横截面面积为 A 的矩形截面试样，规定

$$l = 11.3\sqrt{A} \quad 或 \quad l = 5.65\sqrt{A}$$

(a)圆形截面试样

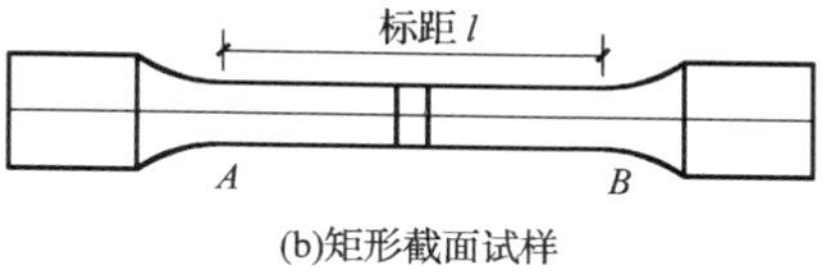

(b)矩形截面试样

图 8-2　标准试样

(1)拉伸试验与 $\sigma-\varepsilon$ 曲线

试验时,安装在材料试验机上的试样受到缓慢平稳的轴向拉力 F 的作用,试样逐渐被拉长,直至拉断。通过拉伸试验得到的轴向拉力 F 与试验段轴向变形 Δl 之间的关系曲线称为拉力图或 $F-\Delta l$ 曲线,如图 8-3(a)所示。一般材料试验机上均有自动绘图装置,在拉伸过程中能自动绘出拉伸图。

由于拉伸图还与试样横截面的尺寸及标距的大小有关,不能表征材料固有的力学性能。因此,将拉伸图中的纵坐标 F 除以试样横截面的原始面积 A,将横坐标 Δl 除以标距 l,得到试验段横截面上的正应力 σ 与试验段内线应变 ε 之间的关系曲线,该曲线图称为应力一应变图或 $\sigma-\varepsilon$ 曲线,如图 8-3(b)所示。$\sigma-\varepsilon$ 曲线是确定材料力学性能的主要依据。

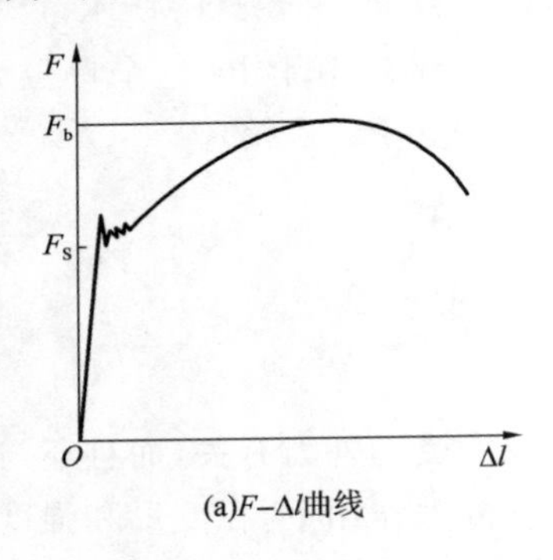

(a)$F-\Delta l$曲线

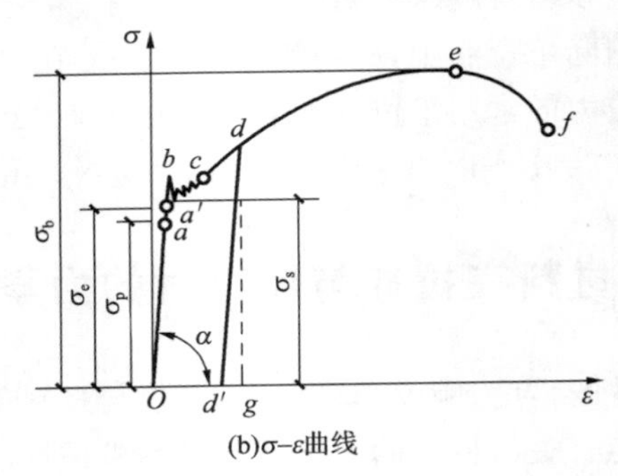

(b)$\sigma-\varepsilon$曲线

图 8-3 低碳钢拉伸时的力学性能

(2)拉伸过程中的四个阶段

图 8-3(b)所示为 Q235 钢的 $\sigma-\varepsilon$ 曲线。从图中和试验过程中观察到的现象可见,整个拉伸过程可分为四个阶段。

①弹性阶段

在试样拉伸的初始阶段,σ 与 ε 的表现为直线 Oa,说明在此阶段应力 σ 和应变 ε 成正比,直线 Oa 的斜率为 $\tan\alpha=\frac{\sigma}{\varepsilon}=E$,有

$$\sigma=E\varepsilon$$

式中 E——弹性模量。

这就是胡克定律。

直线段最高点 a 所对应的应力称为比例极限,用 σ_p 表示。由此可见,胡克定律的适用范围为 $\sigma\leqslant\sigma_p$。Q235 钢材的 $\sigma_p\approx200$ MPa,$E\approx200$ GPa。弹性阶段最高点 a'所对应的应力称为弹性极限,用 σ_e 表示。此时,aa'已不再保持直线,但如果在 a'点卸载,试样的变形将会完全消失。由于 a、a'两点非常接近,弹性极限与比例极限相差很小,故工程中对两者一般不作严格区分。

②屈服阶段

当应力超过弹性极限后,$\sigma-\varepsilon$ 曲线图上出现一段近似水平的锯齿形线段,说明在该阶段,应力基本维持不变,而应变却在显著增加,好像材料暂时丧失了抵抗变形的能力,这种现象称为屈服。这一阶段称为屈服阶段。屈服阶段的最低点所对应的应力称为屈服点或屈服极限,用 σ_s 表示。由于屈服阶段会产生明显的塑性变形,这将影响构件的正常工作,因此,屈服极限 σ_s 是衡量这类材料强度的重要指标。Q235 钢材的屈服点 $\sigma_s\approx235$ MPa。

在屈服阶段，表面抛光的试样将出现一些与轴线大致成45°夹角的斜线，如图 8-4 所示，这些斜线称为滑移线。这是由于在45°斜面上存在最大切应力，材料内部晶格沿该截面发生相对滑移造成的。

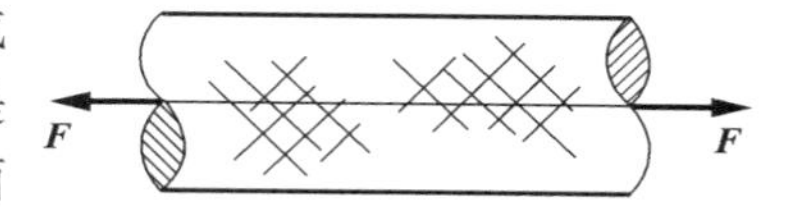

图 8-4　试样表面出现滑移线

③强化阶段

过了屈服阶段，$\sigma-\varepsilon$ 曲线又开始逐渐上升，直至最高点 e。这表明材料恢复了抵抗变形的能力，要使试件继续变形必须加大拉力，这种现象称为材料的强化。这一阶段称为强化阶段。强化阶段的最高点 e 所对应的应力是材料拉断前所能承受的最大应力，称为抗拉强度或强度极限，用 σ_b 表示，它是材料的另一个重要的强度指标。Q235 钢材的强度极限 $\sigma_b \approx 400$ MPa。

强化阶段发生的变形是弹塑性变形，其中弹性变形占较小部分，大部分是塑性变形。

④颈缩阶段

在前面三个阶段，试样的变形基本上是均匀的。当过了最高点 e 之后，试样的变形突然集中至某一局部，使该处的横向尺寸急剧减小，这种现象称为颈缩，如图 8-5 所示。由于在颈缩部分横截面面积明显减少，继续拉伸所需拉力也相应减少，故在 $\sigma-\varepsilon$ 曲线中，应力由最高点 e 下降至 f 点，最后试样在颈缩处被拉断。

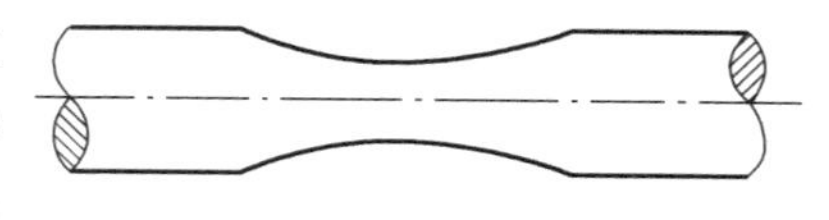
图 8-5　颈缩现象

综上所述，在低碳钢的整个拉伸过程中，材料经历了弹性、屈服、强化与颈缩四个阶段，并存在三个特征点，相应的应力分别为比例极限 σ_p、屈服点 σ_s 和抗拉强度 σ_b，其中 σ_s 和 σ_b 是衡量材料强度的重要指标。

(3)材料的塑性指标

试样拉断后，弹性变形消失，塑性变形则残留下来。试样拉断后塑性变形的大小，常用来衡量材料的塑性性能。

①伸长率

试样拉断后工作段的标距长度 l_1 与标距原长 l 之差除以原长 l 的百分数，称为材料的伸长率，即

$$\delta=\frac{l_1-l}{l}\times 100\% \tag{8-2}$$

伸长率是衡量材料塑性变形程度的重要指标之一，低碳钢的伸长率一般为 20%～30%。伸长率越大，材料的塑性性能越好。工程中常按伸长率的大小将材料分为两类，伸长率 $\delta \geq 5\%$ 的材料称为塑性材料，如低碳钢、铜、铝等；伸长率 $\delta < 5\%$ 的材料称为脆性材料，如铸铁、混凝土、砖石等。

②断面收缩率

试样拉断后，其工作段的原始横截面面积 A 在断口处缩小为 A_1，断口横截面面积改变量的百分数，称为材料的断面收缩率，即

$$\psi=\frac{A-A_1}{A}\times 100\% \tag{8-3}$$

低碳钢的伸断面收缩率 ψ 值约为 60%。

(4)卸载规律与冷作硬化

当试样被加载到强化阶段内某点 d 时，逐渐卸载直至荷载为零，如图 8-6(a)所示，可以看到，卸载过程中 $\sigma-\varepsilon$ 曲线将沿着与 Oa 近似平行的直线 dd' 回到应变轴上。这说明卸载过程中，应力与应变之间按直线规律变化，这就是卸载规律。由图可见，与 d 点对应的总应变包括 Od' 和 $d'g$ 两部分，卸载后，弹性应变 $d'g$ 消失，塑性应变 Od' 将残留下来。如果卸载后在短期

内再加载，则应力和应变将基本上沿着卸载时的同一直线 $d'd$ 上升，直至开始卸载时的应力为止，且以后的曲线与该材料原来的 $\sigma-\varepsilon$ 曲线大致相同，见图 8-6(b)。比较 $Oadef$ 和 $d'def$ 两条曲线可知，在强化阶段内加载后再卸载，比例极限得到了提高，而塑性却有所下降，这种现象称为冷作硬化。由于冷作硬化提高了材料的比例极限，从而提高了材料在弹性范围内的承载能力，故工程中常利用冷作硬化来提高杆件的承载能力，如对钢筋常用冷拔工艺，对某些型钢采用冷轧工艺来提高其强度。

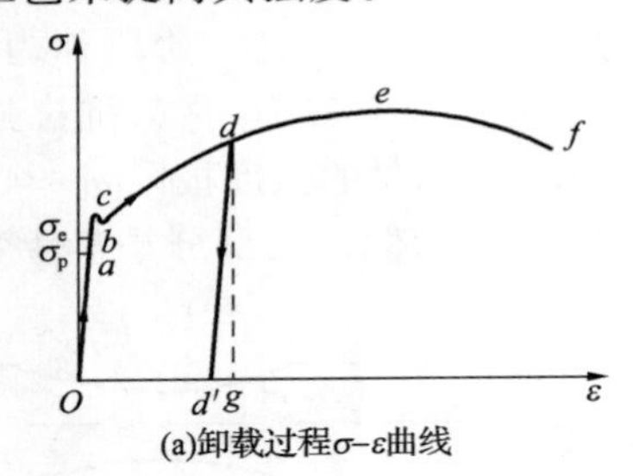

(a)卸载过程σ-ε曲线

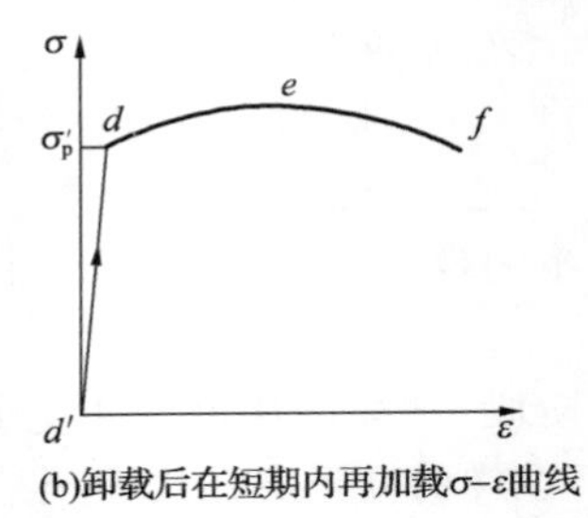

(b)卸载后在短期内再加载σ-ε曲线

图 8-6 卸载规律和冷作硬化

2. 铸铁拉伸时的力学性能

铸铁试样拉伸时的 $\sigma-\varepsilon$ 曲线如图 8-7 所示，它是一段连续的微弯曲线，从开始受拉到断裂，没有明显直线段和屈服阶段，也不存在颈缩现象。它在较低的拉应力作用下即被拉断，断口垂直于试样轴线，拉断时的变形很小，应变仅为 0.4%～0.5%，说明铸铁是典型的脆性材料。拉断时 $\sigma-\varepsilon$ 曲线最高点所对应的应力 σ_b 称为抗拉强度。

由于铸铁的 $\sigma-\varepsilon$ 曲线没有明显的直线段，故应力与应变不再成正比关系。但由于铸铁拉伸时总是在较低的应力下工作，且变形很小，可近似地认为其变形符合胡克定律。通常取总应变为0.1%时 $\sigma-\varepsilon$ 曲线的割线(图 8-7)斜率来确定其弹性模量，称为割线弹性模量。

3. 材料压缩时的力学性能

材料压缩试验的试样常为圆截面(金属材料)或方截面(混凝土、石材等非金属材料)的短柱体，为避免压弯，试样的高度 h 与直径 d 或截面边长 b 的比值一般规定为 1～3。

(1)低碳钢的压缩试验

实线为低碳钢压缩试验的 $\sigma-\varepsilon$ 曲线，虚线为其拉伸试验的 $\sigma-\varepsilon$ 曲线，如图 8-8 所示。比较两者可知，在弹性阶段和屈服阶段两曲线重合，说明低碳钢压缩时的比例极限 σ_p、屈服极限 σ_s、弹性模量 E 均与拉伸时相同。进入强化阶段以后，试样越压越扁，横截面面积不断增大，先被压成鼓形，最后成为饼状但不会断裂，无法测得抗压强度。

其他塑性金属材料受压时与低碳钢相似。工程中认为塑性金属材料在拉伸和压缩时具有相同的主要力学性能，且以拉伸时所测得的力学性能为准。

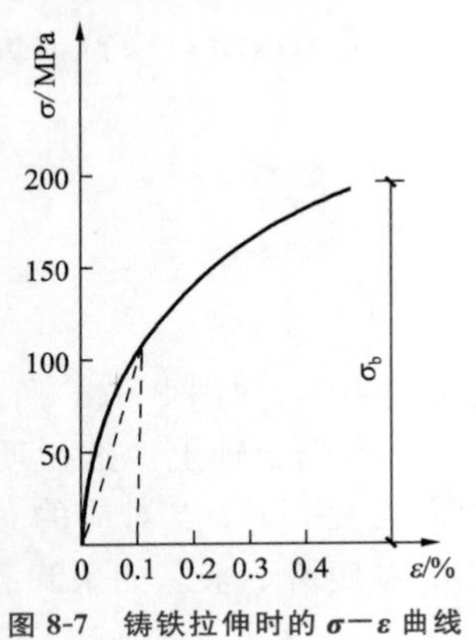

图 8-7 铸铁拉伸时的 $\sigma-\varepsilon$ 曲线

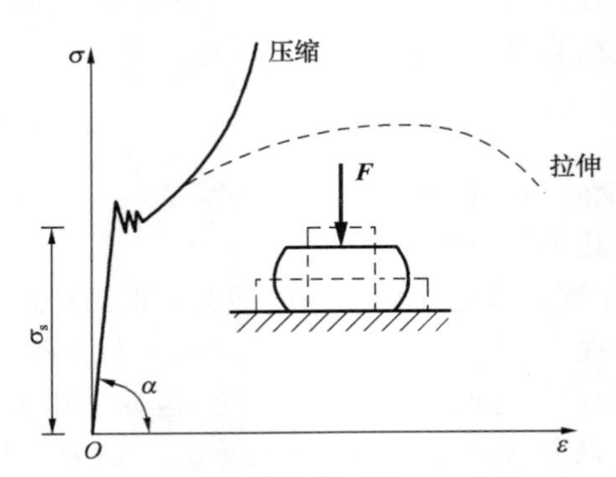

图 8-8 低碳钢压缩时的 $\sigma-\varepsilon$ 曲线

(2)铸铁的压缩试验

铸铁压缩时的 $\sigma-\varepsilon$ 曲线如图 8-9 所示，曲线最高点的应力值 σ_{bc} 称为抗压强度。由图可见，铸铁压缩与拉伸时的 $\sigma-\varepsilon$ 曲线形状类似，但其抗压强度 σ_{bc} 要远高于抗拉强度 σ_b（约为 3～4 倍）。其他脆性材料的抗压强度也都远高于抗拉强度。因此，脆性材料适宜制作承压构件。

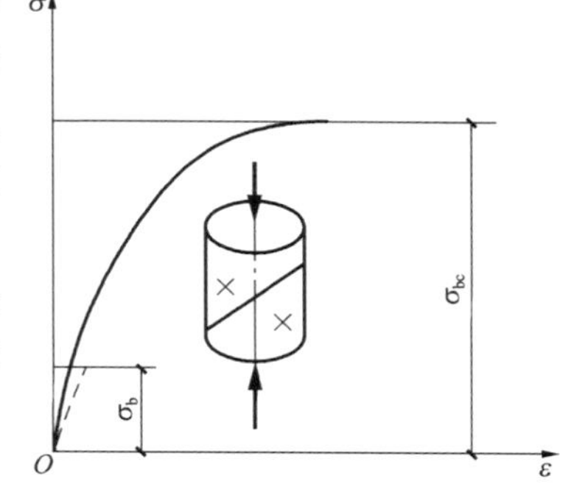

图 8-9　铸铁压缩时的 $\sigma-\varepsilon$ 曲线

铸铁压缩破坏的断口大致与轴线成 45°～55°倾角，这是由于该斜截面上的切应力较大，由此表明，铸铁的压缩破坏主要是由切应力引起的。

5. 极限应力、工作应力、许用应力与安全系数

材料力学的主要任务之一是保证杆件具备足够的强度，即足够的抵抗破坏的能力，从而能够使杆件安全可靠地工作。为了解决强度问题，必须掌握下面几个重要概念。

(1)极限应力

工程上将材料失效时的应力称为极限应力或危险应力，用 σ_u 表示。

对于塑性材料，当工作应力达到屈服极限 σ_s 时，杆件将发生屈服或出现显著的塑性变形，从而导致杆件不能正常工作。此时，一般认为材料已破坏。故取屈服极限 σ_s 作为塑性材料的极限应力 σ_u。

对于脆性材料，直到杆件被拉断时也无明显的塑性变形，其失效形式表现为脆性断裂，故取 σ_b（拉伸）或 σ_{bc}（压缩）作为脆性材料的极限应力 σ_u。

(2)工作应力

杆件在外力作用下产生的应力称为工作应力，为截面上的真实应力，用 σ 表示。

(3)许用应力与安全系数

材料安全工作所允许承受的最大应力称为材料的许用应力，用 $[\sigma]$ 表示。

从理论上讲，只要杆件的工作应力低于材料的极限应力 σ_u，就是安全的。但实际中是不一定的，这是由于在实际设计计算时有许多无法预计的因素对杆件产生影响，如实际材料的成分、性质难免存在差异，杆件的设计计算尺寸与施工的实际尺寸存在偏差，计算应力并非像理想中的那样准确等，为了确保安全，杆件必须留有必要的强度储备。

材料的许用应力

$$[\sigma]=\frac{\sigma_u}{n} \tag{8-4}$$

式中　n——大于 1 的系数，称为安全系数。对于塑性材料，安全系数通常用 n_s 表示；对于脆性材料，安全系数则用 n_b 表示。

综上所述，安全系数的确定要考虑很多因素，不同材料在不同工作条件下的安全系数可从有关设计规范中查到。在一般条件下的静强度计算中，塑性材料的安全系数取 $n_s=1.2\sim2.5$，脆性材料的安全系数取 $n_b=2.0\sim3.5$。

注意：对于脆性材料，拉伸与压缩的极限应力或许用应力差异较大，必须严格区分。脆性材料的拉伸许用应力用 $[\sigma_t]$ 表示，压缩许用应力用 $[\sigma_c]$ 表示。

8.3 轴向拉(压)杆的应力和强度计算

1. 轴向拉(压)杆横截面上的应力

为了确定轴向拉(压)时横截面上每一点的应力,首先研究内力在横截面上的分布规律,由于内力是由于杆受外力后产生变形而引起的,为此,先通过试验观察杆受力后的变形现象,并根据现象做出假设和推理;然后进行理论分析,得出截面上的内力分布规律;最后确定压力的大小和方向。

取如图 8-10(a)所示的一等截面直杆,在杆表面画出两条垂直于杆轴线的横向线 ab 和 cd,然后在杆两端施加一对轴向外力 F,使杆产生轴向拉伸变形,可看到横向线 ab 和 cd 分别平移至 $a'b'$ 和 $c'd'$ 的位置,仍然保持为直线并垂直于杆轴线,只是它们之间的距离增大了。由杆件表面的这一变形现象,即可假设:横截面变形前为平面,变形后仍保持为平面且与杆轴线垂直。这个假设称为平面假设。

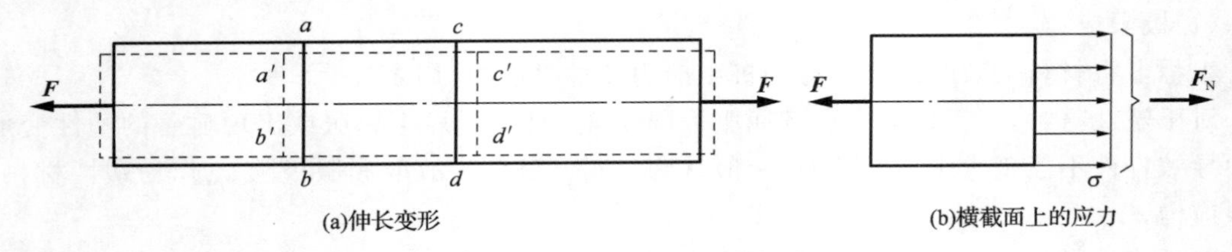

图 8-10　轴向受拉等截面直杆

设想杆件是由无数根平行于轴线的纵向纤维叠合组成的,由平面假设可知,拉(压)杆任意两个横截面之间所有纵向纤维的伸长量(或缩短量)均相等。再根据材料均匀连续性假设,变形相同,则截面上各点受力相同,所以横截面上的内力是均匀分布的,即在横截面上各点处的正应力都相等,如图 8-10(b)所示。拉(压)杆横截面上正应力的计算公式为

$$\sigma=\frac{F_N}{A} \tag{8-5}$$

式中　F_N——横截面上的轴力;

A——横截面的面积。

正应力 σ 与轴力 F_N 具有相同的正负号,即拉应力为正,压应力为负。

【例 8-1】　如图 8-11 所示为一正方形截面阶梯砖柱,上段柱边长为 240 mm,下段柱边长为 370 mm,荷载 $F=60$ kN,不计自重,试求该阶梯砖柱横截面上的最大正应力。

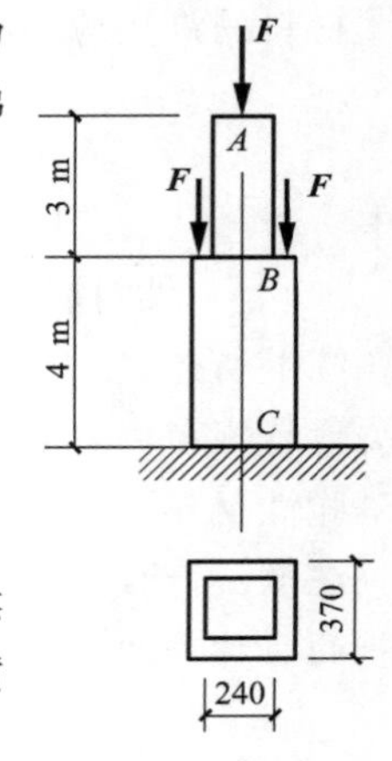

图 8-11　例 8-1 图

解　(1)计算杆件各段的轴力

用截面法分别计算各段轴力:

AB 段　　$F_{NAB}=-60$ kN

BC 段　　$F_{NBC}=-180$ kN

(2)计算正应力

注意到,尽管 AB 段的轴力较小,但其横截面也较小;而 BC 段虽然轴力较大,但其横截面也较大。因此,需要计算后才能确定哪一段杆横截面上的正应力较大。

AB 段　　$\sigma_{AB}=\dfrac{F_{NAB}}{A_{AB}}=\dfrac{-60\times10^3}{240\times240}=-1.04\ \text{MPa}$(压应力)

BC 段　　$\sigma_{BC}=\dfrac{F_{NBC}}{A_{BC}}=\dfrac{-180\times10^3}{370\times370}=-1.31\ \text{MPa}$(压应力)

可见阶梯砖柱横截面上的最大正应力在柱的 BC 段

$$\sigma_{max}=|\sigma_{BC}|=1.31\ \text{MPa}$$

2. 轴向拉(压)杆的强度条件和计算

为了保证轴向拉(压)杆在外力作用下安全正常地工作,应使杆件的最大工作应力不超过材料的许用应力,即

$$\sigma_{max}=\frac{F_N}{A}\leqslant[\sigma] \tag{8-6}$$

式(8-6)为拉(压)杆的强度条件。

根据强度条件,可以解决实际工程中的三类问题。

(1)校核强度

已知杆件所受外力、横截面面积和材料的许用应力,检验强度条件是否满足,从而确定在给定的外力作用下是否安全,即

$$\sigma_{max}\leqslant[\sigma]$$

工程中规定,在强度计算中,当杆件的最大工作应力 σ_{max} 大于材料的许用应力 $[\sigma]$ 时,只要超出量($\sigma_{max}-[\sigma]$)不大于许用应力 $[\sigma]$ 的 5%,仍然认为杆件是能够安全工作的。

(2)设计截面尺寸

已知杆件所受外力和材料的许用应力,根据强度条件设计杆件的横截面尺寸,则由式(8-6)可得

$$A\geqslant\frac{F_N}{[\sigma]}$$

(3)确定许可荷载

已知杆件的横截面面积和材料的许用应力,根据强度条件确定杆件允许承受的外力,由式(8-6)可得

$$F_N\leqslant[\sigma]A$$

【例 8-2】 一结构如图 8-12(a)所示,在钢板 BC 上作用一荷载 $F=80$ kN,杆 AB 的直径 $d_1=22$ mm,杆 CD 的直径 $d_2=16$ mm,材料的许用应力 $[\sigma]=170$ MPa。试校核 AB、CD 杆的强度。

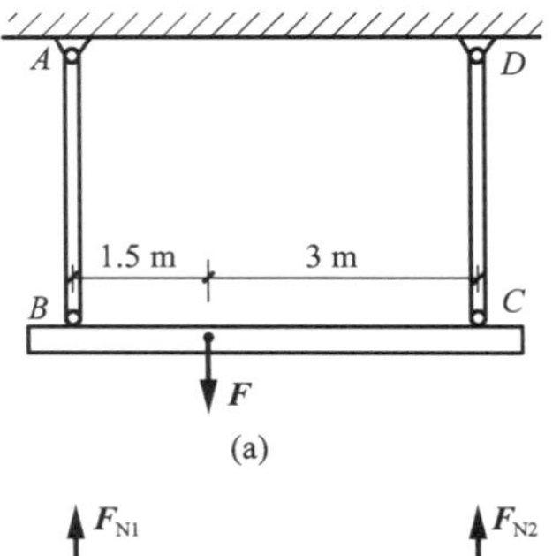

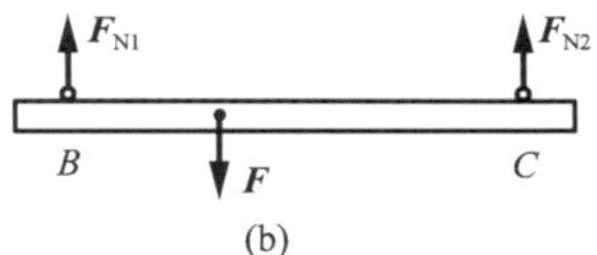

图 8-12　例 8-2 图

解　(1)计算杆的轴力

选钢板 BC 为研究对象,受力如图 8-12(b)所示,钢板受到平面平行力系作用,列平衡方程

$$\sum M_B=0,\quad 4.5F_{N2}-1.5F=0$$

得 $F_{N2}=26.67$ kN

$$\sum F_y=0,\quad F_{N1}+F_{N2}-F=0$$

得 $F_{N1}=53.33$ kN。

因为杆 AB、CD 均为二力杆,故 F_{N1}、F_{N2} 分别为两杆的轴力。

(2)校核两杆的轴力

AB 杆

$$\sigma_1=\frac{F_{N1}}{A_1}=\frac{F_{N1}}{\pi d_1^2/4}=\frac{53.33\times10^3}{3.14\times22^2/4}=140.36\ \text{MPa}<[\sigma]=170\ \text{MPa}$$

CD 杆

$$\sigma_2=\frac{F_{N2}}{A_2}=\frac{F_{N2}}{\pi d_2^2/4}=\frac{26.67\times10^3}{3.14\times16^2/4}=132.71\ \text{MPa}<[\sigma]=170\ \text{MPa}$$

所以杆 *AB*、*CD* 的强度满足要求。

【例 8-3】 如图 8-13 所示，一铸铁圆筒，顶部承受压力 $F=525$ kN，筒的外径 $D=25$ cm，已知铸铁的许用应力 $[\sigma]=30$ MPa，试求筒壁的厚度 t，筒的自重略去不计。

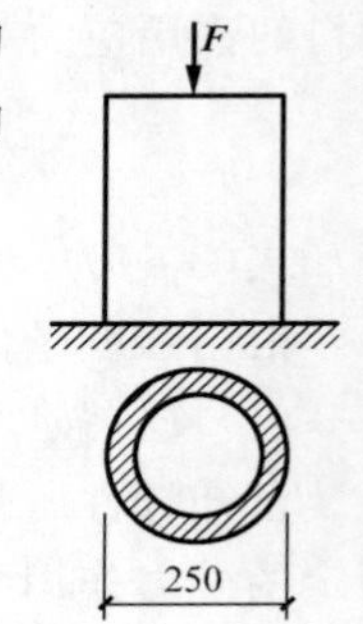

图 8-13 例 8-3 图

解 求所需的横截面面积

$$A\geqslant\frac{F_N}{[\sigma]}=\frac{525\times10^3}{30}=17500\ \text{mm}^2=175\ \text{cm}^2$$

圆环面积为

$$A=\frac{\pi}{4}(D^2-d^2)$$

圆筒的内径为

$$d=\sqrt{D^2-\frac{4A}{\pi}}=\sqrt{25^2-\frac{4\times175}{3.14}}=20.05\ \text{cm}$$

由此可得筒壁的厚度为

$$t=\frac{D-d}{2}=\frac{25-20.05}{2}=2.475\ \text{cm}$$

实际选用 $t=2.5$ cm，即筒的内径为 20 cm。

8.4 剪切与挤压变形的应力与强度计算

1. 剪切应力和强度条件

(1)剪切面上的切应力

剪切面上内力分布的集度，称为切应力，用 τ 表示，如图 6-8(b)所示。切应力在剪切面上的实际分布规律比较复杂，工程上通常采用实用计算法，即假设切应力在剪切面上是均匀分布的。故切应力的计算公式为

$$\tau=\frac{F_S}{A_S} \tag{8-7}$$

式中 F_S——剪切面上的剪力；

A_S——剪切面的面积。

(2)剪切强度条件

为了保证构件在工作时不发生剪切破坏，必须使构件工作时的切应力不超过材料的许用切应力，故剪切强度条件为

$$\tau=\frac{F_S}{A_S}\leqslant[\tau] \tag{8-8}$$

式中 $[\tau]$——材料的许用切应力，可从有关手册或规范中查得。

剪切强度条件同样可以解决强度校核、设计截面尺寸和确定连接件的许可荷载三类问题。

2. 挤压应力和强度条件

(1)挤压应力

作用于挤压面上的压力称为挤压力，用 F_{bs} 表示，如图 8-14(a)所示。挤压力 F_{bs} 是以法向应力的形式分布在挤压面上的，这种法向应力称为挤压应力，用 σ_{bs} 表示。挤压应力在挤压面上的实际分布规律也比较复杂，如图 8-14(b)所示。在工程上仍然采用实用计算法，即假设挤压应力在挤压面上是均匀分布的。故挤压应力的计算公式为

$$\sigma_{bs}=\frac{F_{bs}}{A_{bs}} \tag{8-9}$$

式中　F_{bs}——挤压面上的挤压力；

A_{bs}——挤压面的计算面积。

挤压面的计算面积应根据接触面的具体情况而定。当挤压面为半圆柱面时，例如螺栓、铆钉和销钉连接件，则挤压面的计算面积为半圆柱面的正投影面积[8-14(c)中的阴影线面积]，即 $A_{bs}=d\times t$。其中，d 为圆柱面的直径，t 为被连接件的厚度。当挤压面为平面时，则挤压面的计算面积为接触面的面积。

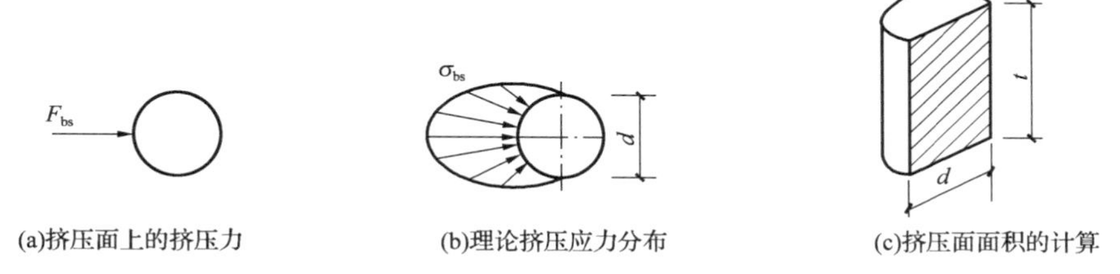

(a)挤压面上的挤压力　(b)理论挤压应力分布　(c)挤压面面积的计算

图 8-14　挤压力、理论挤压应力的分布和挤压面面积

(2)挤压强度条件

为了保证构件不发生挤压破坏，要求挤压应力不超过材料的许用挤压应力，故挤压强度条件为

$$\sigma_{bs}=\frac{F_{bs}}{A_{bs}}\leqslant[\sigma_{bs}] \tag{8-10}$$

式中　$[\sigma_{bs}]$——材料的许用挤压应力，可从有关手册或规范中查得。

可见，对于连接件，必须同时进行剪切和挤压强度计算。另外，用螺栓或铆钉连接的杆件，由于螺栓孔削弱了被连接件的面积，还应该对截面削弱处进行抗拉(压)强度校核。

【例 8-4】 如图 8-15(a)所示两块钢板用螺栓连接，钢板的厚度 $t=10$ mm，螺栓的直径 $d=16$ mm，螺栓材料的许用切应力 $[\tau]=60$ MPa，许用挤压应力 $[\sigma_{bs}]=180$ MPa。若承受的轴向拉力 $F=11.5$ kN，试校核螺栓的强度。

解　(1)校核螺栓的剪切强度

螺栓剪切面上的剪力

$$F_S=F=11.5\ \text{kN}$$

$$\tau=\frac{F_S}{A_S}=\frac{F}{\pi d^2/4}=\frac{11.5\times10^3}{\pi\times16^2/4}=57.23\ \text{MPa}<[\tau]=60\ \text{MPa}$$

螺栓满足剪切强度条件。

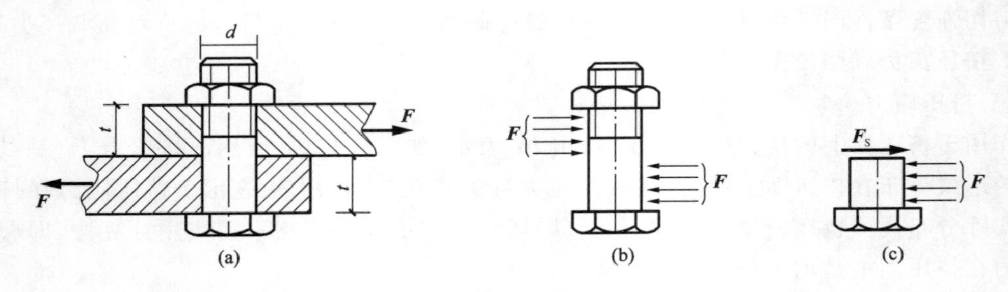

图 8-15　例 8-4 图

(2)校核螺栓的挤压强度

由图 8-15(b)可见,两块钢板的厚度相同,螺栓与上、下板孔壁之间的挤压力、挤压应力均相同,分别为

$$F_{bs}=F=11.5\ \text{kN}$$

$$\sigma_{bs}=\frac{F_{bs}}{A_S}=\frac{F}{dt}=\frac{11.5\times10^3}{16\times10}=71.88\ \text{MPa}<[\sigma_{bs}]=180\ \text{MPa}$$

螺栓满足挤压强度条件。

综上所述,该螺栓的强度满足要求。

【例 8-5】　如图 8-16(a)所示两块钢板用 4 个铆钉连接,已知钢板宽 $b=85$ mm,板厚 $\delta=10$ mm,铆钉直径 $d=16$ mm,板和铆钉材料相同,其许用切应力$[\tau]=120$ MPa,许用挤压应力$[\sigma_{bs}]=300$ MPa,许用拉应力$[\sigma]=160$ MPa。若承受的轴向拉力 $F=95$ kN,试校核铆接各部分的强度。

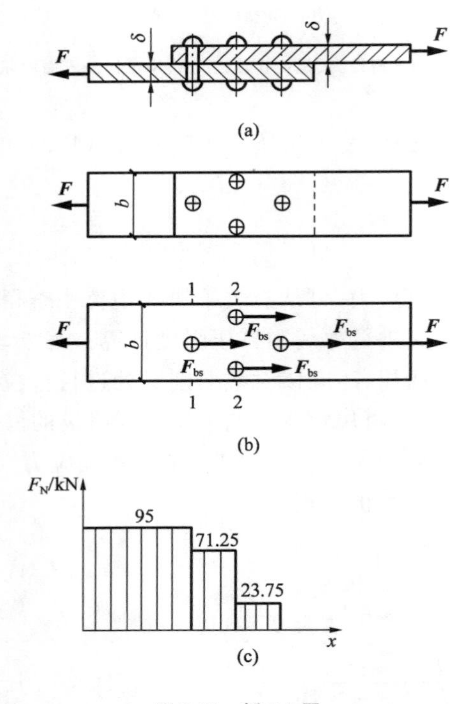

图 8-16　例 8-5 图

解　(1)校核铆钉的剪切强度

由于连接铆钉对称布置,可假设每个铆钉受力相同,于是,各铆钉剪切面上的剪力均为

$$F_S=\frac{F}{4}=23.75\ \text{kN}$$

$$\tau=\frac{F_S}{A_S}=\frac{F/4}{\pi d^2/4}=\frac{23.75\times10^3}{\pi\times16^2/4}=118.18\ \text{MPa}<[\tau]=120\ \text{MPa}$$

铆钉剪切强度满足要求。

(2)校核铆钉和钢板的挤压强度

各挤压面上铆钉和钢板的挤压力均为

$$F_{bs}=\frac{F}{4}=23.75\ \text{kN}$$

$$\sigma_{bs}=\frac{F_{bs}}{A_S}=\frac{F/4}{d\delta}=\frac{23.75\times10^3}{16\times10}=148.44\ \text{MPa}<[\sigma_{bs}]=300\ \text{MPa}$$

铆钉和钢板挤压强度满足要求。

(3)校核钢板的拉伸强度

两块钢板的厚度相同,受力情况也相同,故可校核其中任意一块,本例中校核下面一块。板的受力图与轴力图分别如图 8-16(b)、(c)所示,由于截面 1—1 的轴力最大,截面 2—2 的削弱最严重,所以 1—1、2—2 两截面都可能是危险截面,需同时校核。

1—1 截面　$\sigma_{1-1}=\frac{F_{N1-1}}{A_{1-1}}=\frac{F}{(b-d)\delta}=\frac{95\times10^3}{(85-16)\times10}=137.68\ \text{MPa}<[\sigma]=160\ \text{MPa}$

2—2 截面　$\sigma_{2-2}=\frac{F_{N2-2}}{A_{2-2}}=\frac{3F/4}{(b-2d)\delta}=\frac{3\times95\times10^3/4}{(85-2\times16)\times10}=134.43\ \text{MPa}<[\sigma]=160\ \text{MPa}$

钢板的拉伸强度满足要求。

8.5　圆轴扭转时的应力与强度计算

1. 圆轴扭转时横截面上的应力

(1)扭转试验现象与分析

取一实心圆轴,为研究横截面上各点的应力情况,在其表面画上许多等距离的圆周线和纵向线,形成许多小的矩形网格,如图 8-17(a)所示。然后在两端施加外力偶矩,使其产生扭转变形,如图 8-17(b)所示,发生扭转变形后可以观察到以下现象:

①各圆周线的形状、大小和间距都保持不变,仅绕轴线作相对转动。

②各纵向线都倾斜了相同的角度 γ,原来的矩形变成了平行四边形。

根据观察到的现象,可以作出如下假设和推断:

①扭转变形前原为平面的横截面,变形后仍保持平面,其形状、大小和间距都不改变,只是绕轴线相对转过一个角度,这个假设称为圆轴扭转时的平面假设。

②由于各圆周线的距离不变,可推知纵向无线应变,而矩形网格发生相对错动,可推知存在切应变,故横截面上没有正应力,只有切应力,其切应力与截面相切,方向与半径垂直。

(2)圆轴扭转时横截面上的切应力

对截面的轴心建立力矩平衡方程,经过整理(推导过程略)得到横截面上任一点的切应力计算公式为

$$\tau_\rho=\frac{T\rho}{I_\rho} \tag{8-11}$$

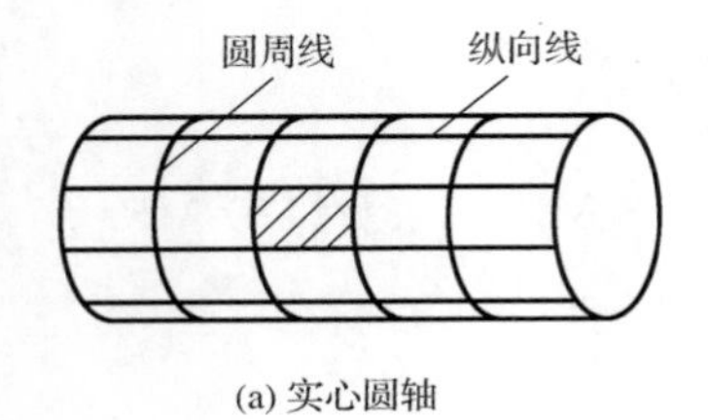

(a) 实心圆轴

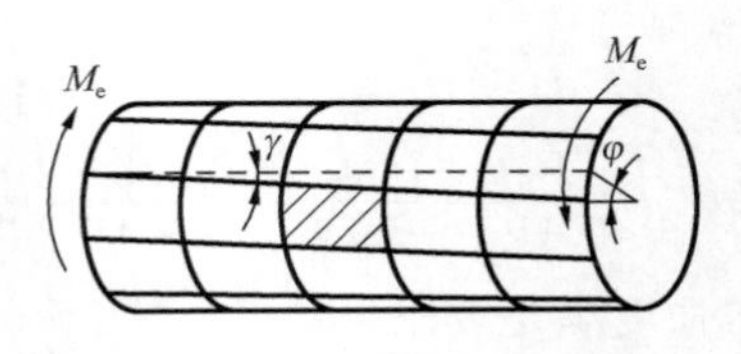

(b) 施加外力偶矩使圆轴产生扭转变形

图 8-17　圆轴的扭转

式中　T——横截面上的扭矩；

ρ——所求切应力的点到圆心的距离；

I_ρ——横截面对圆心的极惯性矩。

由式(8-11)可知，横截面上任一点处切应力的大小与该点到圆心的距离成正比。切应力的方向则与半径垂直，并与扭矩的转向一致，如图 8-18 所示。

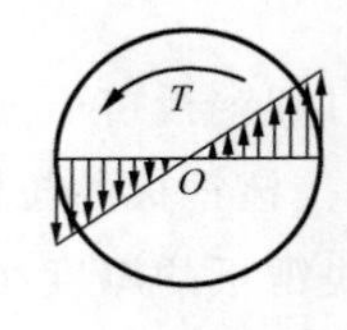

图 8-18　截面上切应力的分布规律

当 $\rho=R$ 时，切应力最大。即横截面边缘上各点的切应力最大，其值为

$$\tau_{\max}=\frac{TR}{I_\rho}$$

令

$$W_\rho=\frac{I_\rho}{R}$$

则有

$$\tau_{\max}=\frac{T}{W_\rho} \tag{8-12}$$

式中　W_ρ——抗扭截面系数。

极惯性矩 I_ρ 和抗扭截面系数 W_ρ 是只与截面的几何特征有关的量。直径为 D 的实心圆形截面和外径为 D、内径为 d 的空心圆截面，它们对圆心的极惯性矩 I_ρ 和抗扭截面系数 W_ρ 分别为：

实心圆截面

$$I_\rho=\frac{\pi D^4}{32},\quad W_\rho=\frac{\pi D^3}{16}$$

空心圆截面

$$I_\rho=\frac{\pi D^4}{32}(1-\alpha^4),\quad W_\rho=\frac{\pi D^3}{16}(1-\alpha^4)$$

式中　α——内、外径的比值，$\alpha=\dfrac{d}{D}$。

极惯性矩 I_ρ 的单位为 m^4 或 mm^4，抗扭截面系数 W_ρ 的单位为 m^3 或 mm^3。

【例 8-6】　实心圆轴的直径 $D=100$ mm，受外力偶矩作用，如图 8-19(a)所示，试求：(1)轴内阴影截面上 a、b、O 三点处的切应力数值及方向，$Ob=25$ mm；(2)轴内的最大切应力。

解　(1)画扭矩图，如图 8-19(b)所示。

(2)计算阴影截面上 a、b、O 三点的切应力

$$I_\rho=\frac{\pi D^4}{32}=\frac{\pi\times 100^4}{32}=9.81\times 10^6\ \text{mm}^4$$

$$\tau_a=\frac{T\rho_a}{I_\rho}=\frac{10\times 10^6\times 50}{9.81\times 10^6}=50.97\ \text{MPa}$$

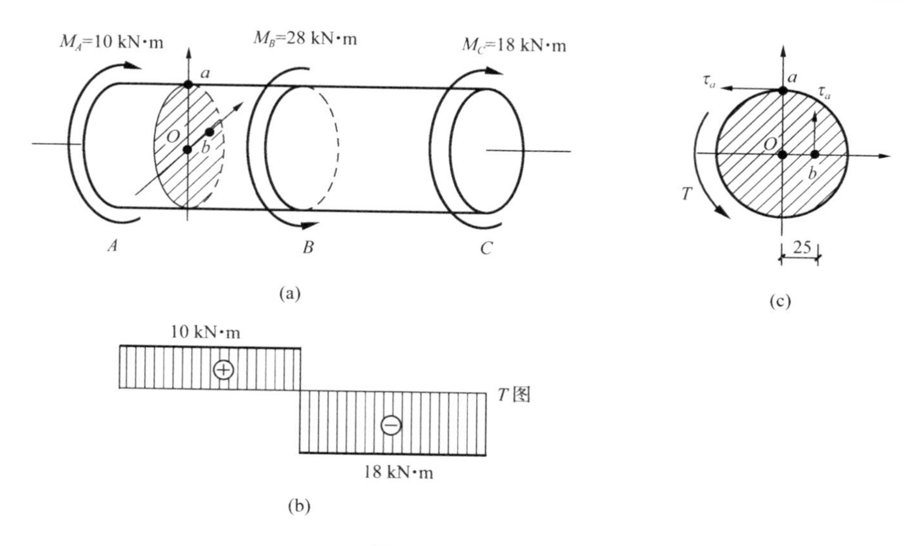

图 8-19　例 8-6 图

$\tau_b=\frac{T\rho_b}{I_\rho}=\frac{10\times10^6\times25}{9.81\times10^6}=25.48\ \text{MPa}$

$\tau_O=0$

各点切应力的方向如图 8-19(c)所示。

(3)计算轴内最大切应力。此轴为等直杆，最大切应力发生在扭矩最大截面的周边各点上

$$\tau_{\max}=\frac{T_{\max}}{W_\rho}=\frac{T_{\max}}{\frac{\pi D^3}{16}}=\frac{18\times10^6}{\frac{\pi\times100^3}{16}}=91.72\ \text{MPa}$$

2. 圆轴扭转时的强度条件

为了保证圆轴在扭转变形中不发生破坏，应使轴内的最大切应力不超过材料的许用切应力，即

$$\tau_{\max}=\frac{T}{W_\rho}\leqslant[\tau] \tag{8-13}$$

式中　$[\tau]$——材料的许用切应力，各种材料的许用切应力可从有关手册中查得。

对于等直圆轴，最大工作应力 $\tau_{\max}$ 发生在最大扭矩所在横截面(危险截面)边缘点处。因此，强度条件也可写为

$$\tau_{\max}=\frac{T_{\max}}{W_\rho}\leqslant[\tau] \tag{8-14}$$

与拉(压)杆的强度相似，应用式(8-14)可以解决圆轴扭转时的三类强度问题，即进行扭转强度校核、圆轴截面尺寸设计及确定许用荷载。

【例 8-7】　实心圆轴和空心轴通过牙嵌离合器而连接，如图 8-20 所示。已知作用在轴上的外力偶矩为 716.25 N · m，材料的许用应力$[\tau]=40$ MPa，试通过计算确定：(1)采用实心轴时，直径的大小；(2)采用内外径比值为 1/2 的空心轴时，外径 D_2 的大小。

解　(1)求实心轴的直径

$$\tau_{\max}=\frac{T}{W_\rho}=\frac{716.25\times10^3}{\frac{\pi}{16}\times d_1^3}\leqslant[\tau]=40$$

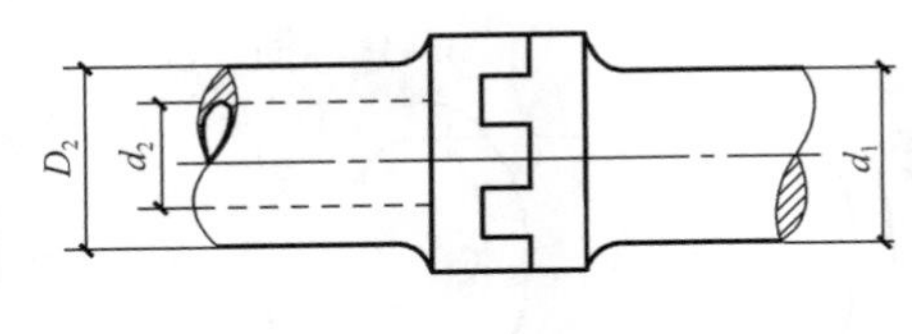

图 8-20　例 8-7 图

解得

$$d_1 \geqslant \sqrt[3]{\frac{T}{\frac{\pi}{16}\times[\tau]}} = \sqrt[3]{\frac{716.25\times10^3}{\frac{\pi}{16}\times40}} = 45.0\ \mathrm{mm}$$

(2)求空心轴的外径

$$\tau_{\max} = \frac{T}{W_\rho} = \frac{716.25\times10^3}{\frac{\pi}{16}\times D_2^3(1-\alpha^4)} \leqslant [\tau] = 40$$

解得

$$D_2 \geqslant \sqrt[3]{\frac{T}{\frac{\pi}{16}\times[\tau](1-\alpha^4)}} = \sqrt[3]{\frac{716.25\times10^3}{\frac{\pi}{16}\times40\times(1-0.5^4)}} = 46.0\ \mathrm{mm}$$

8.6　平面弯曲梁的应力与强度计算

在第 6 章讨论了梁弯曲时的内力，在实际工程中为了对梁进行强度计算，只知道梁的内力是不够的，还必须根据内力进一步研究梁横截面上的应力情况。本节主要研究等截面直梁产生平面弯曲时的应力计算以及相应的强度计算。

1. 纯弯曲时梁横截面上的正应力

如图 8-21(a)所示为一产生平面弯曲的矩形截面简支梁，如图 8-21(b)、(c)所示分别为该梁对应的剪力图和弯矩图。在梁的 AC、DB 段，各横截面上既有剪力又有弯矩，称为横力弯曲。在梁的 CD 段，各横截面上只有弯矩而没有剪力，这种情况称为纯弯曲。为了使问题简化，下面以矩形截面梁为例，分析梁纯弯曲时横截面上的正应力。

讨论梁纯弯曲时横截面上的正应力公式，需要从几何变形关系、物理关系和静力平衡关系三方面考虑。

(1)几何变形关系

取一根矩形截面梁，在其表面画上与梁轴线平行的纵向线和与轴线垂直的横向线，如图 8-22(a)所示，然后在梁的两端施加一对等值反向的力偶 M，使梁产生纯弯曲，如图 8-22(b)所示，弯曲变形后可观察到以下现象：

①原来为直线的横向线仍为直线，只是倾斜了一个角度，并且仍垂直于弯曲后的梁轴线。

②原来为直线的纵向线都弯成曲线，且靠近顶部的纵向线缩短，而靠近底部的纵向线伸长。

③矩形截面的上部变宽，而下部变窄。

根据所观察到的现象，对梁内变形可作如下假设：

①平面假设　梁的横截面变形后仍保持为平面，且垂直于弯曲后的轴线。

②单向受力假设　将梁看成由许多根纵向纤维组成，各纤维之间没有相互挤压，只受到单一方向的轴向拉伸或压缩变形。

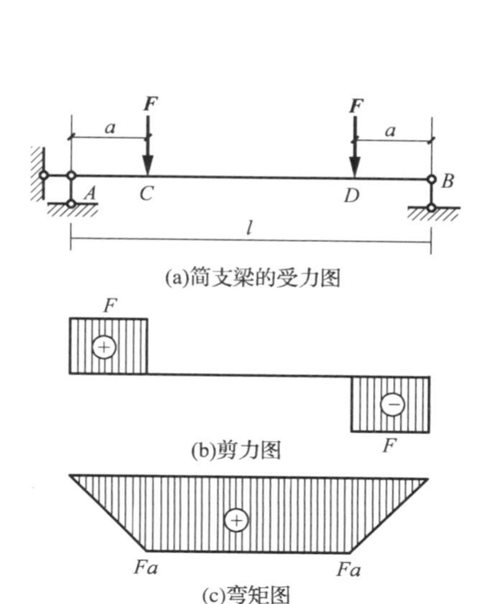

图 8-21　梁平面弯曲时横截面上的内力

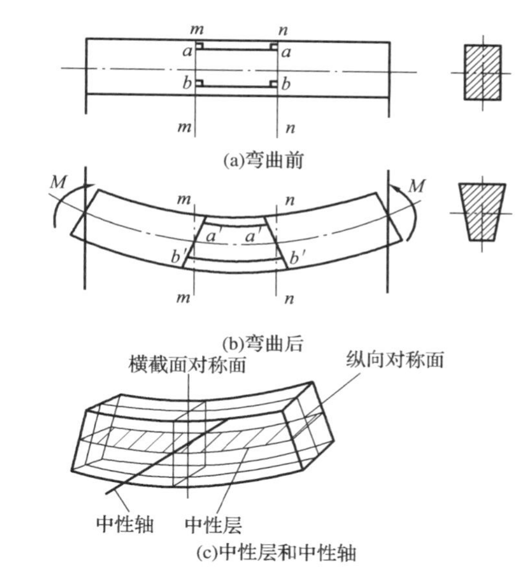

图 8-22　纯弯曲变形

根据观察到的现象和假设可推断，靠近顶部的纵向纤维缩短，靠近底部的纵向纤维伸长，由于变形的连续性，在伸长与缩短之间必有一层纤维既不伸长也不缩短，这层纤维称为中性层。中性层与横截面的交线称为中性轴，如图 8-22(c)所示。中性轴将梁的横截面分为受拉区和受压区。根据平面假设可知，纵向纤维的伸长和缩短是横截面绕中性轴转动的结果。

为了分析梁内任一根纵向纤维的线应变，在梁内取一微段 dx，如图 8-23(a)所示。弯曲变形后，两个相邻截面 $m-m$ 与 $n-n$ 相对转动后延长线交于 O 点，该点为中性层的曲率中心，中性层的曲率半径为 ρ，两截面间的夹角为 $d\theta$。取截面的对称轴为 y 轴，中性轴为 z 轴，梁的轴线为 x 轴，建立坐标系如图 8-23(b)所示。

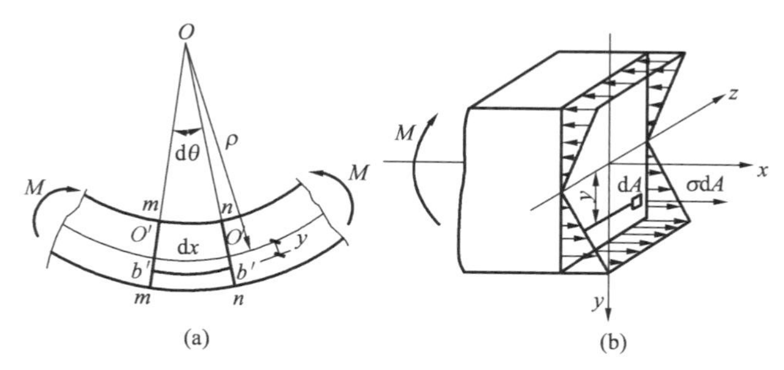

图 8-23　弯曲变形和正应力分布

为了求任一层纵向纤维的正应力，取距中性层为 y 处的纵向纤维 bb，计算其线应变。

变形前　　$bb=\overline{OO}=\overset{\frown}{OO}=\rho d\theta$

变形后　　$\overset{\frown}{b'b'}=(\rho+y)d\theta$

则得纵向线应变为

$$\varepsilon=\frac{(\rho+y)d\theta-\rho d\theta}{\rho d\theta}=\frac{y}{\rho} \tag{a}$$

对于确定的截面，ρ 为常数，所以式(a)表明：各纵向纤维的线应变 ε 与它到中性层的距离 y 成正比。

(2)物理关系

根据单向受力假设,当应力不超过比例极限时,由胡克定律得

$$\sigma=E\varepsilon=E\cdot\frac{y}{\rho} \tag{b}$$

对于任一确定的截面,E 和 ρ 均为常数,因此,式(b)表明:梁横截面上任一点的正应力 σ 与该点到中性轴的距离 y 成正比,即弯曲正应力沿截面高度按线性规律分布,如图 8-23(b)所示。中性轴上各点的正应力等于零,离中性轴最远的上下边缘,正应力的值最大。

(3)静力平衡关系

虽然已经求得了由式(b)表示的正应力在梁横截面上的分布规律,但由于中性轴的位置还未确定,曲率半径 ρ 仍为未知量,所以还不能用来计算任一点的正应力,因此还需要从静力平衡关系求出中性层的曲率 $1/\rho$ 的值。

纯弯曲梁的横截面上没有轴力,只存在一个位于纵向对称平面 $x-y$ 内的弯矩 M。所以,横截面上的微内力 $\sigma\mathrm{d}A$ 在 x 轴上投影的代数和为零,各微内力对 z 轴之矩的代数和应等于该截面上的弯矩,如图 8-23(b)所示。即

$$\int_A \sigma\mathrm{d}A=0 \tag{c}$$

$$\int_A y\sigma\mathrm{d}A=M \tag{d}$$

将式(b)代入式(c),得

$$\int_A E\,\frac{y}{\rho}\mathrm{d}A=\frac{E}{\rho}\int_A y\mathrm{d}A=0$$

由于 $E/\rho\neq 0$,所以要使该式成立,必有

$$\int_A y\mathrm{d}A=0$$

上式表明截面对中性轴的静矩等于零。由第 7 章内容知道,若平面图形对某轴的静矩为零,则该轴一定通过平面图形的形心,因此,直梁弯曲时,中性轴 z 一定过横截面的形心。

将式(b)代入式(d),得

$$\int_A E\,\frac{y^2}{\rho}\mathrm{d}A=\frac{E}{\rho}\int_A y^2\mathrm{d}A=\frac{E}{\rho}I_z=M \tag{e}$$

所以

$$\frac{1}{\rho}=\frac{M}{EI_z} \tag{8-15}$$

式中 $1/\rho$——中性层的曲率,反映梁产生弯曲变形的程度;

EI_z——梁的抗弯刚度,反映了梁抵抗弯曲变形的能力。

将式(8-15)代入(b),得纯弯曲时横截面上任一点正应力计算公式为

$$\sigma=\frac{My}{I_z} \tag{8-16}$$

式(8-16)表明:梁横截面上任一点的正应力 σ,与横截面上的弯矩 M 及该点到中性轴的距离 y 成正比,与该截面对中性轴的惯性矩 I_z 成反比。

应用式(8-16)计算正应力时,通常将弯矩 M 和 y 值代入绝对值,σ 是拉应力还是压应力可根据梁的变形情况直接判断。以中性轴为界,梁的凸侧为拉应力,凹侧为压应力。

应该指出:式(8-15)、式(8-16)是在纯弯曲的前提下建立的。对于工程上常见的受横力弯

曲的梁，在弯曲时横截面不再保持为平面，其上不仅有正应力，而且还有切应力；同时在与中性层平行的纵截面上还有由横向力引起的挤压应力。但进一步的理论研究表明，对于一般的横力弯曲，只要梁的跨度与梁的截面高度之比 $l/h>5$，它即可适用。

【例 8-8】 求如图 8-24 所示矩形截面梁 A 右邻截面上和 C 截面上 a、b、c 三点处的正应力。

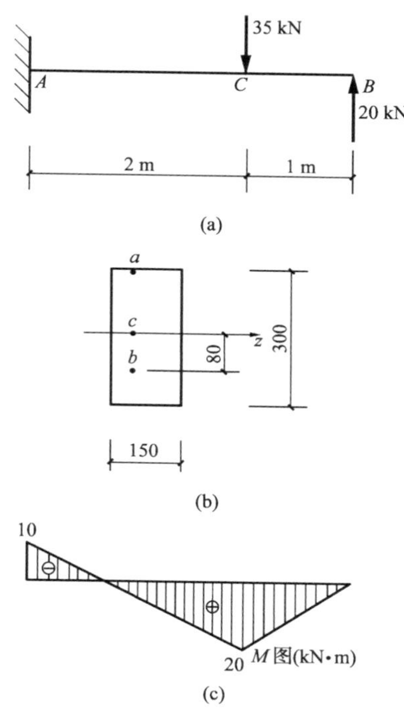

图 8-24 例 8-8 图

解 (1)求得的 M 图如图 8-24(c)所示。

(2)截面参数

$$I_z=\frac{bh^3}{12}=\frac{15\times 30^3}{12}=33750\ \text{cm}^4$$

(3)计算各点正应力

A 右邻截面上：

$$\sigma_a=\frac{M_A\cdot y}{I_z}=\frac{10\times 10^6\times 150}{33750\times 10^4}=4.44\ \text{MPa}(\text{拉应力})$$

$$\sigma_b=\frac{M_A\cdot y}{I_z}=\frac{10\times 10^6\times 80}{33750\times 10^4}=2.37\ \text{MPa}(\text{压应力})$$

$$\sigma_c=0$$

C 截面上：

$$\sigma_a=\frac{M_C\cdot y}{I_z}=\frac{20\times 10^6\times 150}{33750\times 10^4}=8.89\ \text{MPa}(\text{压应力})$$

$$\sigma_b=\frac{M_C\cdot y}{I_z}=\frac{20\times 10^6\times 80}{33750\times 10^4}=4.74\ \text{MPa}(\text{拉应力})$$

$$\sigma_c=0$$

2. 梁的正应力强度计算

(1)梁的最大正应力

计算梁的强度时，必须计算出梁内最大正应力。通常情况下，弯矩沿梁长是变化的，各截面上的最大应力也不相同。在整根梁范围内，产生最大正应力的截面称为危险截面，危险截面上最大正应力所在的点称为危险点。

①对于中性轴是截面对称轴的等直梁，最大正应力发生在 $|M|_{max}$ 所在截面的上、下边缘处，最大拉、压应力相等。即

$$\sigma_{max}=\frac{|M|_{max}y_{max}}{I_z} \tag{8-17}$$

令 $W_z=\dfrac{I_z}{y_{max}}$，则

$$\sigma_{max}=\frac{|M|_{max}}{W_z} \tag{8-18}$$

式中 W_z——抗弯截面系数，它取决于截面的几何形状和尺寸，单位为 m^3、cm^3 或 mm^3。

对于宽为 b，高为 h 的矩形截面，对 z 轴或 y 轴的抗弯截面系数分别为

$$W_z=\frac{I_z}{y_{max}}=\frac{bh^3/12}{h/2}=\frac{bh^2}{6}$$

$$W_y=\frac{I_y}{z_{max}}=\frac{hb^3/12}{b/2}=\frac{hb^2}{6}$$

对于直径为 d 的圆形截面，抗弯截面系数为

$$W_z=W_y=\frac{\dfrac{\pi d^4}{64}}{\dfrac{d}{2}}=\frac{\pi d^3}{32}$$

对于内径为 d，外径为 D 的圆环截面，抗弯截面系数为

$$W_z=W_y=\frac{\dfrac{\pi(D^4-d^4)}{64}}{\dfrac{D}{2}}=\frac{\pi D^3}{32}(1-\alpha^4)$$

上式中的 $\alpha=\dfrac{d}{D}$，α 为圆环的内外径之比。

对于各种型钢的惯性矩和抗弯截面系数可从附录型钢表中查得。

②对于中性轴不是截面对称轴的梁，如 T 形截面，其最大正应力可能发生在最大正弯矩、最大负弯矩所在截面的上边缘或下边缘处。

(2)正应力的强度条件

为了保证梁能正常工作，必须保证其最大正应力不超过材料的许用应力。

①对于材料的抗拉、抗压能力相同，即$[\sigma_t]=[\sigma_c]=[\sigma]$的等截面梁，强度条件为

$$\sigma_{max}\leqslant[\sigma] \tag{8-19}$$

②对于材料的抗拉、抗压能力不同，即$[\sigma_t]\neq[\sigma_c]$的等截面梁，强度条件为

$$\sigma_{tmax}\leqslant[\sigma_t],\quad \sigma_{cmax}\leqslant[\sigma_c] \tag{8-20}$$

根据梁的正应力的强度条件，可以进行三方面的计算：(1)强度校核；(2)截面尺寸选择；(3)许可载荷计算。

【例 8-9】 如图 8-25 所示支承在墙上的木梁承受由地板传来的荷载。若地板的均布面荷

载 $q'=3\ \mathrm{kN/m^2}$，木梁间距 $a=1.2\ \mathrm{m}$，跨度 $l=5\ \mathrm{m}$，木材的许用弯曲应力$[\sigma]=12\ \mathrm{MPa}$，要求木材做成矩形截面，其高宽比为$\dfrac{h}{b}=1.5$，试确定此梁的截面尺寸。

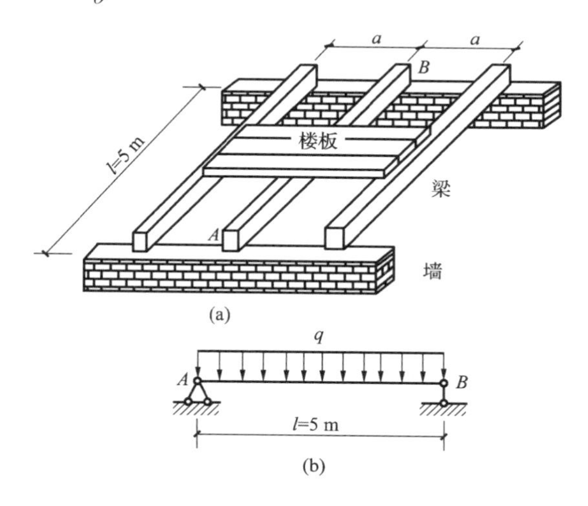

图 8-25　例 8-9 图

解　(1)计算最大弯矩。木梁支承在墙上，可按简支梁计算。每根梁承受荷载的宽度为 $a=1.2\ \mathrm{m}$，所以每根梁承受的均布线荷载是

$$q=q'a=3\times1.2=3.6\ \mathrm{kN/m}$$

最大弯矩发生在跨中截面，其值为

$$M_{\max}=\frac{1}{8}ql^2=\frac{1}{8}\times3.6\times5^2=11.25\ \mathrm{kN\cdot m}$$

(2)根据强度条件计算需要的抗弯截面系数 W_z

$$W_z\geqslant\frac{M_{\max}}{[\sigma]}=\frac{11.25\times10^6}{12}=937.5\times10^3\ \mathrm{mm^3}$$

(3)确定截面的尺寸

$$W_z=\frac{bh^2}{6}=\frac{b(1.5b)^2}{6}\geqslant937.5\times10^3\ \mathrm{mm^3}$$

$$b^3\geqslant\frac{937.5\times10^3\times6}{2.25}=2500\times10^3\ \mathrm{mm^3}$$

$$b\geqslant136\ \mathrm{mm},\quad h\geqslant204\ \mathrm{mm}$$

为施工方便，取截面宽 $b=140\ \mathrm{mm}$，$h=210\ \mathrm{mm}$。

【例 8-10】　T 字形截面铸铁梁所受荷载和截面尺寸如图 8-26 所示。材料的许用拉应力 $[\sigma_t]=40\ \mathrm{MPa}$，许用压应力 $[\sigma_c]=100\ \mathrm{MPa}$，截面对中性轴的惯性矩，试按正应力强度条件校核梁的强度。

解　(1)确定最大弯矩

作出梁的弯矩图，由图 8-26(c)可见，截面 B 上有最大负弯矩，其值为 $|M_B|=20\ \mathrm{kN\cdot m}$；截面 E 上有最大正弯矩，其值为 $M_E=10\ \mathrm{kN\cdot m}$。

(2)确定截面的几何性质

横截面形心位于对称轴 y 轴上，C 点到截面下边缘的距离

$$y_1=\frac{A_1y_{C1}+A_2y_{C2}}{A_1+A_2}=\frac{200\times30\times185+30\times170\times85}{200\times30+30\times170}=139\ \mathrm{mm}$$

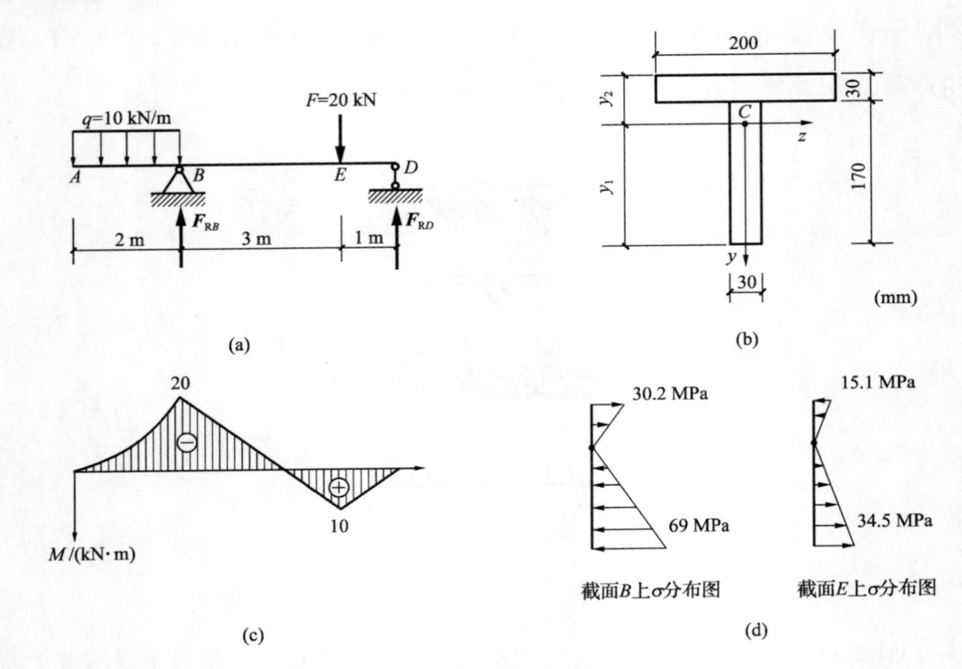

图 8-26 例 8-10 图

即中性轴 z 到截面下边缘的距离 $y_1=139$ mm，到截面上边缘的距离 $y_2=61$ mm。

截面对中性轴 z 的惯性

$$I_z=I_{1z}+I_{2z}=\left(\frac{200\times30^3}{12}+200\times30\times46^2\right)+\left(\frac{30\times170^3}{12}+30\times170\times54^2\right)=40.3\times10^6\ \text{mm}^4$$

(3)强度校核

由于梁的截面关于中性轴不对称，且材料的抗拉、压许用应力不同，故截面 E 和截面 B 都有可能是危险截面，须分别对这两个截面进行计算。

截面 B：弯矩 M_B 为负值，故截面中性轴上部受拉，下部受压，其最大值分别为

$$\sigma_{t\max}=\frac{|M_B|\cdot y_2}{I_z}=\frac{20\times10^6\times61}{40.3\times10^6}=30.2\ \text{MPa}<[\sigma_t]$$

$$\sigma_{c\max}=\frac{|M_B|\cdot y_1}{I_z}=\frac{20\times10^6\times139}{40.3\times10^6}=69.0\text{MPa}<[\sigma_c]$$

截面 E：弯矩 M_E 为正值，故截面中性轴上部受压，下部受拉，其最大值分别为

$$\sigma_{t\max}=\frac{M_E\cdot y_1}{I_z}=\frac{10\times10^6\times139}{40.3\times10^6}=34.5\ \text{MPa}<[\sigma_t]$$

$$\sigma_{c\max}=\frac{M_E\cdot y_2}{I_z}=\frac{10\times10^6\times61}{40.3\times10^6}=15.1\ \text{MPa}<[\sigma_c]$$

因此得结论：该梁的强度满足要求。

注意：在对拉压强度不同、截面关于中性轴有不对称的梁进行强度校核时，一般需同时考虑最大正弯矩和最大负弯矩所在的两个截面。只有这两个截面都满足强度条件时，整根梁才是安全的。

3. 弯曲梁横截面上的切应力

横力弯曲的梁，横截面上不仅有正应力，还有切应力。切应力是剪力在横截面上的分布集度。一般情况下，梁的强度主要由正应力强度控制，而切应力强度是次要因素。因此，下面只

简单介绍几种常用截面形状的等直梁横截面上切应力的分布规律和计算公式，而不详细介绍切应力公式的推导过程。

(1)矩形截面梁

①矩形截面梁切应力分布规律的假设

a. 横截面上各点切应力的方向与该截面上剪力的方向一致；

b. 切应力沿截面宽度均匀分布，即同一截面上，距中性轴等距离的点切应力值均相等，如图 8-27 所示。

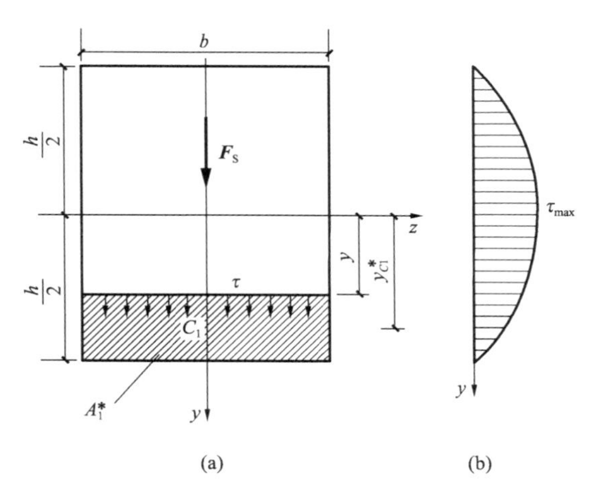

图 8-27　矩形截面梁的切应力

②切应力的计算公式

根据假设及有关推导计算得到切应力计算公式为

$$\tau=\frac{F_S S_z^*}{I_z b} \tag{8-21}$$

式中　F_S——横截面上的剪力；

S_z^*——横截面需求切应力点处水平线以下(或以上)部分面积对中性轴的静矩；

b——需求切应力点处横截面的宽度；

I_z——整个截面对中性轴的惯性矩。

③切应力的分布规律

切应力沿截面高度按二次抛物线规律分布。在中性轴上切应力最大，在上下边缘处切应力为零，如图 8-27(b)所示。

④最大切应力的计算公式

最大切应力发生在中性轴上，计算公式为

$$\tau_{max}=\frac{F_S S_{zmax}^*}{I_z b}$$

将矩形截面的几何参数 $S_{zmax}^*=\frac{A}{2}\times\frac{h}{4}=\frac{bh^2}{8}$ 以及 $I_z=\frac{bh^3}{12}$ 代入上式得

$$\tau_{max}=1.5\frac{F_S}{A} \tag{8-22}$$

即矩形截面梁横截面上最大切应力为平均切应力的 1.5 倍。

(2)工字形截面梁

如图 8-28 所示工字形截面由上、下翼缘和中间的腹板组成。由于腹板为狭长矩形，腹板上任一点的切应力也类似于矩形截面。

①切应力的计算公式

$$\tau=\frac{F_S S_z^*}{I_z d} \tag{8-23}$$

式中 F_S——横截面上的剪力；

d——需求切应力点处腹板的宽度；

S_z^*——需求切应力点处水平线以下(或以上)部分面积对中性轴的静矩；

I_z——整个工字形截面对中性轴的惯性矩。

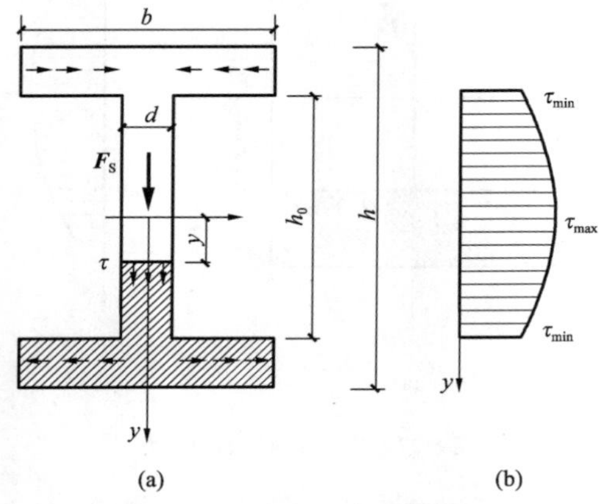

图 8-28 工字形截面梁的切应力

②切应力的分布规律

腹板部分的切应力沿腹板高度也按二次抛物线规律分布，在中性轴上切应力最大，在腹板与翼缘交界处切应力最小，但不等于零，如图 8-28(b)所示。

③最大切应力的计算公式

最大切应力发生在中性轴上，计算公式为

$$\tau_{max}=\frac{F_S S_{zmax}^*}{I_z d}=\frac{F_S}{\left(\frac{I_z}{S_{zmax}^*}\right)d} \tag{8-24}$$

式中 S_{zmax}^*——工字钢截面中性轴以上(或以下)面积对中性轴的静矩。

对于工字钢，$\frac{I_z}{S_{zmax}^*}$可直接从附录型钢表中查得。

工字形截面翼缘上的切应力，其值远小于腹板上的切应力，故一般忽略不计。

(3)圆形及薄壁圆环形截面梁的最大切应力

圆形及薄壁圆环形截面梁的最大切应力仍然发生在中性轴上，且沿中性轴均匀分布，方向与该截面上剪力的方向相同，如图 8-29 所示，它们的计算各式分别为

圆形截面

$$\tau_{max}=\frac{4F_S}{3A} \tag{8-25}$$

薄壁圆环形截面

$$\tau_{max}=\frac{2F_S}{A} \tag{8-26}$$

式中　F_S——横截面上的剪力；

A——圆形或薄壁圆环形截面的面积。

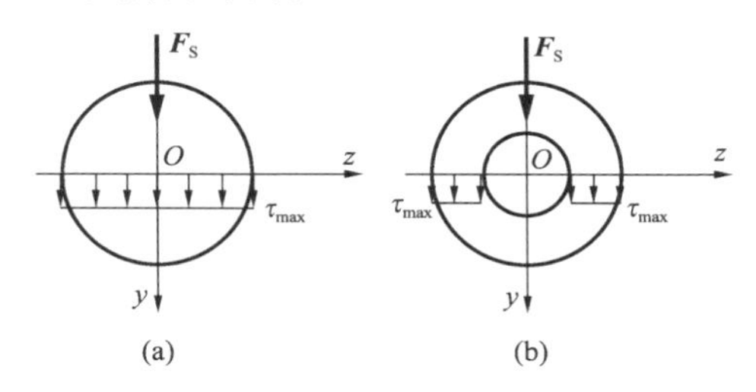

图 8-29　圆形和薄壁圆环形截面梁的切应力

4. 切应力的强度条件

为了保证梁能正常使用，除了有足够的正应力强度外，还要有足够的切应力强度。为了使梁不发生剪切破坏，应使梁在弯曲时所产生的最大切应力不超过材料的许用切应力。

梁的切应力强度条件表达式为

$$\tau_{max} \leqslant [\tau] \tag{8-27}$$

与梁的正应力强度条件在工程中的应用相似，切应力强度条件在工程中同样能解决强度方面的三类问题，即进行切应力强度校核、设计截面和计算许用应力。

【例 8-11】　如图 8-30 所示的一简支梁受均布荷载作用，截面为矩形，$b=100$ mm，$h=200$ mm。已知 $q=4$ kN/m，跨度 $l=10$ m。试求：

(1) A 偏右截面上距中性轴为 $y=50$ mm 处 k 点的切应力；

(2) 比较梁上的最大正应力和最大切应力；

(3) 若用 32a 工字钢梁，计算其最大切应力；

(4) 计算工字形梁 A 偏右截面上腹板与翼板交界处 m 点（在腹板上）的切应力。

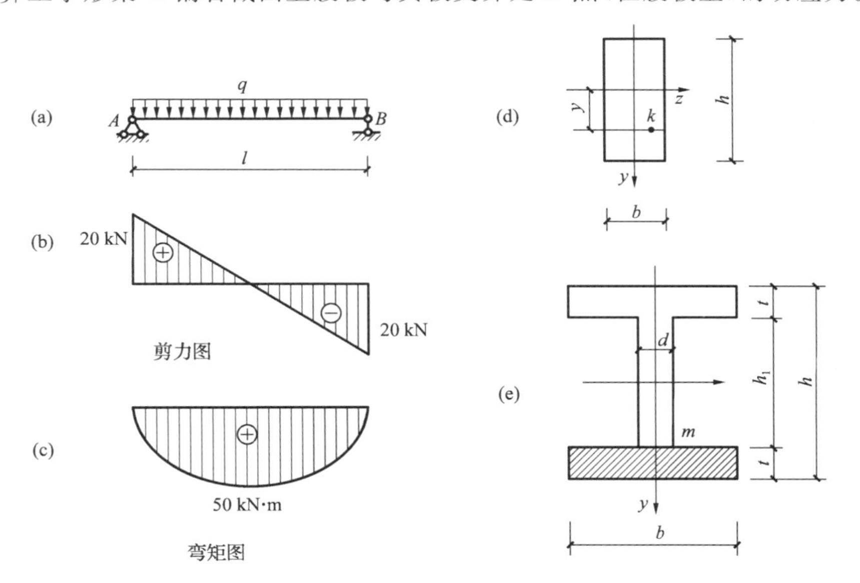

图 8-30　例 8-11

解　(1) 求矩形截面梁 A 偏右截面上 k 点的切应力

画出梁的 F_S 图、M 图，截面的剪力为 $F_S=20$ kN，I_z 与 S_z^* 分别为

$$I_z=\frac{bh^3}{12}=\frac{100\times200^3}{12}=66.7\times10^6\ \text{mm}^4$$

$$S_z^*=b\cdot(\frac{h}{2}-y)\cdot(\frac{\frac{h}{2}-y}{2}+y)=100\times50\times75=375\times10^3\ \text{mm}^3$$

k 点的切应力为

$$\tau_k=\frac{F_S S_z^*}{I_z b}=\frac{20\times10^3\times375\times10^3}{66.7\times10^6\times100}=1.12\ \text{MPa}$$

(2)比较梁中的 σ_{max} 和 τ_{max}

梁上的最大剪力和最大弯矩分别为：

$F_{Smax}=20$ kN(在支座内侧截面处)

$M_{max}=50$ kN·m(在跨中截面)

最大正应力发生在跨中截面的上、下边缘处，其值为

$$\sigma_{max}=\frac{M_{max}}{W_z}=\frac{50\times10^6}{\frac{1}{6}\times100\times200^2}=75\ \text{MPa}$$

最大切应力发生在支座内侧截面的中性轴上，其值为

$$\tau_{max}=\frac{3F_{Smax}}{2A}=\frac{3}{2}\times\frac{20\times10^3}{100\times200}=1.5\ \text{MPa}$$

故
$$\frac{\sigma_{max}}{\tau_{max}}=\frac{l}{h}=50$$

或
$$\frac{\sigma_{max}}{\tau_{max}}=\frac{75}{1.5}=50$$

可见梁中的最大正应力比最大切应力大得多，故在梁的强度计算中，其正应力是主要的。

(3)计算工字钢梁最大切应力

由型钢表，查得 32a 工字钢截面有关参数：$h=32$ cm，$b=13$ cm，$d=0.95$ cm，$t=1.5$ cm，$I_z=11075.5$ cm^4，$I_z/S_z=27.5$ cm。

最大切应力为

$$\tau_{max}=\frac{F_{Smax}}{d(\frac{I_z}{S_{zmax}^*})}=\frac{20\times10^3}{0.95\times10\times27.5\times10}=7.66\ \text{MPa}$$

(4)计算工字钢梁 A 偏右截面上 m 点的切应力

m 点以下部分截面对中性轴的面积矩为

$$S_z^*=bt(\frac{h}{2}-\frac{t}{2})=130\times15\times(\frac{320}{2}-\frac{15}{2})=297\times10^6\ \text{mm}^3$$

$$\tau_m=\frac{F_S S_z^*}{I_z b}=\frac{20\times10^3\times297\times10^6}{11075.5\times10^4\times0.95\times10}=5.65\ \text{MPa}$$

8.7 提高梁承载能力的措施

一般情况下，在对梁进行强度设计时，主要是依据梁的弯曲正应力强度控制，由正应力强度条件 $\sigma_{max}=\frac{M_{max}}{W_z}\leqslant[\sigma]$ 可知，降低最大弯矩、提高抗弯截面系数都能降低梁的最大正应力，从

而提高梁的承载能力，使梁设计更为合理。现将工程中经常采用的几种措施分述如下：

1. 合理安排梁的支座和加载方式

合理安排梁的支座和加载方式，可以显著降低弯矩的最大值，以达到提高梁的强度的目的。

(1)合理安排梁的支座

如图 8-31(a)所示受均布荷载作用简支梁，若将梁的两端支座各向里移动 $0.2l$，如图 8-31(b)所示，则其最大弯矩将由原来的 $ql^2/8=0.125ql^2$ 减小至 $ql^2/40=0.025ql^2$，即相当于梁的强度提高为原来的 5 倍。

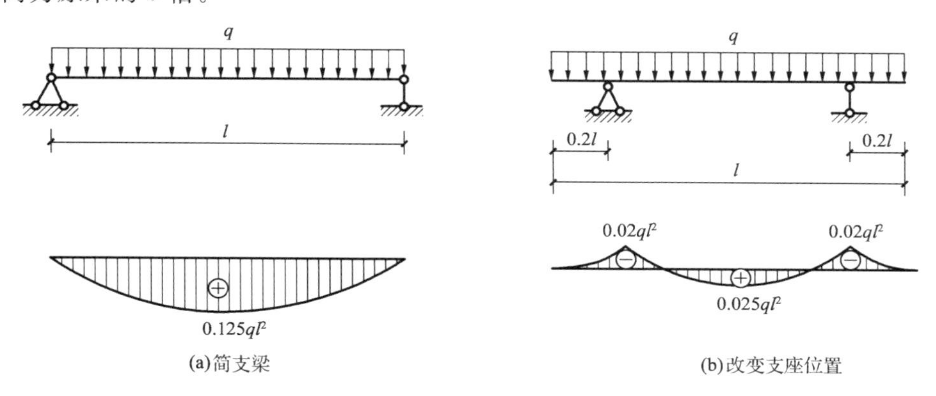

图 8-31　合理安排梁的支座

(2)合理布置荷载

将梁上的集中荷载分散为两处靠近支座的集中力，如图 8-32 所示，梁的最大弯矩也将显著减小，从而可提高梁的强度。

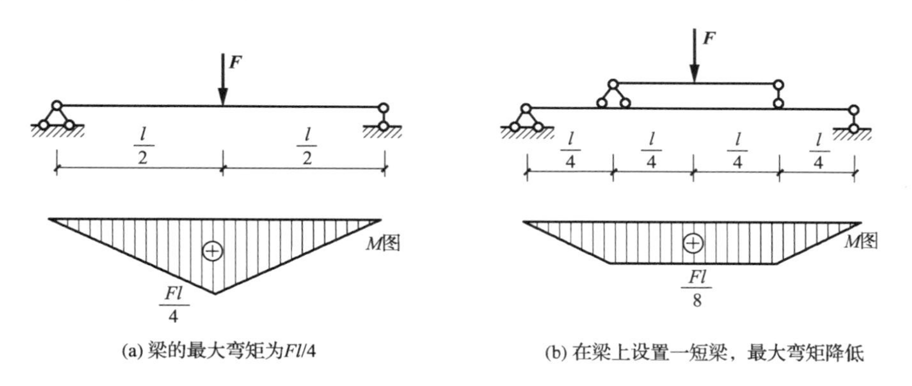

图 8-32　合理布置梁上荷载

2. 合理设计梁的截面形状

(1)对于平面弯曲梁，从弯曲正应力强度考虑，比较合理的截面形状，是在截面面积 A 一定的前提下，使截面具有尽可能大的弯曲截面系数 W_z，比值 W_z/A 越大，截面越开展，越经济合理。工程中常见截面的比值 W_z/A 如表 8-1 所示。

表 8-1　　几种常见的截面 W_z/A 值

	矩形	圆形	圆环形	工字形	槽形
截面形状	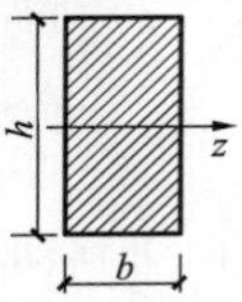	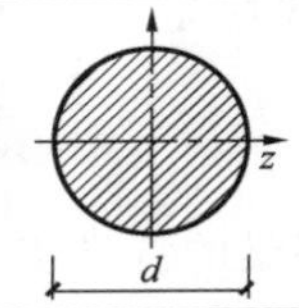	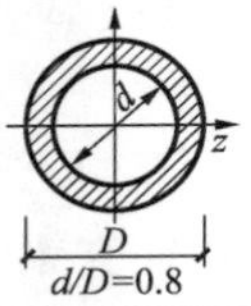 $d/D=0.8$	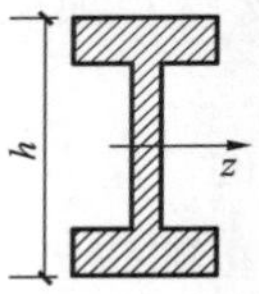	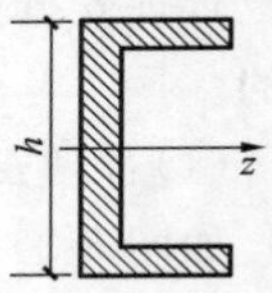
$\frac{W_z}{A}$	$0.167h$	$0.125d$	$0.205D$	$(0.27-0.31)h$	$(0.27-0.31)h$

可见，实心圆截面最不经济，矩形截面也不太经济，工字钢和槽钢截面最为合理。这可以从弯曲正应力的分布规律得到解释。由于弯曲正应力沿截面高度方向呈线性分布，在中性轴附近弯曲正应力很小，而在截面的上、下边缘处弯曲正应力最大。因此，应尽可能将材料配置在距离中性轴较远处，使截面尽量开展，以充分发挥材料的强度潜能。工程中的钢梁，大多采用工字形、槽形或者箱形截面就是这个道理。而圆形截面因在中性轴附近聚集了较多材料，截面不开展，不能做到材尽其用，故不合理。对于需做成圆形截面的承弯轴类构件，则宜采用圆环形截面。

(2)根据材料性质合理确定截面形状

合理确定梁的截面形状，还应结合材料特性，使处于拉、压不同区域材料的强度潜能都能得以充分利用。

对于拉伸许用应力和压缩许用应力相等的塑性材料梁(如钢梁)，宜采用以中性轴为对称轴的截面形状，如工字形、矩形和箱形等截面。这样可使截面上的最大拉应力和最大压应力相等，并同时达到材料的许用应力。而对于拉伸许用应力远低于压缩许用应力的脆性材料梁，则宜采用中性轴偏于受拉一侧的截面形状，如 T 字形与槽形截面，从而使得截面上的最大拉应力和最大压应力同时接近材料的许用应力。

本章小结

本章主要讨论了杆件的轴向拉伸(压缩)、剪切、扭转、平面弯曲四种基本变形的应力和强度条件的分析计算方法。

1. 轴向拉压杆的应力和强度计算

(1)正应力计算公式

$$\sigma=\frac{F_N}{A}$$

横截面上的应力是均匀分布在整个横截面上，适用条件是等截面直杆受轴向拉伸或压缩。

(2)正应力强度条件

$$\sigma_{max}=\frac{F_{Nmax}}{A}\leqslant[\sigma]$$

根据强度条件，可以解决三种类型的强度计算问题：校核强度、设计截面尺寸、确定许可荷载。

2. 剪切与挤压变形的应力与强度计算

(1)剪切应力和强度条件

①切应力计算公式

$$\tau=\frac{F_S}{A_S}$$

假设切应力在剪切面上是均匀分布的。

②剪切强度条件

$$\tau=\frac{F_S}{A_S}\leqslant[\tau]$$

(2)挤压应力和强度条件

①挤压应力

$$\sigma_{bs}=\frac{F_{bs}}{A_{bs}}$$

假设挤压应力在挤压面上是均匀分布的,挤压面的计算面积应根据接触面的具体情况而定。

②挤压强度条件

$$\sigma_{bs}=\frac{F_{bs}}{A_{bs}}\leqslant[\sigma_{bs}]$$

剪切与挤压强度条件仍然可以解决强度校核、设计截面尺寸和确定许可荷载三类问题。

3. 圆轴扭转时的应力与强度计算

(1)切应力计算公式

$$\tau_\rho=\frac{T\rho}{I_\rho},\quad \tau_{max}=\frac{T}{W_\rho}$$

(2)切应力强度条件

圆轴扭转时的强度条件

$$\tau_{max}=\frac{T}{W_\rho}\leqslant[\tau]$$

对于等直圆轴,则有

$$\tau_{max}=\frac{T_{max}}{W_\rho}\leqslant[\tau]$$

与拉(压)杆的强度相似,切应力强度条件可以解决圆轴扭转时的三类强度问题,即进行扭转强度校核、圆轴截面尺寸设计及确定许用荷载。

4. 平面弯曲梁的应力与强度计算

(1)正应力和强度条件

①正应力计算公式

$$\sigma=\frac{My}{I_z}$$

正应力沿截面高度按线性规律分布,中性轴上各点正应力为零,离中性层最远的上下边缘,正应力的值最大。适用条件是平面弯曲的梁,且在弹性范围内工作。

②正应力强度条件

$$\sigma_{\max}=\frac{M_{\max}}{W_z}\leqslant[\sigma]$$

(2)切应力和强度条件

①切应力计算公式

$$\tau=\frac{F_S S_z^*}{I_z b}$$

弯曲切应力沿截面高度按二次抛物线规律分布;在中性轴上切应力最大;在上下边缘处切应力为零。

②切应力强度条件

$$\tau_{\max}=\frac{F_S S_{z\max}^*}{I_z b}\leqslant[\tau]$$

正应力和切应力强度条件在工程中同样能解决强度方面的三类问题,即进行强度校核、设计截面和计算许用应力。

5.提高梁承载能力的措施

(1)降低最大弯矩;

(2)合理设计梁的截面形状。

复习思考题

8-1 什么是应力?什么是正应力与切应力?如何确定正应力与切应力的正负号?

8-2 应力的量纲是什么?常用的单位是什么?如何换算?

8-3 何谓拉压杆的平面假设?平面假设对确定拉压杆横截面上的正应力有何意义?

8-4 杆件是否破坏,起决定作用的因素是内力还是应力?

8-5 低碳钢在拉伸的过程中经历了哪四个阶段?各个阶段有何主要特点?

8-6 三种材料的应力—应变曲线如图 8-33 所示,试问哪一种材料的强度高?哪一种材料的塑性好?哪一种材料的刚度大?

8-7 图 8-34 所示结构中所选用的材料是否合理?为什么?其中杆①用低碳钢制作,杆②用铸铁制作。

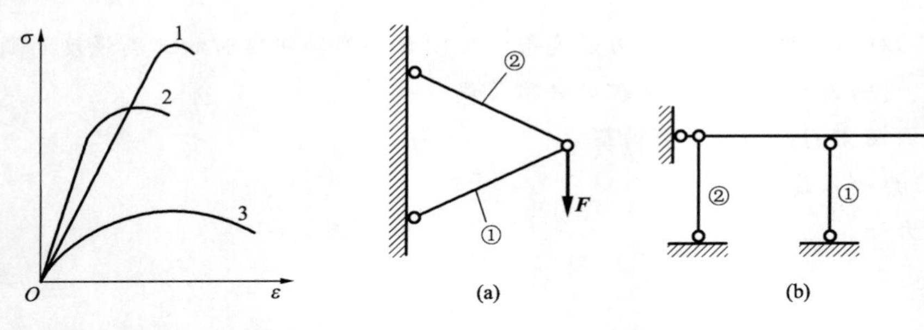

图 8-33 复习思考题 8-6 图

图 8-34 复习思考题 8-7 图

8-8 工程中是如何划分塑性材料和脆性材料的?

8-9 什么是材料的极限应力、工作应力、许用应力?如何确定材料的许用应力?

8-10　何谓强度条件？利用强度条件可以解决哪几类强度问题？

8-11　为什么空心轴比实心轴能充分发挥材料的作用？

8-12　试指出图 8-35 所示各横截面上切应力分布图中的错误。图中 T 为横截面上的扭矩。

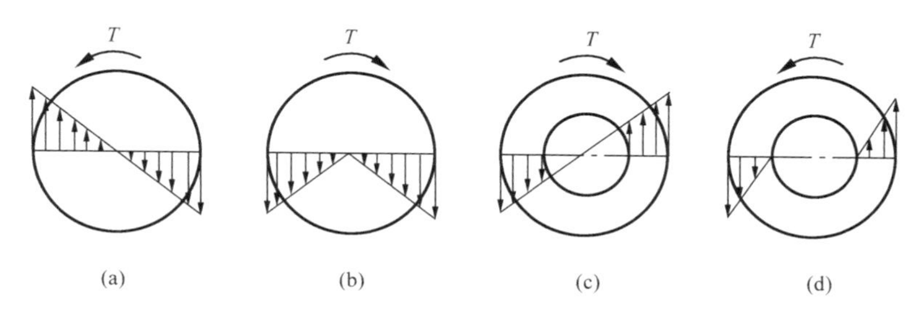

图 8-35　复习思考题 8-12 图

8-13　什么是纯弯曲？什么是横力弯曲？

8-14　什么是中性层？什么是中性轴？

8-15　如图 8-36 所示圆截面悬臂梁受集中力 F 作用，画出力沿图示各方位作用时中性轴的位置，并分别指出最大拉、压应力发生在什么位置？

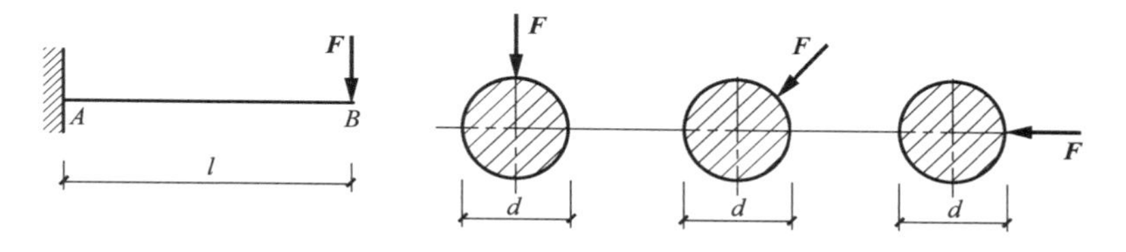

图 8-36　复习思考题 8-15 图

8-16　梁的切应力在横截面上如何分布？试比较矩形截面正应力和切应力的分布规律。

8-17　横力弯曲时最大正应力和最大切应力分别发生在横截面的什么位置？

8-18　提高梁的抗弯强度措施有哪些？简述工程中常将矩形截面“立放”而不“平放”的原因。为了提高梁的抗弯强度，能否将矩形截面做成高而窄的长条形？

习　题

8-1　计算图 8-37 所示，杆件各段横截面上的应力。

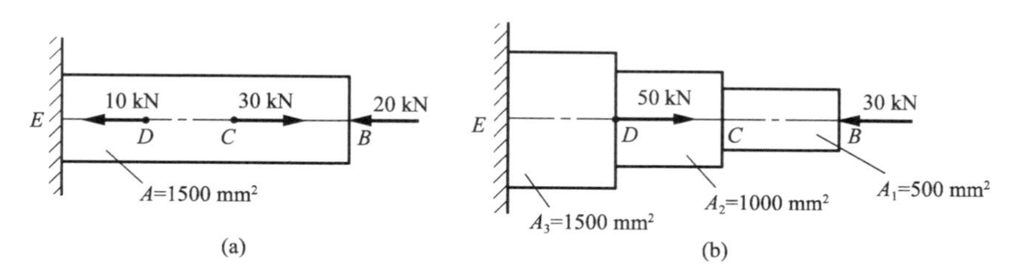

图 8-37　习题 8-1 图

8-2　如图 8-38 所示，BC 杆为直径 $d=16$ mm 的圆截面杆，计算 BC 杆横截面上的正应力。

8-3　如图 8-39 所示为某雨篷的计算简图，沿水平梁的均布荷载 $q=10$ kN/m，BC 杆为一斜拉杆，斜杆由两根等边角钢组成，其许用应力$[\sigma]=160$ MPa，试选择角钢的型号。

8-4　如图 8-40 所示一横截面为正方形的阶梯形混凝土柱，已知混凝土的质量密度 $\rho=2.04\times10^{3}$ kg/m³，$F=100$ kN，混凝土的许用压应力$[\sigma_c]=2$ MPa。试确定截面尺寸 a 与 b。

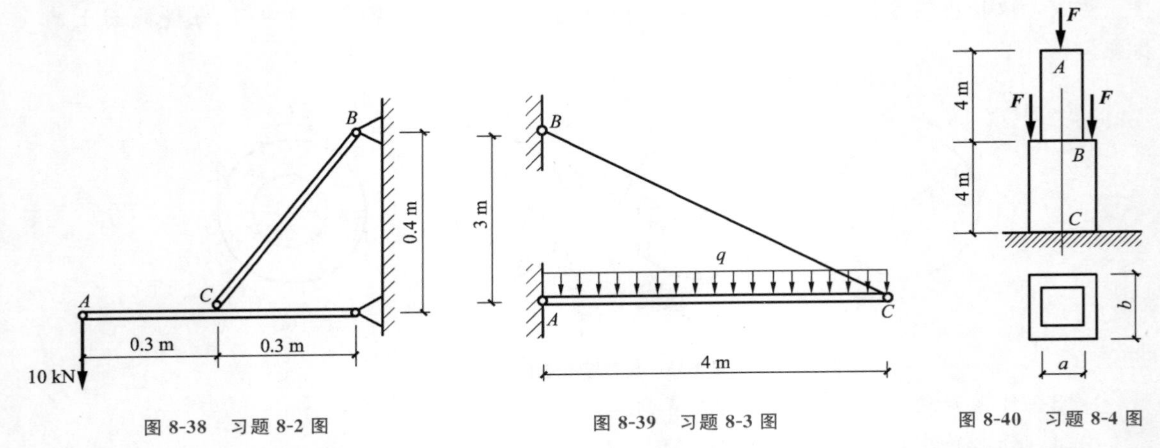

图 8-38　习题 8-2 图　　图 8-39　习题 8-3 图　　图 8-40　习题 8-4 图

8-5　一阶梯形圆截面轴向拉(压)杆，其直径及荷载如图 8-41 所示。杆由钢材制成，许用应力$[\sigma]=170$ MPa。试校核该杆的强度。

8-6　一阶梯形圆截面轴向拉(压)杆，其直径及荷载如图 8-42 所示。杆由铸铁制成，许用拉应力$[\sigma_t]=30$ MPa，许用压应力$[\sigma_c]=150$ MPa。试校核该杆的强度。

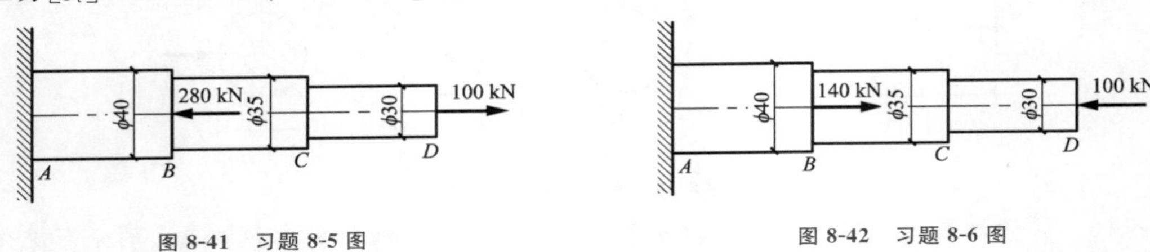

图 8-41　习题 8-5 图　　图 8-42　习题 8-6 图

8-7　如图 8-43 所示螺栓连接，已知螺栓直径 $d=20$ mm，钢板厚 $t=12$ mm，钢板与螺栓材料相同，许用切应力$[\tau]=100$ MPa，许用挤压应力$[\sigma_{bs}]=320$ MPa。若拉力 $F=30$ kN，试校核连接件的强度。

8-8　如图 8-44 所示铆钉连接，已知铆钉直径 $d=20$ mm，板宽 $b=100$ mm，中间板厚 $\delta=15$ mm，上下盖板厚 $t=10$ mm；板与铆钉材料相同，许用切应力$[\tau]=80$ MPa，许用挤压应力$[\sigma_{bs}]=220$ MPa，许用拉应力$[\sigma]=100$ MPa。若拉力 $F=80$ kN，试校核连接件的强度。

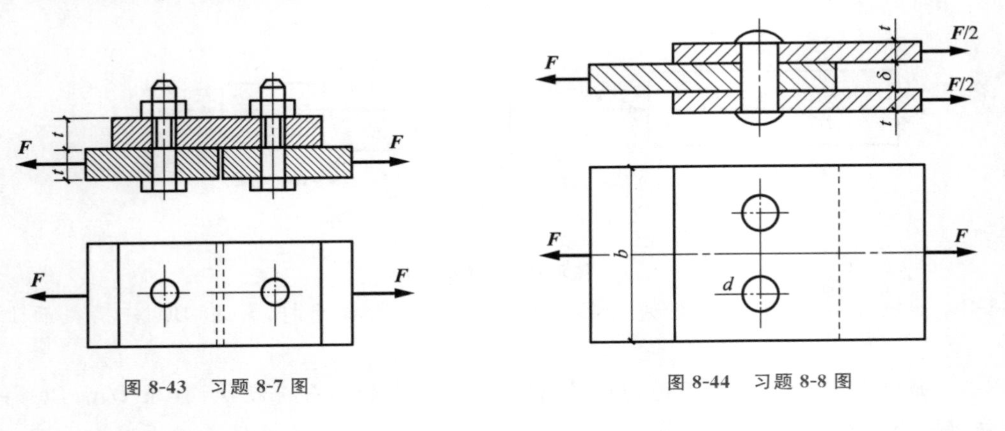

图 8-43　习题 8-7 图　　图 8-44　习题 8-8 图

8-9　如图 8-45 所示，一矩形截面拉杆的接头，已知截面宽度 $b=250$ mm，木材顺纹的许用切应力$[\tau]=1$ MPa，顺纹的许用挤压应力$[\sigma_{bs}]=10$ MPa，许用拉应力$[\sigma]=100$ MPa。若拉力$F=50$ kN，试求接头处所需的尺寸 l 和 a。

8-10　如图 8-46 所示铆钉连接，已知铆钉直径 $d=16$ mm，钢板厚 $t=10$ mm，板宽 $b=100$ mm，钢板与铆钉材料相同，许用切应力$[\tau]=120$ MPa，许用挤压应力$[\sigma_{bs}]=320$ MPa，许用拉应力$[\sigma]=160$ MPa。若拉力 $F=80$ kN，试校核连接件的强度。

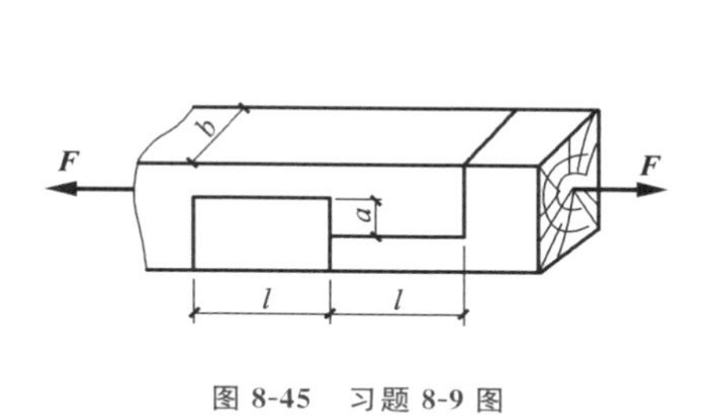

图 8-45　习题 8-9 图

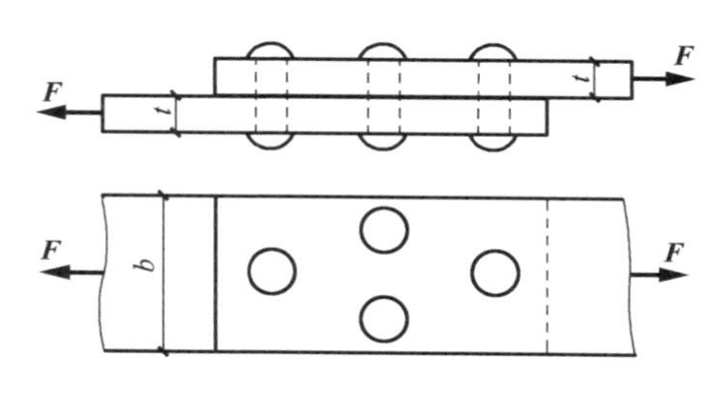

图 8-46　习题 8-10 图

8-11　如图 8-47 所示空心圆轴，外径 $D=50$ mm，内径 $d=20$ mm，两端受外力偶矩 $M_e=1$ kN·m 作用。试求：(1)横截面上距圆心 25 mm 处 A 点的切应力；(2)截面切应力的最大值和最小值，并作应力分布图。

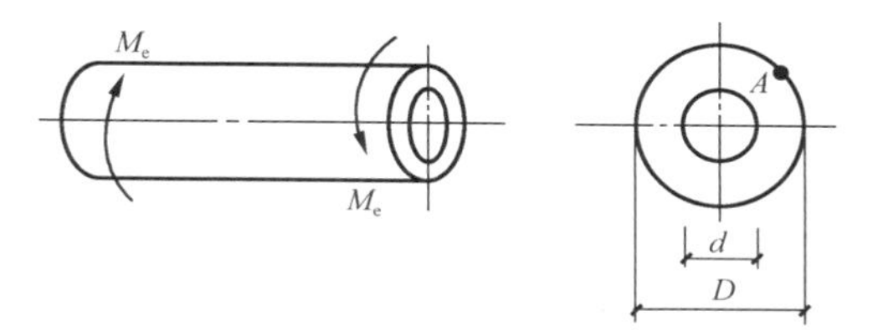

图 8-47　习题 8-11 图

8-12　变截面圆轴受外力偶矩 $M_{eA}=3$ kN·m、$M_{eB}=1$ kN·m、$M_{eC}=2$ kN·m 的作用，如图 8-48 所示。试求：

(1)轴 AD 段截面Ⅰ—Ⅰ上离圆心 20 mm 各点的切应力，并标出图中 a、b 两点切应力的方向。

(2)截面Ⅰ—Ⅰ上的最大切应力。

(3)AB 轴的最大切应力。

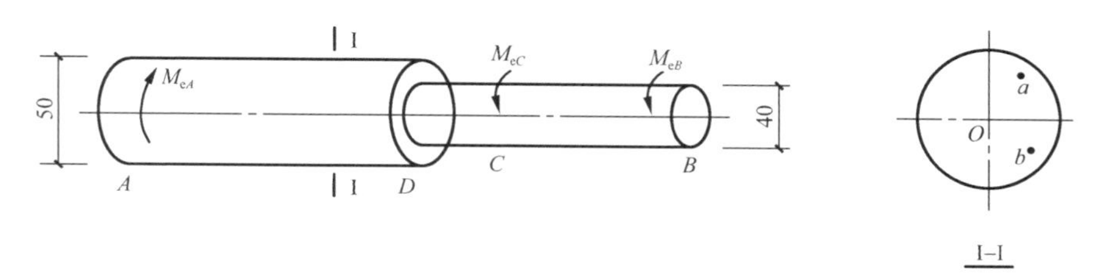

图 8-48　习题 8-12 图

8-13　如图 8-49 所示，矩形截面梁 AB 受均布荷载作用。试计算：

(1)截面 1—1 上点 k 处的弯曲正应力。

(2)截面 1—1 上的最大弯曲正应力，并指出其所在位置。

(3)全梁的最大弯曲正应力和切应力，并指出其所在截面和在该截面上的位置。

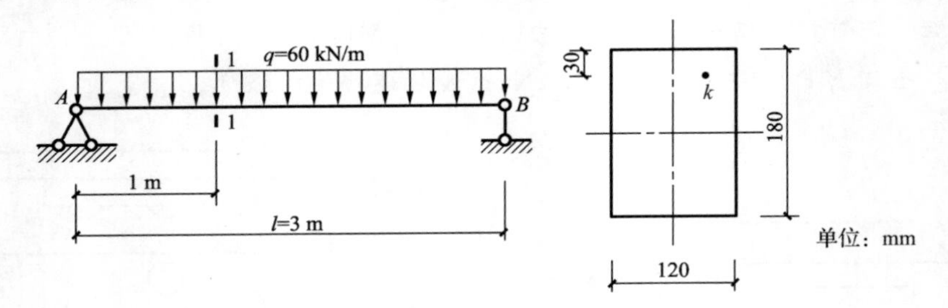

图 8-49　习题 8-13 图

8-14　矩形截面悬臂梁如图 8-50 所示，已知 $l=4$ m，$b/h=2/3$，$q=10$ kN/m，$[\sigma]=10$ MPa，试确定梁的横截面尺寸。

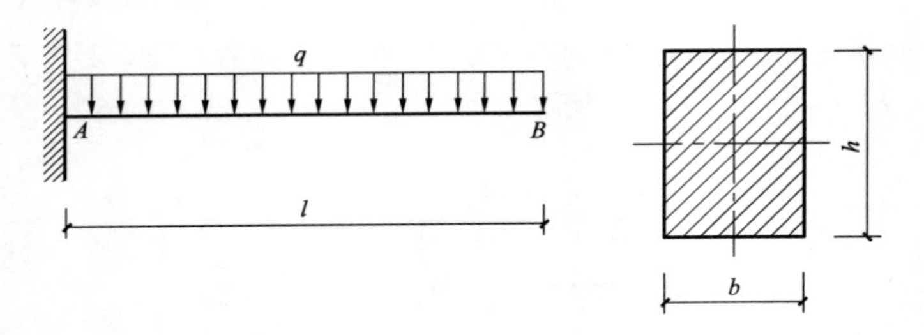

图 8-50　习题 8-14 图

8-15　如图 8-51 所示 T 形截面铸铁梁，截面对形心轴 z 的惯性矩为 $I_z=7.63\times10^6$ mm^4。求梁横截面上的最大拉应力和最大压应力。

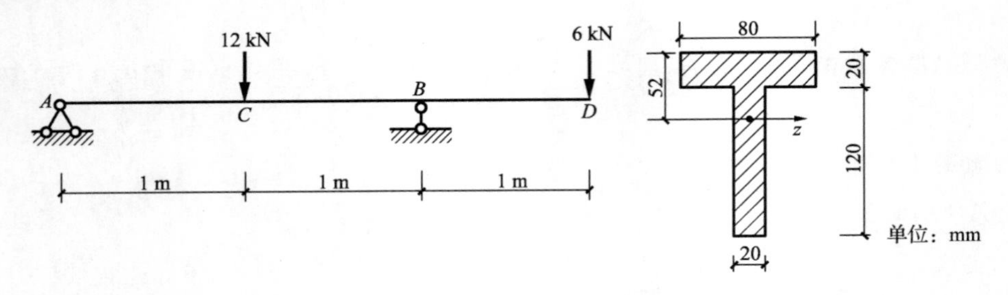

图 8-51　习题 8-15 图

8-16　如图 8-52 所示钢管外伸梁，外径 $D=60$ mm，当最大工作应力达到 150 MPa 时，求钢管内径 d 的大小。

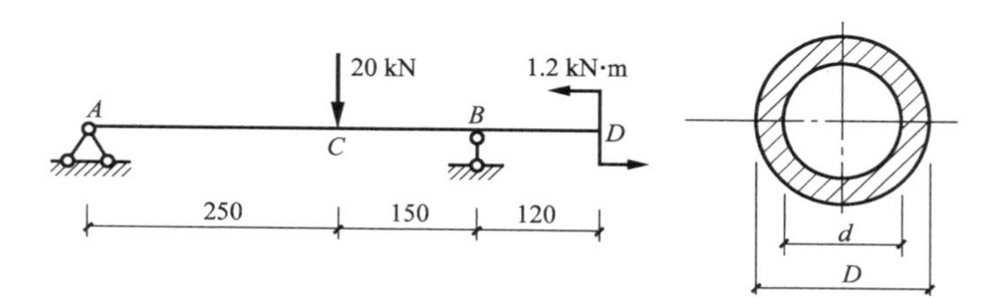

图 8-52　习题 8-16 图

8-17　如图 8-53(a)所示的悬臂式起重架，在横梁的中点 D 作用集中力 $F=15.5$ kN，横梁材料的许用应力$[\sigma]=170$ MPa。试按强度条件选择横梁工字钢的型号(自重不考虑)。

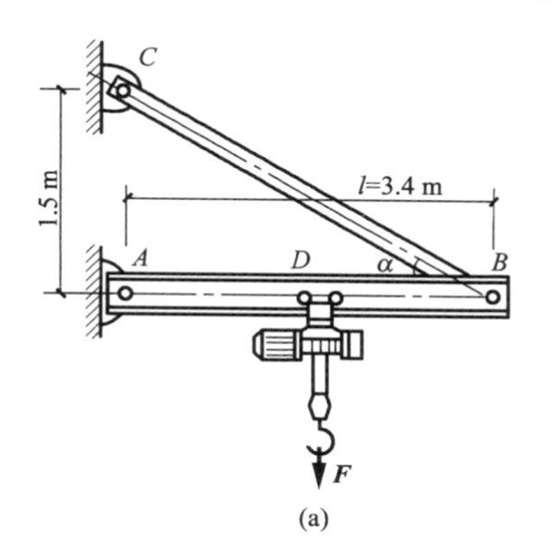

(a)

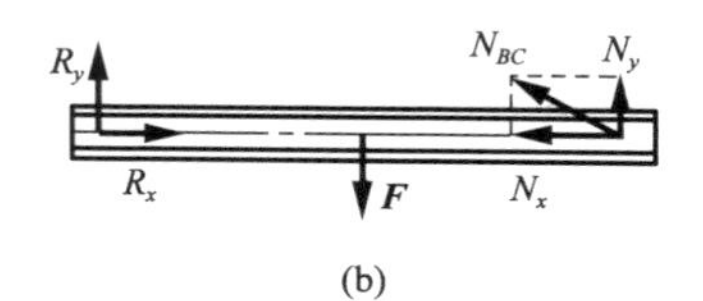

(b)

图 8-53　习题 8-17 图

第 8 章

练习 8-1

练习 8-2

第9章 压杆稳定

学习目标

通过本章的学习，理解压杆稳定性的概念，掌握等直细长压杆临界力和临界应力计算的欧拉公式及适用范围；会确定各种杆端支承时压杆的长度系数，掌握压杆稳定性的计算；熟悉提高压杆稳定性的措施。

学习重点

压杆稳定的概念，临界力和临界应力及适用范围，压杆稳定的计算，压杆稳定性的提高措施。

9.1 压杆稳定的概念

工程中设计受压杆件时，除考虑强度外，还需考虑稳定问题。

1. 压杆失稳的概念

在第8章中研究过受压直杆的强度问题，只要杆件横截面上的正应力不超过材料的许用应力，就能保证杆件正常工作。这个结论对于始终保持其原有直线形状的短粗压杆是正确的。但是，对于细长压杆则不然，它在应力远低于材料的极限应力时，就会突然产生显著的弯曲变形甚至折断而失去承载能力。

例如，一根宽30 mm、厚10 mm的矩形截面杆，对其施加轴向压力，如图9-1所示。设材料的抗压强度为$\sigma_c=20$ MPa，当杆长为30 mm时[图9-1(a)]，所能承受的最大压力为

$$F=A\sigma_c=30\times10\times20=6000\ \text{N}=6\ \text{kN}$$

但杆长为1 m时[图9-1(b)]，则不足40 N的压力就会使压杆突然产生弯曲变形而丧失承载能力。这时横截面上的正应力仅为0.13 MPa，其承载能力仅为最大承载能力的1/150。可见，细长压杆丧失承载能力并不是因为其强度不够，而是由于杆件突然产生显著的弯曲变形，轴线不能保持原有直线形状的平衡状态所造成的。压杆不能保持原有直线平衡状态而突然变弯的现象，称为丧失稳定，简称失稳。细长压杆丧失稳定破坏时的承载能力远低于短粗压杆。因此，对压杆还需研究其稳定性。

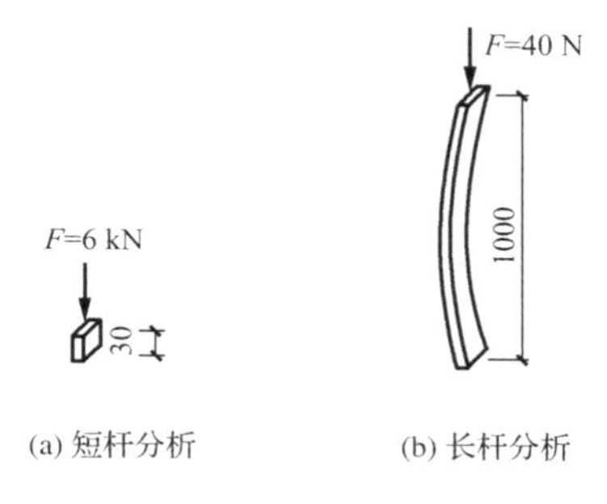

图 9-1　分析压杆稳定性

2. 轴心压杆稳定性的分析

压杆保持原有直线平衡状态的能力，称为压杆的稳定性。如图 9-2(a)所示的细长压杆，在轴心力 F 作用下处于平衡状态，无论压力多大，在直线状态下总是满足静力平衡条件的。但该平衡状态视其压力的大小，却有稳定与不稳定之分。随着压力的逐渐增大，若给杆一微小的横向干扰力 Q，使其产生弹性弯曲变形，如图 9-2(b)所示，然后撤去干扰力 Q，会出现以下三种情况：

(1)如图 9-2(c)所示，当轴心压力 F 小于某个临界值 F_{cr} 时，撤除干扰后，压杆经若干次左、右摆动后，最终恢复到原来的直线平衡状态。这表明压杆原来的平衡状态是稳定平衡状态。

(2)如图 9-2(d)所示，当轴心压力 F 逐渐增加到某个临界值 F_{cr} 时，去掉干扰力后，压杆不能恢复到原来的直线平衡状态，而是在微弯状态下处于平衡，这表明压杆原来的平衡状态为临界平衡状态。

(3)如图 9-2(e)所示，当轴心压力 F 大于临界值 F_{cr} 时，去掉干扰力后，压杆不仅不能恢复到原来的直线平衡状态，而且在微弯的基础上继续弯曲，甚至折断，这表明压杆原来的平衡状态是不稳定平衡状态。

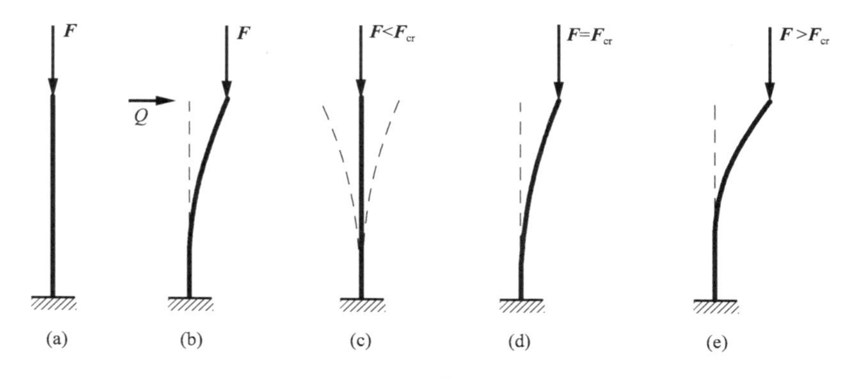

图 9-2　压杆的平衡状态

由以上的讨论可知，压杆的直线平衡状态是否稳定取决于轴心压力 F 的大小。当 $F<F_{cr}$ 时，压杆的平衡是稳定的；当 $F>F_{cr}$ 时，压杆的平衡是不稳定的；当 $F=F_{cr}$ 时，压杆由稳定平衡转变为不稳定平衡的临界状态。或者说，压杆的临界状态是压杆的不稳定平衡的开始，与临界状态相对应的轴心压力称为临界力或临界荷载，用 F_{cr} 表示。所以，临界力是压杆保持直线平衡状态所能承受的最大压力，临界力的大小标志着压杆稳定性的强弱，临界力越大，压杆的稳定性越强，越不容易失稳。

9.2 压杆临界力和临界应力的计算

压杆的临界力大小可由试验测试或理论推导得到。临界力的大小与压杆的长度、截面形状和尺寸、材料以及两端的支承情况有关。

1. 细长压杆临界力的计算式——欧拉公式

这里直接给出细长压杆临界力计算的通用公式，即

$$F_{cr}=\frac{\pi^2 EI}{(\mu l)^2} \tag{9-1}$$

式中 E——压杆材料的弹性模量；

I——压杆横截面对形心主轴的惯性矩；

l——压杆的实际长度；

μ——压杆的长度系数，它反映了杆端支承情况对临界力的影响。

式(9-1)就是计算各种不同杆端支承情况下的细长压杆的临界力公式。式中 μl 称为压杆的计算长度。表 9-1 列出了各种支承情况下等截面细长压杆的临界力公式及长度系数 μ。

表 9-1　各种支承情况下等截面细长压杆的临界力公式及长度系数 μ

杆端约束	两端铰支	一端铰支 一端固定	两端固定	一端固定 一端自由
失稳时挠曲线形状				
临界力	$F_{cr}=\frac{\pi^2 EI}{l^2}$	$F_{cr}=\frac{\pi^2 EI}{(0.7l)^2}$	$F_{cr}=\frac{\pi^2 EI}{(0.5l)^2}$	$F_{cr}=\frac{\pi^2 EI}{(2l)^2}$
长度系数	$\mu=1$	$\mu=0.7$	$\mu=0.5$	$\mu=2$

需要注意的是，当压杆两端在各个方向支承情况相同时，I 应取横截面的最小惯性矩 I_{min}；当压杆两端在各个方向支承情况不同时，应分别考虑，将各个方向的临界力都算出来，经比较选择合适的数值。

【例 9-1】 如图 9-3 所示，一两端铰支的中心受压细长直杆，长度 $l=3.2$ m，横截面为矩形，截面尺寸 $b=60$ mm、$h=120$ mm；材料为 Q235 钢，弹性模量 $E=200$ GPa，试确定该压杆的临界力。

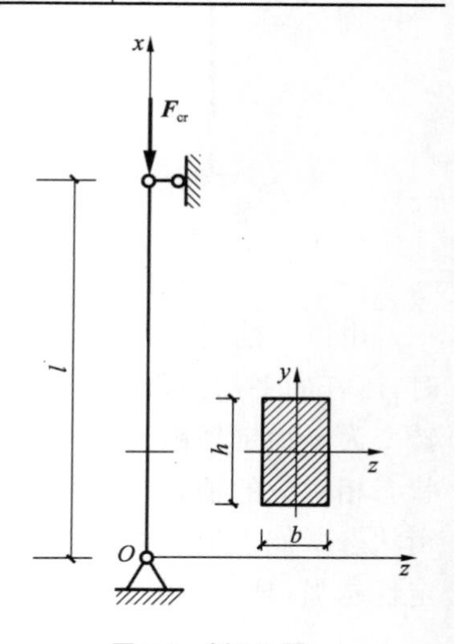

图 9-3　例 9-1 图

解 (1)计算截面的惯性矩

由于两端铰支在各方面的约束效果相同，则压杆将在 I_{min} 平面内失稳。显然，$I_y<I_z$，则可见压杆将在 I_y 所在的 xz 平面内失稳(图平面内的失稳称为平面内失稳，图平面的垂直面内

失稳称为平面外失稳)，故应按 I_y 计算临界力。

$$I_y=\frac{hb^3}{12}=\frac{1}{12}\times 120\times 60^3=2.16\times 10^6\ \text{mm}^4$$

(2)计算临界力

两端铰支，查表 9.1 得长度系数 $\mu=1$

$$F_{cr}=\frac{\pi^2 EI_y}{(\mu l)^2}=\frac{\pi^2\times 200\times 10^3\times 2.16\times 10^6}{(1\times 3200)^2}=415.95\times 10^3\ \text{N}=415.95\ \text{kN}$$

【例 9-2】 如图 9-4 所示一矩形截面中心受压的细长木柱，长度 $l=5$ m，截面边长 $h=15$ cm、$b=10$ cm。柱的支承情况：在最大刚度平面内弯曲时(截面绕 z 轴转动)为下端固定，上端铰支，如图 9-4(a)所示。在最小刚度平面内弯曲时(截面绕 y 轴转动)为两端固定，如图 9-4(b)所示。木材的弹性模量 $E=10$ GPa，试求木柱的临界力。

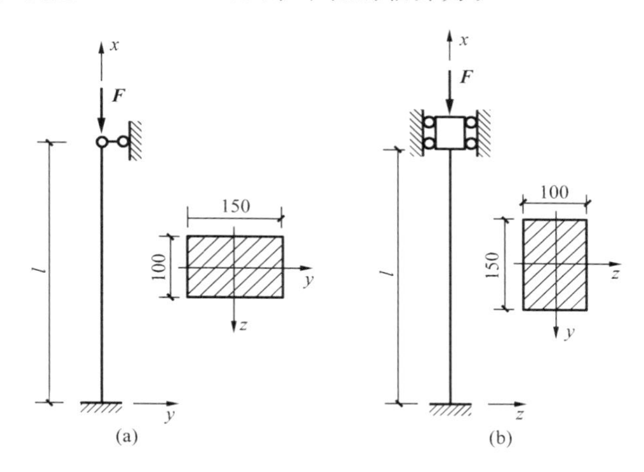

图 9-4　例 9-2 图

解　(1)计算最大刚度平面内的临界力。在最大刚度平面内弯曲时，截面绕 z 轴转动，惯性矩为

$$I_z=\frac{bh^3}{12}=\frac{1}{12}\times 100\times 150^3=28.13\times 10^6\ \text{mm}^4$$

长度系数 $\mu=0.7$，故临界力为

$$F_{cr}=\frac{\pi^2 EI_z}{(\mu l)^2}=\frac{3.14^2\times 10\times 10^3\times 28.13\times 10^6}{(0.7\times 5000)^2}=226.41\times 10^3\ \text{N}=226.41\ \text{kN}$$

(2)计算最小刚度平面内的临界力。在最小刚度平面内弯曲时，截面绕 y 轴转动，惯性矩为

$$I_y=\frac{hb^3}{12}=\frac{1}{12}\times 150\times 100^3=12.5\times 10^6\ \text{mm}^4$$

长度系数 $\mu=0.5$，临界力为

$$F_{cr}=\frac{\pi^2 EI_z}{(\mu l)^2}=\frac{3.14^2\times 10\times 10^3\times 12.5\times 10^6}{(0.5\times 5000)^2}=197.19\times 10^3\ \text{N}=197.19\ \text{kN}$$

所以，临界力取小值 $F_{cr}=197.19$ kN。

2. 临界应力

在临界力作用下，横截面上的平均应力称为压杆的临界应力，用 σ_{cr} 表示。若用 A 表示压杆的横截面面积，则

$$\sigma_{cr}=\frac{F_{cr}}{A}=\frac{\pi^2 E}{(\mu l)^2}\frac{I}{A}$$

令 $i=\sqrt{\frac{I}{A}}$（i 即为截面的惯性半径），则上式可写为

$$\sigma_{cr}==\frac{\pi^2 Ei^2}{(\mu l)^2}=\frac{\pi^2 E}{\left(\frac{\mu l}{i}\right)^2}$$

令 $\lambda=\frac{\mu l}{i}$，则上式又可写为

$$\sigma_{cr}=\frac{\pi^2 E}{\lambda^2} \tag{9-2}$$

式(9-2)称为欧拉临界应力公式，实际是欧拉公式(9-1)的另一种表达形式。λ 称为压杆的柔度或长细比。柔度 λ 与 μ、l、i 有关。λ 综合反映了压杆的长度、截面形状和尺寸以及支承情况对临界应力的影响。这表明，对由一定材料制成的压杆来说 λ 值越大，则临界应力越小，压杆越容易失稳。

3. 欧拉公式的适用范围

欧拉公式是材料在线弹性的条件下推导出来的，因此，它的适用范围是压杆的临界应力 σ_{cr} 不超过材料的比例极限 σ_p，即

$$\sigma_{cr}=\frac{\pi^2 E}{\lambda^2}\leqslant\sigma_p$$

设 λ_p 为压杆的临界应力达到材料比例极限时的柔度值，即

$$\lambda_p=\sqrt{\frac{\pi^2 E}{\sigma_p}} \tag{9-3}$$

则欧拉公式的适用范围可用柔度表示为

$$\lambda\geqslant\lambda_p \tag{9-4}$$

工程中把 $\lambda\geqslant\lambda_p$ 的压杆称为大柔度杆或细长杆。由式(9-3)可知，λ_p 值仅与压杆的材料性质有关。例如由 Q235 钢制成的压杆，$\sigma_p=200$ MPa，$E=200$ GPa，代入式(9-3)后算得 $\lambda_p=100$。这说明用 Q235 钢制成的压杆，其柔度 $\lambda\geqslant100$ 时，才能应用欧拉公式进行稳定性计算。对于木材 $\lambda_p=110$。

4. 超过比例极限时压杆的临界压力和临界压力总图

当临界应力超过比例极限时，材料处于弹塑性阶段，此类压杆的柔度 $\lambda<\lambda_p$，为中长杆，此时，欧拉公式已不再适用，而要采用以试验为基础的经验公式进行计算。在结构中常用抛物线公式，其表达式为

$$\sigma_{cr}=a-b\lambda^2 \tag{9-5}$$

式中 λ——压杆的柔度；

a、b——与材料有关的常数。

如对于 Q235 钢及 Q345 钢分别有

$\sigma_{cr}=(235-0.00668\lambda^2)$ MPa

$\sigma_{cr}=(345-0.0142\lambda^2)$ MPa

由式(9-2)和式(9-5)可知，压杆不论处于弹性阶段还是塑性阶段，其临界应力均为压杆柔度的函数，临界应力 σ_{cr} 与柔度 λ 的函数曲线称为临界应力总图。

根据欧拉公式和抛物线经验公式，可以绘出 Q235 钢的临界应力总图，如图 9-5 所示。图中曲线 ACB 按欧拉公式绘制为双曲线，曲线 DC 按经验公式绘制为抛物线。两曲线交点 C 的横坐标为 $\lambda_C=123$，纵坐标为 $\sigma_C=134$ MPa。这里以 $\lambda_C=123$ 而不是 $\lambda_p=100$ 作为两曲线的分界点，是因为欧拉公式是由理想的中心受压杆导出的，与实际存在差异，因而将分界点作了修正。所以在实际工程中，对 Q235 钢制成的压杆，当 $\lambda\geqslant\lambda_C$ 时才按欧拉公式计算临界应力或临界力，$\lambda<\lambda_C$ 时用经验公式计算。

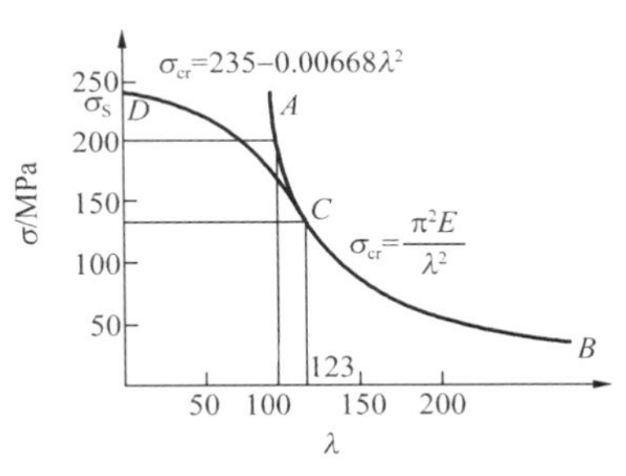

图 9-5　Q235 钢的临界应力总图

【例 9-3】 如图 9-6 所示轴心压杆，长度为 $l=3$ m，一端固定，另一端自由。该杆由 I22a 型钢制成，钢材为 Q235 钢，弹性模量 $E=200$ GPa。求该杆的临界力 F_{cr}。

解　(1)计算压杆的柔度

由附录查 I22a 型钢：$I_z=3400\ \text{cm}^4$，$I_y=225\ \text{cm}^4$，$i_y=2.31$ cm，截面积 $A=42.13\ \text{cm}^2$，故应按 I_y 计算临界力。

一端固定，另一端自由，长度系数 $\mu=2$

$$\lambda_y=\frac{\mu l}{i_y}=\frac{2\times300}{2.31}=259.74>\lambda_C$$

为大柔度杆，应按欧拉公式计算临界力。

(2)计算临界力

$$F_{cr}=\frac{\pi^2EI_y}{(\mu l)^2}=\frac{3.14^2\times200\times10^3\times225\times10^4}{(2\times3000)^2}=123.25\times10^3\ \text{N}=123.25\ \text{kN}$$

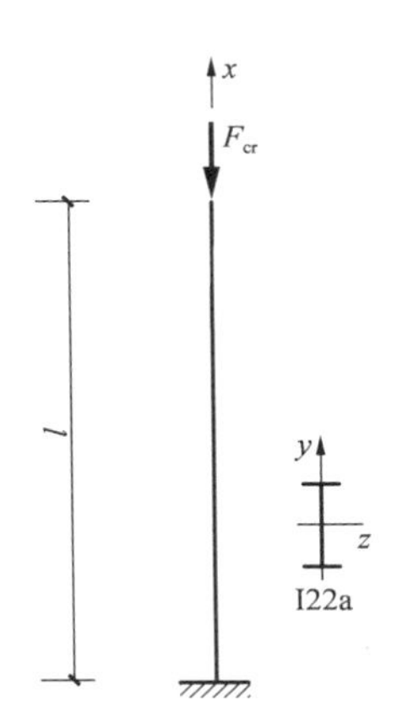

图 9-6　例 9-3 图

9.3　压杆的稳定计算

1. 压杆的稳定条件

当压杆中的应力达到其临界应力时，压杆将要失稳。所以，在工程中，为确保压杆的正常工作，并具有足够的稳定性，其横截面上的应力应小于临界应力，同时还必须考虑一定的安全储备，故压杆的稳定条件为

$$\sigma=\frac{F}{A}\leqslant[\sigma_{st}]$$

式中　$[\sigma_{st}]$——稳定许用应力，其值为

$$[\sigma_{st}]=\frac{\sigma_{cr}}{n_{st}}$$

式中　n_{st}——稳定安全系数。

对了计算上的方便，将稳定许用应力值写成下列形式

$$[\sigma_{st}]=\varphi[\sigma]$$

式中　$[\sigma]$——强度计算时的许用应力；

φ——稳定系数，其值小于 1。

于是稳定条件可以写为

$$\sigma=\frac{F}{A}\leqslant\varphi[\sigma]$$

或
$$\sigma=\frac{F}{\varphi A}\leqslant[\sigma] \tag{9-6}$$

式中 A——横截面的毛面积。

因为压杆的稳定性取决于整个杆的抗弯刚度，截面的局部削弱对整体刚度的影响甚微，因而不考虑面积的局部削弱。但强度计算是根据危险点的应力进行的，故必须对削弱了的截面进行强度校核，即：$\sigma=F/A_n\leqslant[\sigma]$，$A_n$ 为横截面的净面积。

当材料一定时，压杆的稳定系数 φ 的值是随柔度 λ 的变化而变化的，λ 值越大，φ 值越小，且 φ 值在 0～1 变化。表 9-2 列出了几种材料压杆的稳定系数。

表 9-2 **压杆的稳定系数 φ**

λ	Q235 钢	Q345 钢	木材	λ	Q235 钢	Q345 钢	木材
0	1.000	1.000	1.000	110	0.493	0.373	0.248
10	0.922	0.989	0.971	120	0.437	0.324	0.208
20	0.970	0.956	0.932	130	0.387	0.283	0.178
30	0.936	0.913	0.883	140	0.345	0.250	0.153
40	0.899	0.863	0.822	150	0.308	0.221	0.133
50	0.856	0.804	0.751	160	0.276	0.197	0.117
60	0.807	0.735	0.668	170	0.249	0.176	0.104
70	0.751	0.657	0.575	180	0.225	0.159	0.093
80	0.688	0.575	0.470	190	0.204	0.144	0.083
90	0.621	0.561	0.370	200	0.186	0.131	0.075
100	0.555	0.431	0.300				

2. 压杆稳定条件的应用

与强度条件类似，应用稳定条件可以解决下列三类问题。

(1)稳定校核。已知压杆的长度、截面尺寸、所用材料、支承情况以及所受荷载，验算是否满足公式(9-6)的稳定条件。

(2)设计截面。已知压杆的长度、所用材料、支承情况以及所受荷载，按照稳定条件计算压杆所需的截面尺寸。由于稳定条件中截面尺寸、型号未知，所以柔度 λ 和稳定系数 φ 也未知，计算时一般采用试算法。

(3)确定许用荷载。已知压杆的长度、截面尺寸、所用材料和支承情况，求压杆所能承受的最大压力，利用公式(9-6)，即已知 φ、$[\sigma]$和 A，求许用荷载$[F]$。

【例 9-4】 如图 9-7 所示两端铰支的矩形截面压杆，杆端作用轴向压力 $F=50$ kN，长度 $l=3.6$ m，截面边长 $h=16$ cm、$b=12$ cm，木材的许用应力$[\sigma]=10$ MPa。试校核该压杆的稳定性。

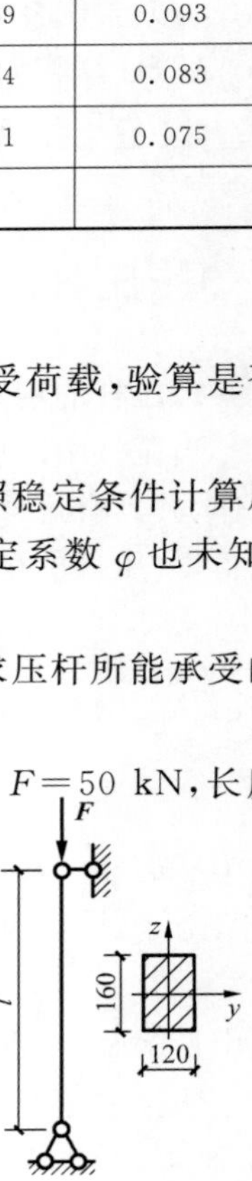

F
l
z
y
160
120

图 9-7 例 9-4 图

解 (1)判断将在哪个平面内失稳

由于两端铰支在各方面的约束效果相同，则压杆将在 I_{min} 平面内失稳。

$$i_z=\frac{b}{\sqrt{12}}=\frac{12}{\sqrt{12}}=3.46\text{cm}$$

$$\lambda_z=\frac{\mu l}{i_z}=\frac{1.0\times3.6}{3.46\times10^{-2}}=104$$

(2)查表 9-2 确定折减系数 φ,并作稳定性校核

由 $\lambda_z=104$,用插值法查得

$$\varphi=0.3+(0.248-0.3)\times\frac{104-100}{110-100}=0.279$$

$$\sigma=\frac{F}{\varphi A}=\frac{50\times10^3}{0.279\times0.12\times0.16}=9.3\times10^6\ \text{Pa}=9.3\ \text{MPa}<[\sigma]=10\ \text{MPa}$$

故该压杆满足稳定性条件。

【例 9-5】 如图 9-8 所示轴心压杆,两端为铰支,受轴心压力 $F=280$ kN 作用。杆长 $l=3$ m,截面用两根 10 号槽钢焊接而成。材料为 Q235 钢,其容许压应力$[\sigma]=170$ MPa。杆的横截面上有四个直径为 $d=18$ mm 的孔。试对该压杆作校核。

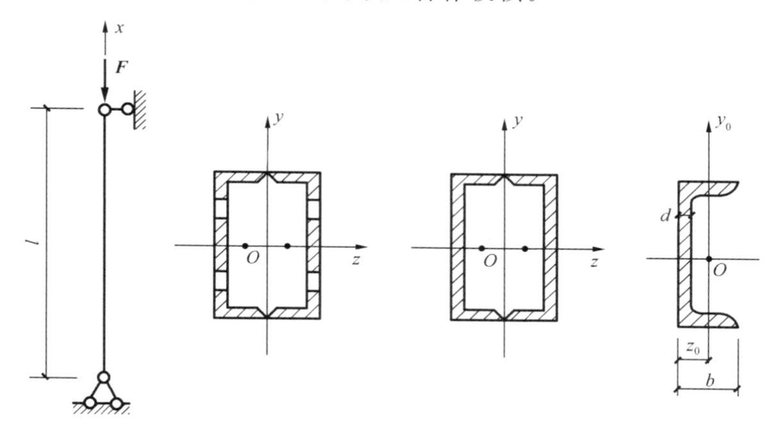

图 9-8 例 9-5 图

解 (1)判断将在哪个平面内失稳

由附录型钢表查得单根 10 号槽钢的截面特性

$I_{z_0}=198\ \text{cm}^4$, $I_{y_0}=25.6\ \text{cm}^4$, $b=4.8$ cm, $A=12.75\ \text{cm}^2$, $z_0=1.52$ cm, $d=0.53$ cm

两根槽钢组成的整个截面的惯性矩

$$I_z=2I_{z_0}=2\times198=396\ \text{cm}^4$$

$$I_y=2[I_{y_0}+A(b-z_0)^2]=2[25.6+12.75(4.8-1.52)^2]=325.54\ \text{cm}^4$$

铰支承在各方向的约束作用相同,压杆将在 $I_{\min}$所在的平面失稳,即在 I_y 所在的 xz 平面内失稳。

(2)计算 xz 平面内的压杆柔度 λ_y

$$i_y=\sqrt{\frac{I_y}{A}}=\sqrt{\frac{325.54}{2\times12.75}}=3.573\ \text{cm}$$

得

$$\lambda_y=\frac{\mu l}{i_y}=\frac{1\times3}{3.573\times10^{-2}}=84$$

(3)查表 9-2 确定折减系数 φ,并作稳定性校核

由 $\lambda_y=84$,用插值法查得

$$\varphi=0.688+(0.621-0.688)\frac{84-80}{90-80}=0.661$$

$$\sigma=\frac{F}{\varphi A}=\frac{280\times10^3}{0.661\times2\times12.75\times10^2}=166.12\ \text{MPa}<[\sigma]$$

故该压杆满足稳定性条件。

(4)局部削弱处的强度校核

$$A_j=2\times12.75-4\times0.53\times1.8=21.68\ \text{cm}^2$$

$$\sigma_{\max}=\frac{F}{A_j}=\frac{300\times10^3}{21.68\times10^2}=138.38\ \text{MPa}<[\sigma]\text{,安全。}$$

9.4 提高压杆稳定性的措施

压杆临界应力的大小,反映了压杆稳定性的强弱,因此要提高压杆的稳定性,就必须设法增大其临界应力。由临界应力的计算公式可知,压杆的临界应力与材料的弹性模量和压杆的柔度有关,而柔度又与压杆的长度、压杆两端的支承情况和截面的几何性质等因素有关。下面从四个方面来讨论提高压杆稳定性的措施。

1. 减小压杆的长度

由临界应力的欧拉公式和抛物线试验公式可以看出,减小杆长,可以减小柔度,提高压杆的临界应力,从而提高压杆的稳定性。如图 9-9 所示的两端铰支压杆,若在中间增加一个横向支点,则计算长度减少为原来的一半,加支承后压杆的临界应力是原来的 4 倍。

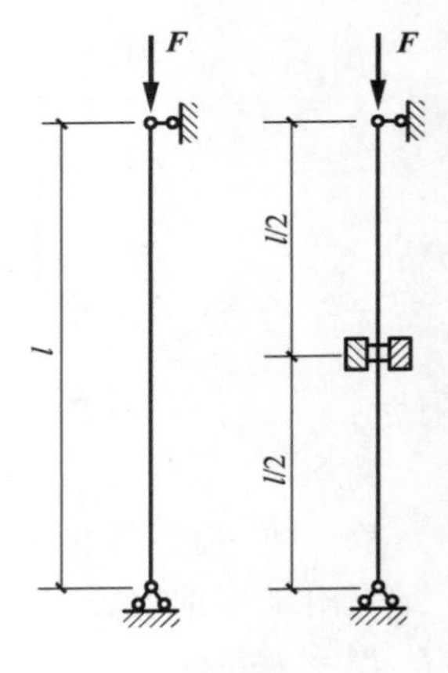

图 9-9 增加支承

2. 选择合理的截面形状,增大截面的惯性半径

在横截面面积不变的条件下,合理选择截面的形状以增大惯性矩,从而达到增大惯性半径,减小压杆柔度,提高其临界应力。如图 9-10 所示的空心截面要比实心截面更加合理。对两根槽钢组成的压杆,应采用如图 9-11 所示的方式放置,以增大惯性矩 I。压杆总是在柔度大的纵向平面内失稳,为了充分利用压杆的抗失稳内力,使压杆各纵向平面内具有等稳定性,应使各个纵向平面内的柔度相同或接近。例如,当压杆的两端在各纵向平面内具有相同的支承条件时,其失稳总是发生在最小惯性矩所在的平面内,所以为了充分发挥材料的力学性能,提高压杆的承载能力,应该选择 $I_y=I_z$ 的截面,即 $\lambda_y=\lambda_z$,使压杆在各个平面内的稳定性相同。

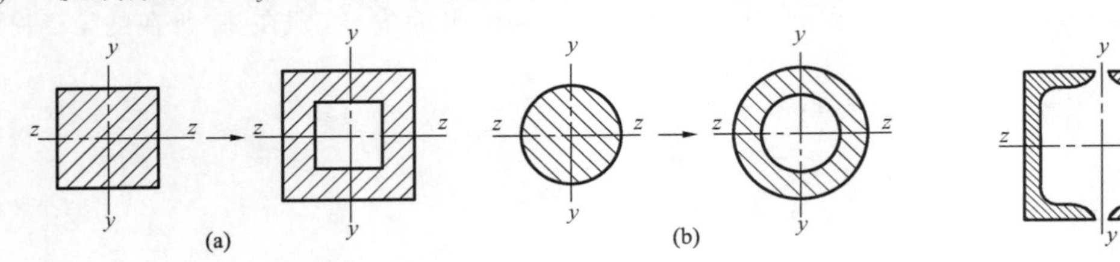

图 9-10 实心截面与空心截面　　图 9-11 组合截面的合理布置

3. 合理选择材料

欧拉公式和经验公式都与压杆的材料有关。对于大柔度压杆,临界应力与材料的弹性模量 E 成正比,因此选择 E 值大的材料可提高大柔度杆的稳定性。钢的弹性模量比铝合金、铜合金、铸铁等材料都大,所以细长压杆大多采用钢材制造。但由于各种钢材的 E 值大致相同,因此选用高强度钢并不能提高其临界应力。对于中、小柔度杆,临界应力则与材料的强度有关，σ_s 越大，σ_{cr} 也就越高，故采用高强度钢可以大大提高其稳定性。

4. 改善支承情况，降低长度系数

由表9-1可以看出，加强杆端约束，降低长度系数 μ，可以减小柔度 λ，从而增加压杆的稳定性。

本章小结

1. 压杆的失稳

压杆不能保持原有直线平衡状态而突然变弯的现象，称为失稳。压杆失稳的条件是受到的轴向压力 $F>F_{cr}$，F_{cr} 称为临界力。

2. 临界应力的计算方法

(1)当 $\lambda\geqslant\lambda_p$ 时，称为细长压杆，采用欧拉公式计算其临界应力

$$\sigma_{cr}=\frac{\pi^2 E}{\lambda^2}$$

(2)当 $\lambda<\lambda_p$ 时，称为中长压杆，采用抛物线公式计算其临界应力

$$\sigma_{cr}=a-b\lambda^2$$

3. 柔度

柔度是压杆的长度、支承情况、截面形状和尺寸等因素的一个综合值。它确定压杆将在哪个平面失稳，确定应该使用哪个公式计算临界力。

4. 压杆稳定的计算

(1)稳定条件

$$\sigma=\frac{F}{\varphi A}\leqslant[\sigma]$$

(2)稳定条件可解决的问题

①压杆稳定校核。

②确定压杆截面面积。

③计算压杆的许用荷载。

5. 提高压杆稳定性的措施

减小压杆的长度、选择合理的截面形状、合理选择材料和改善支撑情况等。

复习思考题

9-1　何谓失稳？什么是压杆的临界力？

9-2　压杆受小于临界力的轴心压力作用时处于什么样的平衡状态？受临界力作用时处于什么样的平衡状态？受大于临界力的轴心压力作用并经历横向干扰后处于什么样的平衡状态？

9-3　为什么欧拉公式有一定的适用范围？超出这一范围时应如何求压杆的临界力？

9-4　压杆的柔度λ综合反映了影响压杆稳定性的哪几种因素？

9-5　两个形心主惯性矩相等的截面是不是压杆的合理截面？

9-6　何谓稳定系数？它随哪些因素变化？

9-7　有一圆截面细长压杆，试问：(1)杆长增加一倍；(2)直径 d 增加一倍时，临界应力各有何变化？

9-8　为了提高压杆的稳定性，可采取一些什么措施？

9-9　一端固定、一端自由的压杆，横截面为如图 9-12 所示的各种形式。试问当压杆失稳时，其横截面将分别绕哪根轴转动。

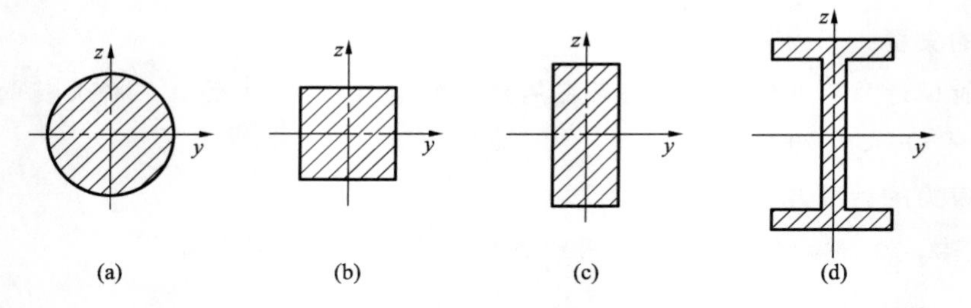

图 9-12　复习思考题 9-9 图

习　题

9-1　如图 9-13 所示两端铰支的细长压杆，材料的弹性模量 $E=200$ GPa，试用欧拉公式计算其临界力 F_{cr}。(1)圆形截面 $d=25$ mm，$l=1.0$ m；(2)矩形截面 $h=2b=40$ mm，$l=1.0$ m；(3)I22a 号工字钢，$l=5.0$ m；(4)∟200×125×18 不等边角钢，$l=5.0$ m。

9-2　如图 9-14 所示，一端固定一端自由的矩形截面细长压杆，其杆长 $l=2.0$ m，截面宽度 $b=20$ mm，高度 $h=45$ mm，材料的弹性模量 $E=200$ GPa。试求：(1)压杆的临界力；(2)在面积大小不变的情况下，若将压杆改为正方形截面，其临界力又为多大？

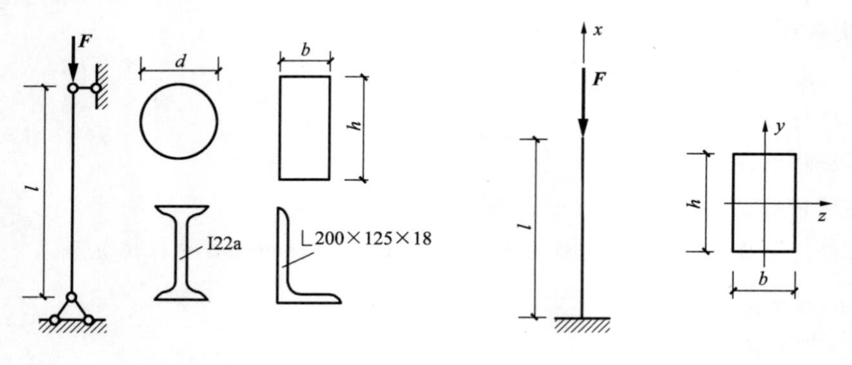

图 9-13　习题 9-1 图　　　　图 9-14　习题 9-2 图

9-3　一细长木柱压杆，长度 $l=8.0$ m，矩形截面 $b\times h=120$ mm×200 mm。木材的弹性模量 $E=10$ GPa，杆的下端固定，上端如图 9-15 所示，在 xy 面内(弯曲时截面绕 z 轴转动)为铰支，在 xz 面内(弯曲时截面绕 y 轴转动)为固定，试求该压杆的临界力。

9-4　结构尺寸及受荷情况如图 9-16 所示，梁 ABC 为 22b 工字钢，$[\sigma]=170$ MPa；BD 杆为两端铰支的圆截面木杆，直径 $d=160$ mm，木杆的许用应力 $[\sigma]=10$ MPa。试对梁的强度和柱的稳定进行校核。

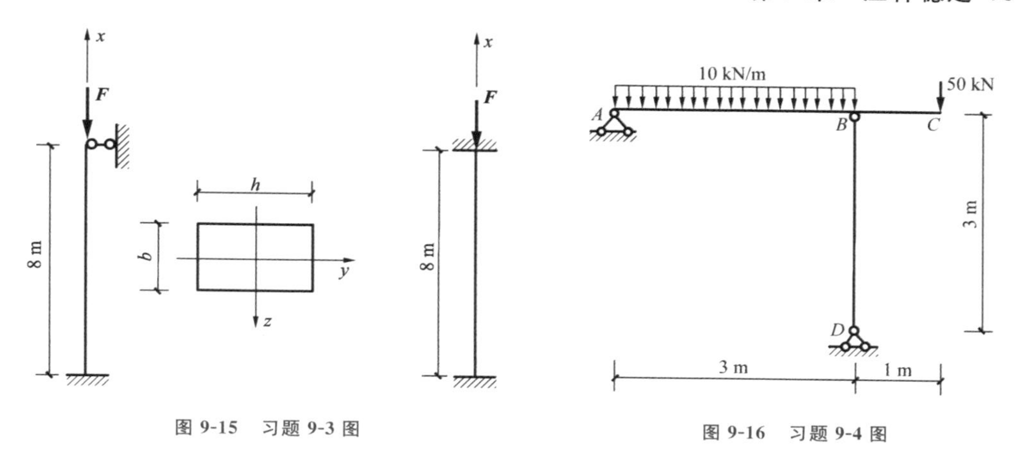

图 9-15　习题 9-3 图

图 9-16　习题 9-4 图

9-5　如图 9-17 所示，压杆是由两根 18a 槽钢组成，杆两端为铰支。已知杆长 $l=6$ m，两槽钢之间的距离 $a=0.1$ m，材料的许用应力$[\sigma]=170$ MPa。试求该压杆能承受的最大荷载。

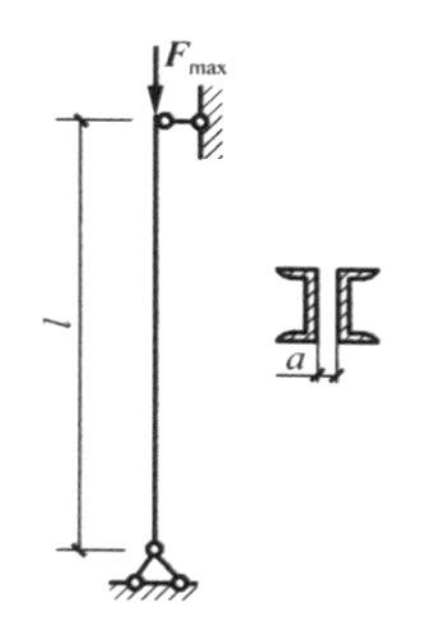

图 9-17　习题 9-5 图

第 9 章

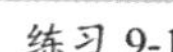

练习 9-1

练习 9-2

练习 9-3

第 10 章 静定结构的位移计算

学习目标

通过本章的学习，能正确描述结构位移的概念，解释位移计算的目的；了解变形、应变和胡克定律的概念；正确理解并掌握扭转变形的计算方法和扭转刚度的计算；熟悉简单荷载作用下，用叠加法计算梁的弯曲变形和刚度校核；理解单位荷载法计算静定结构位移的步骤；熟练掌握图乘法计算位移。

学习重点

扭转变形的计算，叠加法计算梁的变形，单位荷载法、图乘法计算梁和结构的位移。

10.1 概 述

1. 结构位移的基本概念

结构在荷载或其他外界因素作用下会产生不同形式的变形。结构发生变形时，其横截面上各点的位置将会移动，杆件的横截面也会产生转动，这些移动和转动统称为结构的位移。

如图 10-1 所示刚架，在荷载作用下发生图中虚线所示的变形，使截面 A 的形心从 A 点移动到了 A' 点，线段 AA' 称为 A 点的线位移，用符号 Δ_A 表示。若将 Δ_A 沿水平和竖向分解，则其分量 Δ_{AH} 和 Δ_{AV} 分别称为 A 点的水平线位移和竖向线位移。同时截面 A 还转动了一个角度，称为截面 A 的角位移，用 φ_A 表示。

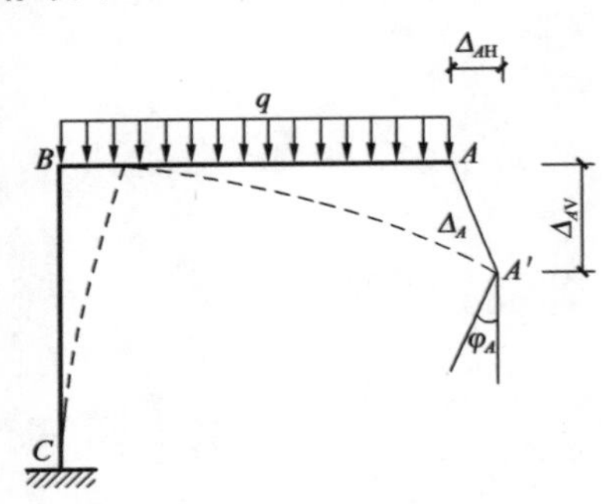

图 10-1　刚架的位移

除荷载外，温度改变、支座移动、材料收缩和制造误差等因素，也会引起位移，如图 10-2 所示。

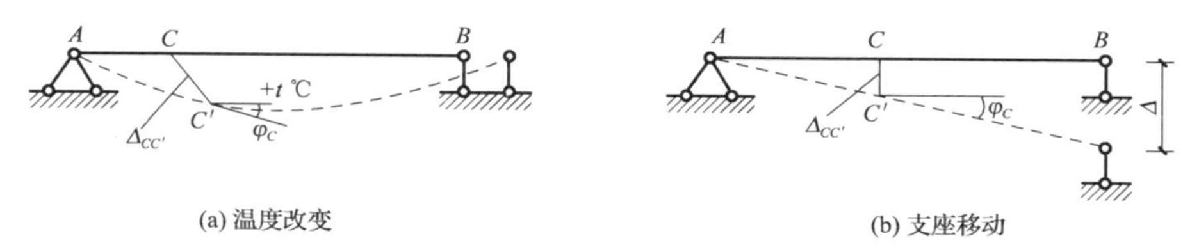

图 10-2　其他因素引起的位移

一般情况下，结构的线位移、角位移或者相对位移，与结构原来的几何尺寸相比都是极其微小的。即在计算结构的支座反力和内力时，可认为结构的几何形状和尺寸，以及荷载的位置和方向均保持不变。

2. 结构位移计算的目的

在工程结构设计和施工过程中，结构位移计算是结构分析的一项重要内容，概括地讲，它有以下三个目的：

①校核结构的刚度。验算结构的变形是否超过允许的限值，以确保结构在使用过程中不致发生过大变形而影响正常使用。

②为超静定结构的内力分析打下基础。在计算超静定结构的内力时，除利用静力平衡条件外，还需要考虑变形条件，因此需要计算结构的位移。

③确定结构变形后的位置。在结构的制作、架设和养护等施工过程中，常常需预先知道承载结构在产生位移后的所在位置，以便在施工时采取相应的措施，因此也需要进行位移计算。

10.2　轴向拉(压)杆的变形

杆件在受到轴向拉力或轴向压力作用时，其主要变形是沿轴线方向的伸长或缩短，称为纵向变形；同时，与杆轴线相垂直的横向尺寸也随之产生缩小或增大，称为横向变形。

1. 纵向变形

如图 10-3 所示正方形截面杆，受轴向力作用，产生轴向拉伸或压缩变形，设杆件变形前的长度为 l，变形后的长度 l_1，则纵向变形量为

$$\Delta l = l_1 - l$$

杆件拉伸时纵向变形为正，压缩时为负。纵向变形 Δl 的常用单位是 m、cm 或 mm。

杆件的纵向变形量 Δl 只能表示杆件在纵向的总变形量，不能说明杆件的变形程度。为了准确地表明杆件的变形程度，消除原始尺寸对杆件变形量的影响，引入线应变的定义，即杆件单位长度的变形量称为线应变，以 ε 表示，其值为

$$\varepsilon = \frac{\Delta l}{l} \tag{10-1}$$

ε 的正负号与 Δl 相同，拉伸时为正；压缩时为负。ε 是一个无量纲的量。

2. 横向变形

如图 10-3 所示正方形截面杆，设杆件变形前的横截面边长为 a，变形后的横截面边长为 a_1，则横向变形量为

$$\Delta a = a_1 - a$$

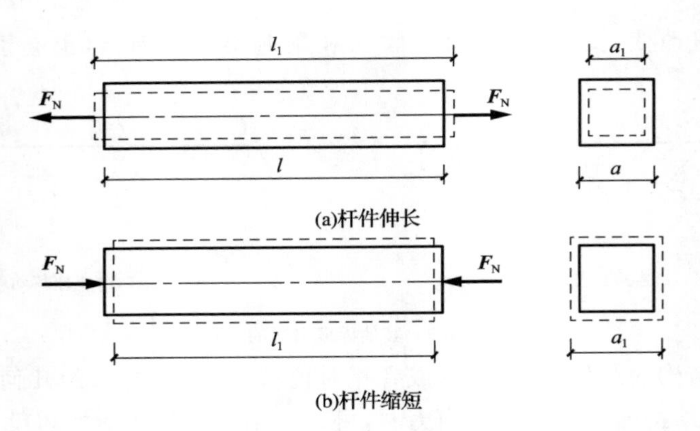

图 10-3 纵向和横向变形

横向线应变 ε' 为

$$\varepsilon' = \frac{\Delta a}{a} \tag{10-2}$$

ε' 的正负号与 Δl、ε 相反，当杆件拉伸时，横向尺寸减小，Δa、ε' 为负；当杆件压缩时，横向尺寸增大，Δa、ε' 为正。ε' 也是一个无量纲的量。

3. 泊松比

试验表明，当轴向拉(压)杆的应力不超过材料的比例极限时，横向线应变 ε' 与纵向线应变 ε 比值的绝对值为一常数，这一常数称为泊松比或横向变形系数，用 μ 表示

$$\mu = \left| \frac{\varepsilon'}{\varepsilon} \right| \tag{10-3}$$

泊松比 μ 是一个无量纲的量，它的值与材料有关，可由试验测出。常用材料的泊松比见表 10-1。

表 10-1 常用材料的 μ、E 值

材料名称	E/GPa	μ
Q235	200～210	0.24～0.28
Q345	200～220	0.25～0.33
铸铁	115～160	0.23～0.27
铝合金	70～72	0.26～0.33
混凝土	15～36	0.16～0.18
木材	9～12	——
砖石料	2.7～3.5	0.12～0.20

泊松比建立了某种材料的横向线应变与纵向线应变之间的关系。在工程中计算变形时通常是先计算出杆的纵向变形，然后通过泊松比确定横向变形。

由于横向线应变 ε' 和纵向线应变 ε 总是正、负号相反，所以

$$\varepsilon' = -\mu\varepsilon \tag{10-4}$$

4. 胡克定律

试验表明，在弹性变形范围内，杆的纵向变形量 Δl 与杆所受的轴力 F_N 及杆长 l 成正比，而与杆的横截面面积 A 成反比，用式子表示为

$$\Delta l \propto \frac{F_N l}{A}$$

引入比例常数 E，上式可写成

$$\Delta l = \frac{F_N l}{EA} \tag{10-5}$$

这一比例关系，称为胡克定律。式中的比例常数 E 称为弹性模量，它的值与材料性质有关，由试验测定，其基本单位为帕(Pa)，与应力单位相同。常用材料的弹性模量见表 10-1。

从式(10-5)可以推断出：对于长度相同，所受轴力相等的杆件，EA 值越大，则杆的纵向变形 Δl 就越小，可见 EA 反映了杆件抵抗拉(压)变形的能力，称为杆件的抗拉(压)刚度。

将式(10-5)的两边同时除以杆件的原长 l，并将 $\varepsilon = \frac{\Delta l}{l}$ 和 $\sigma = \frac{F_N}{A}$ 代入，可得

$$\varepsilon = \frac{\sigma}{E} \quad 或 \quad \sigma = E\varepsilon \tag{10-6}$$

式(10-6)是胡克定律的另一种表达形式。它表明材料在弹性范围内，正应力与线应变成正比。

【例 10-1】　一阶梯形钢杆，AC 段横截面面积 $A_1 = 500\ \text{mm}^2$，CD 段横截面面积 $A_2 = 200\ \text{mm}^2$，材料的弹性模量 $E = 200$ GPa，杆的各段长度及受力情况如图 10-4 所示。试求阶梯形杆的总变形。

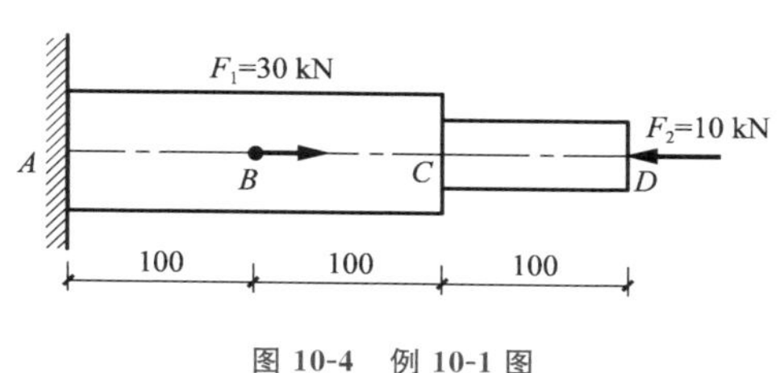

图 10-4　例 10-1 图

解　(1)求各截面上的内力

AB 段　　$F_{N1} = F_1 - F_2 = 30 - 10 = 20$ kN

BC 段与 CD 段　　$F_{N2} = -F_2 = -10$ kN

(2)阶梯形杆的总变形

阶梯形杆的总变形 Δl 等于 AB、BC、CD 三段杆变形的代数和，即

$$\begin{aligned}\Delta l &= \Delta l_{AB} + \Delta l_{BC} + \Delta L_{CD} = \frac{F_{N1} l_{AB}}{EA_1} + \frac{F_{N2} l_{BC}}{EA_1} + \frac{F_{N2} l_{CD}}{EA_2} \\ &= \frac{20\times10^3\times0.1}{200\times10^9\times500\times10^{-6}} + \frac{-10\times10^3\times0.1}{200\times10^9\times500\times10^{-6}} + \frac{-10\times10^3\times0.1}{200\times10^9\times200\times10^{-6}} \\ &= -0.015\times10^{-3}\ \text{m} = -0.015\ \text{mm}\end{aligned}$$

计算结果为负值，说明杆的总长度缩短了 0.015 mm，同时也说明杆的绝对变形的确是微小的。

10.3　圆轴扭转时的变形与刚度计算

1. 圆轴扭转时的变形

圆轴扭转时的变形，通常是用两个横截面绕轴线转动的相对扭转角来度量。

相距为 dx 的两个横截面间的相对扭转角为

$$d\varphi=\frac{T}{GI_{\rho}}dx$$

对于等截面圆轴，若两截面相距为 l，且其间扭矩 T、G 均为常数，则两端截面的相对扭转角为

$$\varphi=\int_0^l \frac{T}{GI_{\rho}}dx=\frac{Tl}{GI_{\rho}} \tag{10-7}$$

式(10-7)即为圆轴扭转角的计算公式，扭转角的单位为 rad，其正负号与扭矩的正负号一致。由式(10-7)可见，相对扭转角 φ 与扭矩 T 和两截面的间距 l 成正比，与 GI_{ρ} 成反比。在 T、l 一定时，GI_{ρ} 越大，相对扭转角 φ 越小。因此，GI_{ρ} 反映了圆轴抵抗扭转变形的能力，称为圆轴的抗扭刚度。

当两截面间扭矩、截面和材料有变化时，应根据其变化情况分段计算截面间的相对扭转角，然后求代数和，即得整段轴的扭转角

$$\varphi=\sum_{i=1}^{n}\frac{T_i l_i}{G_i I_{\rho i}} \tag{10-8}$$

【例 10-2】 传动轴受外力偶作用如图 10-5(a)所示。已知 $M_{e1}=0.8\ \text{kN}\cdot\text{m}$，$M_{e2}=2.3\ \text{kN}\cdot\text{m}$，$M_{e3}=1.5\ \text{kN}\cdot\text{m}$，$AB$ 段的直径 $d_1=40\ \text{mm}$，BC 段的直径 $d_2=70\ \text{mm}$，材料的切变模量 $G=80\ \text{GPa}$。试计算 φ_{AB} 和 φ_{AC}。

解 (1)画扭矩图。各段横截面上的扭矩为

AB 段 $\qquad T_1=0.8\ \text{kN}\cdot\text{m}$

BC 段 $\qquad T_2=-1.5\ \text{kN}\cdot\text{m}$

该图的扭矩图如图 10-5 所示。

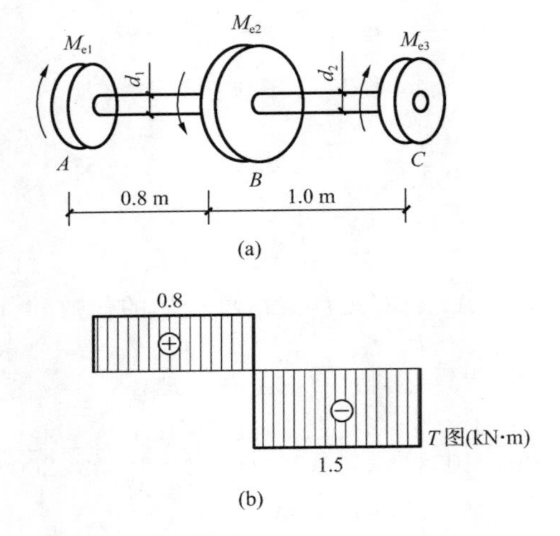

图 10-5 例 10-2 图

(2)计算极惯性矩

AB 段 $\qquad I_{\rho 1}=\frac{\pi d_1^4}{32}=\frac{\pi\times 40^4}{32}=2.51\times 10^5\ \text{mm}^4$

BC 段 $\qquad I_{\rho 2}=\frac{\pi d_2^4}{32}=\frac{\pi\times 70^4}{32}=2.36\times 10^6\ \text{mm}^4$

(3)计算扭转角。由于 AB 段和 BC 段的扭矩和截面尺寸都不相同，故应分段计算相对扭转角，然后计算其代数和即得 φ_{AC}。

由式(10-7)得

$$\varphi_{AB}=\frac{T_1 l_1}{GI_{\rho 1}}=\frac{0.8\times 10^6\times 0.8\times 10^3}{80\times 10^3\times 2.51\times 10^5}=0.0319\ \text{rad}$$

$$\varphi_{BC}=\frac{T_2 l_2}{GI_{\rho 2}}=\frac{-1.5\times 10^6\times 1.0\times 10^3}{80\times 10^3\times 2.36\times 10^5}=-0.0079\ \text{rad}$$

故 $\varphi_{AC}=\varphi_{AB}+\varphi_{BC}=0.0319-0.0079=0.024\ \text{rad}$

2. 圆轴扭转的刚度计算

为了保证圆轴的正常工作，除应满足强度外，还要求圆轴应有足够的刚度，即要求圆轴单位长度的扭转角不超过某一限值。即

$$\theta_{\max}=\frac{T_{\max}}{GI_{\rho}}\leqslant[\theta] \tag{10-9}$$

式中　$[\theta]$——单位长度许用扭转角，单位为 rad/m。工程中，$[\theta]$的单位通常为(°)/m，则式(10-9)变为

$$\theta_{\max}=\frac{T_{\max}}{GI_{\rho}}\times\frac{180^\circ}{\pi}\leqslant[\theta] \tag{10-10}$$

式(10-10)即为圆轴扭转时的刚度条件，$[\theta]$的数值，可从有关手册中查得。

刚度条件与强度条件一样可以解决三类问题：圆轴扭转刚度的校核、截面设计和确定许用荷载。

【例 10-3】　一圆截面的传动轴，已知材料的切变模量 $G=80$ GPa，轴单位长度的许用扭转角$[\theta]=1^\circ$/m，外力偶矩 $M_e=2.2$ kN·m，试按刚度条件确定轴的直径。

解　(1)圆轴的扭矩

$$T=M_e=2.2\ \text{kN}\cdot\text{m}$$

(2)按刚度条件确定轴的直径

$$\theta=\frac{T_{\max}}{GI_{\rho}}\times\frac{180}{\pi}=\frac{T}{G\times\pi\times d^4/32}\times\frac{180}{\pi}\leqslant[\theta]$$

得

$$d\geqslant\sqrt[4]{\frac{32T}{G\times\pi\times[\theta]}\times\frac{180}{\pi}}=\sqrt[4]{\frac{32\times 2200}{80\times 10^9\times\pi\times 1}\times\frac{180}{\pi}}=0.0633\text{m}=63.3\ \text{mm}$$

取 $d=65$ mm。

10.4　平面弯曲梁的变形和刚度校核

梁在荷载作用下，既产生应力也产生变形，为了保证梁能够安全正常地工作，除满足强度要求外，还需满足刚度要求。所谓刚度要求就是控制梁的变形，使梁在荷载作用下产生的变形不能过大，否则会影响结构的正常使用。例如，楼面梁变形过大，会使下面的抹灰层开裂、脱落；吊车梁的变形过大会影响吊车的正常运行。在工程中，根据不同的用途，对梁的变形给以一定的限制，使之不超过一定的容许值。此外，在解超静定梁时，也需要借助梁的变形来建立补充方程。

1. 梁的变形

梁的整体变形是用横截面形心的竖向位移挠度和横截面的转角这两种位移来表示。

现以图 10-6 所示简支梁为例，说明梁在平面弯曲时变形的一些概念。以梁的左端点 A 为

坐标原点，变形前的轴线为 x 轴，向右为正，y 轴向下为正，建立直角坐标系 xAy；xy 面是梁的纵向对称面，当梁受到荷载作用在 xy 面内发生平面弯曲时，梁变形后的轴线成为该平面内的一条光滑而连续的平面曲线，这条曲线称为梁的挠曲线。由于梁的变形是弹性变形，因此梁的挠曲线也称为弹性曲线。

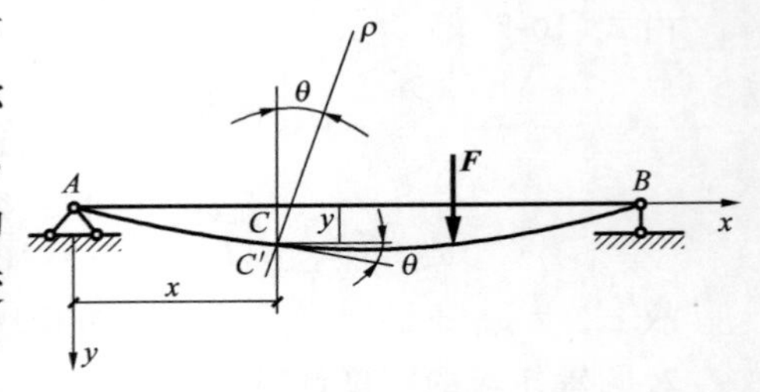

图 10-6　梁的挠度和转角

(1)挠度

梁弯曲时，任一横截面的形心沿 y 轴方向的线位移，称为该截面的挠度，通常用 y 表示，规定向下为正。单位是 m、cm、mm。

从图 10-6 中可以看出：挠曲线上各点的纵向坐标 y 是随着截面位置 x 而变化的。所以，梁的挠曲线可用方程表示，即

$$y=f(x) \tag{10-11}$$

式(10-11)称为梁的挠曲线方程。

(2)转角

梁弯曲时，任一横截面绕其中性轴相对于原来位置所转过的角度，称为该截面的转角，通常用 θ 表示，转角的单位可以是度或弧度，工程中常用弧度(rad)。规定顺时针转动为正。

梁上任一横截面的转角等于挠曲线在该截面处的切线与 x 轴间的夹角，因此挠曲线上任一点处切线的斜率为

$$\tan\theta=\frac{\mathrm{d}y}{\mathrm{d}x}=y'=f'(x)$$

由于实际变形 θ 是很小的量，所以有

$$\theta\approx\tan\theta=y' \tag{10-12}$$

式(10-12)称为转角方程。它表明梁上任一横截面的转角等于挠曲线在该点的切线斜率。

由此可见，计算梁的挠度和转角，关键是建立梁的挠曲线方程。

2. 用叠加法求梁的挠度和转角

梁的位移计算的基本方法是积分法，但其运算繁杂。实际工程中，往往只需要求出梁特定截面的转角和挠度，这时可用叠加法。

在小变形、线弹性的前提下，梁的挠度和转角与荷载之间为线性关系。为此，梁在 M、q、F 等荷载同时作用下的变形等于各荷载单独作用下引起变形的代数和。

首先将作用在梁上的复杂荷载分解为若干简单荷载，然后从表 10-2 中查得每一种荷载单独作用下引起的挠度和转角，并将其进行叠加，即得到梁在复杂荷载作用下的挠度和转角。

表 10-2　梁在简单荷载作用下的转角和挠度

序号	梁的计算简图	挠曲线方程	梁端转角	最大挠度
1	A, F, B, x, θ_B, y_{max}, l, y	$y=\frac{Fx^2}{6EI}(3l-x)$	$\theta_B=\frac{Fl^2}{2EI}$	$y_{max}=\frac{Fl^3}{3EI}$
2	a, F, b, A, B, x, θ_B, y_{max}, l, y	$y=\frac{Fx^2}{6EI}(3a-x)\quad(0\leqslant x\leqslant a)$ $y=\frac{Fa^2}{6EI}(3x-a)\quad(a\leqslant x\leqslant l)$	$\theta_B=\frac{Fa^2}{2EI}$	$y_{max}=\frac{Fa^2}{6EI}(3l-a)$

（续表）

序号	梁的计算简图	挠曲线方程	梁端转角	最大挠度
3		$y=\frac{Mx^2}{2EI}$	$\theta_B=\frac{Ml}{EI}$	$y_{\max}=\frac{Ml^2}{2EI}$
4		$y=\frac{qx^2}{24EI}(x^2-4lx+6l^2)$	$\theta_B=\frac{ql^3}{6EI}$	$y_{\max}=\frac{ql^4}{8EI}$
5		$y=\frac{Mx}{6EIl}(l^2-x^2)$	$\theta_A=\frac{Ml}{6EI}$ $\theta_B=-\frac{Ml}{3EI}$	在 $x=l/\sqrt{3}$ 处，$y_{\max}=\frac{Ml^2}{9\sqrt{3}EI}$ 在 $x=l/2$ 处，$y=\frac{Ml^2}{16EI}$
6		$y=\frac{Fx}{48EI}(3l^2-4x^2)$ $(0\leqslant x\leqslant\frac{l}{2})$	$\theta_A=-\theta_B=\frac{Fl^2}{16EI}$	在 $x=l/2$ 处，$y_{\max}=\frac{Fl^3}{48EI}$
7		$y=\frac{Fbx}{6EIl}(l^2-x^2-b^2)$ $(0\leqslant x\leqslant a)$ $y=\frac{F}{EI}[\frac{b}{6l}(l^2-x^2-b^2)x+\frac{1}{6}(x-a)^3]$ $(a\leqslant x\leqslant l)$	$\theta_A=\frac{Fab(l+b)}{6EIl}$ $\theta_B=-\frac{Fab(l+a)}{6EIl}$	设 $a>b$，在 $x=\sqrt{\frac{l^2-b^2}{3}}$ 处，$y_{\max}=\frac{Fb(l^2-b^2)^{3/2}}{9\sqrt{3}EIl}$ 在 $x=\frac{l}{2}$ 处，$y=\frac{Fb(3l^2-4b^2)}{48EI}$
8		$y=\frac{qx}{24EI}(l^3-2lx^2+x^3)$	$\theta_A=-\theta_B=\frac{ql^3}{24EI}$	在 $x=l/2$ 处，$y_{max}=\frac{5ql^4}{384EI}$

【例 10-4】 简支梁 AB 受力如图 10-7(a)所示。已知梁的抗弯刚度为 EI，试用叠加法求跨中 C 截面的挠度 y_C 和 A 截面的转角 θ_A。

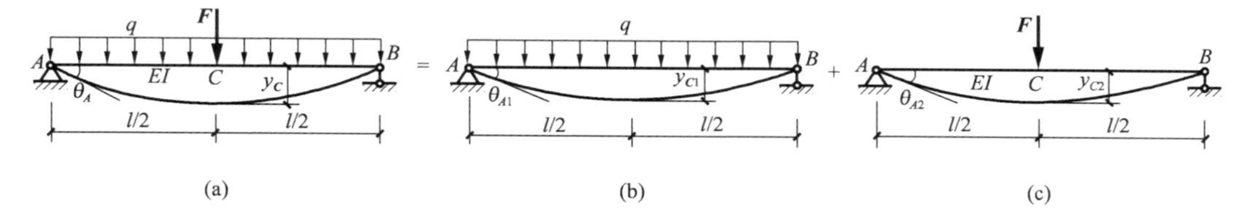

图 10-7 例 10-4 图

解 将图 10-7(a)所示梁的受力分解为图 10-7(b)、(c)两种简单受力，则梁分别在 q 和 M 单独作用下 C 截面的挠度和 A 截面的转角，查表 10-2 得

$$y_{C1}=\frac{5ql^4}{384EI},\quad \theta_{A1}=\frac{ql^3}{24EI}$$

$$y_{C2}=\frac{Fl^3}{48EI},\quad \theta_{C2}=\frac{Fl^2}{16EI}$$

则在 q 和 F 共同作用下 C 截面的挠度和 A 截面的转角，

$$y_C=y_{C1}+y_{C2}=\frac{5ql^4}{384EI}+\frac{Fl^3}{48EI}$$

$$\theta_A=\theta_{A1}+\theta_{A2}=\frac{ql^3}{24EI}+\frac{Fl^2}{16EI}$$

【例 10-5】 如图 10-8(a)所示的悬臂梁 AB，在自由端 B 受集中力 F 和力偶 M 作用。已知 EI 为常数，试用叠加法求自由端 B 的转角和挠度。

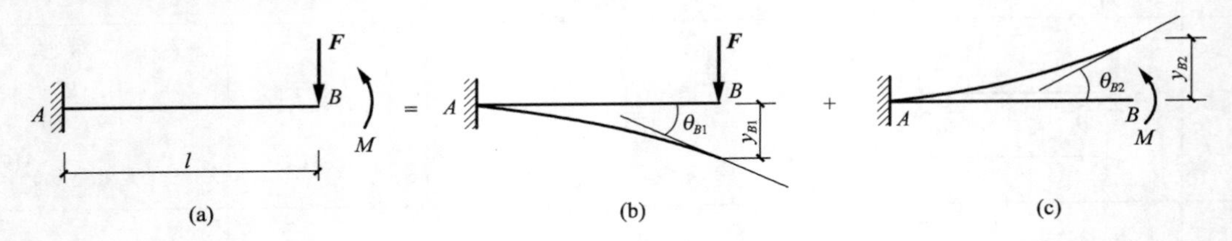

图 10-8 例 10-5 图

解 梁(a)的变形等于(b)和(c)两种情况的代数和。则梁分别在 F 和 M 单独作用下自由端 B 的转角和挠度，可查表 10-2 得

$$\theta_{B1}=\frac{Fl^2}{2EI},\quad y_{B1}=\frac{Fl^3}{3EI},\quad \theta_{B2}=-\frac{Ml}{EI},\quad y_{B2}=-\frac{Ml^2}{2EI}$$

叠加得

$$\theta_B=\theta_{B1}+\theta_{B2}=\frac{Fl^2}{2EI}-\frac{Ml}{EI},\quad y_B=y_{B1}+y_{B2}=\frac{Fl^3}{3EI}-\frac{Ml^2}{2EI}$$

【例 10-6】 简支梁所受荷载如图 10-9(a)所示，已知梁的抗弯刚度为 EI，试用叠加法求跨中截面 D 的挠度。

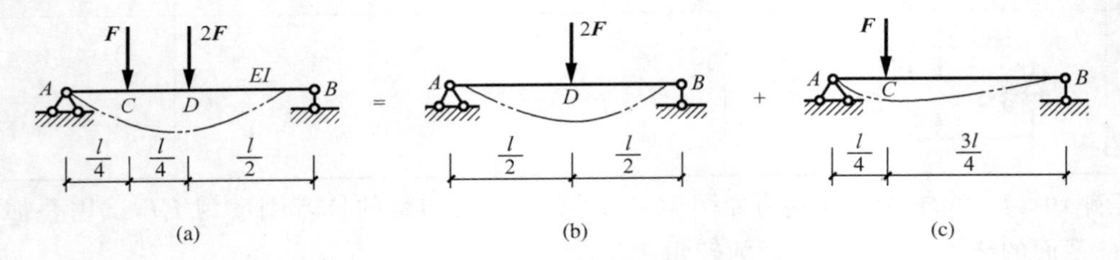

图 10-9 例 10-6 图

解 (1)将梁上的荷载分解为如图 10-9(b)、(c)所示的两种情况。

(2)查表 10-2，确定如图 10-9(b)、(c)所示两种情况时 D 截面的挠度。

图 10-9(b)中，D 截面的挠度为

$$y_{D1}=\frac{2Fl^3}{48EI}$$

图 10-9(c)中，D 截面的挠度为

$$y_{D2}=\frac{F}{EI}\left[\frac{b}{6l}(l^2-x^2-b^2)x+\frac{1}{6}(x-a)^3\right]$$

$$=\frac{F}{EI}\left[\frac{3l/4}{6l}\left(l^2-\frac{l^2}{4}-\frac{9l^2}{16}\right)\times\frac{l}{2}+\frac{1}{6}\left(\frac{l}{2}-\frac{l}{4}\right)^3\right]$$

$$=\frac{11Fl^3}{768EI}$$

(3)求 D 截面的挠度

$$y_D=y_{D1}+y_{D2}=\frac{2Fl^3}{48EI}+\frac{11Fl^3}{768EI}=\frac{43Fl^3}{768EI}$$

3. 梁的刚度校核

工程中,根据构件的使用要求,将梁弯曲时的最大挠度和转角限制在某一规定数值的范围内,则梁的刚度条件为

$$y_{\max}\leqslant[f] \tag{10-13}$$

$$\theta_{\max}\leqslant[\theta] \tag{10-14}$$

式中　$[f]$、$[\theta]$——规定的许用挠度和许用转角,可从有关的设计规范中查得。

在土木工程中,大多只校核挠度。校核挠度时通常是对梁的许用挠度与梁跨长的比值 $[f/l]$ 作出限制。这样,梁在荷载作用下产生的最大挠度 $y_{\max}$ 与跨长 l 之比就不能超过 $[f/l]$,即

$$\frac{y_{\max}}{l}\leqslant\left[\frac{f}{l}\right] \tag{10-15}$$

对于大多数工程杆件,一般是先进行强度计算,然后用刚度条件进行校核。

10.5　静定结构在荷载作用下的位移计算

1. 单位荷载法

单位荷载法在杆系结构的位移计算中有着广泛的应用,该方法可由虚功原理导出。以下直接给出结构在荷载作用下的位移计算公式,略去推导过程。

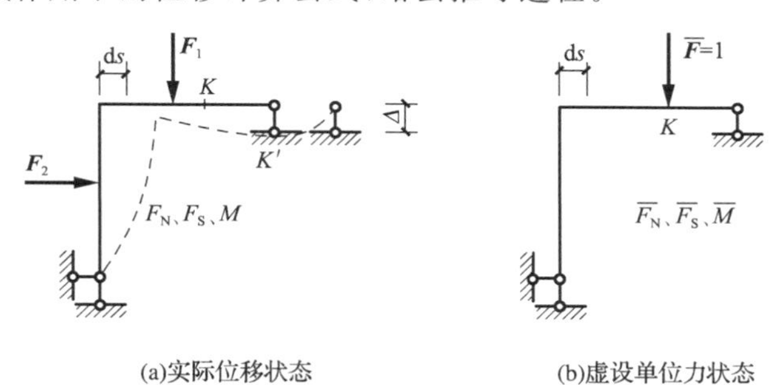

图 10-10　静定结构在荷载作用下位移计算

如图 10-10(a)所示为一结构在荷载作用下的位移状态,其中虚线为变形曲线,结构中 K 截面移动到 K' 位置,设 K 截面的竖向位移为 Δ。为了计算 K 截面的竖向位移 Δ,必须虚设一个单位力状态,即假定在发生实际位移的结构上,在待求位移的截面,沿待求位移的方向单独施加一单位力,如图 10-10(b)所示。若用 F_N、F_S、M 表示实际位移状态中由荷载引起的结构内力,用 $\overline{F}_N$、$\overline{F}_S$、$\overline{M}$ 表示虚设单位力状态中由单位力引起的结构内力,则待求位移 Δ 可用下式进行计算

$$\Delta=\sum\int_l\frac{\overline{F}_N F_N}{EA}ds+\sum\int_l k\frac{\overline{F}_S F_S}{GA}ds+\sum\int_l\frac{\overline{M}M}{EI}ds \tag{10-16}$$

式中　EA、GA、EI——杆件的抗拉(压)刚度、抗剪刚度、抗弯刚度;

k——截面切应力分布不均匀系数，与杆件横截面形状有关。

式(10-16)中的积分是沿单根杆件长度方向的积分，而求和是对结构中所有杆件的积分结果求和。

上述方法就是计算在荷载作用下结构位移的单位荷载法，也称为单位力法。应用这个方法，每次只能计算一种位移。在虚设单位力时其指向可以任意假设，如计算结果为正值，即表示位移方向与虚设的单位力指向相同，否则相反。

单位荷载法不仅可以用来计算结构的线位移，而且可以计算任意的广义位移，只要所设的虚单位荷载与所求的广义位移相对应即可。在计算各种位移时，可按以下方法假设虚拟状态下的单位荷载：

(1)若计算的位移是结构上某两点沿指定方向的相对线位移，则应在该两点处沿指定方向施加一对反向共线的单位力，如图 10-11(a)、(b)所示。

(2) 若计算的位移是结构上某一截面的角位移，则应在该截面上施加一个单位力偶，如图 10-11(c)所示。

(3)若计算的位移是结构上某两个截面的相对角位移，则应在这两个截面上施加一对反向的单位力偶，如图 10-11(d)所示。

(4)若计算的位移是桁架结构上某一杆件的角位移，则应在该杆件施加一对与杆轴垂直的反向平行力使其构成一个单位力偶，每个力的大小等于杆长的倒数，如图 10-11(e)所示。

(5)若计算的位移是桁架结构上某两杆件的相对角位移，则应在该两杆上施加两个方向相反的单位力偶，如图 10-11(f)所示。

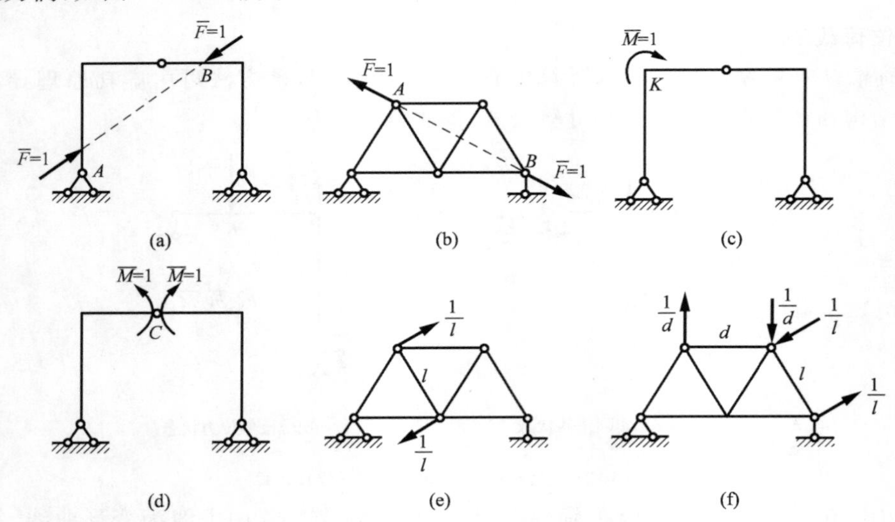

图 10-11 虚设单位荷载

2. 各类结构的位移计算公式

式(10-16)右边三项分别表示轴向变形产生的位移、剪切变形产生的位移和弯曲变形产生的位移。对于不同的结构这三种变形对位移的影响有很大差别，在实际应用中，对不同类型的结构分别采用不同的简化计算公式。

(1)对梁和刚架而言，弯曲变形是主要变形，而轴向变形和剪切变形对结构位移的影响很小，可以忽略不计，所以式(10-16)简化为

$$\Delta=\sum\int_l \frac{\overline{M}M}{EI}\mathrm{d}s \tag{10-17}$$

(2)对于桁架,由于其所有杆件均只有轴向变形,而且每一杆件的轴力和截面面积沿杆长不变,所以式(10-16)可以简化为

$$\Delta=\sum\int_l \frac{\overline{F}_N F_N}{EA}\mathrm{d}s=\sum \frac{\overline{F}_N F_N l}{EA} \tag{10-18}$$

(3)对于组合结构,梁式杆主要承受弯矩,其变形主要是弯曲变形,链杆只承受轴力,只有轴向变形,所以其位移计算公式简化为

$$\Delta=\sum\int_l \frac{\overline{M}M}{EI}\mathrm{d}s+\sum \frac{\overline{F}_N F_N l}{EA} \tag{10-19}$$

(4)对于拱结构,主要考虑弯曲变形和轴向变形对位移的影响,即

$$\Delta=\sum\int_l \frac{\overline{F}_N F_N}{EA}\mathrm{d}s+\sum\int_l \frac{\overline{M}M}{EI}\mathrm{d}s \tag{10-20}$$

【例 10-7】 试求如图 10-12(a)所示等截面简支梁跨中 C 截面的竖向位移 Δ_{CV} 和 B 端截面的角位移 φ_B,已知梁的抗弯刚度 EI 为常数。

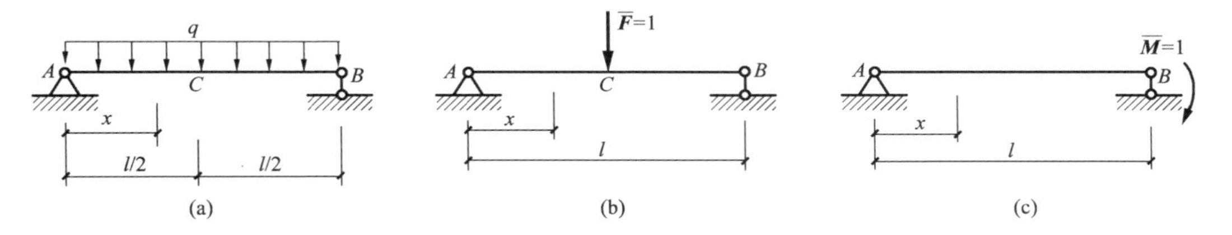

图 10-12　例 10-7 图

解　(1)求 C 截面的竖向位移 Δ_{CV}

在梁中 C 点施加一竖向单位荷载 $\overline{F}=1$ 作为虚拟状态,如图 10-12(b)所示。分别建立虚拟荷载和实际荷载作用下梁的弯矩方程。以左支座 A 为坐标原点,当 $0\leqslant x\leqslant \frac{l}{2}$ 时,有

$$\overline{M}=\frac{1}{2}x,\quad M=\frac{q}{2}(lx-x^2)$$

因为对称,所以由式(10-17),得

$$\Delta_{CV}=2\int_0^{\frac{l}{2}}\frac{1}{EI}\times\frac{x}{2}\times\frac{q}{2}(lx-x^2)\mathrm{d}x=\frac{5ql^4}{384EI}$$

计算结果为正值,说明实际的位移方向与所设单位力的方向相同,即方向向下。

(2)求截面 B 的角位移 φ_B

在梁 B 端施加一单位力偶 $\overline{M}=1$ 作为虚拟状态,如图 10-12(c)所示。分别建立虚拟荷载和实际荷载作用下梁的弯矩方程。以左支座 A 为坐标原点,当 $0\leqslant x\leqslant l$ 时,$\overline{M}$ 和 M 的方程为

$$\overline{M}=-\frac{x}{l},\quad M=\frac{q}{2}(lx-x^2)$$

由式(10-17),得

$$\varphi_B=\int_0^l\frac{1}{EI}\times\left(-\frac{x}{l}\right)\times\frac{q}{2}(lx-x^2)\mathrm{d}x=-\frac{ql^3}{24EI}$$

计算结果为负值,说明实际的转角 φ_B 与所设单位力偶的方向相反,即是逆时针方向。

【例 10-8】 试求如图 10-13(a)所示刚架 C 截面的竖向位移 Δ_{CV}、水平位移 Δ_{CH} 和角位移 φ_C。

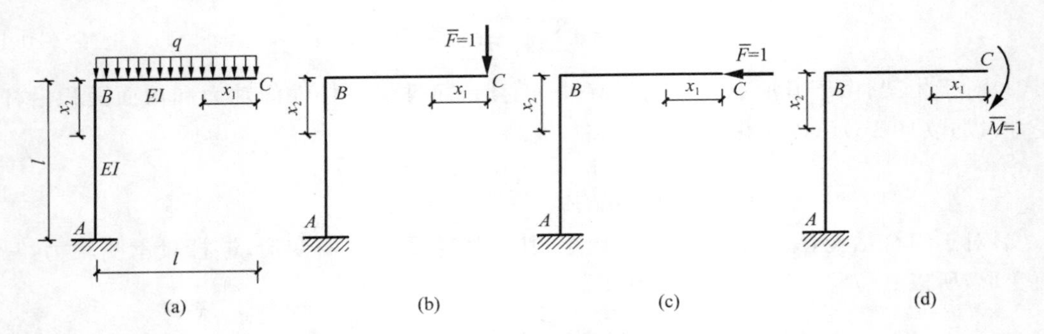

图 10-13 例 10-8 图

(1)求 C 截面的竖向位移 Δ_{CV}

在 C 点施加一竖向单位荷载 $\overline{F}=1$ 作为虚拟状态,并分别设 AB 段以 B 为原点,BC 段以 C 为原点,如图 10-13(b)所示。分别建立虚拟荷载和实际荷载作用下梁的弯矩方程。

BC 段 $\qquad \overline{M}=-x_1,\quad M=-\dfrac{q}{2}x_1^2$

AB 段 $\qquad \overline{M}=-l,\quad M=-\dfrac{q}{2}l^2$

由式(10-17),得

$$\Delta_{CV}=\int_0^l\frac{1}{EI}(-x_1)\times\left(-\frac{q}{2}x_1^2\right)\mathrm{d}x_1+\int_0^l\frac{1}{EI}(-l)\times\left(-\frac{q}{2}l^2\right)\mathrm{d}x_2=\frac{5ql^4}{8EI}$$

(2)求 C 截面的水平位移 Δ_{CH}

在 C 点施加一竖向单位荷载 $\overline{F}=1$ 作为虚拟状态,如图 10-13(c)所示。分别建立虚拟荷载和实际荷载作用下梁的弯矩方程。

BC 段 $\qquad \overline{M}=0,\quad M=-\dfrac{q}{2}x_1^2$

AB 段 $\qquad \overline{M}=x_2,\quad M=-\dfrac{q}{2}l^2$

由式(10-17),得

$$\Delta_{CH}=\int_0^l\frac{1}{EI}(0)\times\left(-\frac{q}{2}x_1^2\right)\mathrm{d}x_1+\int_0^l\frac{1}{EI}(x_2)\times\left(-\frac{q}{2}l^2\right)\mathrm{d}x_2=-\frac{ql^4}{4EI}$$

计算结果为负值,说明实际的位移方向与所设单位力的方向相反,即方向向右。

(3)求截面 C 的角位移 φ_C

在 C 点施加一单位力偶 $\overline{M}=1$ 作为虚拟状态,如图 10-13(d)所示。分别建立虚拟荷载和实际荷载作用下梁的弯矩方程。

BC 段 $\qquad \overline{M}=-1,\quad M=-\dfrac{q}{2}x_1^2$

AB 段 $\qquad \overline{M}=-l,\quad M=-\dfrac{q}{2}l^2$

由式(10-17),得

$$\Delta_{CV}=\int_0^l\frac{1}{EI}(-1)\times\left(-\frac{q}{2}x_1^2\right)\mathrm{d}x_1+\int_0^l\frac{1}{EI}(-l)\times\left(-\frac{q}{2}l^2\right)\mathrm{d}x_2=\frac{2ql^3}{3EI}$$

【例 10-9】 求如图 10-14 所示桁架结点 C 的竖向位移 Δ_{CV}。已知各杆的弹性模量均为 $E=2.1\times10^5$ MPa,截面面积 $A=1200\ \mathrm{mm}^2$。

解　在桁架结点 C 处加一竖向单位荷载 $\overline{F}=1$，作为桁架结构的虚拟状态，计算虚拟状态的杆件内力如图 10-14(b)所示。计算实际状态的杆件内力如图 10-14(c)所示。桁架结点 C 的竖向位移为

$$\Delta_{CV}=\sum\overline{F}_N F_N l/EA=\frac{1}{2.1\times10^2\times1200}\left[-75\times\left(-\frac{5}{6}\right)\times2.5\times2+60\times\frac{2}{3}\times4\times2+(-60)\times\left(-\frac{4}{3}\right)\times4\right]$$

$$=3.76\times10^{-3}\ \text{m}=3.76\ \text{mm}$$

计算结果为正，表明桁架结点 C 的实际竖向位移与所设单位荷载方向相同，即方向向下。

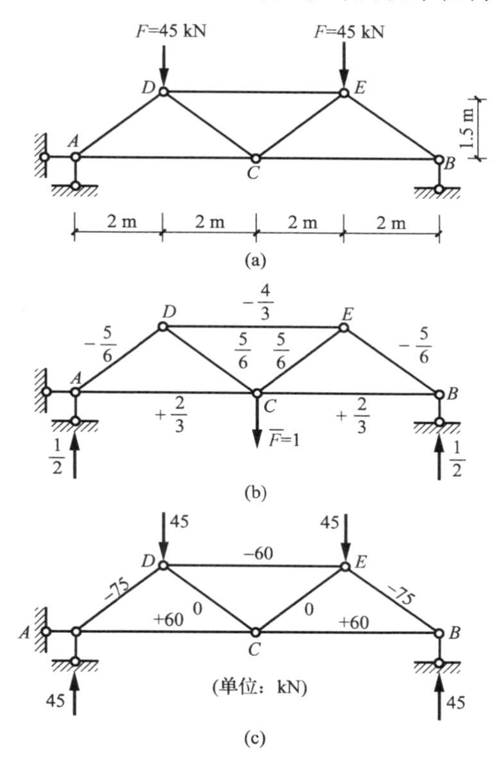

图 10-14　例 10-9 图

10.6　图乘法

由 10.5 节可知，在计算由荷载作用引起的梁和刚架的位移时，先要分段列出 $\overline{M}$ 和 M 的方程，然后代入位移公式进行烦琐的积分计算。利用图乘法求位移可以避免这些烦琐的计算。

1. 图乘公式及适用条件

杆件在积分段内若为直杆，则 $ds=dx$。这样，梁和刚架的位移计算公式变为

$$\Delta=\sum\int_l\frac{\overline{M}M}{EI}ds=\sum\int_l\frac{\overline{M}M}{EI}dx$$

式中的 $\overline{M}M$ 是两种状态下弯矩函数的乘积。若在满足一定条件的情况下，能画出两种状态下的弯矩图，可以通过利用两个弯矩图相乘的方法来计算此积分的结果，这种借助图形相乘的方法称为图乘法。这样可使计算得到简化，现在对上面的积分式进行分析：

如图 10-15 所示为直杆 AB 的两个弯矩图，假设 $\overline{M}$ 图为一直线图形，M 图为任意形状图形。现以杆轴为 x 轴，将 $\overline{M}$ 图倾斜直线延长与 x 轴相交于 O 点，倾角为 α，建立 Oxy 坐标系。

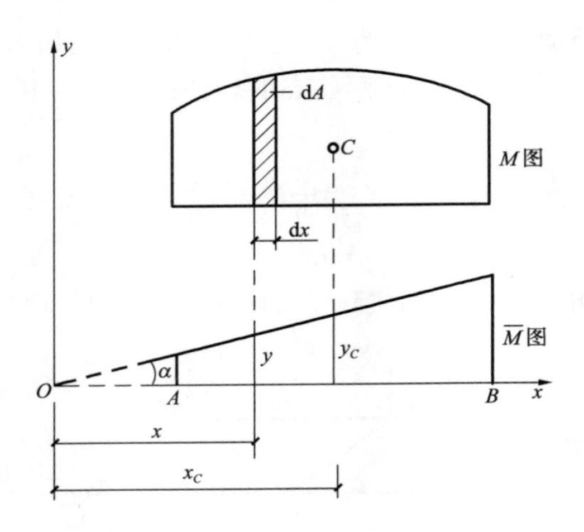

图 10-15 图乘法

当横坐标值为 x 时，则 $\overline{M}$ 图直线上任意一点的竖标为

$$\overline{M}=y=x\tan\alpha$$

如果该杆段截面的抗弯刚度 EI 为一常数，则有

$$\int_l \frac{\overline{M}M}{EI}\mathrm{d}x=\frac{1}{EI}\tan\alpha\int_A^B xM\mathrm{d}x \tag{a}$$

式中 $\int_A^B xM\mathrm{d}x$——整个 M 图的面积对于 y 轴的静矩，它等于 M 图的面积 A 乘以其形心 C 到 y 轴的距离 x_C，即

$$\int_A^B xM\mathrm{d}x=\int_A^B x\mathrm{d}A=Ax_C \tag{b}$$

式中 $\mathrm{d}A$——M 图中的微面积（图 10-15 中阴影线部分的面积），$\mathrm{d}A=M\mathrm{d}x$；

$x\mathrm{d}A$——M 图中微面积对 y 轴的静矩。

将式(b)代入式(a)，得

$$\int_l \frac{\overline{M}M}{EI}\mathrm{d}x=\frac{1}{EI}\tan\alpha\int_A^B xM\mathrm{d}x=\frac{Ax_C}{EI}\tan\alpha$$

设 M 图的形心 C 所对应的 $\overline{M}$ 图中的竖标为 y_C，$y_C=x_C\tan\alpha$，则图乘法计算位移的公式为

$$\Delta=\int_A^B \frac{\overline{M}M}{EI}\mathrm{d}x=\frac{Ay_C}{EI} \tag{10-21}$$

显然，图乘法是将位移计算的积分问题转化为求图形的面积、形心和竖标的问题。

需要说明的是，在运用图乘法计算位移时，梁和刚架的杆件必须满足下述三个条件：

(1)杆件的轴线为直线。

(2)杆件的抗弯刚度 EI 为常数（包括杆件分段为常数）。

(3)各杆段的 M 图和 $\overline{M}$ 图中至少有一个为直线图形。

对于等截面直杆（包括截面分段变化的杆件），前两个条件自然满足。至于第三个条件，虽然在均布荷载作用下 M 图是曲线图形，但 $\overline{M}$ 图是由单位力引起的，对于直杆 $\overline{M}$ 图总是由直线线段组成，只要分段考虑就可以满足。所以，对于由等截面直杆所构成的梁和刚架，在计算位移时均可应用图乘法。

应用图乘法时应注意几个问题：

(1)在图乘前要先对图形进行分段处理，保证两个图形中至少有一个是直线图形。

（2）A 与 y_C 分别取自两个弯矩图，竖标 y_C 必须取自直线图形；当两个弯矩图均为直线时，则 y_C 可取自任一图中。

（3）当面积 A 与相应的竖标 y_C 在杆的同一侧时，乘积 Ay_C 取正号；不在同一侧时，乘积 Ay_C 取负号。

（4）如果遇到弯矩图的形心位置或面积不便于确定，应将该图分解为几个易于确定形心或面积的部分，各部分面积分别同另一图形相对应的竖标相乘，然后把各自相乘结果求代数和。

2. 图乘法的应用

如图 10-16 所示给出了图乘运算中几种常见图形的面积公式和形心位置，在应用图示抛物线图形的公式时，必须注意曲线在顶点处的切线应与基线平行，即在顶点处剪力为零。

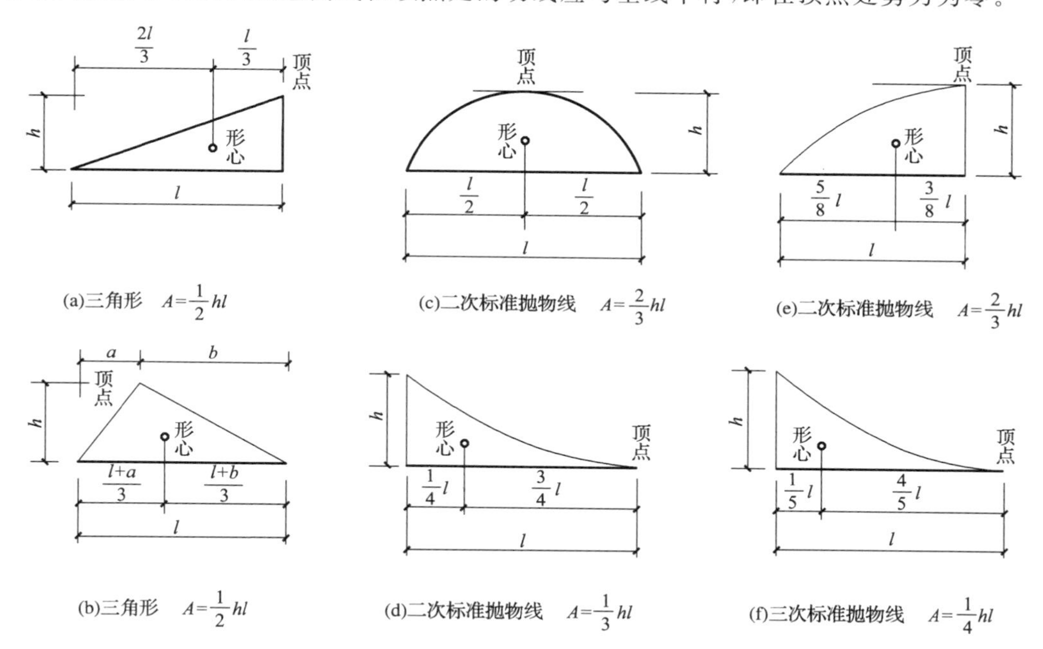

图 10-16　几种常见图形的面积和形心位置

在应用图乘法进行图乘时，还有几个具体问题需要注意：

（1）M 和 $\overline{M}$ 图中，若一个图形是曲线，另一个图形是由几段直线组成或分段变刚度情况，应分段进行图乘，再进行叠加，如图 10-17 所示。

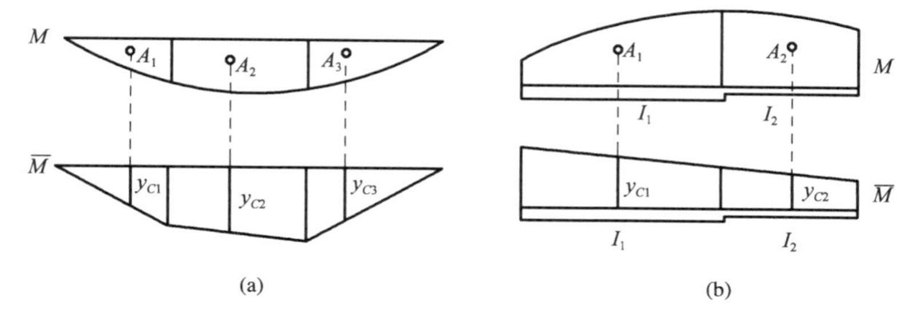

图 10-17　分段图乘

对于图 10-17(a)应为　$\Delta=\dfrac{1}{EI}(A_1 y_{C1}+A_2 y_{C2}+A_3 y_{C3})$

对于图 10-17(b)应为 $\Delta=\frac{1}{EI_1}A_1y_{C1}+\frac{1}{EI_2}A_2y_{C2}$

(2)M 和 $\overline{M}$ 图都是梯形，可不必求出梯形的形心坐标位置，而是把其中一个梯形分为两个三角形(也可分为一个矩形和一个三角形)，分别图乘后再叠加。如图 10-18 所示的图形，即有

$$\Delta=\frac{1}{EI}(A_1y_{C1}+A_2y_{C2})$$

式中 $A_1=\frac{1}{2}al, y_{C1}=\frac{2}{3}c+\frac{1}{3}d$；

$A_2=\frac{1}{2}bl, y_{C2}=\frac{2}{3}d+\frac{1}{3}c$。

(3)若 M 或 $\overline{M}$ 图的两个竖标 a、b 或 c、d 不在基线的同侧时，如图 10-19 所示，可将其中一个图形分成两个三角形，分别与另一个图形图乘后叠加。即有

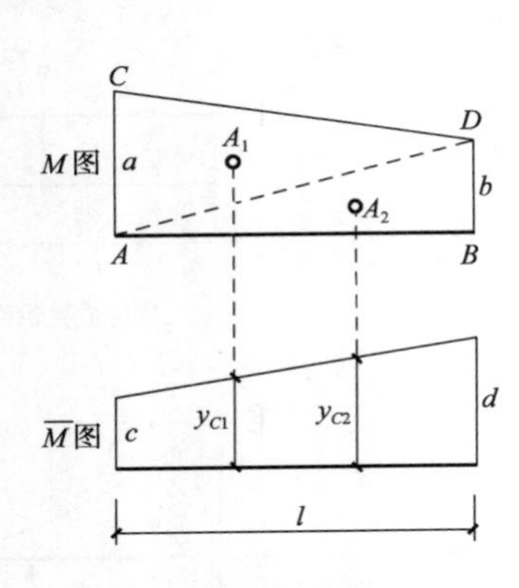

图 10-18　两个梯形图乘

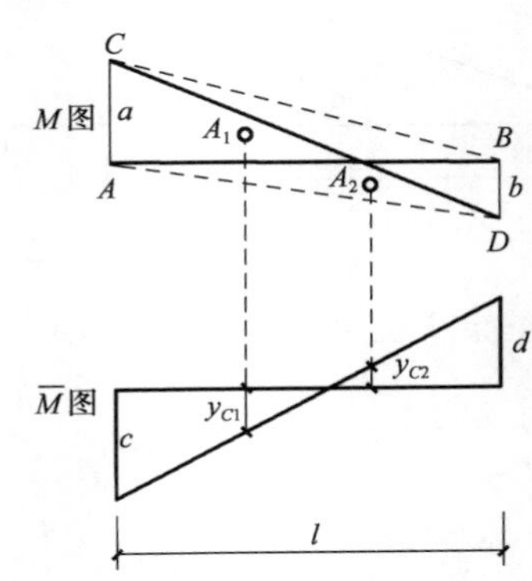

图 10-19　竖标不在基线的同侧

$$\Delta=\frac{1}{EI}(A_1y_{C1}+A_2y_{C2})$$

式中 $A_1=\frac{1}{2}al, y_{C1}=\frac{2}{3}c-\frac{1}{3}d; A_2=\frac{1}{2}bl, y_{C2}=\frac{2}{3}d-\frac{1}{3}c$。

注意区分 A_i 和 y_{Ci} 在杆件的同一侧，还是在异侧，以确定其乘积的符号。

【例 10-10】 试求如图 10-20(a)所示简支梁左端 A 的角位移 φ_A 和梁跨中 C 的竖向位移 Δ_{CV}。已知刚度 EI 为常数。

解 绘制均布线荷载作用下的 M 图，如图 10-20(b)所示，以及两个设定单位荷载的弯矩图即 $\overline{M}_1$ 和 $\overline{M}_2$，如图 10-20(c)、(d)所示。将图 10-20(b)与图 10-20(c)相乘，得

$$\varphi_A=\frac{1}{EI}(\frac{2}{3}\times l\times\frac{ql^2}{8})\times\frac{1}{2}=\frac{ql^3}{24EI}$$

将图 10-20(b)与图 10-20(d)图相乘，得

$$\Delta_{CV}=\frac{1}{EI}(A_1y_{C1}+A_2y_{C2})=\frac{2}{EI}(\frac{2}{3}\times\frac{l}{2}\times\frac{ql^2}{8})\times\frac{5l}{32}=\frac{5ql^4}{384EI}$$

计算结构为正，表明欲求位移方向与所设单位荷载方向相同，即方向向下。

【例 10-11】 求如图 10-21(a)所示悬臂刚架 D 点的竖向位移 Δ_{DV}。已知各杆的 EI 为常数。

解 在 D 点加竖向单位力，如图 10-21(c)所示。分别绘制荷载作用下的 M 图和单位力作用下的 $\overline{M}$ 图，如图 10-21(b)、(c)所示。

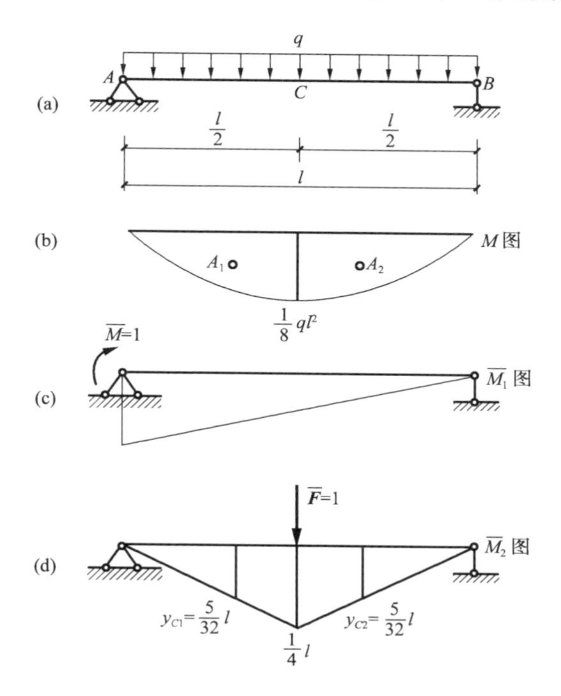

图 10-20 例 10-10 图

计算 Δ_{DV}。在应用图乘法时，把单位力作用下的 $\overline{M}$ 图作为图形的面积，梁上的 $\overline{M}$ 图面积为 A_1，柱上的 $\overline{M}$ 图面积为 A_2，如图 10-21(c)所示。

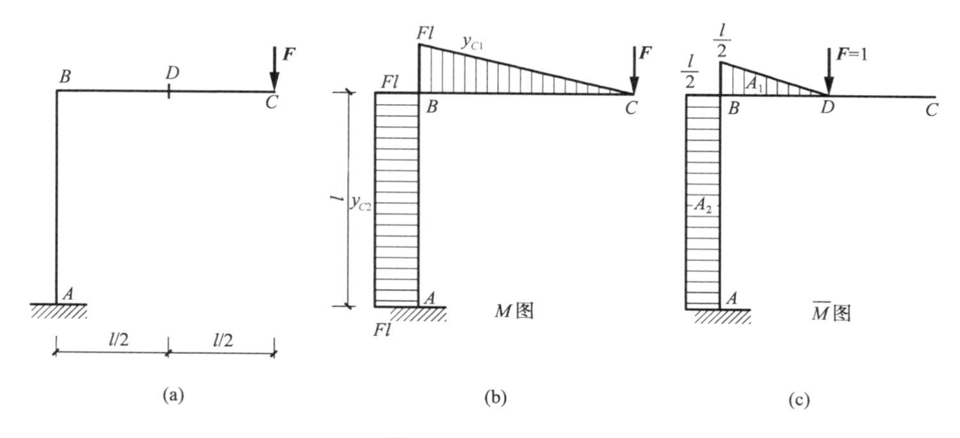

图 10-21 例 10-11 图

$$A_1=\frac{1}{2}\times\frac{l}{2}\times\frac{l}{2}=\frac{l^2}{8},\quad y_{C1}=\frac{5}{6}Fl$$

$$A_2=\frac{l}{2}\times l=\frac{l^2}{2},\quad y_{C2}=Fl$$

于是，D 点的竖向位移为

$$\Delta_{CV}=\sum\frac{1}{EI}Ay_C=\frac{1}{EI}\left(\frac{l^2}{8}\times\frac{5}{6}Fl+\frac{l^2}{2}\times Fl\right)=\frac{29}{48EI}Fl^3$$

【例 10-12】 求如图 10-22(a)所示刚架 A、B 两点的相对水平位移，EI 为常数。

解 绘出在外荷载作用下的弯矩 M 图，如图 10-22(b)所示。求 A、B 两点的相对水平位移，要在 A、B 两点加一对水平但方向相反的单位力 $\overline{F}=1$。作弯矩图 $\overline{M}$ 如图 10-22(c)所示。

利用这两个弯矩图进行图乘。

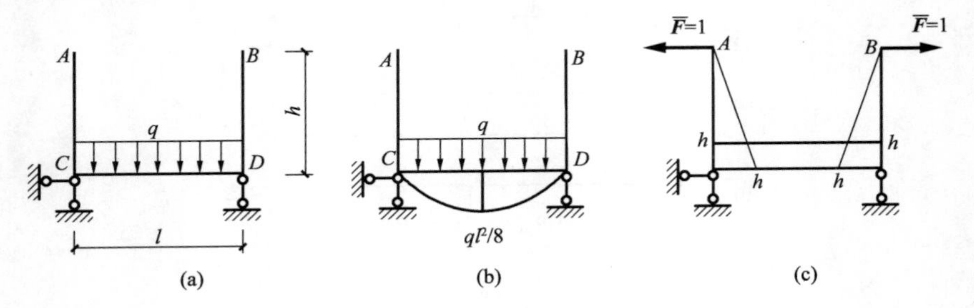

图 10-22　例 10-12 图

因为 AC 杆和 BD 杆的 M 为零，所以仅对 CD 杆图乘。

面积　　$A=\frac{2}{3}\times\frac{ql^2}{8}\times l=\frac{ql^3}{12}$，　$y_C=h$（A、y_C 在杆轴的异侧）

$$\Delta_{AB}=\frac{-1}{EI}Ay_C=\frac{-1}{EI}\times\frac{ql^3}{12}\times h=-\frac{qhl^3}{12EI}$$

负号表明 A、B 两点的相对水平位移是相互靠拢，并非如图单位力所示相互背离。

10.7　静定结构在支座移动时的位移计算

对于静定结构，支座移动并不产生内力和变形，结构的位移纯属刚体位移，对于简单的结构，这种位移可由几何关系直接求得，如图 10-23 所示，当 B 支座产生竖向位移 Δ 时，引起的 D 点竖向位移可由几何关系直接表示为 $\Delta_{DV}=\Delta/2$。但一般的结构仍用虚功原理来计算这种位移。

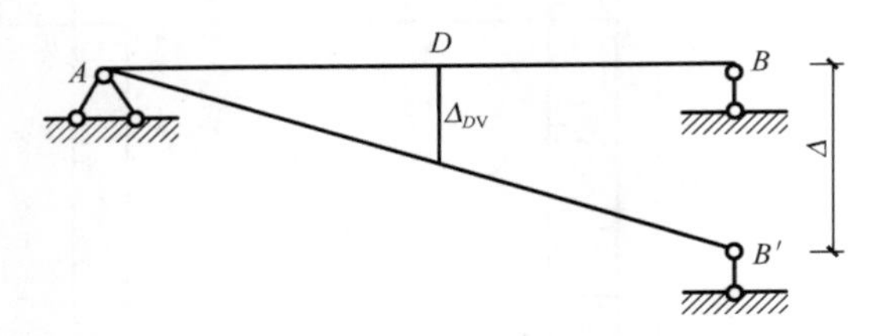

图 10-23　简单结构的位移

如图 10-24(a)所示为一静定结构的实际位移状态，其支座发生水平位移 c_1，竖向位移 c_2 和转角 c_3，现要求由此引起的任一点沿任一方向的位移，如求 K 点的位移 Δ_K，则需在要求位移的 K 点处沿位移方向虚设一个单位力，如图 10-24(b)所示，支座反力分别为 $\overline{F}_{R1}$、$\overline{F}_{R2}$ 和 $\overline{F}_{R3}$，此状态为虚拟状态。

由于支座移动不会引起任何内力和变形，故内力虚功等于零。外力虚功为

$$W=\overline{F}\Delta_K+\overline{F}_{R1}c_1+\overline{F}_{R2}c_2+\overline{F}_{R3}c_3=\Delta_K+\sum\overline{F}_Rc$$

根据虚功原理，有　　$\Delta_K+\sum\overline{F}_Rc=0$

所以

$$\Delta_K=-\sum\overline{F}_Rc \tag{10-22}$$

式中　$\sum\overline{F}_Rc$——反力虚功。

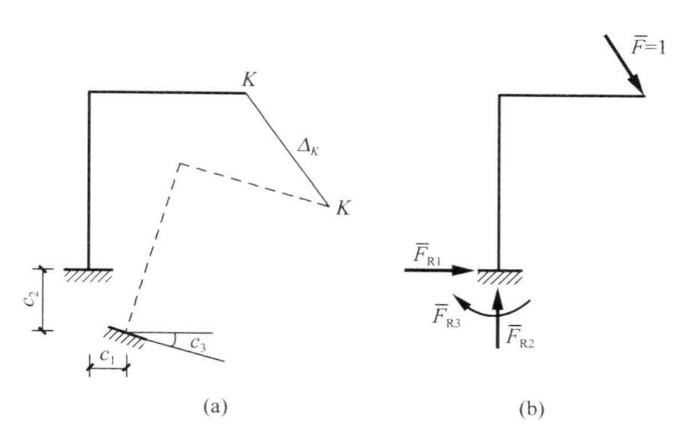

图 10-24　支座移动引起的位移

当 $\overline{F}_R$ 与实际支座位移 c 方向一致时，其乘积取正，相反时为负。这就是静定结构在支座移动时的位移计算公式。

【例 10-13】　如图 10-25(a)所示三铰刚架，已知右支座 B 的竖向位移为 6 cm，水平位移为 4 cm。试求由此引起 C 截面的竖向位移 Δ_{CV} 和 A 截面的转角为 φ_A。

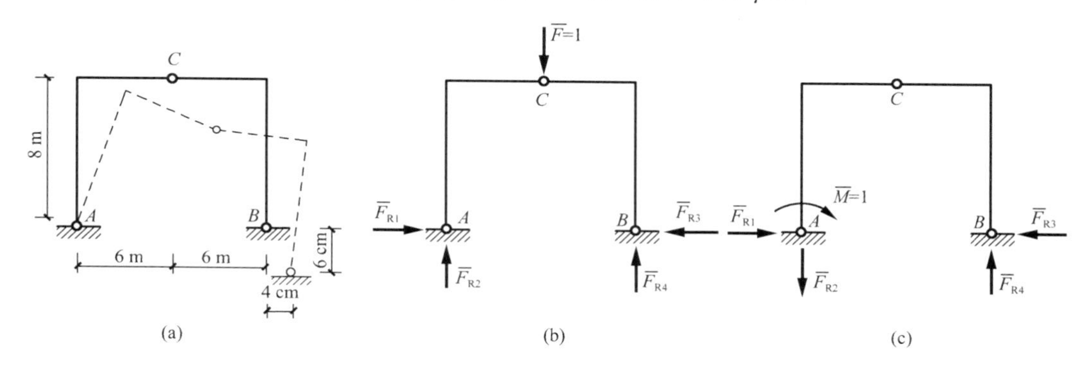

图 10-25　例 10-13 图

解　(1)计算 C 截面的竖向位移

在 C 点沿竖向虚设一单位力 $\overline{F}=1$，如图 10-25(b)所示，根据平衡条件可求得支座反力 $\overline{F}_{R1}=\overline{F}_{R3}=\dfrac{3}{8}$，$\overline{F}_{R2}=\overline{F}_{R4}=\dfrac{1}{2}$，由式(10-22)得

$$\Delta_{CV}=-\sum \overline{F}_R c=-\left(-\frac{1}{2}\times 6-\frac{3}{8}\times 4\right)=4.5\ \text{cm}$$

(2)计算 A 截面转角 φ_A

虚拟状态如图 10-25(c)所示，支座反力分别为 $\overline{F}_{R1}=\overline{F}_{R3}=\dfrac{1}{16}$，$\overline{F}_{R2}=\overline{F}_{R4}=\dfrac{1}{12}$，由式(10-22)得

$$\varphi_A=-\sum \overline{F}_R c=-\left(-\frac{1}{12}\times 0.06-\frac{1}{16}\times 0.04\right)=0.0075\ \text{rad}$$

本章小结

1. 结构发生变形时，其横截面上各点的位置将会移动，杆件的横截面也会产生转动，这些移动和转动称为结构的位移。结构的位移可分为线位移和角位移两大类。

2. 胡克定律 $\sigma=E\varepsilon$ 是一个基本定律，它揭示了材料在弹性范围内应力与应变之间的关系。

在学习时要注意理解它的意义，并运用它求轴向拉(压)变形。

3. 圆轴扭转时的变形及刚度条件

圆轴扭转时，横截面绕轴线产生相对转动，其扭转角为

$$\varphi=\frac{Tl}{GI_{\rho}}$$

圆轴扭转时的刚度条件为

$$\theta_{\max}=\frac{T_{\max}}{GI_{\rho}}\times\frac{180^{\circ}}{\pi}\leqslant[\theta]$$

4. 积分法是求挠度和转角的基本方法。叠加法是利用叠加原理，通过梁在简单荷载作用下的挠度和转角求梁在几种荷载共同作用下变形的一种简便方法。

5. 工程设计时，构件和结构不但要满足强度条件，还要满足刚度条件，把位移控制在允许范围内，即

$$\frac{y_{\max}}{l}\leqslant\left[\frac{f}{l}\right]$$

6. 梁和刚架在弯曲时产生线位移和角位移，位移计算的基本方法是单位荷载法，需进行积分计算。图乘法是求受弯构件指定截面位移的最简单方法。在学习时应注意图乘法的适用条件，掌握好图乘法应用的分段和叠加技巧。

7. 静定结构位移的计算公式

在荷载作用下位移计算的一般公式为

$$\Delta=\sum\int_{l}\frac{\overline{F}_{\mathrm{N}}F_{\mathrm{N}}}{EA}\mathrm{d}s+\sum\int_{l}k\,\frac{\overline{F}_{\mathrm{S}}F_{\mathrm{S}}}{GA}\mathrm{d}s+\sum\int_{l}\frac{\overline{M}M}{EI}\mathrm{d}s$$

在实际应用中，针对不同类型的结构，根据其受力特点，忽略影响变形的次要因素，分别采用不同的简化计算公式。

梁和刚架的位移计算公式为

$$\Delta=\sum\int_{l}\frac{\overline{M}M}{EI}\mathrm{d}s$$

桁架的位移计算公式为

$$\Delta=\sum\frac{\overline{F}_{\mathrm{N}}F_{\mathrm{N}}l}{EA}$$

组合结构的位移计算公式为

$$\Delta=\sum\int_{l}\frac{\overline{M}M}{EI}\mathrm{d}s+\sum\frac{\overline{F}_{\mathrm{N}}F_{\mathrm{N}}l}{EA}$$

拱结构的位移计算公式为

$$\Delta=\sum\int_{l}\frac{\overline{F}_{\mathrm{N}}F_{\mathrm{N}}}{EA}\mathrm{d}s+\sum\int_{l}\frac{\overline{M}M}{EI}\mathrm{d}s$$

图乘法计算公式为

$$\Delta=\sum\frac{Ay_{C}}{EI}$$

在支座移动情况下的计算公式为

$$\Delta_{K}=-\sum\overline{F}_{\mathrm{R}}c$$

复习思考题

10-1　胡克定律有几种表达式？它的适用范围是什么？

10-2　直径和长度相同而材料不同的两根圆轴，在相同的外力偶矩作用下，扭矩图是否相同？扭转角是否相同？为什么？

10-3　若实心圆轴的直径减小为原来的一半，其他条件都不变，那么轴的扭转角将如何变化？

10-4　在计算不同类型的位移时，如何虚设单位力状态？试举例说明。

10-5　图乘法的应用条件及注意事项是什么？

10-6　对于静定结构，没有变形就没有位移，这种说法对吗？

习　题

10-1　如图 10-26 所示，等直杆的横截面面积 $A=80\ \text{mm}^2$，弹性模量 $E=200$ GPa，所受轴向荷载 $F_1=2$ kN、$F_2=6$ kN，计算杆的轴向变形。

10-2　如图 10-27 所示，一阶梯形钢杆，AC 段横截面面积 $A_1=1000\ \text{mm}^2$，CB 段横截面面积 $A_2=500\ \text{mm}^2$，材料的弹性模量 $E=200$ GPa，计算该阶梯形钢杆的轴向变形。

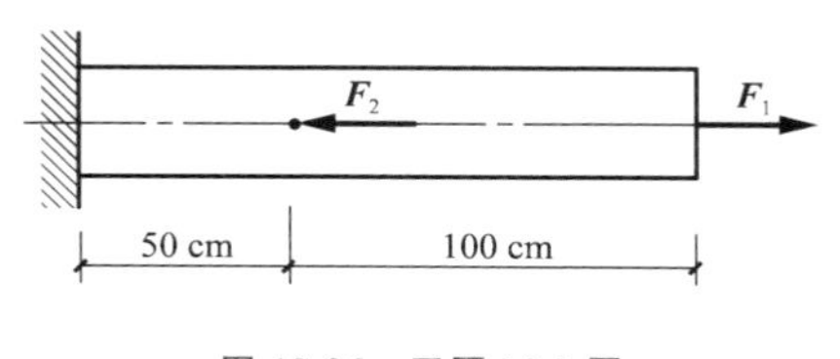

图 10-26　习题 10-1 图

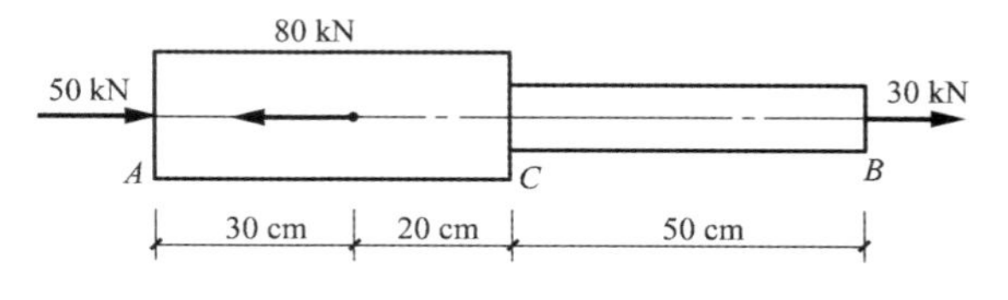

图 10-27　习题 10-2 图

10-3　如图 10-28 所示，已知圆轴的直径 $d=150$ mm，$l=500$ mm；外力偶矩 $M_{eB}=10$ kN·m、$M_{eC}=8$ kN·m；材料的切变模量 $G=80$ GPa。试计算 C、A 两截面间的相对扭转角 φ_{AC}。

10-4　如图 10-29 所示阶梯圆轴，AB 与 BC 段的直径分别为 d_1 与 d_2，且 $d_1=4d_2/3$，材料的切变模量为 G。试求截面 C 的转角。

10-5　在上题中，若外力偶矩 $M_e=1$ kN·m；材料的许用切应力 $[\tau]=80$ GPa、切变模量 $G=80$ GPa；轴的单位长度许用扭转角 $[\theta]=0.5°/\text{m}$。试确定该阶梯轴的直径 d_1 与 d_2。

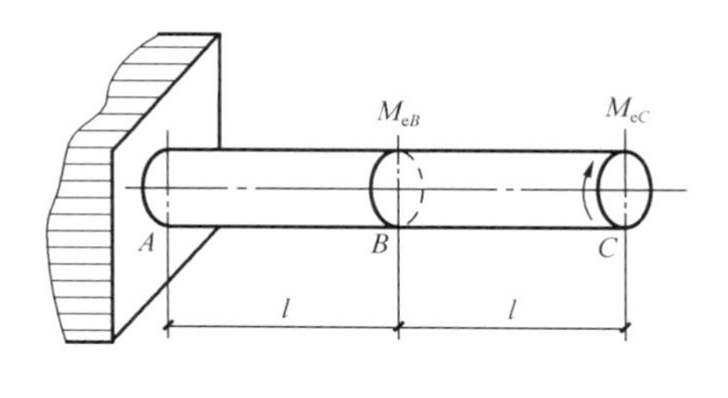

图 10-28　习题 10-3 图

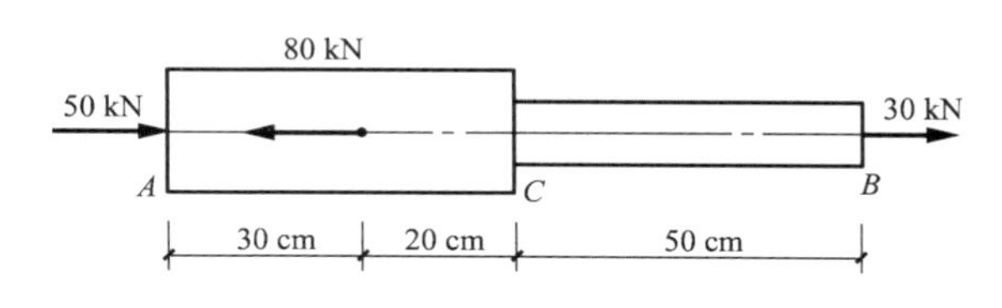

图 10-29　习题 10-4 图

10-6　用叠加法求如图 10-30 所示梁截面 C 的挠度和截面 B 的转角。EI 为已知常数。

10-7　试求如图 10-31 所示简支梁 C 点的竖向位移 Δ_{CV}，EI 为常数。

10-8　试求如图 10-32 所示变截面悬臂梁 B 端的竖向位移 Δ_{BV} 和角位移 φ_B。

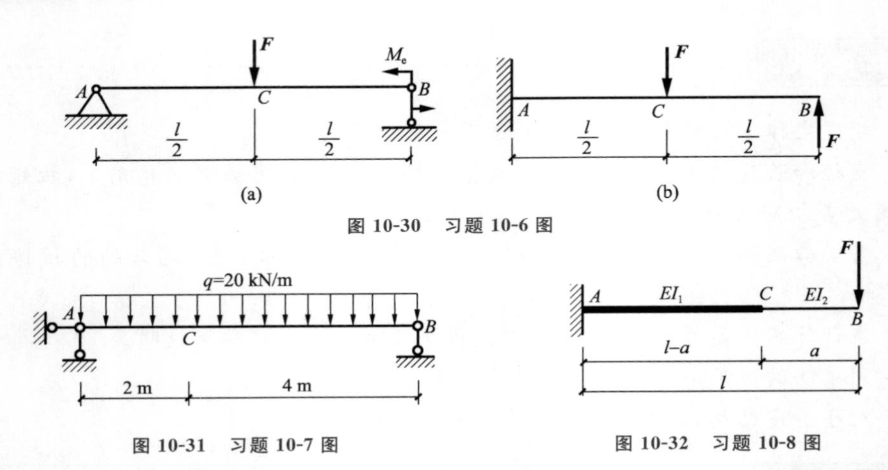

图 10-30　习题 10-6 图

图 10-31　习题 10-7 图

图 10-32　习题 10-8 图

10-9　如图 10-33 所示，求桁架图(a)中结点 C 的水平位移 Δ_{CH} 和图(b)中点的竖向位移 Δ_{BV}。已知各杆的 EA 为常数。

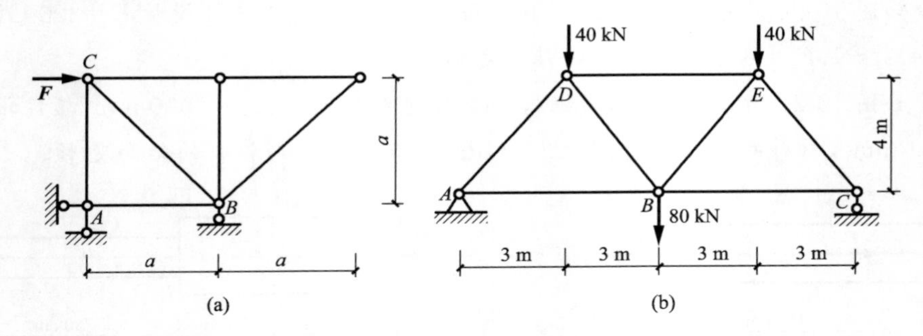

图 10-33　习题 10-9 图

10-10　用图乘法求如图 10-34 所示梁中 A 端的角位移 φ_A 和 C 点的竖向位移 Δ_{CV}，EI 为常数。

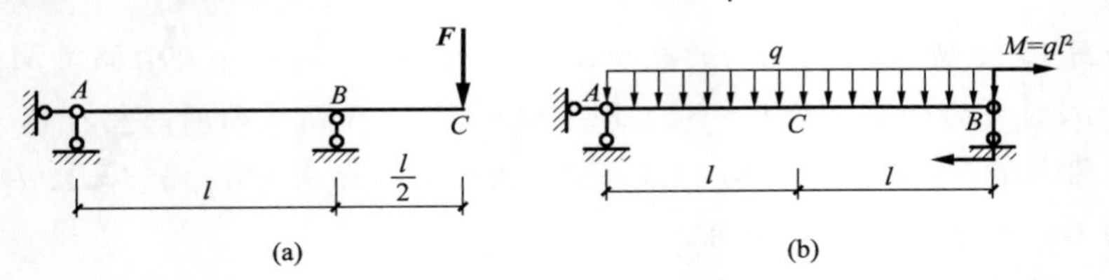

图 10-34　习题 10-10 图

10-11　用图乘法求如图 10-35 所示结构中的指定位移。

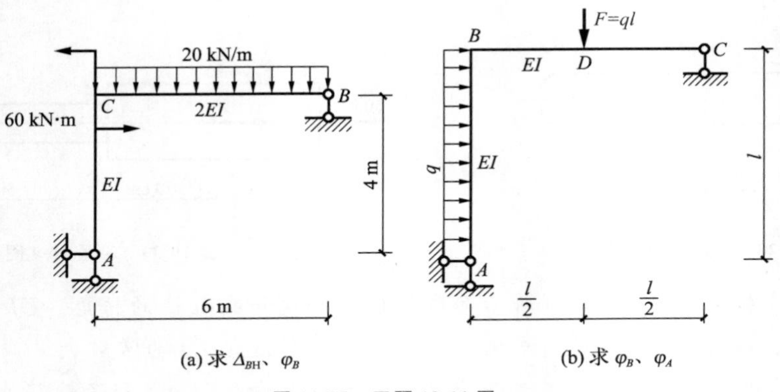

图 10-35　习题 10-11 图

10-12　一工字钢简支梁，梁上荷载如图 10-36 所示，已知 $\left[\dfrac{f}{l}\right]=\dfrac{1}{400}$，工字钢的型号为 20b，$I=2.5\times10^{-5}\ \mathrm{m}^4$，钢材的弹性模量 $E=2\times10^5$ MPa，试校核该梁的刚度。

10-13　如图 10-37 所示梁支座 B 下沉 $\Delta=0.5$ cm，求 E 截面竖向位移。

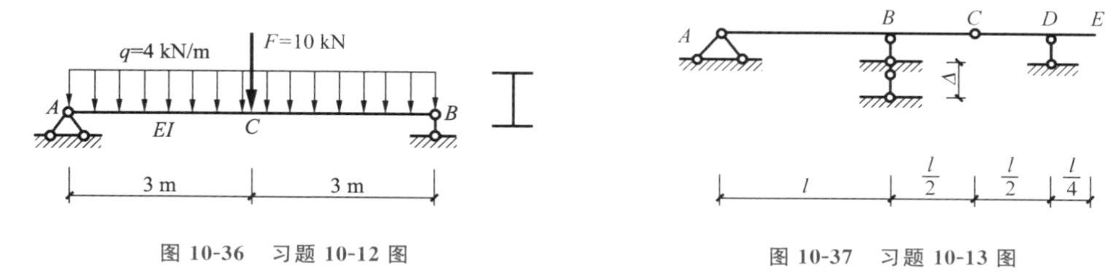

图 10-36　习题 10-12 图　　　图 10-37　习题 10-13 图

10-14　如图 10-38 所示结构支座 B 产生了水平位移 a 和竖向位移 b。试求由此而产生的铰 C 左、右两截面的相对转角和铰 C 的竖向位移。

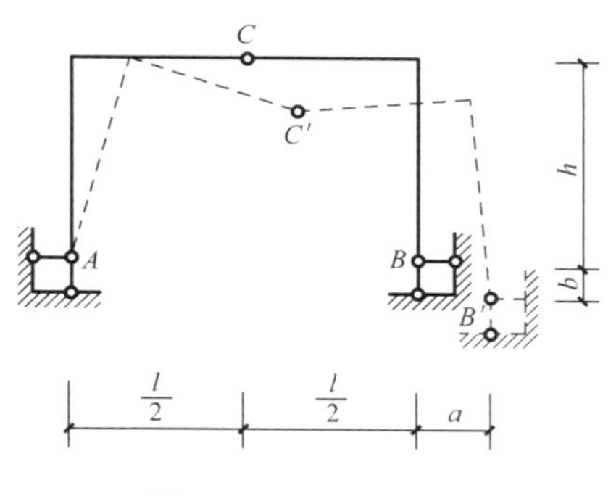

图 10-38　习题 10-14 图

第 10 章

练习 10-1

练习 10-2

练习 10-3

练习 10-4

第 11 章 超静定结构的内力计算

学习目标

通过本章的学习，能正确判定超静定次数；掌握力法的基本原理及基本结构的选取原则，理解力法方程及系数、自由项的物理意义，熟练掌握在荷载作用下用力法计算超静定结构的方法和步骤。掌握位移法的基本原理，能应用位移法计算超静定结构。理解转动刚度、分配系数、传递系数的概念，掌握它们的取值；掌握力矩分配法的计算方法，能应用力矩分配法计算连续梁和无侧移刚架的内力。

学习重点

超静定次数的确定，力法的基本原理、力法典型方程及应用。结点位移的种类及个数的确定；单杆超静定梁的杆端内力的确定；位移法的原理及应用。力矩分配法的基本概念，力矩分配法的原理及应用。

11.1 概　述

微课

超静定结构概述

1. 超静定结构的概念和性质

对于前几章所讲述的各种类型的静定结构，其支座反力和各截面的内力都可用静力平衡方程唯一求得，如图 11-1 所示刚架，约束反力有 3 个，而静力平衡方程也有 3 个，用静力平衡方程可以求出全部反力和内力。但在工程实际中，对于有些结构，例如图 11-2 所示刚架，其支座反力有 4 个，但只能列 3 个独立的平衡方程，像这样，如果一个结构的支座反力和各截面的内力不能完全由静力平衡条件唯一确定，这种结构称为超静定结构，又称为静不定结构。

从几何组成方面来分析，图 11-1 所示刚架和图 11-2 所示刚架都是几何不变的。若从图 11-1 所示的刚架中去掉支杆 B，就变成了几何可变体系。而从图 11-2 所示刚架中去掉支杆 B，则其仍是几何不变体系，从几何组成上看支杆 B 是多余约束。所以，该体系有一个多余约束，是一次超静定结构。由此引出结论：静定结构是没有多余约束的几何不变体系；而超静定结构则是有多余约束的几何不变体系。

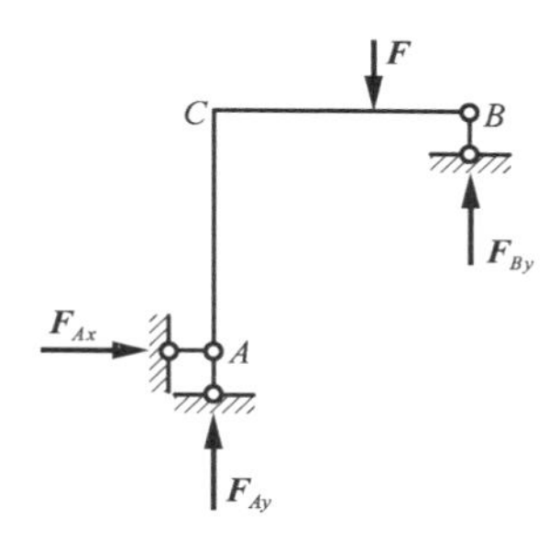

图 11-1　静定结构

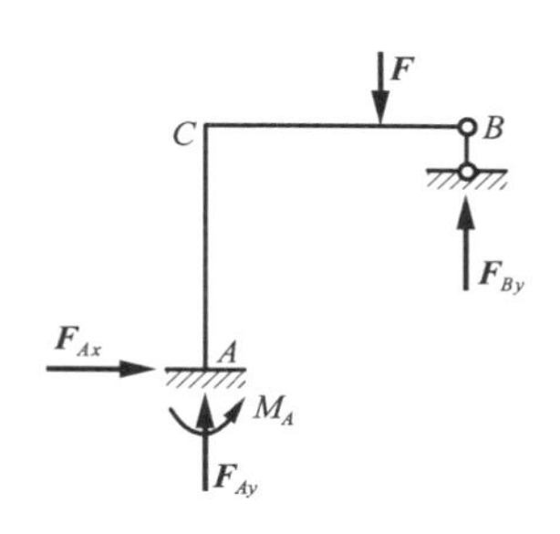

图 11-2　超静定结构

2. 超静定次数的确定

超静定次数的确定

超静定结构中多余约束的个数称为超静定次数，也就是多余未知力的个数。所以，结构超静定次数的确定方法是：去掉 n 个多余约束，使原结构变为一个静定结构，所去掉的多余约束的个数 n 就是结构的超静定次数，则称原结构为 n 次超静定。由此，可以采用去掉多余约束使超静定结构成为静定结构的方法，来确定该结构的超静定次数。

通常情况下，从超静定结构中去掉多余约束的方式有如下几种：

(1)去掉一根支座链杆或切断体系内部的一根链杆，相当于去掉一个约束，用一个约束反力代替该约束作用，如图 11-3(a)、(b)所示。

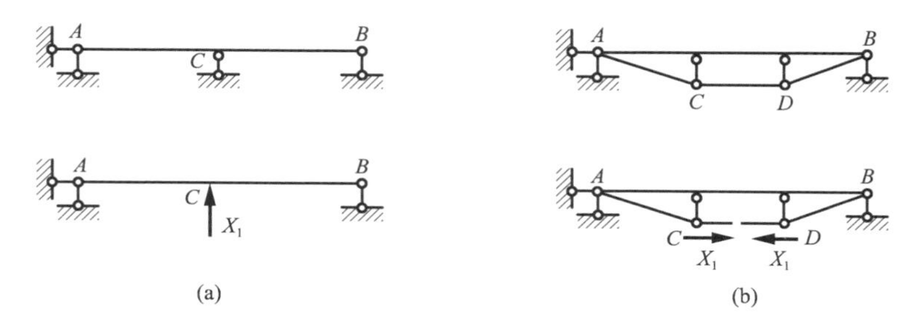

图 11-3　去掉超静定结构多余约束的方式(1)

(2)去掉一个固定铰支座或撤去一个单铰，相当于去掉两个约束，用两个约束反力代替该约束作用，如图 11-4(a)、(b)所示。

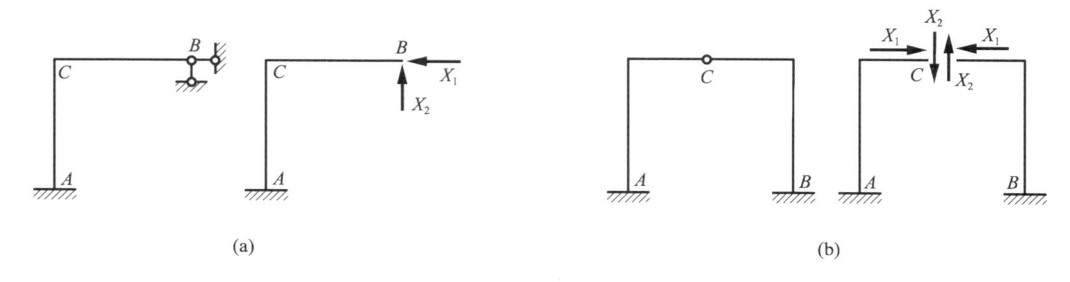

图 11-4　去掉超静定结构多余约束的方式(2)

(3)去掉一个固定支座或切断一根梁式杆，相当于去掉三个约束，用三个约束反力代替该约束作用，如图 11-5 所示。

(4)将一刚结点改为单铰连接或将一个固定支座改为固定铰支座，相当于去掉一个约束，用一个约束反力代替该约束作用，如图 11-6 所示。

采用上述方法，可以确定任何超静定结构的超静定次数。由于去掉多余约束的方案具有

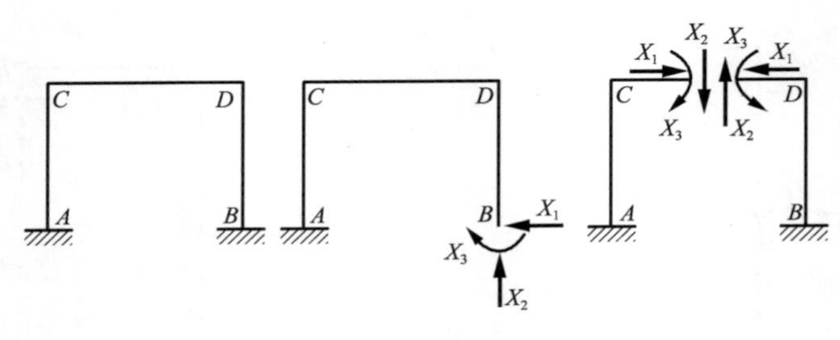

图 11-5　去掉超静定结构多余约束的方式(3)

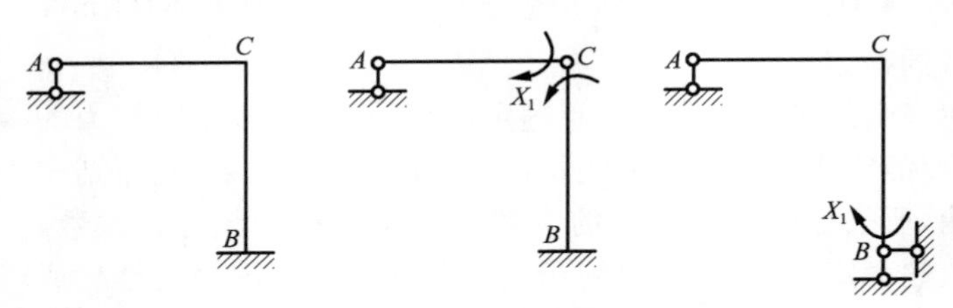

图 11-6　去掉超静定结构多余约束的方式(4)

多样性,所以同一超静定结构可以得到不同形式的静定结构体系。但是,不论采用哪种方式,最后所去掉多余约束的数目必然是相等的。另外,在去掉超静定结构的多余约束后,所得到的静定结构应是几何不变的。

11.2　力法计算超静定结构

1. 力法的基本原理

力法是以多余未知力作为基本未知量,以静定结构计算为基础,根据变形协调条件建立力法方程求解出多余未知力,从而把超静定结构计算问题转化为静定结构计算问题。

下面通过对一次超静定结构的分析,阐述力法的基本原理。

如图 11-7(a)所示单跨梁为一次超静定结构,将 B 支座链杆视为多余约束,去掉后所得悬臂梁称为用力法求解的基本结构。用多余未知力 X_1 代替 B 端的约束对原结构的作用,便得如图 11-7(b)所示的用力法求解的基本体系。为使基本结构与原结构等效,必须使如图 11-7(b) 所示基本结构满足 B 截面处沿 X_1 方向的位移与原结构该处位移相同的条件,即 $\Delta_1=0$。

若用 Δ_{11} 和 Δ_{1F} 分别表示多余未知力 X_1 和荷载 q 单独作用在基本结构上时,B 截面沿 X_1 方向产生的位移,如图 11-7(c)、(d)所示,这些位移与多余未知力的正方向相同时为正,根据叠加原理,有

$$\Delta_1=\Delta_{11}+\Delta_{1F}=0$$

若以 δ_{11} 表示 $\overline{X}_1=1$ 时,B 截面沿 X_1 方向产生的位移,则有 $\Delta_{11}=\delta_{11}X_1$,于是上式可改写成

$$\delta_{11}X_1+\Delta_{1F}=0 \qquad (11\text{-}1)$$

δ_{11} 和 Δ_{1F} 都是静定结构在已知力作用下的位移,可由位移计算方法求得。式(11-1)称为力法方程。

为了计算 δ_{11} 和 Δ_{1F},分别作出 $\overline{X}_1=1$ 和荷载 q 单独作用在基本结构上的弯矩图 $\overline{M}_1$ 图(图

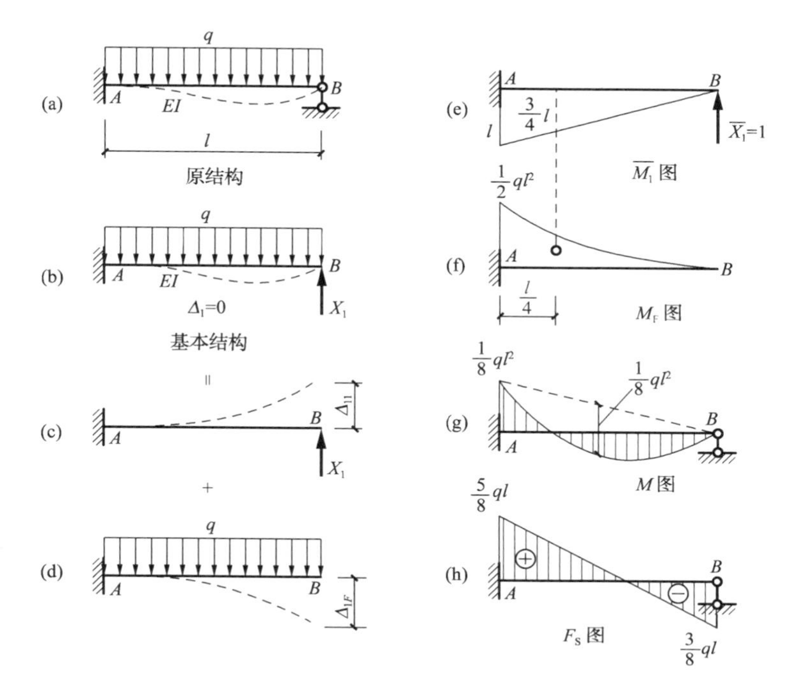

图 11-7 力法的基本原理

11-7(e))和 M_F 图(图 11-7(f)),应用图乘法可得

$$\delta_{11}=\frac{1}{EI}\times\frac{1}{2}\times l\times l\times\frac{2l}{3}=\frac{l^3}{3EI}$$

$$\Delta_{1F}=-\frac{1}{EI}\times\frac{1}{3}\times l\times\frac{ql^2}{2}\times\frac{3l}{4}=-\frac{ql^4}{8EI}$$

代入力法方程式(11-1)得

$$X_1=-\frac{\Delta_{1F}}{\delta_{11}}=\frac{3}{8}ql$$

多余未知力 X_1 求得后,即可用计算静定结构的方法来确定原结构的反力和内力,也可以用叠加公式计算原结构的弯矩

$$M=\overline{M}_1X_1+M_F$$

其杆端弯矩分别为

$M_{BA}=0$

$M_{AB}=\overline{M}_1X_1+M_F=l\times\frac{3}{8}ql-\frac{1}{2}ql^2=-\frac{1}{8}ql^2$(上侧受拉)

杆端弯矩求出后可用叠加法作弯矩图。最后弯矩图如图 11-7(g)所示。

剪力可用杆端弯矩及杆上的荷载按平衡条件求出,最后作出剪力图如图 11-7(h)所示。

综上所述,我们把这种取多余未知力作为基本未知量,通过基本结构,利用计算静定结构的位移,达到求解超静定结构的方法,称为力法。

用力法计算超静定结构时,解除超静定结构的多余约束而得到静定的基本结构后,整个计算过程自始至终都是在基本结构上进行的,这就把超静定结构的计算问题,转化为静定结构的位移和内力计算问题。

2. 力法的典型方程

用力法计算超静定结构的关键在于根据已知的位移条件建立力法方程,以求解多余未知力。下面就超静定结构力法方程的形式及建立进行讨论。

如图 11-8(a)所示刚架为二次超静定结构，取如图 11-8(b)所示悬臂刚架作为基本结构进行计算。原结构中支座 C 为固定铰支座，因而基本结构中 C 截面沿 X_1、X_2 方向的位移应等于零，即 $\Delta_1=0$，$\Delta_2=0$。

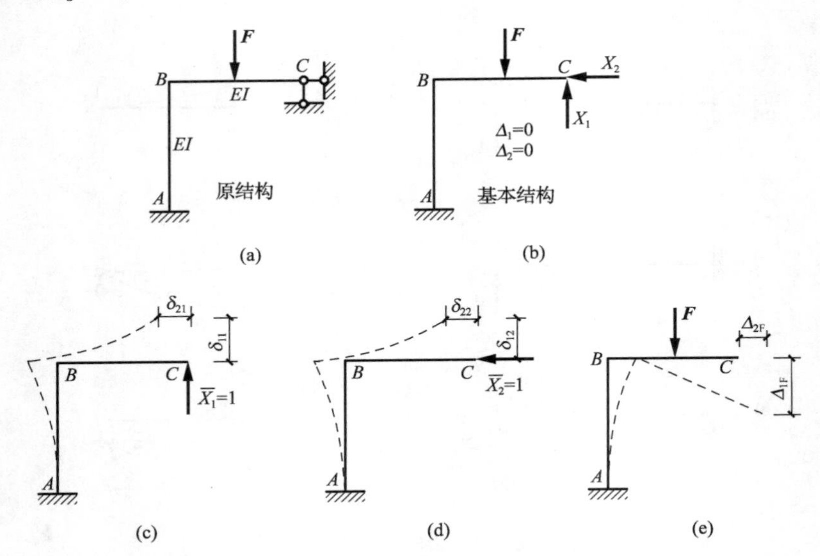

图 11-8 建立求解多余未知力的位移方程

设单位力 $\overline{X}_1=1$、$\overline{X}_2=1$ 和荷载 F 单独作用于基本结构上时，在 C 处沿 X_1 方向的位移分别为 δ_{11}、δ_{12} 和 Δ_{1F}，沿 X_2 方向的位移分别为 δ_{21}、δ_{22} 和 Δ_{2F}。根据叠加原理，C 处应满足的位移条件可表示为

$$\begin{aligned}\Delta_1=\delta_{11}X_1+\delta_{12}X_2+\Delta_{1F}=0\\ \Delta_2=\delta_{21}X_1+\delta_{22}X_2+\Delta_{2F}=0\end{aligned} \tag{11-2}$$

式(11-2)就是由位移条件所建立的求解 X_1、X_2 的二次超静定结构的力法方程。

对于 n 次超静定结构有 n 个多余约束，也就是有 n 个多余未知力 $X_1,X_2,\cdots,X_n$，且在 n 个多余约束处有 n 个已知的位移条件，故可建立 n 个方程，例如原结构在荷载作用下各多余约束处的位移为零时，有

$$\left.\begin{aligned}\delta_{11}X_1+\delta_{12}X_2+\cdots+\delta_{1i}X_i+\cdots+\delta_{1n}X_n+\Delta_{1F}=0\\ \delta_{21}X_1+\delta_{22}X_2+\cdots+\delta_{2i}X_i+\cdots+\delta_{2n}X_n+\Delta_{2F}=0\\ \cdots\cdots\cdots\cdots\cdots\cdots\cdots\cdots\cdots\cdots\cdots\cdots\\ \delta_{n1}X_1+\delta_{n2}X_2+\cdots+\delta_{ni}X_i+\cdots+\delta_{nn}X_n+\Delta_{nF}=0\end{aligned}\right\} \tag{11-3}$$

式(11-3)为力法方程的一般形式，常称为力法典型方程。其物理意义是基本结构在全部多余未知力和已知荷载作用下，沿着每个多余未知力方向的位移，应与原结构相应的位移相等。

上列方程中，系数 δ_{ii} 称为主系数，δ_{ij} 称为副系数，Δ_{iF} 称为自由项。主系数恒为正值，对称的副系数相等。

由力法方程解出多余未知力 $X_1,X_2,\cdots,X_n$ 后，即可按照静定结构的分析方法求得原结构的约束反力和内力。或按下述叠加公式求出弯矩

$$M=X_1\overline{M}_1+X_2\overline{M}_2+\cdots+X_n\overline{M}_n+M_F \tag{11-4}$$

再根据平衡条件即可求得剪力和轴力。

3. 力法的计算步骤和计算示例

用力法计算超静定结构的步骤可归纳如下：

①选取基本结构。去掉原结构的多余约束，以相应的未知力代替多余约束的作用。

②建立力法典型方程。根据基本结构在多余力和原荷载的共同作用，在去掉多余约束处的位移与原结构中相应的位移相等的位移条件，建立力法典型方程。

③计算系数和自由项。为此，须分别绘出基本结构的单位弯矩图和荷载弯矩图，然后用图乘法计算系数和自由项。

④解方程，求解多余未知力。

⑤作内力图。

下面分别举例说明用力法计算荷载作用下的超静定梁、刚架和桁架内力的方法。

(1)超静定梁和刚架

计算超静定梁和刚架时，通常忽略剪力和轴力对位移的影响，而只考虑弯矩的影响，因此使计算得到简化。

【例 11-1】 两端固定的超静定梁如图 11-9(a)所示，全跨承受均布荷载 q 的作用，试绘制梁的弯矩图。

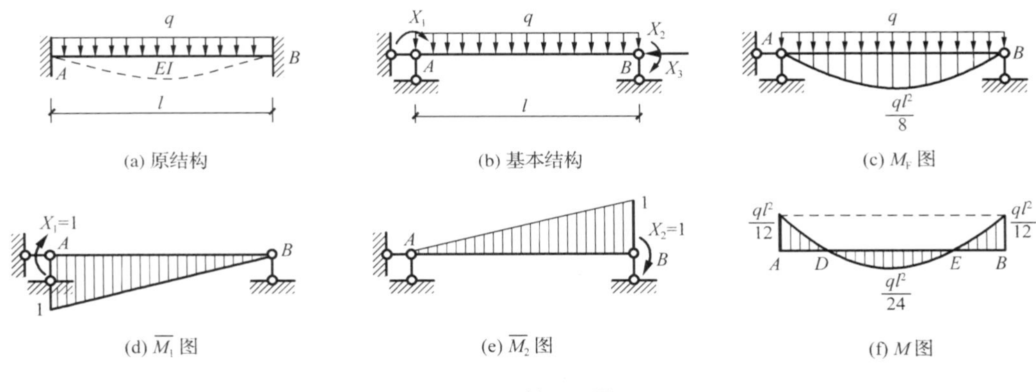

图 11-9　例 11-1 图

解　(1)选取基本结构

这是一个三次超静定梁，可去掉 A、B 端的转动约束和 B 端的水平约束，代之以相应的多余未知力 X_1、X_2 和 X_3，可得如图 11-9(b)所示的简支梁作为基本结构。

(2)建立力法典型方程

在竖向荷载作用下，当不考虑梁的轴向变形时，可认为轴向约束为零，即 $X_3=0$。基本结构在多余未知力 X_1、X_2 及荷载的共同作用下，应满足在 A 端和 B 端的角位移等于零的位移条件。因此力法典型方程为

$$\delta_{11}X_1+\delta_{12}X_2+\Delta_{1F}=0$$

$$\delta_{21}X_1+\delta_{22}X_2+\Delta_{2F}=0$$

(3)计算系数和自由项

分别作基本结构在荷载作用下的弯矩图 M_F 图以及在单位力 $\overline{X}_1=1$ 和 $\overline{X}_2=1$ 作用下的弯矩图 $\overline{M}_1$ 图和 $\overline{M}_2$ 图，如图 11-9(c)、(d)、(e)所示。利用图乘法计算各系数和自由项分别为：

由 $\overline{M}_1$ 图自乘，可得

$$\delta_{11}=\frac{1}{EI}\times\frac{1}{2}\times l\times 1\times\frac{2}{3}=\frac{l}{3EI}$$

由 $\overline{M}_2$ 图自乘，可得

$$\delta_{22}=\frac{1}{EI}\times\frac{1}{2}\times l\times 1\times\frac{2}{3}=\frac{l}{3EI}$$

由 $\overline{M}_1$ 图与 $\overline{M}_2$ 图互乘，可得

$$\delta_{12}=\delta_{21}=-\frac{1}{EI}\times\frac{1}{2}\times l\times 1\times\frac{1}{3}=-\frac{l}{6EI}$$

由 $\overline{M}_1$ 图与 M_F 图互乘，可得

$$\Delta_{1F}=\frac{1}{EI}\times\frac{2}{3}\times l\times\frac{1}{8}ql^2\times\frac{1}{2}=\frac{ql^3}{24EI}$$

由 $\overline{M}_2$ 图与 M_F 图互乘，可得

$$\Delta_{2F}=-\frac{1}{EI}\times\frac{2}{3}\times l\times\frac{1}{8}ql^2\times\frac{1}{2}=-\frac{ql^3}{24EI}$$

(4)求多余未知力

将以上各系数和自由项代入力法方程得

$$\frac{l}{3EI}X_1-\frac{l}{6EI}X_2+\frac{ql^3}{24EI}=0$$

$$-\frac{l}{6EI}X_1+\frac{l}{3EI}X_2-\frac{ql^3}{24EI}=0$$

解得

$$X_1=-\frac{1}{12}ql^2,\quad X_2=\frac{1}{12}ql^2$$

(5)绘制弯矩图

由 $M=X_1\overline{M}_1+X_2\overline{M}_2+M_F$ 绘出最后的弯矩图如图 11-9(f)所示。

【例 11-2】 作如图 11-10(a)所示超静定刚架的内力图。已知刚架各杆 EI 均为常数。

解 (1)选取基本结构

此结构为二次超静定刚架，去掉 C 支座约束，代之以相应的多余未知力 X_1、X_2 得如图 11-10(b) 所示悬臂刚架作为基本结构。

(2)建立力法典型方程

原结构 C 支座处无竖向位移和水平位移，则其力法典型方程为

$$\delta_{11}X_1+\delta_{12}X_2+\Delta_{1F}=0$$

$$\delta_{21}X_1+\delta_{22}X_2+\Delta_{2F}=0$$

(3)计算系数和自由项

分别作基本结构的荷载弯矩图 M_F 图和单位弯矩图 $\overline{M}_1$ 图、$\overline{M}_2$ 图，如图 11-10(c)、(d)、(e)所示。利用图乘法计算各系数和自由项分别为

$$\delta_{11}=4a^3/3EI,\quad \delta_{22}=a^3/3EI,\quad \delta_{12}=\delta_{21}=a^3/2EI$$

$$\Delta_{1F}=-5qa^4/8EI,\quad \Delta_{2F}=-qa^4/4EI$$

(4)求多余未知力

将以上各系数和自由项代入力法方程得

$$\frac{4a^3}{3EI}X_1+\frac{a^3}{2EI}X_2-\frac{5qa^4}{8EI}=0$$

$$\frac{a^3}{2EI}X_1+\frac{a^3}{3EI}X_2-\frac{qa^4}{4EI}=0$$

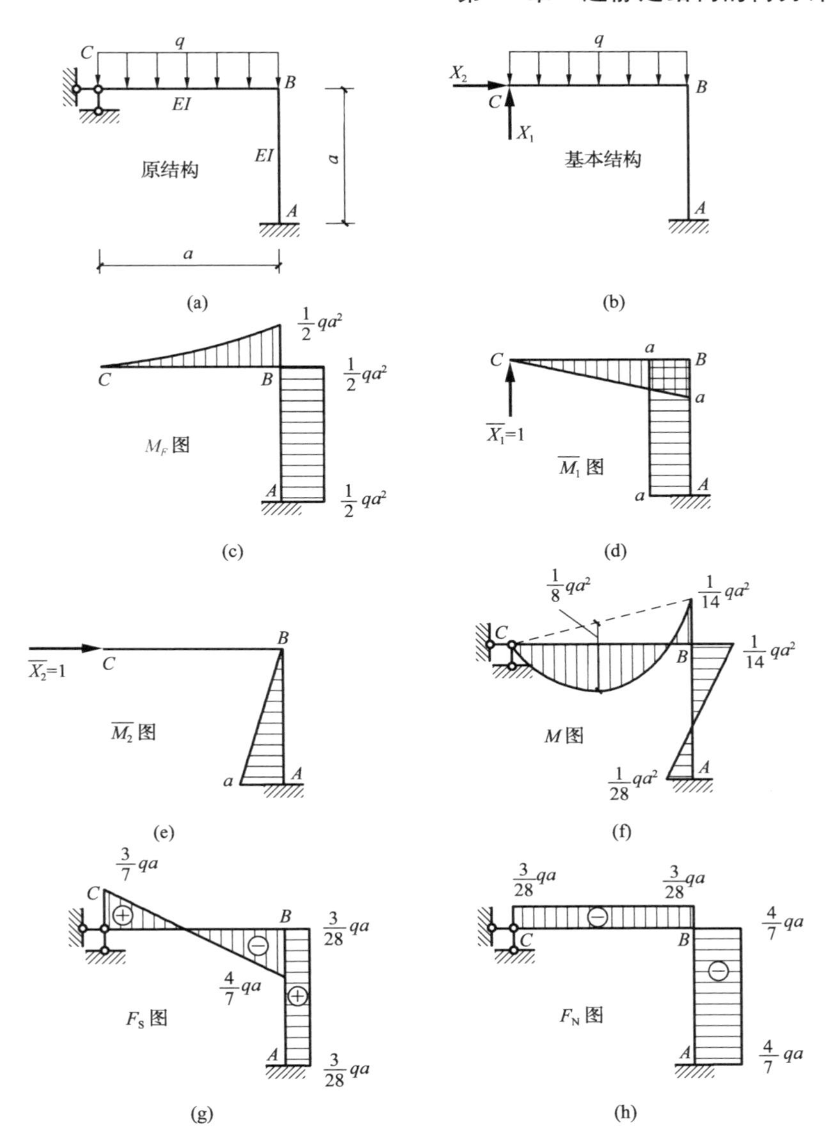

图 11-10　例 11-2 图

解得

$$X_1=\frac{3}{7}qa,\quad X_2=\frac{3}{28}qa$$

(5)作内力图

①根据叠加原理作弯矩图,如图 11-10(f)所示。

②根据弯矩图和荷载作剪力图,如图 11-10(g)所示。

③根据剪力图和荷载利用结点平衡作轴力图,如图 11-10(h)所示。

(2)超静定桁架

在桁架中各杆的内力只有轴力,故力法典型方程中系数和自由项的计算,只考虑轴力的影响。

【例 11-3】　试计算如图 11-11(a)所示超静定桁架的轴力。已知桁架各杆 EA 均为常数。

解　(1)选取基本结构

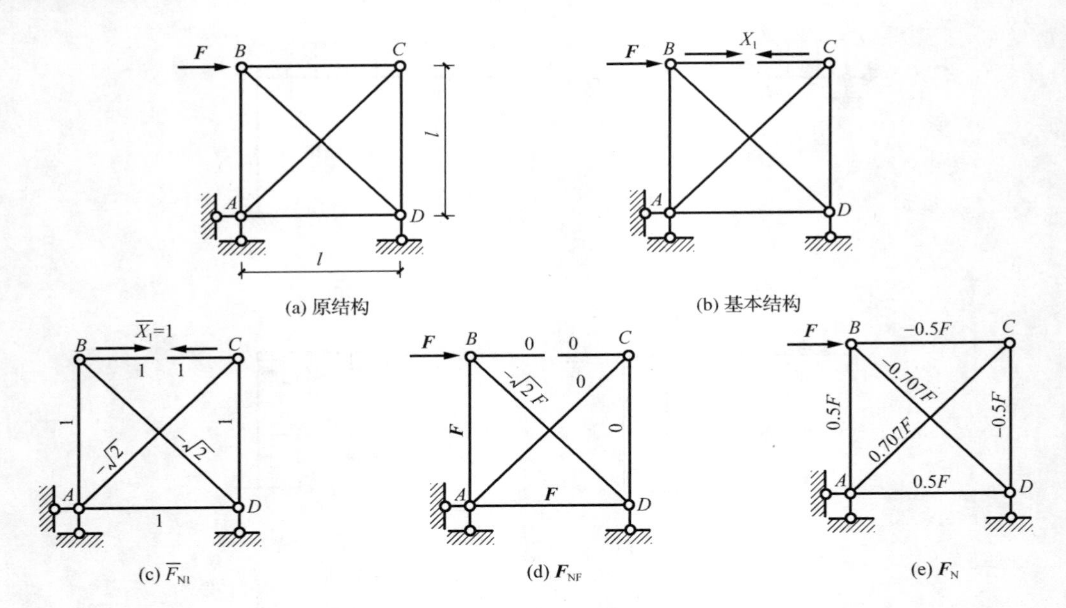

图 11-11　例 11-3 图

此桁架为一次超静定结构，选 BC 杆作为多余约束，将其切断并代之以相应的多余未知力 X_1，得如图 11-11(b)所示的基本结构。

(2)建立力法典型方程

根据基本结构在多余未知力及荷载共同作用下 BC 杆切口两侧截面沿杆轴方向的相对线位移为零的条件，建立力法典型方程为

$$\delta_{11}X_1+\Delta_{1F}=0$$

(3)计算系数和自由项

按静定桁架内力的计算方法，分别求出基本结构在荷载和 $\overline{X}_1=1$ 单独作用下的内力 $\overline{F}_{N1}$ 和 F_{NF}，如图 11-11(c)、(d)所示。系数和自由项计算分别为

$$\delta_{11}=\sum\frac{\overline{F}_N\overline{F}_N l}{EA}=\frac{2}{EA}\left[1^2\times l+1^2\times a+(-\sqrt{2})^2\times\sqrt{2}\,l\right]=\frac{2l}{EA}(2+\sqrt{2})$$

$$\Delta_{1F}=\sum\frac{\overline{F}_N F_N l}{EA}=\frac{1}{EA}\left[1\times F\times l+1\times F\times l+(-\sqrt{2}F)\times(-\sqrt{2})\times\sqrt{2}\,l\right]=\frac{Fl}{EA}(2+\sqrt{2})$$

(4)求多余未知力

将系数和自由项代入力法典型方程，解得

$$X_1=-\frac{F}{2}\text{(压力)}$$

(5)计算各杆最后轴力

由 $F_N=X_1\overline{F}_{N1}+F_{NF}$ 求得各杆轴力如图 11-11(e)所示。

11.3　位移法计算超静定结构

力法是以多余约束反力为基本未知量，通过变形条件建立典型力法方程，将这些未知量求出，然后通过平衡条件计算结构的其他支座反力、内力和位移。当结构的超静定次数较高时，用力法计算比较麻烦。而位移法则是以独立的结点位移为基本未知量，首先求出它们，然后再

通过位移与内力之间确定的对应关系，计算出结构的内力。由于未知量个数与超静定次数无关，故一些高次超静定结构用位移法计算比较简便。

1. 位移法的基本未知量

位移法是以结点位移作为基本未知量，结点位移有两种，即结点角位移和独立结点线位移。运用位移法计算时，首先要明确基本未知量。

(1)结点角位移

在结构中，相交于同一刚结点的各杆端其转角相等，即每一个刚结点处只有一个独立的角位移。因此，结构的结点角位移数目等于该结构中刚结点的数目。

如图 11-12 所示刚架，只有 B 结点为刚结点，所以只有一个角位移 θ_B。这里要注意：固定铰支座和可动铰支座不约束杆件的转动，其角位移随刚结点 B 处的角位移而变化，不是独立的，所以不能作为基本未知量。固定端支座 D 的角位移是已知的，且为零，不需作为未知量。如图 11-13 所示连续梁，B、C 处均为刚结点，有两个角位移 θ_B 和 θ_C。

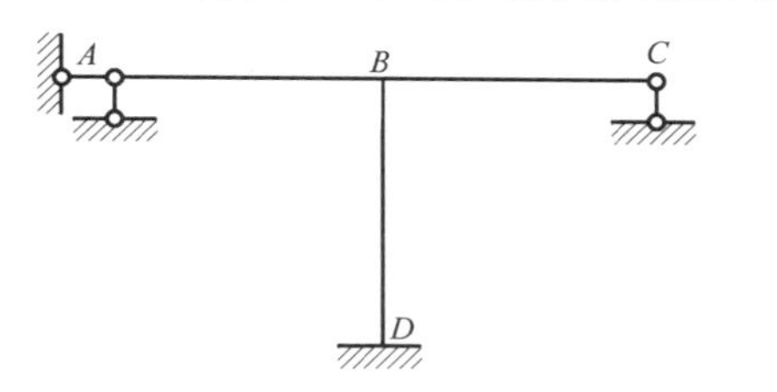

图 11-12　刚架 B 结点有一个角位移

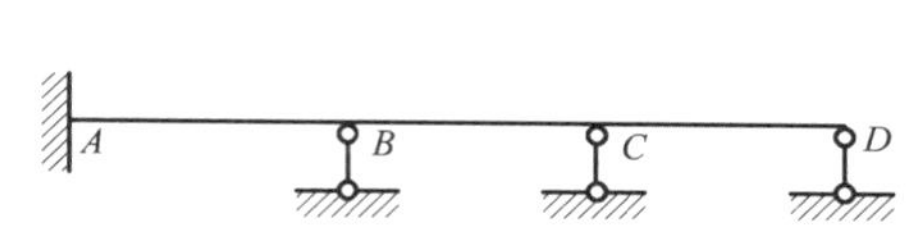

图 11-13　连续梁 B、C 结点各有一个角位移

(2)结点线位移

刚结点在转动的同时，也要发生移动，其最终的位置和原位置间的距离，称为结点的线位移。在位移法中，往往不考虑杆件的轴向变形和剪切变形，弯曲也非常微小，于是认为受弯直杆两端之间的距离在变形后保持不变，所以杆端结点沿杆轴线的线位移是相等的，如图 11-14(a)所示刚架，由于忽略了杆件长度的改变，所以 C、D 两结点的线位移相同，均为 Δ_1，因此，该两结点共有一个独立的结点线位移。同理 E、F 两结点也共有一个独立的结点线位移 Δ_2。所以，该刚架有两个独立结点线位移。

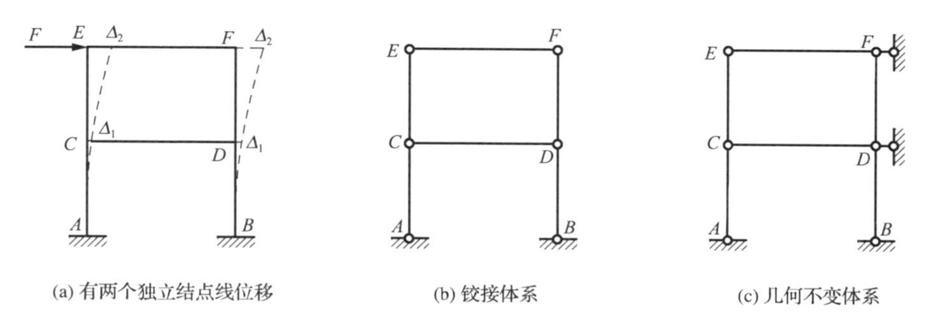

(a) 有两个独立结点线位移　(b) 铰接体系　(c) 几何不变体系

图 11-14　独立结点线位移和铰化结点判断法

对于简单的结构可以用直观的方法来判定。当独立的结点线位移的数目不易直观判定时，可以用几何组成分析的方法采用铰化法来判定。将所有刚结点及固定端支座都改为铰结点和固定铰支座。若此体系几何不变，则结构无独立结点线位移；若该体系为可变体系，添加链杆使其成为无多余约束的几何不变体系，则原结构的独立结点线位移数就等于所加链杆的数目。

如图 11-14(a)所示刚架，把结点 A、B、C、D、E、F 改为铰结点后，得到如图 11-14(b)所示的铰接体系，该体系几何可变，需增加两根链杆才能成为几何不变体系，如图 11-14(c)所示，所以该刚架具有两个独立结点线位移。

如图 11-12 所示刚架，把结点 B、D 改为铰结点后，得到如图 11-15 所示的铰接体系，该体系为几何不变体系，所以原结构无结点线位移。

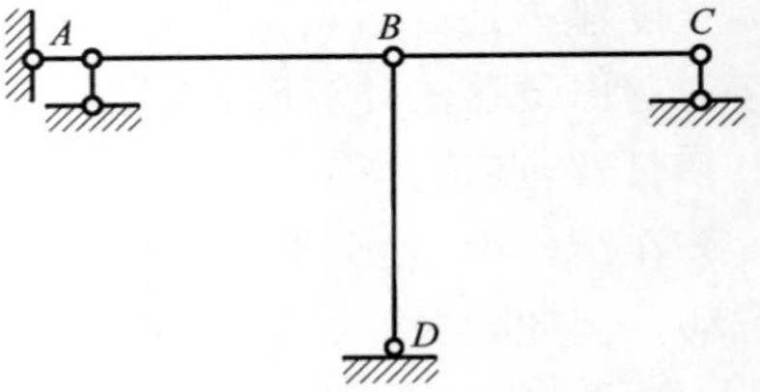

图 11-15 铰接体系

位移法基本未知量的数目等于结点角位移与独立结点线位移数目的总和。

2. 等截面单跨超静定梁的杆端内力

在计算超静定结构时，需要将结构拆成单杆，就要用到等截面单跨超静定梁的杆端内力。常见的三种类型等截面单跨超静定梁如图 11-16 所示，其中图 11-16(a)所示为两端固定的梁；图 11-16(b)所示为一端固定另一端铰支的梁（在竖向荷载作用下，固定铰支座与可动铰支座的作用相同）；图 11-16(c)所示为一端固定另一端为定向支座的梁。

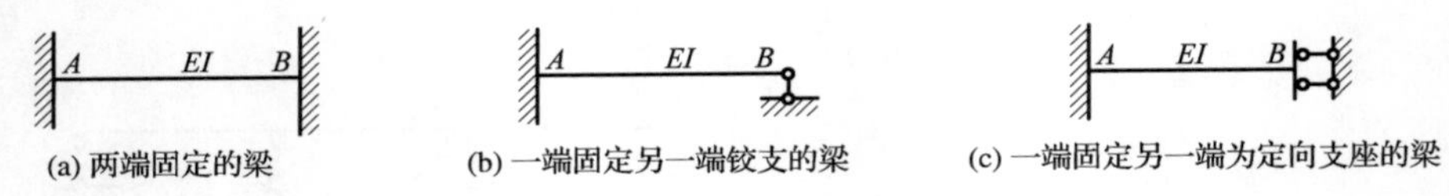

图 11-16 单跨超静定梁的形式

为了计算方便，在位移法中杆端内力均采用两个下标来表示，其中前一个下标表示该弯矩或剪力所在杆件的近端；后一个下标表示杆件的另一端。如图 11-17 所示的等截面 AB 梁，位于梁近端 A 端的内力分别用 M_{AB} 和 F_{SAB} 表示，而远端 B 端分别用 M_{BA} 和 F_{SBA} 表示。

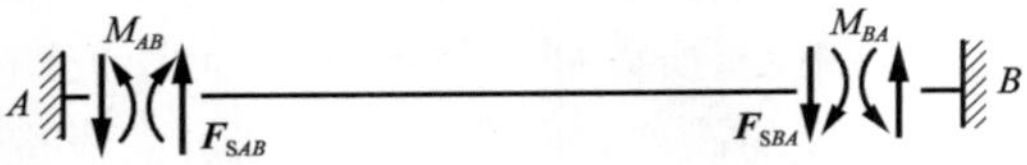

图 11-17 杆端内力及正负号规定

单跨超静定梁仅由于荷载作用所产生的杆端弯矩和杆端剪力分别称为固端弯矩和固端剪力。固端弯矩用 M_{AB}^{F}、M_{BA}^{F} 表示，固端剪力用 F_{SAB}^{F}、F_{SBA}^{F} 表示。

对于各种超静定梁，当其上作用某种形式的荷载或支座位移时，用力法可计算出超静定梁的杆端内力，列于表 11-1 中，以供查用。其中 $i=EI/l$，称为杆件的线刚度。

表 11-1 等截面单跨超静定梁的杆端弯矩和剪力

编号	梁的简图和变形图形	弯矩图		杆端剪力	
		M_{AB}	M_{BA}	F_{SAB}	F_{SBA}
1	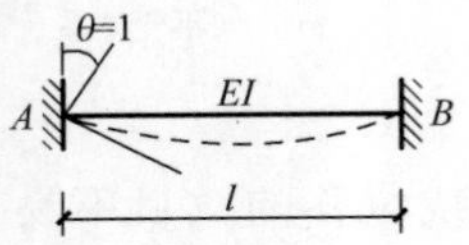 $\theta=1$，A，EI，B，l	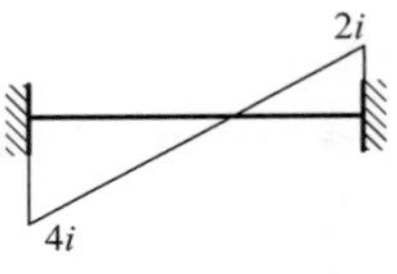 $4i$	$2i$	$\frac{-6EI}{l^2}=-6\frac{i}{l}$	$\frac{-6EI}{l^2}=-6\frac{i}{l}$
2	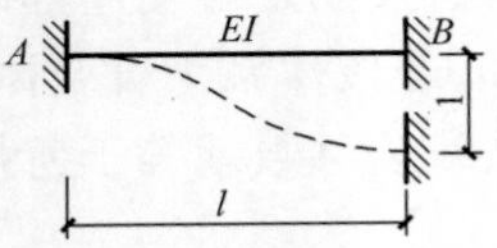 A，EI，B，1，l	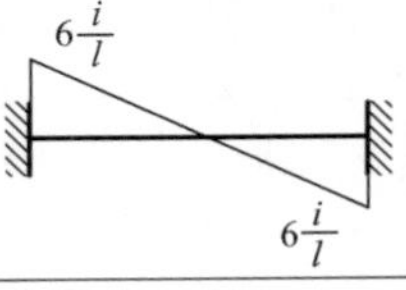 $6\frac{i}{l}$	$6\frac{i}{l}$	$12\frac{EI}{l^3}=12\frac{i}{l^2}$	$12\frac{EI}{l^3}=12\frac{i}{l^2}$

（续表）

编号	梁的简图和变形图形	弯矩图		杆端剪力	
		M_{AB}	M_{BA}	F_{SAB}	F_{SBA}
3	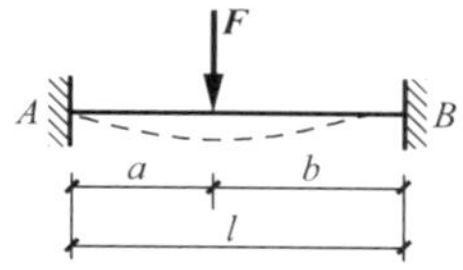 F, A, B, a, b, l	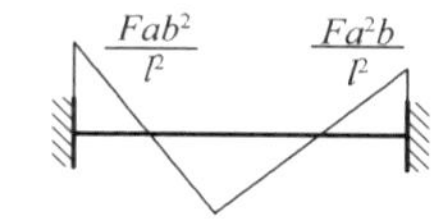 $\frac{Fab^2}{l^2}$	$\frac{Fa^2b}{l^2}$	$\frac{Fb^2(l+2a)}{l^3}$	$-\frac{Fa^2(l+2b)}{l^3}$
4	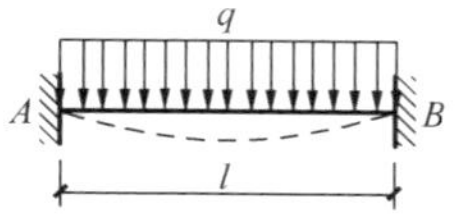 q, A, B, l	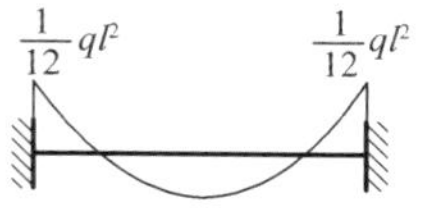 $\frac{1}{12}ql^2$	$\frac{1}{12}ql^2$	$\frac{1}{2}ql$	$-\frac{1}{2}ql$
5	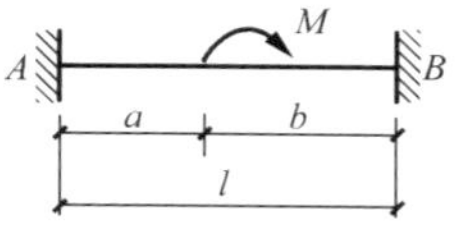 M, A, B, a, b, l	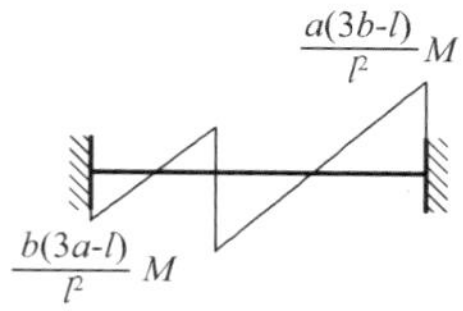 $\frac{b(3a-l)}{l^2}M$	$\frac{a(3b-l)}{l^2}M$	$-\frac{6ab}{l^3}M$	$-\frac{6ab}{l^3}M$
6	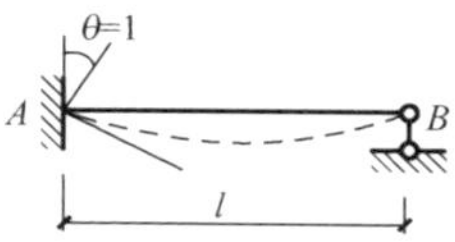 $\theta=1$, A, B, l	 $3i$		$-\frac{3EI}{l^2}=-3\frac{i}{l}$	$-\frac{3EI}{l^2}=-3\frac{i}{l}$
7	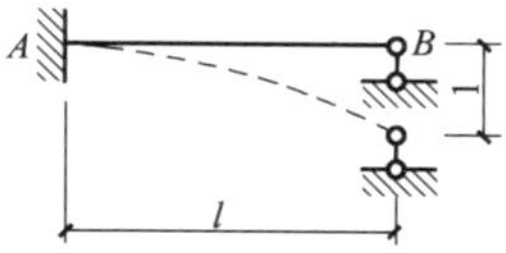 A, B, 1, l	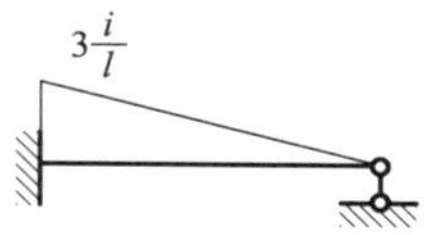 $3\frac{i}{l}$		$\frac{3EI}{l^3}=3\frac{i}{l^2}$	$\frac{3EI}{l^3}=3\frac{i}{l^2}$
8	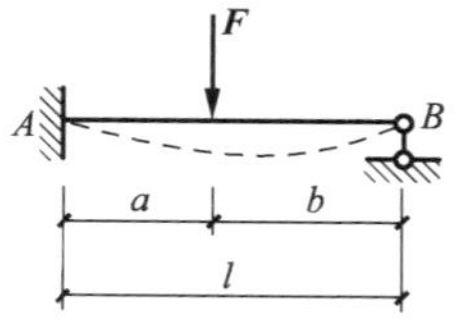 F, A, B, a, b, l	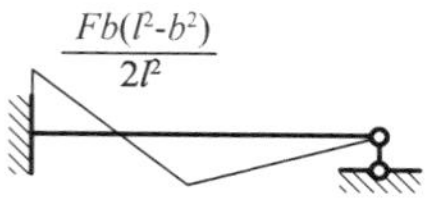 $\frac{Fb(l^2-b^2)}{2l^2}$		$\frac{Fb(3l^2-b^2)}{2l^3}$	$-\frac{Fa^2(3l-a)}{2l^3}$
9	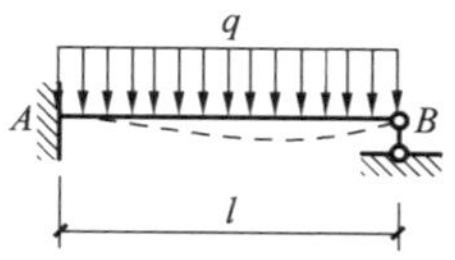 q, A, B, l	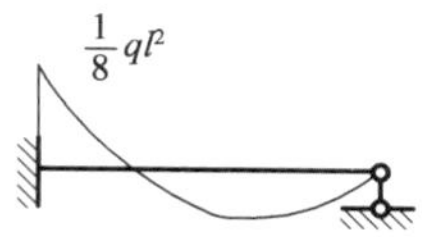 $\frac{1}{8}ql^2$		$\frac{5}{8}ql$	$-\frac{3}{8}ql$
10	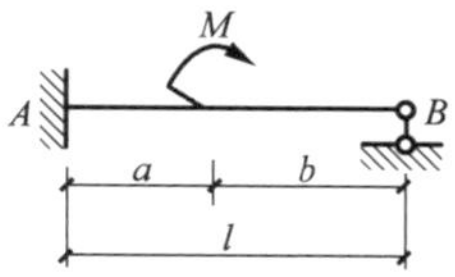 M, A, B, a, b, l	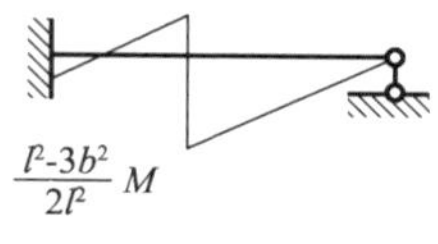 $\frac{l^2-3b^2}{2l^2}M$		$\frac{-3(l^2-b^2)}{2l^3}M$	$-\frac{3(l^2-b^2)}{2l^3}M$

（续表）

编号	梁的简图和变形图形	弯矩图		杆端剪力	
		M_{AB}	M_{BA}	F_{SAB}	F_{SBA}
11		i	i	0	0
12		$\frac{Fa(2l-a)}{2l}$	$\frac{Fa^2}{2l}$	F	0
13		$\frac{1}{3}ql^2$	$\frac{1}{6}ql^2$	ql	0

在位移法中杆端力和杆端位移，采用以下正负号规定：

(1)杆端力　杆端弯矩 M_{AB}、M_{BA} 对杆端以顺时针方向转动为正；杆端剪力 F_{SAB}、F_{SBA} 以该剪力使杆产生顺时针转动为正，如图 11-17 所示，反之为负。

(2)杆端位移　杆端角位移 θ_A、θ_B 以顺时针方向转动为正；杆两端相对线位移 Δ_{AB} 使杆产生顺时针方向转动为正，如图 11-18 所示，反之为负。

在计算图中，杆端位移和杆端力均以正向标出。

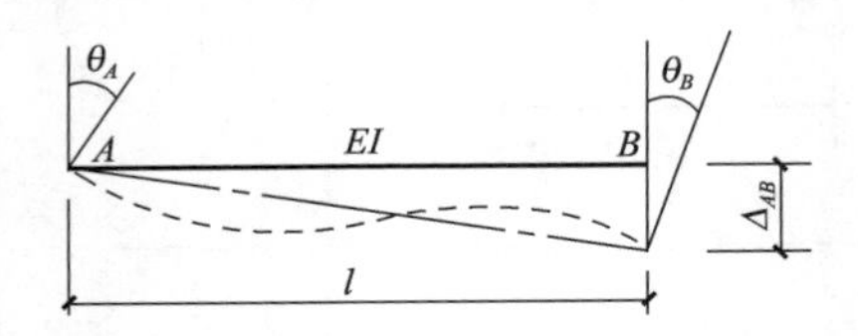

图 11-18　杆端角位移和相对线位移正负号规定

杆端力与杆端位移的正负号规定

3. 位移法原理

如图 11-19(a)所示超静定刚架，在荷载的作用下产生图中虚线所示的变形曲线。此刚架没有独立结点线位移，只有刚结点 A 处的角位移，记为 θ_A，假设为顺时针方向转动。

将刚架拆为两个单杆。AB 杆 B 端为固定支座，A 端为刚结点，视为固定支座，所以 AB 杆为两端固定的杆件，没有荷载作用，只有 A 端有角位移 θ_A，如图 11-19(b)所示，AC 杆 C 端为固定铰支座，视为垂直于杆轴线的可动铰支座，A 端为刚结点，视为固定支座，所以 AC 杆为一端固定，另一端铰支的杆件，跨中作用一个集中力，A 端同样有一个角位移 θ_A，如图 11-19(c)所示。

直接查表，写出各杆的杆端弯矩表达式(注意到 AC 杆既有荷载，又有结点角位移，故应叠加)。

$$M_{BA}=2i\theta_A,\quad M_{AB}=4i\theta_A,\quad M_{AC}=3i\theta_A-\frac{3}{16}Fl,\quad M_{CA}=0$$

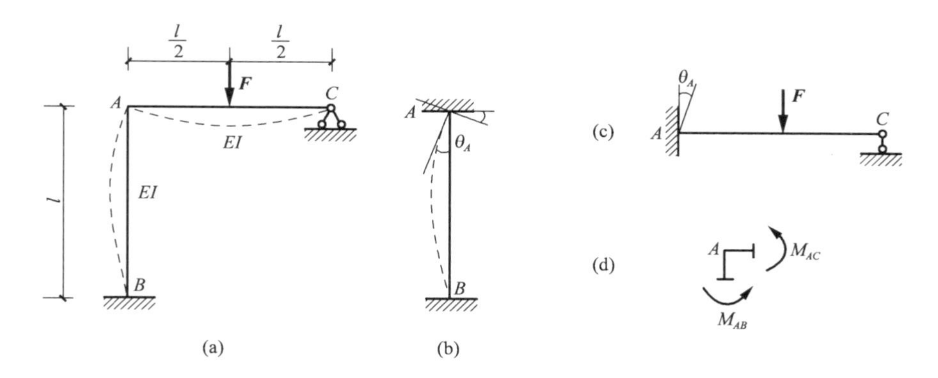

图 11-19　位移法原理

以上各杆端弯矩表达式中均含有未知量 θ_A，所以又称为转角位移方程。

为了求出位移未知量，我们来研究结点 A 的平衡，取隔离体如图 11-19(d)所示。

根据 $\sum M_A=0$ 有

$$M_{AB}+M_{AC}=0$$

把上面 M_{AB}、M_{AC} 的表达式代入

$$4i\theta_A+3i\theta_A-\frac{3}{16}Fl=0$$

解得

$$i\theta_A=\frac{3}{112}Fl$$

结果为正，说明转向和原来假设的顺时针方向一致。

再把 $i\theta_A$ 代回各杆端弯矩式得：

$M_{BA}=\dfrac{3}{56}Fl$（顺时针、右侧受拉），　$M_{AB}=\dfrac{6}{56}Fl$（顺时针、左侧受拉）

$M_{AC}=-\dfrac{6}{56}Fl$（逆时针、上侧受拉），　$M_{CA}=0$

根据杆端弯矩及区段叠加法，可作出弯矩图，亦可作出剪力图、轴力图，如图 11-20 所示。

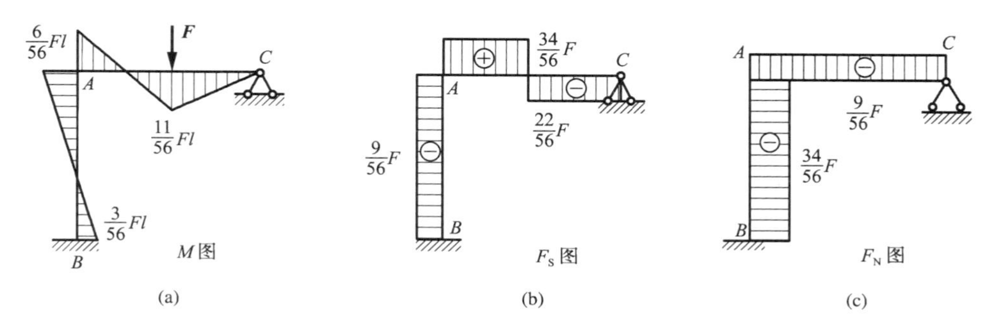

图 11-20　刚架内力图

通过以上叙述可知，位移法的基本思路就是选取结点位移为基本未知量，把每段杆件视为独立的单跨超静定梁，然后根据其位移以及荷载写出各杆端弯矩的表达式，再利用静力平衡条件求解出位移未知量，进而求解出各杆端弯矩。

该方法正是采用了位移作为未知量，故称为位移法。而力法则以多余未知力为基本未知

量，故称为力法。在建立方程的时候，位移法是根据静力平衡条件来建立，而力法则是根据位移几何条件来建立，这是两个方法的相互对应之处。

4. 位移法的应用

利用位移法求解超静定结构的一般步骤如下：

(1)确定基本未知量。

(2)将结构拆成单杆。

(3)查表 11-1，列出各杆端转角位移方程。

(4)根据平衡条件建立平衡方程(一般对有转角位移的刚结点取力矩平衡方程，有结点线位移时，则考虑线位移方向的静力平衡方程)。

(5)解出未知量，求出杆端内力。

(6)作出内力图。

【例 11-4】 用位移法计算如图 11-21(a)所示连续梁，并作出弯矩图和剪力图，已知 $F=\frac{3}{2}ql$，各杆刚度 EI 为常数。

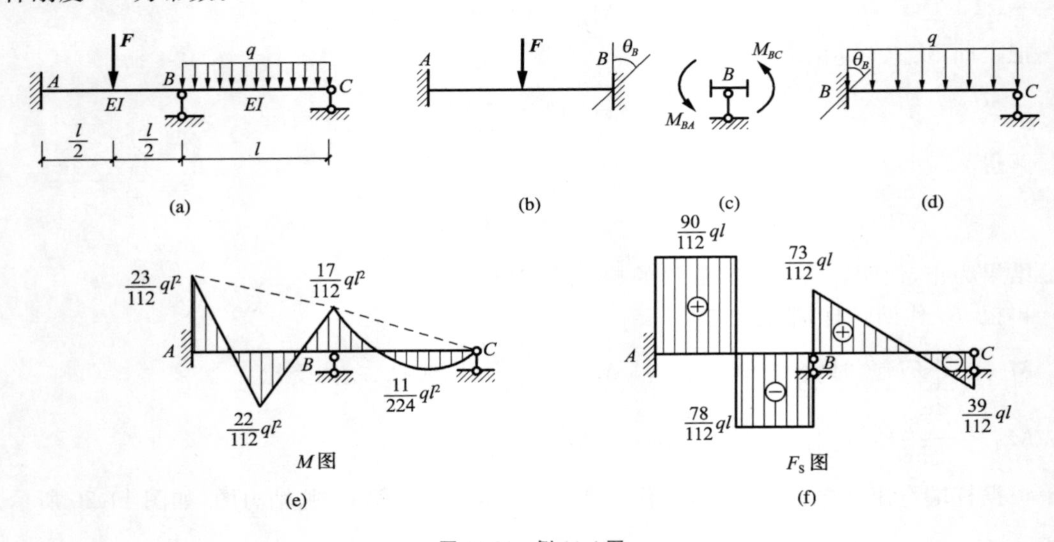

图 11-21 例 11-4 图

解 (1)确定基本未知量

此连续梁只有一个刚结点 B，转角位移个数为 1，记作 θ_B，整个梁无线位移，因此，基本未知量只有 B 结点角位移 θ_B。

(2)将连续梁拆成两个单杆，如图 11-21(b)、(d)所示。

(3)查表 11-1，写出转角位移方程

$$M_{AB}=2i\theta_B-\frac{1}{8}Fl=2i\theta_B-\frac{3}{16}ql^2,\quad M_{BA}=4i\theta_B+\frac{1}{8}Fl=4i\theta_B+\frac{3}{16}ql^2$$

$$M_{BC}=3i\theta_B-\frac{1}{8}ql^2,\quad M_{CB}=0$$

(4)考虑刚结点 B 的力矩平衡，如图 11-21(c)所示。

由 $\sum M_B=0$，$M_{BA}+M_{BC}=0$，即

$$4i\theta_B+3i\theta_B+\frac{1}{16}ql^2=0$$

解得

$$i\theta_B=-\frac{1}{112}ql^2$$

负号说明 θ_B 逆时针转。

(5)代入转角位移方程,求出各杆的杆端弯矩

$$M_{AB}=2i\theta_B-\frac{3}{16}ql^2=-\frac{23}{112}ql^2,\quad M_{BA}=4i\theta_B+\frac{3}{16}ql^2=\frac{17}{112}ql^2$$

$$M_{BC}=3i\theta_B-\frac{1}{8}ql^2=\frac{17}{112}ql^2,\quad M_{CB}=0$$

(6)根据杆端弯矩求出杆端剪力,并作出弯矩图、剪力图,如图 11-21(e)、(f)所示。

【例 11-5】 用位移法计算如图 11-22(a)所示超静定刚架,并作出此刚架的内力图。

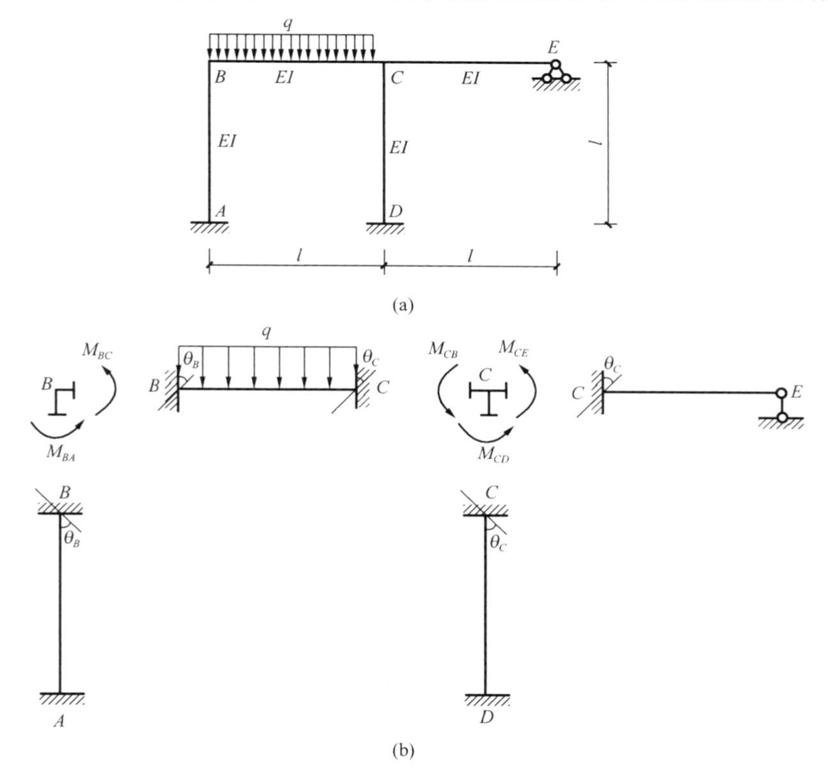

图 11-22　例 11-5 图

解　(1)确定基本未知量

该刚架有 B、C 两个刚结点,所以有两个转角位移,分别记为 θ_B、θ_C。

(2)将刚架拆成单杆,如图 11-22(b)所示。

(3)写出转角位移方程

$$M_{AB}=2i\theta_B,\quad M_{BA}=4i\theta_B,\quad M_{BC}=4i\theta_B+2i\theta_C-\frac{1}{12}ql^2,\quad M_{CB}=2i\theta_B+4i\theta_C+\frac{1}{12}ql^2$$

$$M_{CD}=4i\theta_C,\quad M_{DC}=2i\theta_C,\quad M_{CE}=3i\theta_C$$

(4)考虑刚结点 B、C 的力矩平衡,建立平衡方程,如图 11-22(b)所示。

由 $\sum M_B=0$,$M_{BA}+M_{BC}=0$,即

$$8i\theta_B+2i\theta_C-\frac{1}{12}ql^2=0$$

由 $\sum M_C=0, M_{CB}+M_{CD}+M_{CE}=0$ 即

$$2i\theta_B+11i\theta_C+\frac{1}{12}ql^2=0$$

将上两式联立，解得

$$i\theta_B=\frac{13}{1008}ql^2$$

$$i\theta_C=-\frac{5}{504}ql^2$$

(5)代入转角位移方程，求出各杆的杆端弯矩

$M_{AB}=2i\theta_B=\frac{13}{504}ql^2$， $M_{BA}=4i\theta_B=\frac{26}{504}ql^2$

$M_{BC}=4i\theta_B+2i\theta_C-\frac{1}{12}ql^2=-\frac{26}{504}ql^2$， $M_{CB}=2i\theta_B+4i\theta_C+\frac{1}{12}ql^2=\frac{35}{504}ql^2$

$M_{CD}=4i\theta_C=-\frac{20}{504}ql^2$， $M_{DC}=2i\theta_C=-\frac{10}{504}ql^2$

$M_{CE}=3i\theta_C=-\frac{15}{504}ql^2$

(6)作出弯矩图、剪力图和轴力图，如图 11-23 所示。

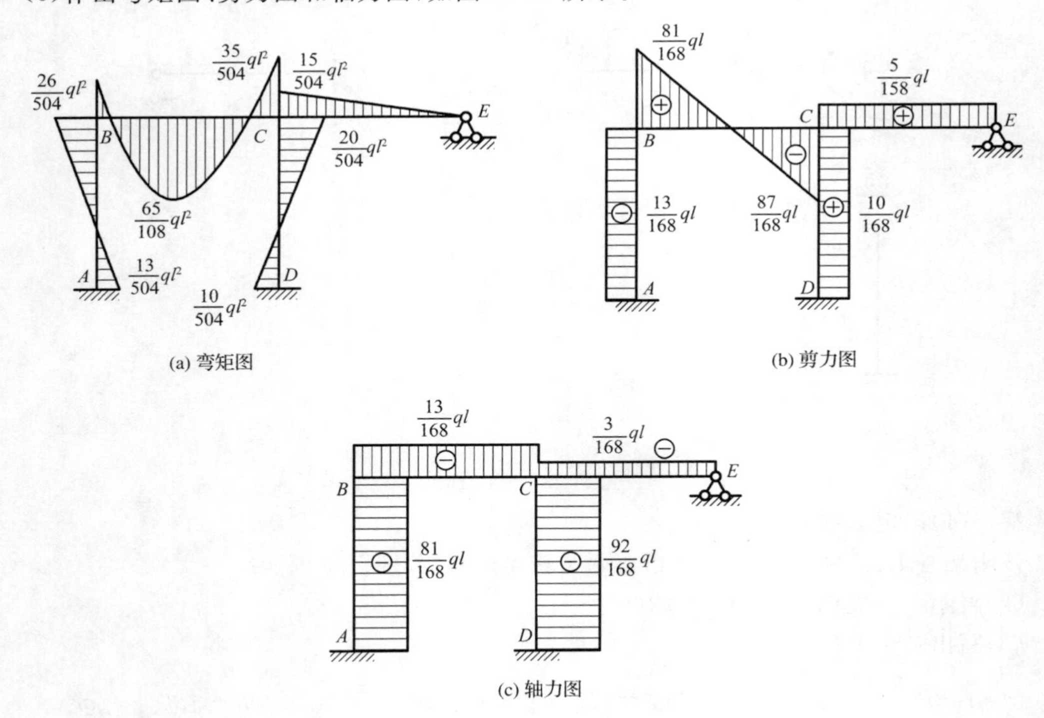

图 11-23 例 11-5 内力图

【例 11-6】 用位移法计算如图 11-24(a)所示超静定刚架，并作出弯矩图。

解 (1)确定基本未知量

此刚架有一个刚结点 C，其转角位移记作 θ，有一个线位移，记作 Δ，如图 11-24(b)所示。

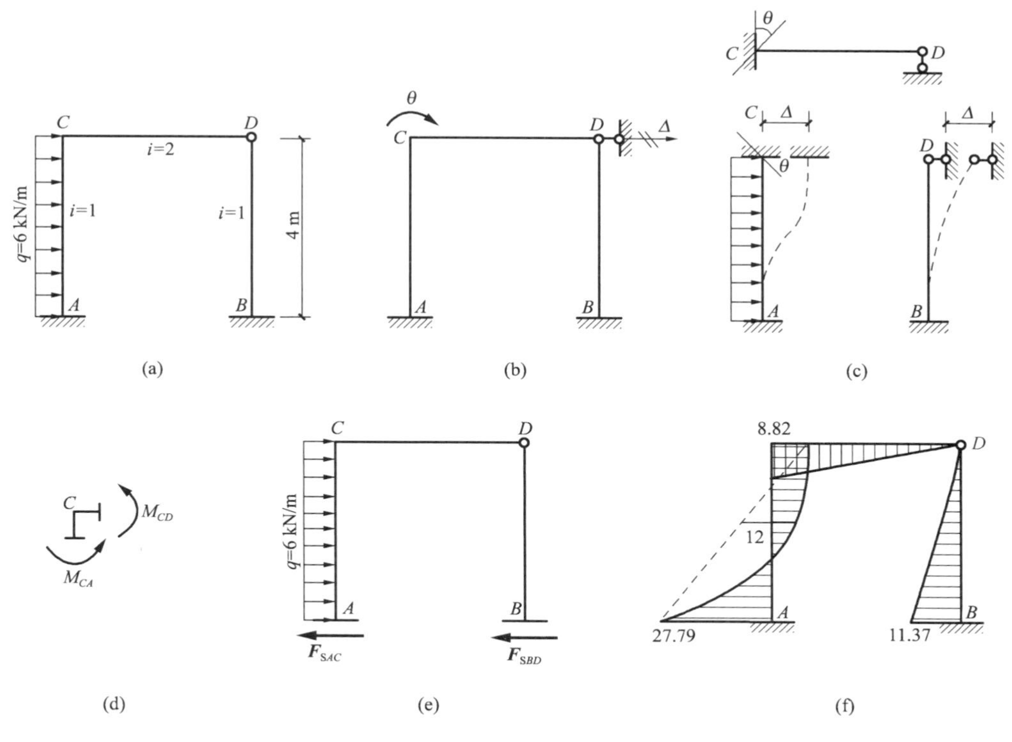

图 11-24　例 11-6 图

(2)将刚架拆成单杆,如图 11-24(c)所示。

(3)写出转角位移方程

$$M_{AC}=2i\theta-\frac{6i}{l}\Delta-\frac{1}{12}ql^2=2\theta-\frac{3}{2}\Delta-8,\quad M_{CA}=4i\theta-\frac{6i}{l}\Delta+\frac{1}{12}ql^2=4\theta-\frac{3}{2}\Delta+8$$

$$M_{CD}=3i\theta=6\theta,\quad M_{BD}=-\frac{3i}{l}\Delta=-\frac{3}{4}\Delta$$

$$F_{SAC}=-\frac{6i}{l}\theta+\frac{12i}{l^2}\Delta+\frac{ql}{2}=-\frac{3}{2}\theta+\frac{3}{4}\Delta+12$$

$$F_{SBD}=\frac{3i}{l^2}\Delta=\frac{3}{16}\Delta$$

(4)考虑刚结点 C 的力矩平衡,如图 11-24(d)所示。

由 $\sum M_C=0, M_{CA}+M_{CD}=0$,即

$$10\theta-\frac{3}{2}\Delta+8=0$$

取整体结构,考虑水平力的平衡,如图 11-24(e)所示。

由 $\sum X=0, ql-F_{SAC}-F_{SBD}=0$,即

$$\frac{3}{2}\theta-\frac{15}{16}\Delta+12=0$$

将上述两式联立,解得

$$\theta=1.47,\quad \Delta=15.16$$

(5)代入转角位移方程,求出各杆的杆端弯矩

$M_{AC}=2\theta-\frac{3}{2}\Delta-8=2\times1.47-\frac{3}{2}\times15.16-8=-27.79\ \text{kN}\cdot\text{m}$

$M_{CA}=4\theta-\frac{3}{2}\Delta+8=4\times1.47-\frac{3}{2}\times15.16+8=-8.82\ \text{kN}\cdot\text{m}$

$M_{CD}=6\theta=6\times1.47=8.82\ \text{kN}\cdot\text{m}$

$M_{BD}=-\frac{3}{4}\Delta=-\frac{3}{4}\times15.16=-11.37\ \text{kN}\cdot\text{m}$

(6)作出弯矩图，如图 11-24(f)所示。

11.4　力矩分配法计算超静定结构

力矩分配法是建立在位移法基础上的一种渐近计算法，它的特点是不需建立和解算联立方程，可直接通过代数运算得到杆端弯矩。这种方法只适用于连续梁和无结点线位移超静定刚架的内力计算。

力矩分配法是以位移法为基础。因此，有关计算的假定、杆端弯矩正负号的规定均与位移法相同，即杆端弯矩以绕杆端顺时针转向为正，逆时针转向为负；对结点或支座而言，则以逆时针转向为正，顺时针转向为负；而结点上的外力矩仍以顺时针转向为正等。

1. 力矩分配法的基本概念

(1)转动刚度

对于任意支承形式的单跨超静定梁 AB，为使某一端(设为 A 端)产生角位移 θ_A，则需在该端施加一力矩 M_{AB}。$\theta_A=1$ 时所需施加的力矩，称为 AB 杆在 A 端的转动刚度，用 S_{AB} 表示，通常把施加端 A 端称为近端，而另一端 B 端称为远端，如图 11-25(a)所示。同理，使 AB 杆 B 端产生的转角位移 $\theta_B=1$ 时，所需施加的力矩为 AB 杆 B 端的转动刚度，用 S_{BA} 表示，如图 11-25(b)所示。

图 11-25　转动刚度

当近端转角 $\theta_A\neq1$(或 $\theta_B\neq1$)时，则 $M_{AB}=S_{AB}\theta_A$(或 $M_{BA}=S_{BA}\theta_B$)。

杆件的转动刚度反映了杆端抵抗转动的能力，其值不仅与杆件的线刚度 i 有关，还与杆件远端的支承情况有关。表 11-2 中分别给出了在不同远端支承情况下的杆端转动刚度 S_{AB} 的表达式。

表 11-2　各等截面直杆的转动刚度和传递系数

简　图	$\theta_A=1$, A, i, B (远端固定)	$\theta_A=1$, A, i, B (远端铰支)	$\theta_A=1$, A, i, B (远端定向支座)
转动刚度	$S_{AB}=4i$	$S_{AB}=3i$	$S_{AB}=i$
传递系数	1/2	0	-1

(2)传递系数

对于单跨超静定梁而言，当一端发生转角而具有弯矩时(称为近端弯矩)，其另一端即远端一般也将产生弯矩(称为远端弯矩)，通常将远端弯矩同近端弯矩的比值，称为杆件由近端向远端的传递系数，并用 C 表示。如图 11-26 所示的两端固定单跨超静定梁，当近端 A 产生转角 θ_A 时，近端弯矩为 $M_{AB}=4i\theta_A$，远端 B 的弯矩为 $M_{BA}=2i\theta_A$，所以 AB 梁由 A 端向 B 端的传递系数为

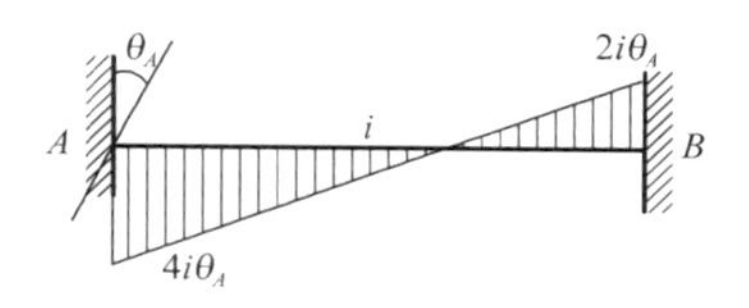

图 11-26　传递系数

$$C_{AB}=\frac{M_{BA}}{M_{AB}}=\frac{2i\theta_A}{4i\theta_A}=\frac{1}{2}$$

显然，对不同的远端支承情况，其传递系数也将不同，详见表 11-2。

(3)分配系数

如图 11-27(a)所示单结点刚架，各杆均为等截面直杆，刚结点 A 为各杆的汇交点。设各杆的线刚度分别为 i_{A1}、i_{A2} 和 i_{A3}。

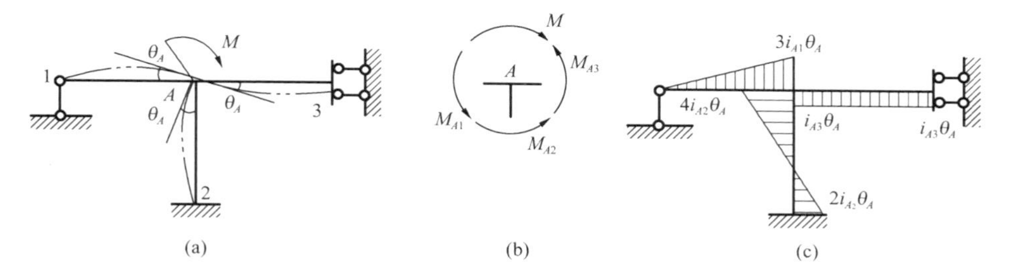

图 11-27　分配系数

在结点力偶矩 M 作用下，使结点 A 产生转角 θ_A，汇交于 A 结点各杆的转角应相等。由转动刚度可知，各杆近端 A 的弯矩分别为

$$M_{A1}=S_{A1}\theta_A=3i\theta_A,\quad M_{A2}=S_{A2}\theta_A=4i\theta_A,\quad M_{A3}=S_{A3}\theta_A=i\theta_A \qquad ①$$

如图 11-27(c)所示。

取结点 A，画其示力图如图 11-27(b)所示，由 $\sum M_A=0$ 得

$$M=M_{A1}+M_{A2}+M_{A3}=(S_{A1}+S_{A2}+S_{A3})\theta_A$$

所以

$$\theta_A=\frac{M}{\sum S_{Ak}}(k=1,2,3)$$

式中　$\sum S_{Ak}$ ——汇交于结点 A 的各杆件在 A 端的转动刚度之和。

将所求得的 θ_A 代入式①得

$$\left.\begin{aligned}M_{A1}&=\frac{S_{A1}}{\sum S_{Ak}}M\\M_{A2}&=\frac{S_{A2}}{\sum S_{Ak}}M\\M_{A3}&=\frac{S_{A3}}{\sum S_{Ak}}M\end{aligned}\right\}$$

即

$$M_{Ak}=\frac{S_{Ak}}{\sum S_{Ak}}M(k=1,2,3) \quad ②$$

令

$$\mu_{Ak}=\frac{S_{Ak}}{\sum S_{Ak}} \quad (11\text{-}5)$$

式中 μ_{Ak}——各杆在 A 端的分配系数。显然，汇交于同一结点的各杆杆端的分配系数之和应等于1，即

$$\sum \mu_{Ak}=\mu_{A1}+\mu_{A2}+\mu_{A3}=1$$

于是，式②可写成

$$M_{Ak}=\mu_{Ak}M \quad (11\text{-}6)$$

由式(11-6)可知，作用于结点 A 的外力矩 M，按各杆杆端的分配系数分配给各杆的近端。各杆的远端弯矩 M_{kA} 可以利用传递系数求出，即

$$M_{kA}=C_{Ak}M_{Ak} \quad (11\text{-}7)$$

本例中，汇交于 A 点各杆远端的传递弯矩分别为

$$M_{1A}=3i_{A1}\theta_A\times 0=0,\quad M_{2A}=4i_{A2}\theta_A\times\frac{1}{2}=2i_{A2}\theta_A, M_{3A}=i_{A3}\theta_A\times(-1)=-i_{A3}\theta_A$$

最后，作出弯矩图如图11-27(c)所示。

上述求解杆端弯矩的方法称为力矩分配法。力矩分配法求杆端弯矩的基本步骤如下：

①计算各杆的分配系数 $\sum \mu_{Ak}$

$$\mu_{Ak}=\frac{S_{Ak}}{\sum S_{Ak}}$$

②由分配系数利用式(11-6)计算各杆近端的弯矩。为了区别杆件的最后杆端弯矩，称此弯矩为分配弯矩，并用 M_{Ak}^{μ} 表示。

$$M_{Ak}^{\mu}=\mu_{Ak}M$$

③由各杆的传递系数 C_{Ak}，利用式(11-7)计算各杆远端的弯矩，又称为传递弯矩，并用 M_{kA}^{C} 表示。

$$M_{kA}^{C}=C_{Ak}M_{Ak}^{\mu}$$

2. 力矩分配法的基本思路

如图11-28(a)所示的等截面两跨连续梁，在荷载作用下，结点 B 产生转角 θ_B，产生如图中虚线所示的变形。现以该梁为例分析力矩分配法的基本思路。

计算时，首先在刚结点 B 上加一阻止该结点转动的附加刚臂，此时，连续梁 ABC 被附加刚臂分隔成两个单跨超静定梁 AB 和 BC。然后将荷载作用在梁上，这时，各杆件的杆端产生固端弯矩，变形曲线如图11-28(b)所示。附加刚臂限制结点 B 转动时必产生约束力矩，该约束力矩可由结点 B 的力矩平衡条件求得，如图11-28(d)所示，由 $\sum M_B=0$ 得

$$M_B^F=M_{BA}^F+M_{BC}^F$$

约束力矩 M_B^F 称为结点 B 上的不平衡力矩，它等于汇交于该结点的各杆端的固端弯矩之代数和，以顺时针方向为正。

在连续梁的结点 B 上，原来没有刚臂，也不存在约束力矩 M_B^F 作用。因此，为了使图11-28(b)所示有附加刚臂的连续梁能和原图11-28(a)所示的连续梁有相同的变形，必须放松结点 B

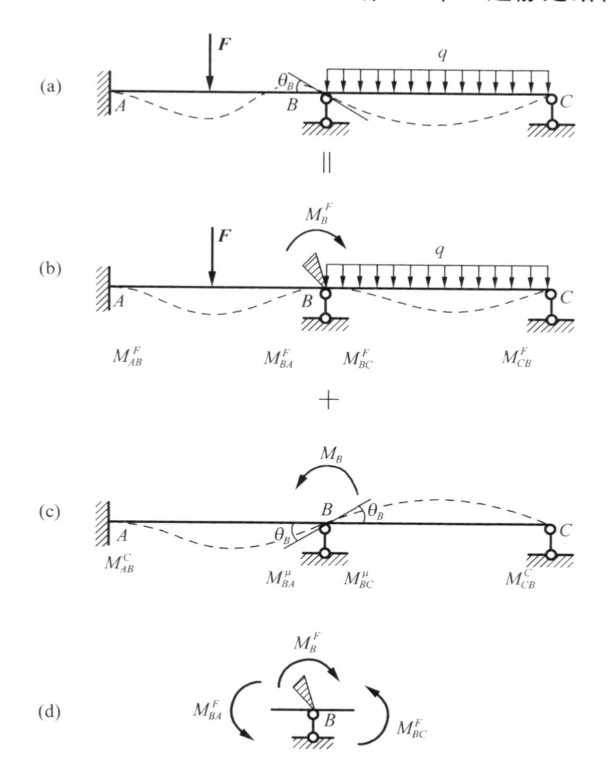

图 11-28 力矩分配法

处的附加刚臂，消除约束力矩 M_B^F 的作用。这一过程相当于在结点 B 加一个外力矩，其值等于约束力矩 M_B^F，但方向与约束力矩相反，如图 11-28(c)所示。将图 11-28(b)和图 11-28(c)所示两种情况相叠加，就消去了约束力矩，也就是消去了刚臂的约束作用，得到图 11-28(a)所示原结构的情况。因此，只要将图 11-28(b)和图 11-28(c)所示的杆端弯矩叠加，即可得到实际的杆端弯矩。其中图 11-28(c)中的各杆端弯矩可由前述的力矩分配法确定，图 11-28(b)为单跨梁的固端弯矩，查表 11-1 可得。

3. 力矩分配法的计算步骤

总结以上分析过程，可以把力矩分配法的计算步骤归纳如下：

①计算汇交于刚结点各杆端的分配系数，并确定其传递系数。

②计算各杆端的固端弯矩。

③计算刚结点上的约束力矩。约束力矩等于汇交于该结点各杆端固端弯矩的代数和。

④计算分配弯矩和传递弯矩。

各杆近端的分配弯矩＝约束力矩的负值×分配系数

各杆远端的传递弯矩＝分配弯矩×传递系数

⑤计算杆端弯矩。将杆端所有弯矩进行代数相加就得到杆端弯矩。

⑥根据杆端弯矩和荷载的分布情况绘出弯矩图。

【例 11-7】 试用力矩分配法计算如图 11-29(a)所示两跨连续梁，并绘制弯矩图。

解 (1)计算力矩分配系数

由于 AB 杆 BC 杆的线刚度相同，令 $i_{AB}=i_{BC}=EI/l=i$。

转动刚度为

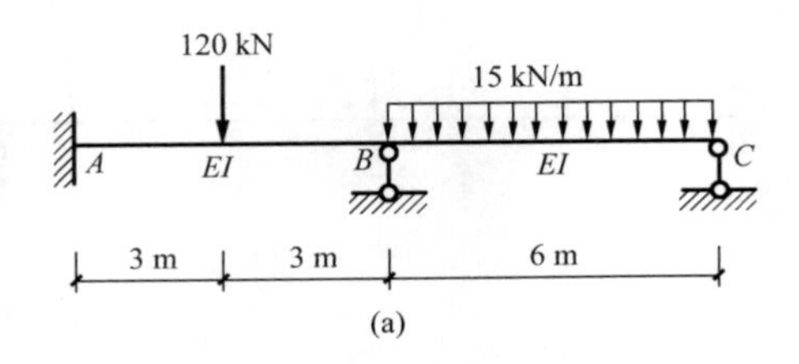

(a)

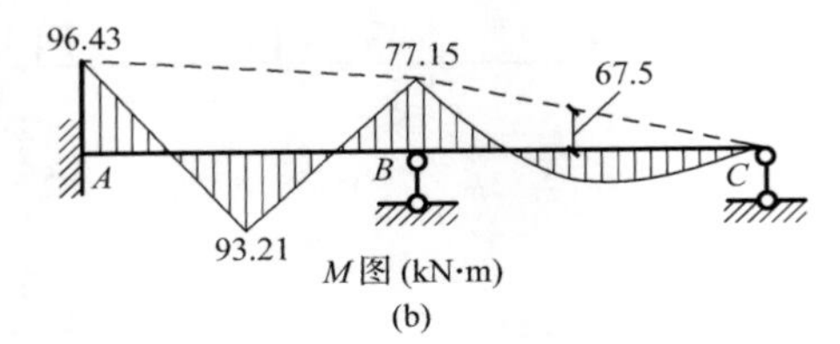

M图 (kN·m)

(b)

图 11-29 例 11-7 图

$$S_{BA}=4i_{AB}=4i,\quad S_{BC}=3i_{BC}=3i$$

分配系数为

$$\mu_{BA}=\frac{S_{BA}}{S_{BA}+S_{BC}}=\frac{4i}{4i+3i}=0.571,\quad \mu_{BC}=\frac{S_{BC}}{S_{BA}+S_{BC}}=\frac{3i}{4i+3i}=0.429$$

校核

$$\mu_{BA}+\mu_{BC}=1$$

(2)计算各杆的固端弯矩和结点处的约束力矩

$$M_{AB}^{F}=-\frac{Fl}{8}=-\frac{120\times 6}{8}=-90\ \text{kN}\cdot\text{m},\quad M_{BA}^{F}=\frac{Fl}{8}=\frac{120\times 6}{8}=90\ \text{kN}\cdot\text{m}$$

$$M_{BC}^{F}=-\frac{ql^{2}}{8}=-\frac{15\times 6^{2}}{8}=-67.5\ \text{kN}\cdot\text{m},\quad M_{CB}^{F}=0$$

结点处的约束力矩为

$$M_{B}^{F}=M_{BA}^{F}+M_{BC}^{F}=90-67.5=22.5\ \text{kN}\cdot\text{m}$$

(3)计算分配弯矩和传递弯矩

分配弯矩为

$$M_{BA}^{\mu}=\mu_{BA}\times(-M_{B}^{F})=0.571\times(-22.5)=-12.85\ \text{kN}\cdot\text{m}$$

$$M_{BC}^{\mu}=\mu_{BC}\times(-M_{B}^{F})=0.429\times(-22.5)=-9.65\ \text{kN}\cdot\text{m}$$

传递弯矩为

$$M_{AB}^{C}=C_{AB}\times M_{BA}^{\mu}=\frac{1}{2}\times(-12.85)=-6.43\ \text{kN}\cdot\text{m}$$

$$M_{CB}^{C}=C_{BC}\times M_{BC}^{\mu}=0\times(-9.65)=0$$

(4)计算各杆端最后弯矩

$$M_{AB}=M_{AB}^{F}+M_{AB}^{C}=-90-6.43=-96.43\ \text{kN}\cdot\text{m}$$

$$M_{BA}=M_{BA}^{F}+M_{BA}^{\mu}=90-12.85=77.15\ \text{kN}\cdot\text{m}$$

$$M_{BC}=M_{BC}^{F}+M_{BC}^{\mu}=-67.5-9.65=-77.15\ \text{kN}\cdot\text{m}$$

$$M_{CB}=0$$

一般情况下，将以上计算过程列表进行(表 11-3)，表中结点 B 分配弯矩下画一横线表示结点 B 分配弯矩完毕，结点已达到平衡；在分配弯矩和传递弯矩之间画一箭头，表示弯矩传递的方向。

表 11-3　　杆端弯矩的计算

杆端	AB	BA	BC	CB
分配系数		0.571	0.429	
固端弯矩/(kN·m)	−90	90	−67.5	0
分配和传递弯矩/(kN·m)	−6.43 ←	−12.85	−9.65 →	0
最后弯矩/(kN·m)	−96.43	77.15	−77.15	0

(5)根据杆端最后弯矩值，绘出 M 图如图 11-29(b)所示。注意结点 B 应满足平衡条件，即

$$\sum M_B = 77.15 - 77.15 = 0$$

可知计算无误。

【例 11-8】 试用力矩分配法计算如图 11-30(a)所示刚架，并绘弯矩图。

解 计算力矩分配系数

$$\mu_{AB} = \frac{S_{AB}}{S_{AB}+S_{AD}+S_{AC}} = \frac{3\times2}{3\times2+4\times1.5+4\times2} = 0.3$$

$$\mu_{AD} = \frac{S_{AD}}{S_{AB}+S_{AD}+S_{AC}} = \frac{4\times1.5}{3\times2+4\times1.5+4\times2} = 0.3$$

$$\mu_{AC} = \frac{S_{AC}}{S_{AB}+S_{AD}+S_{AC}} = \frac{4\times2}{3\times2+4\times1.5+4\times2} = 0.4$$

(2)计算各杆的固端弯矩和结点处的约束力矩

$$M_{AB}^F = \frac{ql^2}{8} = \frac{15\times4^2}{8} = 30\ \text{kN}\cdot\text{m}$$

$$M_{AC}^F = 0$$

$$M_{AD}^F = -\frac{Fab^2}{l^2} = -\frac{50\times3\times2^2}{5^2} = -24\ \text{kN}\cdot\text{m}$$

$$M_{DA}^F = \frac{Fa^2b}{l^2} = \frac{50\times3^2\times2}{5^2} = 36\ \text{kN}\cdot\text{m}$$

结点处的约束力矩为

$$M_B^F = M_{AB}^F + M_{AC}^F + M_{AD}^F = 30+0-24 = 6\ \text{kN}\cdot\text{m}$$

列表进行力矩分配(表 11-4)。绘 M 图如图 11-30(b)所示。

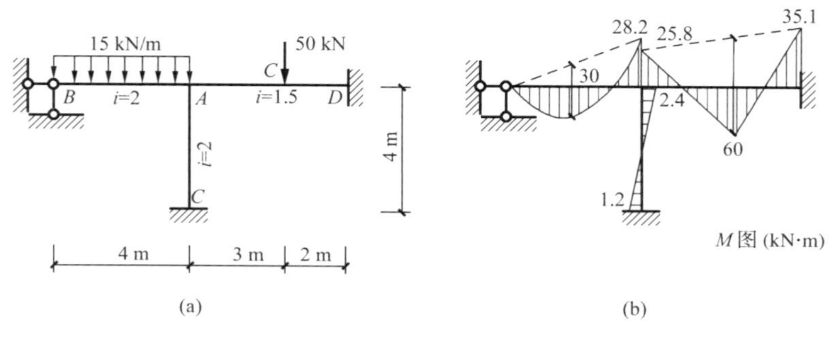

图 11-30　例 11-8 图

表 11-4 杆端弯矩的计算

结点	B	A			C	D
杆端	BA	AB	AD	AC	CA	DA
分配系数		0.3	0.3	0.4		
固端弯矩/(kN·m)	0	30	−24	0	0	36
分配和传递弯矩/(kN·m)	0	−1.8	−1.8	−2.4	−1.2	−0.9
最后弯矩/(kN·m)	0	28.2	−25.8	−2.4	−1.2	35.1

本章小结

超静定结构是具有多余约束的几何不变体系，仅凭静力平衡条件不能确定全部反力和内力，必须建立补充方程才能求解。本章介绍了求解超静定结构的3种方法，即力法、位移法和力矩分配法。

1. 力法

将超静定结构中的多余约束去掉，以多余未知力代替，得到的静定结构作为基本结构。以多余未知力作为力法的基本未知量，利用基本结构在荷载和多余未知力共同作用下的变形条件建立力法方程，从而求解多余未知力。求得多余未知力后，超静定结构计算问题就转化为静定结构计算问题，可用静力平衡方程或内力叠加公式计算超静定结构的内力和绘制内力图。

因此，力法计算的关键：确定基本未知量，选择基本结构，建立力法典型方程。

2. 位移法

位移法以结点位移作为基本未知量，根据静力平衡条件求解基本未知量。计算时将整个结构拆成单杆，分别计算各个杆件的杆端弯矩。杆件的杆端弯矩由固端弯矩和位移弯矩两部分组成，固端弯矩和位移弯矩均可查表 11-1 获得，根据查表结果列出含有基本未知量的转角位移方程，再根据静力平衡条件求解基本未知量，将解得的基本未知量代回转角位移方程就得到各杆的杆端弯矩，最后绘制弯矩图，同时根据弯矩图及静力平衡条件可计算剪力、轴力，并绘制剪力图与轴力图。

在运用位移法进行计算和绘制弯矩图时，应注意位移法的弯矩和剪力正负号规定：杆端弯矩以顺时针方向转动为正，杆端剪力使杆产生顺时针转动为正；反之为负。

位移法基本未知量个数的判定：角位移个数等于结构的刚结点个数；独立结点线位移个数等于限制所有结点线位移所需添加的链杆数。

3. 力矩分配法

力矩分配法是建立在位移法基础上的一种渐近计算法，适用于求解连续梁和无侧移刚架。对于单结点结构，计算结果是精确结果；对于两个及以上结点的结构，力矩分配法是一种近似计算方法。其特点是不需建立和解算联立方程，收敛速度快，力学概念明确，直接以杆端弯矩进行计算等。

力矩分配的基本运算是单结点的力矩分配，主要有以下两个环节。

①固定刚结点。对刚结点施加阻止转动的约束，根据荷载，计算各杆的固端弯矩和结点的不平衡力矩。

②放松刚结点。根据各杆的转动刚度，计算分配系数，将结点的不平衡力矩反符号，乘以分配系数，得各杆端的分配弯矩；然后，将各杆端的分配弯矩乘以传递系数，得各杆远端的传递弯矩。

各杆最后的杆端弯矩等于杆端所有弯矩进行代数相加。根据最后杆端弯矩和荷载的分布情况绘出弯矩图。

复习思考题

11-1　什么是力法的基本未知量？什么是力法的基本结构？一个超静定结构是否只有唯一形式的基本结构？

11-2　用力法计算超静定结构的基本思路是什么？

11-3　力法典型方程是根据什么条件建立的？其物理意义是什么？

11-4　位移法的基本未知量是什么？如何确定其数目？

11-5　在位移法中杆端弯矩和剪力的正负号如何规定？

11-6　用位移法计算超静定结构的基本思路是什么？

11-7　转动刚度的物理意义是什么？与哪些因素有关？

11-8　分配系数如何确定？为什么汇交于同一结点的各杆端分配系数之和等于 1？

11-9　传递系数如何确定？常见的传递系数有几种？各是多少？

11-10　结点不平衡力矩的含义是什么？如何确定结点不平衡力矩？

11-11　力矩分配法适用于什么结构？

习　　题

11-1　试确定如图 11-31 所示结构的超静定次数。

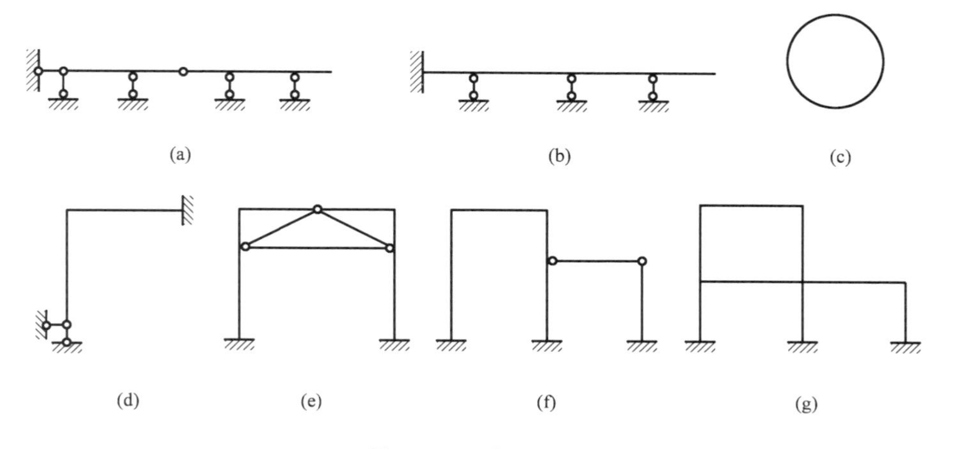

图 11-31　习题 11-1 图

11-2　试用力法计算如图 11-32 所示超静定梁，并绘出内力图。

11-3　试用力法计算如图 11-33 所示超静定刚架，并绘出内力图。

11-4　试用位移法计算如图 11-34 所示连续梁，并绘出内力图。

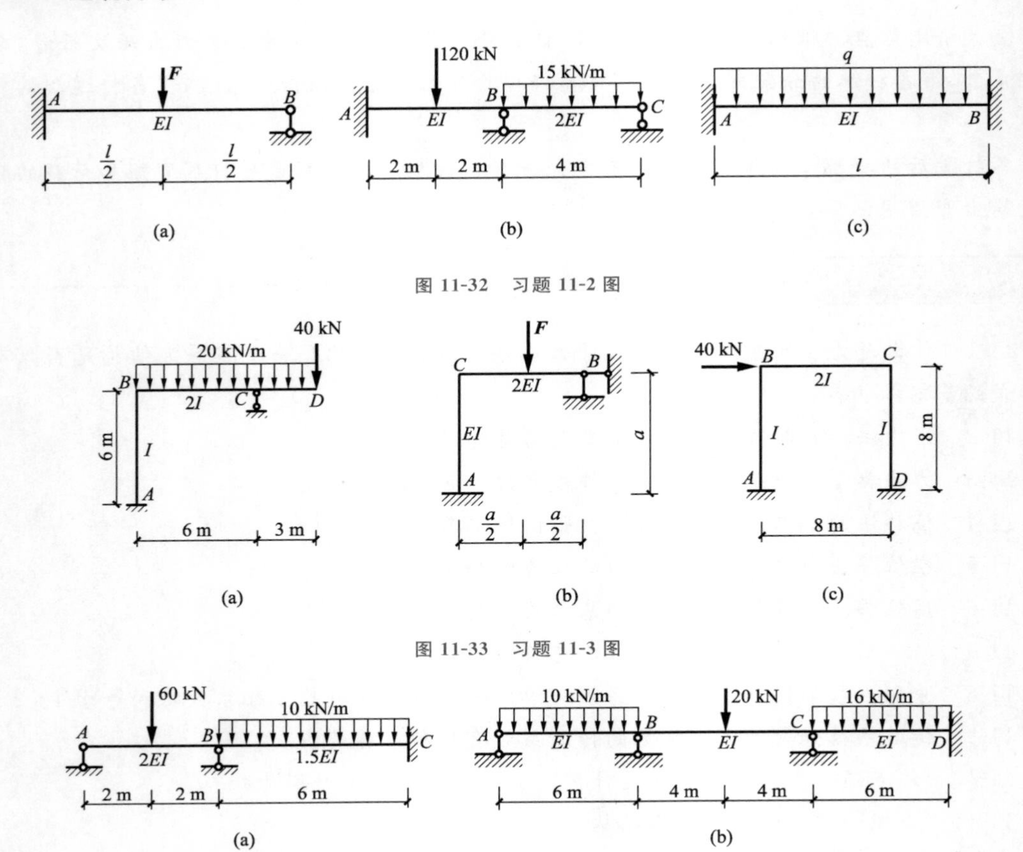

图 11-32 习题 11-2 图

图 11-33 习题 11-3 图

图 11-34 习题 11-4 图

11-5 试用位移法计算如图 11-35 所示刚架,并绘出弯矩图。

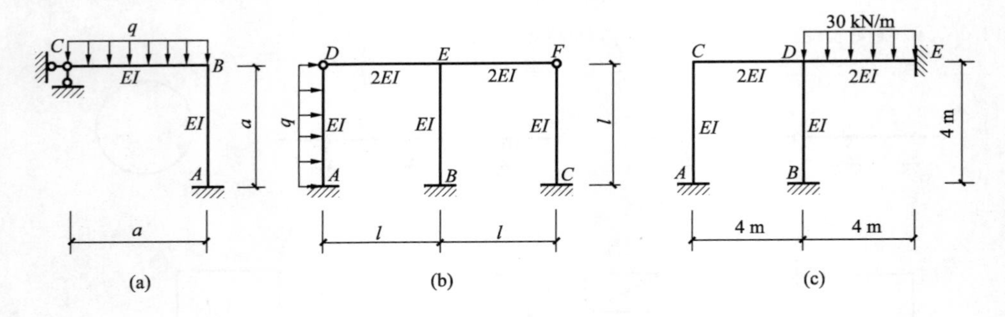

图 11-35 习题 11-5 图

11-6 试用力矩分配法计算如图 11-36 所示两跨连续梁,并绘出弯矩图。

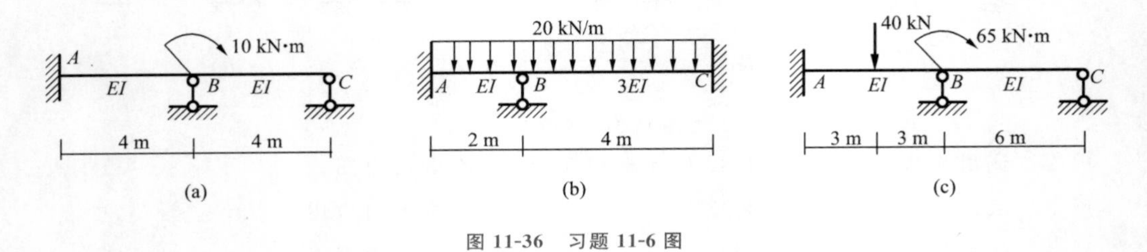

图 11-36 习题 11-6 图

11-7　试用力矩分配法计算如图 11-37 所示刚架，并绘出弯矩图。

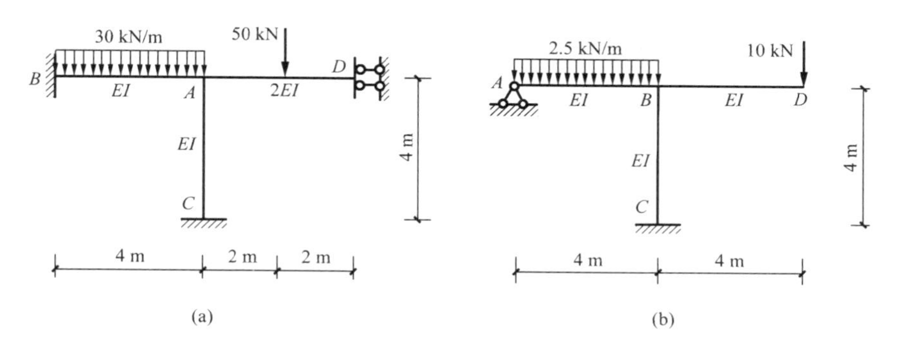

图 11-37　习题 11-7 图

练习 11-1

练习 11-2

练习 11-3

练习 11-4

附录

型钢表

附表 1 　　**热轧等边角钢(GB/T706—2008)**

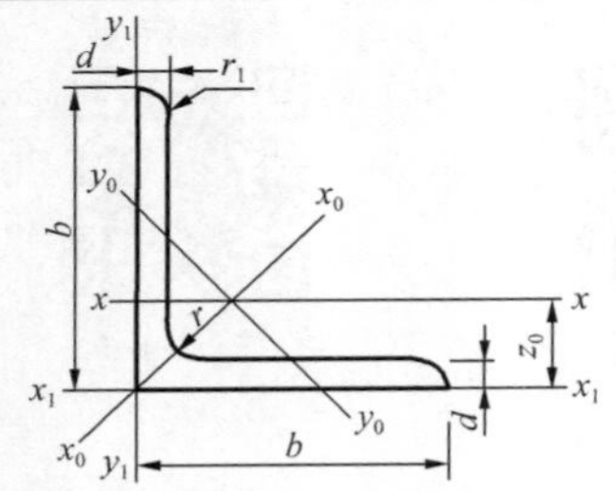

符号意义：b—边宽度；　I—惯性矩；
d—边厚度；　i—惯性半径；
r—内圆弧半径；　W—抗弯截面系数；
r_1—边端内圆弧半径；　z_0—重心距离。

角钢号数	尺寸(mm)			截面面积/cm²	理论重量(kg/m)	外表面积(m²/m)	参考数值										z_0/cm
							$x-x$			x_0-x_0			y_0-y_0			x_1-x_1	
	b	d	r				I_x/cm⁴	i_x/cm	W_x/cm³	I_{x0}/cm⁴	i_{x0}/cm	W_{x0}/cm³	I_{y0}/cm4	i_{y0}/cm	W_{y0}/cm³	I_{x1}/cm⁴	
2	20	3	3.5	1.132	0.889	0.078	0.40	0.59	0.29	0.63	0.75	0.45	0.17	0.39	0.20	0.81	0.60
		4		1.459	1.145	0.077	0.50	0.58	0.36	0.78	0.73	0.55	0.22	0.38	0.24	1.09	0.64
2.5	25	3		1.432	1.124	0.098	0.82	0.76	0.46	1.29	0.95	0.73	0.34	0.49	0.33	1.57	0.73
		4		1.859	1.459	0.097	1.03	0.74	0.59	1.62	0.93	0.92	0.43	0.48	0.40	2.11	0.76
3.0	30	3	4.5	1.749	1.373	0.117	1.46	0.91	0.68	2.31	1.15	1.09	0.61	0.59	0.51	2.71	0.85
		4		2.276	1.786	0.117	1.84	0.90	0.87	2.92	1.13	1.37	0.77	0.58	0.62	3.63	0.89
3.6	36	3		2.109	1.656	0.141	2.58	1.11	0.99	4.09	1.39	1.61	1.07	0.71	0.76	4.68	1.00
		4		2.756	2.163	0.141	3.29	1.09	1.28	5.22	1.38	2.05	1.37	0.70	0.93	6.25	1.04
		5		3.382	2.654	0.141	3.95	1.08	1.56	6.24	1.36	2.45	1.65	0.70	1.09	7.84	1.07
4.0	40	3	5	2.359	1.852	0.157	3.58	1.23	1.23	5.69	1.55	2.01	1.49	0.79	0.96	6.41	1.09
		4		3.086	2.422	0.157	4.60	1.22	1.60	7.29	1.54	2.58	1.91	0.79	1.19	8.56	1.13
		5		3.791	2.976	0.156	5.53	1.21	1.96	8.76	1.52	3.10	2.30	0.78	1.39	10.74	1.17
4.5	45	3		2.659	2.088	0.177	5.17	1.40	1.58	8.20	1.76	2.58	2.14	0.89	1.24	9.12	1.22
		4		3.486	2.736	0.177	6.65	1.38	2.05	10.56	1.74	3.32	2.75	0.89	1.54	12.18	1.26
		5		4.292	3.369	0.176	8.04	1.37	2.51	12.74	1.72	4.00	3.33	0.88	1.81	15.25	1.30
		6		5.076	3.985	0.176	9.33	1.36	2.95	14.76	1.70	4.64	3.89	0.88	2.06	18.36	1.33

（续表）

角钢号数	尺寸(mm)			截面面积/cm^2	理论重量(kg/m)	外表面积(m^2/m)	参考数值										z_0/cm
							$x-x$			x_0-x_0			y_0-y_0			x_1-x_1	
	b	d	r				I_x/cm^4	i_x/cm	W_x/cm^3	I_{x0}/cm^4	i_{x0}/cm	W_{x0}/cm^3	I_{y0}/cm^4	i_{y0}/cm	W_{y0}/cm^3	I_{x1}/cm^4	
5	50	3	5.5	2.971	2.332	0.197	7.18	1.55	1.96	11.37	1.96	3.22	2.98	1.00	1.57	12.50	1.34
		4		3.897	3.059	0.197	9.26	1.54	2.56	14.70	1.94	4.16	3.82	0.99	1.96	16.69	1.38
		5		4.803	3.770	0.196	11.21	1.53	3.13	17.79	1.92	5.03	4.64	0.98	2.31	20.90	1.42
		6		5.688	4.465	0.196	13.05	1.52	3.68	20.68	1.91	5.85	5.42	0.98	2.63	25.14	1.46
5.6	56	3	6	3.343	2.624	0.221	10.19	1.75	2.48	16.14	2.20	4.08	4.24	1.13	2.02	17.56	1.48
		4		4.390	3.446	0.220	13.18	1.73	3.24	20.92	2.18	5.28	5.46	1.11	2.52	23.43	1.53
		5		5.415	4.251	0.220	16.02	1.72	3.97	25.42	2.17	6.42	6.61	1.10	2.98	29.33	1.57
		6		8.367	6.568	0.219	23.63	1.68	6.03	37.37	2.11	9.44	9.89	1.09	4.16	46.24	1.68
6.3	63	4	7	4.978	3.907	0.248	19.03	1.96	4.13	30.17	2.46	6.78	7.89	1.26	3.29	33.35	1.70
		5		6.143	4.822	0.248	23.17	1.94	5.08	36.77	2.45	8.25	9.57	1.25	3.90	41.73	1.74
		6		7.288	5.721	0.247	27.12	1.93	6.00	43.03	2.43	9.66	11.20	1.24	4.46	50.14	1.78
		8		9.515	7.469	0.247	34.46	1.90	7.75	54.56	2.40	12.25	14.33	1.23	5.47	67.11	1.85
		10		11.657	9.151	0.246	41.09	1.88	9.39	64.85	2.36	14.56	17.33	1.22	6.36	84.31	1.93
7	70	4	8	5.570	4.372	0.275	26.39	2.18	5.14	41.80	2.74	8.44	10.99	1.40	4.17	45.74	1.86
		5		6.875	5.397	0.275	32.21	2.16	6.32	51.08	2.73	10.32	13.34	1.39	4.95	57.21	1.91
		6		8.160	6.406	0.275	37.77	2.15	7.48	59.93	2.71	12.11	15.61	1.38	5.67	68.73	1.95
		7		9.424	7.398	0.275	43.09	2.14	8.59	68.35	2.69	13.81	17.82	1.38	6.34	80.29	1.99
		8		10.667	8.373	0.274	48.17	2.12	9.68	76.37	2.68	15.43	19.98	1.37	6.98	91.92	2.03
7.5	75	5	9	7.412	5.818	0.295	39.97	2.33	7.32	63.30	2.92	11.94	16.63	1.50	5.77	70.56	2.04
		6		8.797	6.905	0.294	46.95	2.31	8.64	74.38	2.90	14.02	19.51	1.49	6.67	84.55	2.07
		7		10.160	7.976	0.294	53.57	2.30	9.93	84.96	2.89	16.02	22.18	1.48	7.44	98.71	2.11
		8		11.503	9.030	0.294	59.96	2.28	11.20	95.07	2.88	17.93	24.86	1.47	8.19	112.97	2.15
		10		14.126	11.089	0.293	71.98	2.26	13.64	113.92	2.84	21.48	30.05	1.46	9.56	141.71	2.22
8	80	5	9	7.912	6.211	0.315	48.79	2.48	8.34	77.33	3.13	13.67	20.25	1.60	6.66	85.36	2.15
		6		9.397	7.376	0.314	57.35	2.47	9.87	90.98	3.11	16.08	23.72	1.59	7.65	102.50	2.19
		7		10.860	8.525	0.314	65.58	2.46	11.37	104.07	3.10	18.40	27.09	1.58	8.58	119.70	2.23
		8		12.303	9.658	0.314	73.49	2.44	12.83	116.60	3.08	20.61	30.39	1.57	9.46	136.97	2.27
		10		15.126	11.874	0.313	88.43	2.42	15.64	140.09	3.04	24.76	36.77	1.56	11.08	171.74	2.35

（续表）

角钢号数	尺寸(mm)			截面面积/cm^2	理论重量(kg/m)	外表面积(m^2/m)	参考数值										z_0/cm
							$x-x$			x_0-x_0			y_0-y_0			x_1-x_1	
	b	d	r				I_x/cm^4	i_x/cm	W_x/cm^3	I_{x0}/cm^4	i_{x0}/cm	W_{x0}/cm^3	I_{y0}/cm^4	i_{y0}/cm	W_{y0}/cm^3	I_{x1}/cm^4	
9	90	6	10	10.637	8.350	0.354	82.77	2.79	12.61	131.26	3.51	20.63	34.28	1.80	9.95	145.87	2.44
		7		12.301	9.656	0.354	94.83	2.78	14.54	150.47	3.50	23.64	39.18	1.78	11.19	170.30	2.48
		8		13.944	10.946	0.353	106.47	2.76	16.42	168.97	3.48	26.55	43.97	1.78	12.35	194.80	2.52
		10		17.167	13.476	0.353	128.58	2.74	20.07	203.90	3.45	32.04	53.26	1.76	14.52	244.07	2.59
		12		20.306	15.940	0.352	149.22	2.71	23.57	236.21	3.41	37.12	62.22	1.75	16.49	293.76	2.67
10	100	6	12	11.932	9.366	0.393	114.95	3.10	15.68	181.98	3.90	25.74	47.92	2.00	12.69	200.07	2.67
		7		13.796	10.830	0.393	131.86	3.09	18.10	208.97	3.89	29.55	54.74	1.99	14.26	233.54	2.71
		8		15.638	12.276	0.393	148.24	3.08	20.47	235.07	3.88	33.24	61.41	1.98	15.75	267.09	2.76
		10		19.261	15.120	0.392	179.51	3.05	25.06	284.68	3.84	40.26	74.35	1.96	18.54	334.48	2.84
		12		22.800	17.898	0.391	208.90	3.03	29.48	330.95	3.81	46.80	86.84	1.95	21.08	402.34	2.91
		14		26.256	20.611	0.391	236.53	3.00	33.73	374.06	3.77	52.90	99.00	1.94	23.44	470.75	2.99
		16		29.267	23.257	0.390	262.53	2.98	37.82	414.16	3.74	58.57	110.89	1.94	25.63	539.80	3.06
11	110	7	12	15.196	11.928	0.433	177.16	3.41	22.05	280.94	4.30	36.12	73.38	2.20	17.51	310.64	2.96
		8		17.238	13.532	0.433	199.46	3.40	24.95	316.49	4.28	40.69	82.42	2.19	19.39	355.20	3.01
		10		21.261	16.690	0.432	242.19	3.39	30.60	384.39	4.25	49.42	99.98	2.17	22.91	444.65	3.09
		12		25.200	19.782	0.431	282.55	3.35	36.05	448.17	4.22	57.62	116.93	2.15	26.15	534.60	3.16
		14		29.056	22.809	0.431	320.71	3.32	41.31	508.01	4.18	65.31	133.40	2.14	29.14	625.16	3.24
12.5	125	8	14	19.750	15.504	0.492	297.03	3.88	32.52	470.89	4.88	53.28	123.16	2.50	25.86	521.01	3.37
		10		24.373	19.133	0.491	361.67	3.85	39.97	573.89	4.85	64.93	149.46	2.48	30.62	651.93	3.45
		12		28.912	22.696	0.491	423.16	3.83	41.17	671.44	4.82	75.96	174.88	2.46	35.03	783.42	3.53
		14		33.367	26.193	0.490	481.65	3.80	54.16	763.73	4.78	86.41	199.57	2.45	39.13	915.61	3.61
14	140	10	14	27.373	21.488	0.551	514.65	4.34	50.58	817.27	5.46	82.56	212.04	2.78	39.20	915.11	3.82
		12		32.512	25.522	0.551	603.68	4.31	59.80	958.79	5.43	96.85	248.57	2.76	45.02	1099.28	3.90
		14		37.567	29.490	0.550	688.81	4.28	68.75	1093.56	5.40	110.47	284.06	2.75	50.45	1284.22	3.98
		16		42.539	33.393	0.549	770.24	4.26	77.46	1221.81	5.36	123.42	318.67	2.74	55.55	1470.07	4.06
16	160	10	16	31.502	24.729	0.630	779.53	4.98	66.70	1237.30	6.27	109.36	321.76	3.20	52.76	1365.33	4.31
		12		37.441	29.391	0.630	916.58	4.95	78.98	1455.68	6.24	128.67	377.49	3.18	60.74	1639.57	4.39
		14		43.296	33.987	0.629	1048.36	4.92	90.95	1665.02	6.20	147.17	431.70	3.16	68.24	1914.68	4.47
		16		49.067	38.518	0.629	1175.08	4.89	102.63	1865.57	6.17	164.89	484.59	3.14	75.31	2190.82	4.55

（续表）

角钢号数	尺寸(mm)			截面面积/cm^2	理论重量(kg/m)	外表面积(m^2/m)	参考数值										z_0/cm
							$x-x$			x_0-x_0			y_0-y_0			x_1-x_1	
	b	d	r				I_x/cm^4	i_x/cm	W_x/cm^3	I_{x0}/cm^4	i_{x0}/cm	W_{x0}/cm^3	I_{y0}/cm^4	i_{y0}/cm	W_{y0}/cm^3	I_{x1}/cm^4	
18	180	12	16	42.241	33.159	0.710	1321.35	5.59	100.82	2100.10	7.05	165.00	542.61	3.58	78.41	2332.80	4.89
		14		48.896	38.383	0.709	1514.48	5.56	116.25	2407.42	7.02	189.14	621.53	3.56	88.38	2723.48	4.97
		16		55.467	43.542	0.709	1700.99	5.54	131.13	2703.37	6.98	212.40	698.60	3.55	97.83	3115.29	5.05
		18		61.955	48.634	0.708	1875.12	5.50	145.64	2988.24	6.94	234.78	762.01	3.51	105.14	3502.43	5.13
20	200	14	18	54.642	42.894	0.788	2103.55	6.20	144.70	3343.26	7.82	236.40	863.83	3.98	111.82	3734.10	5.46
		16		62.013	48.680	0.788	2366.15	6.18	163.65	3760.89	7.79	265.93	971.41	3.96	123.96	4270.39	5.54
		18		69.301	54.401	0.787	2620.64	6.15	182.22	4164.54	7.75	294.48	1076.74	3.94	135.52	4808.13	5.62
		20		76.505	60.056	0.787	2867.30	6.12	200.42	4554.55	7.72	322.06	1180.04	3.93	146.55	5347.51	5.69
		20		90.661	71.168	0.785	3338.25	6.07	236.17	5294.97	7.64	374.41	1381.53	3.90	166.65	6457.16	5.87

注：截面图中的 $r_1=\frac{d}{3}$ 及表中 r 值，用于孔型设计，不作为交货条件。

附表 2　　热轧不等边角钢(GB/T706—2008)

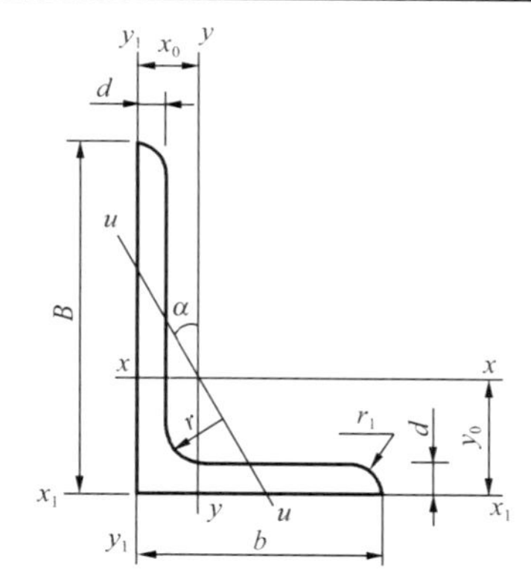

符号意义：B—长边宽度；　　b—短边宽度；
d—边厚；　　r——内圆弧半径；
r_1—边端内弧半径；　　x_0—形心坐标；
y_0—形心坐标；　　I—惯性矩；
i—惯性半径；　　W—抗弯截面系数。

角钢号数	尺寸(mm)				截面面积/cm^2	理论重量/(kg/m)	外表面积/(m^2/m)	参考数值													
								$x-x$			$y-y$			x_1-x_1		y_1-y_1		$u-u$			
	B	b	d	r				I_x/cm^4	i_x/cm	W_x/cm^3	I_y/cm^4	i_y/cm	W_y/cm^3	I_{x1}/cm^4	y_0/cm	I_{y1}/cm^4	x_0/cm	I_u/cm^4	i_u/cm	W_u/cm^3	tanα
2.5/1.6	25	16	3	3.5	1.162	0.912	0.080	0.70	0.78	0.43	0.22	0.44	0.19	1.56	0.86	0.43	0.42	0.14	0.34	0.16	0.392
			4		1.499	1.176	0.079	0.88	0.77	0.55	0.27	0.43	0.24	2.09	0.90	0.59	0.46	0.17	0.34	0.20	0.381
3.2/2	32	20	3		1.492	1.171	0.102	1.53	1.01	0.72	0.46	0.55	0.30	3.27	1.08	0.82	0.49	0.28	0.43	0.25	0.382
			4		1.939	1.22	0.101	1.93	1.00	0.93	0.57	0.54	0.39	4.37	1.12	1.12	0.53	0.35	0.42	0.32	0.374
4/2.5	40	25	3	4	1.890	1.484	0.127	3.08	1.28	1.15	0.93	0.70	0.49	5.39	1.32	1.59	0.59	0.56	0.54	0.40	0.385
			4		2.467	1.936	0.127	3.93	1.26	1.49	1.18	0.69	0.63	8.53	1.37	2.14	0.63	0.71	0.54	0.52	0.381
4.5/2.8	45	28	3	5	2.149	1.687	0.143	4.45	1.44	1.47	1.34	0.79	0.62	9.10	1.47	2.23	0.64	0.80	0.61	0.51	0.383
			4		2.806	2.203	0.143	5.69	1.42	1.91	1.70	0.78	0.80	12.13	1.51	3.00	0.68	1.02	0.60	0.66	0.380

（续表）

角钢号数	尺寸(mm)				截面面积/cm^2	理论重量/(kg/m)	外表面积/(m^2/m)	参考数值													
								$x-x$			$y-y$			x_1-x_1		y_1-y_1		$u-u$			
	B	b	d	r				I_x/cm^4	i_x/cm	W_x/cm^3	I_y/cm^4	i_y/cm	W_y/cm^3	I_{x1}/cm^4	y_0/cm	I_{y1}/cm^4	x_0/cm	I_u/cm^4	i_u/cm	W_u/cm^3	tanα
5/3.2	50	32	3	5.5	2.431	1.908	0.161	6.24	1.60	1.84	2.02	0.91	0.82	12.49	1.60	3.31	0.73	1.20	0.70	0.68	0.404
			4		3.177	2.494	0.160	8.02	1.59	2.39	2.58	0.90	1.06	16.65	1.65	4.45	0.77	1.53	0.69	0.87	0.402
5.6/3.6	56	36	3	6	2.743	2.153	0.181	8.88	1.80	2.32	2.92	1.03	1.05	17.54	1.78	4.70	0.80	1.73	0.79	0.87	0.408
			4		3.590	2.818	0.180	11.45	1.78	3.03	3.76	1.02	1.37	23.39	1.82	6.33	0.85	2.23	0.79	1.13	0.408
			5		4.415	3.466	0.180	13.86	1.77	3.71	4.49	1.01	1.65	29.25	1.87	7.94	0.88	2.67	0.79	1.36	0.404
6.3/4	63	40	4	7	4.058	3.185	0.202	16.49	2.02	3.87	5.23	1.14	1.70	33.30	2.04	8.63	0.92	3.12	0.88	1.40	0.398
			5		4.993	3.920	0.202	20.02	2.00	4.74	6.31	1.12	2.71	41.63	2.08	10.86	0.95	3.76	0.87	1.71	0.396
			6		5.908	4.638	0.201	23.36	1.96	5.59	7.29	1.11	2.43	49.98	2.12	13.12	0.99	4.34	0.86	1.99	0.393
			7		6.802	5.339	0.201	26.53	1.98	6.40	8.24	1.10	2.78	58.07	2.15	15.47	1.03	4.97	0.86	2.29	0.389
7/4.5	70	45	4	7.5	4.547	3.570	0.226	23.17	2.26	4.86	7.55	1.29	2.17	45.92	2.24	12.26	1.02	4.40	0.98	1.77	0.410
			5		5.609	4.403	0.225	27.95	2.23	5.92	9.13	1.28	2.65	57.10	2.28	15.39	1.06	5.40	0.98	2.19	0.407
			6		6.647	5.218	0.225	32.54	2.21	6.95	10.62	1.26	3.12	68.35	2.32	18.58	1.09	6.35	0.93	2.59	0.404
			7		7.657	6.011	0.225	37.22	2.20	8.03	12.01	1.25	3.57	79.99	2.36	21.84	1.13	7.16	0.97	2.94	0.402
7.5/5	75	50	5	8	6.125	4.808	0.245	34.86	2.39	6.83	12.61	1.44	3.30	70.00	2.40	21.04	1.17	7.41	1.10	2.74	0.435
			6		7.260	5.699	0.245	41.12	2.38	8.12	14.70	1.42	3.88	84.30	2.44	25.37	1.21	8.54	1.08	3.19	0.435
			8		9.467	7.431	0.244	52.39	2.35	10.52	18.53	1.40	4.99	112.50	2.52	34.23	1.29	10.87	1.07	4.10	0.429
			10		11.590	9.098	0.244	62.71	2.33	12.79	21.96	1.38	6.04	140.80	2.60	43.43	1.36	13.10	1.06	4.99	0.423
8/5	80	50	5	8	6.375	5.005	0.255	41.96	2.56	7.78	12.82	1.42	3.32	85.21	2.60	21.06	1.14	7.66	1.10	2.74	0.388
			6		7.560	5.935	0.255	49.49	2.56	9.25	14.95	1.41	3.91	102.53	2.65	25.41	1.18	8.85	1.08	3.20	0.387
			7		8.724	6.848	0.255	56.16	2.54	10.58	16.96	1.39	4.48	119.33	2.69	29.82	1.21	10.18	1.08	3.70	0.384
			8		9.867	7.745	0.254	62.83	2.52	11.92	18.85	1.38	5.03	136.41	2.73	34.32	1.25	11.38	1.07	4.16	0.381
9/5.6	90	56	5	9	7.212	5.661	0.287	60.45	2.90	9.92	18.32	1.59	4.21	121.32	2.91	29.53	1.25	10.98	1.23	3.49	0.385
			6		8.557	6.717	0.286	71.03	2.88	11.74	21.42	1.58	4.96	145.59	2.95	35.58	1.29	12.90	1.23	4.18	0.384
			7		9.880	7.756	0.286	81.01	2.86	13.49	24.36	1.57	5.70	169.66	3.00	41.71	1.33	14.67	1.22	4.72	0.382
			8		11.183	8.779	0.286	91.03	2.85	15.27	27.15	1.56	6.41	194.17	3.04	47.93	1.36	16.34	1.21	5.29	0.380
10/6.3	100	63	6	10	9.617	7.550	0.320	99.06	3.21	14.64	30.94	1.79	6.35	199.71	3.24	50.50	1.43	18.42	1.38	5.25	0.394
			7		11.111	8.722	0.320	113.45	3.20	16.88	35.26	1.78	7.29	233.00	3.28	59.14	1.47	21.00	1.38	6.02	0.394
			8		12.584	9.878	0.319	127.37	3.18	19.08	39.39	1.77	8.21	266.32	3.32	67.88	1.50	23.50	1.37	6.78	0.391
			10		15.467	12.142	0.319	153.81	3.15	23.32	47.12	1.74	9.98	333.06	3.40	85.73	1.58	28.33	1.35	8.24	0.387
10/8	100	80	6	10	10.637	8.350	0.354	107.04	3.17	15.19	61.24	2.40	10.16	199.83	2.95	102.68	1.97	31.65	1.72	8.37	0.627
			7		12.301	9.656	0.354	122.73	3.16	17.52	70.08	2.39	11.71	233.20	3.00	119.98	2.01	36.17	1.72	9.60	0.626
			8		13.944	10.946	0.353	137.92	3.14	19.81	78.58	2.37	13.21	266.61	3.04	137.37	2.05	40.58	1.71	10.80	0.625
			10		17.167	13.476	0.353	166.87	3.12	24.24	94.65	2.35	16.12	333.63	3.12	172.48	2.13	49.10	1.69	13.12	0.622

（续表）

角钢号数	尺寸(mm)				截面面积/cm^2	理论重量/(kg/m)	外表面积/(m^2/m)	参考数值													
								$x-x$			$y-y$			x_1-x_1		y_1-y_1		$u-u$			
	B	b	d	r				I_x/cm^4	i_x/cm	W_x/cm^3	I_y/cm^4	i_y/cm	W_y/cm^3	I_{x1}/cm^4	y_0/cm	I_{y1}/cm^4	x_0/cm	I_u/cm^4	i_u/cm	W_u/cm^3	$\tan\alpha$
11/7	110	70	6	10	10.637	8.350	0.354	133.37	3.54	17.85	42.92	2.01	7.90	265.78	3.53	69.08	1.57	25.36	1.54	6.53	0.403
			7		12.301	9.656	0.354	153.00	3.53	20.60	49.01	2.00	9.09	310.07	3.57	80.82	1.61	28.95	1.53	7.50	0.402
			8		13.944	10.946	0.353	172.04	3.51	23.30	54.87	1.98	10.25	354.39	3.62	92.70	1.65	32.45	1.53	8.45	0.401
			10		17.167	13.467	0.353	208.39	3.48	28.54	65.88	1.96	12.48	443.13	3.70	116.83	1.72	39.20	1.51	10.29	0.397
12.5/8	125	80	7	11	14.096	11.066	0.403	227.98	4.02	26.86	74.42	2.30	12.01	454.99	4.01	120.32	1.80	43.81	1.76	9.92	0.408
			8		15.989	12.551	0.403	256.77	4.01	30.41	83.49	2.28	13.56	519.99	4.06	137.85	1.84	49.15	1.75	11.18	0.407
			10		19.712	15.474	0.402	312.04	3.98	37.33	100.67	2.26	16.56	650.09	4.14	173.40	1.92	59.45	1.74	13.64	0.404
			12		23.351	18.330	0.402	364.41	3.95	44.01	116.67	2.24	19.43	780.39	4.22	209.67	2.00	69.35	1.72	16.01	0.400
14/9	140	90	8	12	18.038	14.160	0.453	365.64	4.50	38.48	120.69	2.59	17.34	730.53	4.50	195.79	2.04	70.83	1.98	14.31	0.411
			10		22.261	17.475	0.452	445.50	4.47	47.31	146.03	2.56	21.22	913.20	4.58	245.92	2.21	85.82	1.96	17.48	0.409
			12		26.400	20.724	0.451	521.59	4.44	55.87	169.79	2.54	24.95	1096.09	4.66	296.89	2.19	100.21	1.95	20.54	0.406
			14		30.456	23.908	0.451	594.10	4.42	64.18	192.10	2.51	28.54	1279.26	4.74	348.82	2.27	114.13	1.94	23.52	0.403
16/10	160	100	10	13	25.315	19.872	0.512	668.69	5.14	62.13	205.03	2.85	26.56	1362.89	5.24	336.59	2.28	121.74	2.19	21.92	0.390
			12		30.054	23.592	0.511	784.91	5.11	73.49	239.09	2.82	31.28	1635.56	5.32	405.94	2.36	142.33	2.17	25.79	0.388
			14		34.709	27.247	0.510	896.30	5.08	84.56	271.20	2.80	35.83	1908.50	5.40	476.42	2.43	162.23	2.16	29.56	0.385
			16		39.281	30.835	0.510	1003.04	5.05	95.33	301.60	2.77	40.24	2181.79	5.48	548.22	2.51	182.57	2.16	33.44	0.382
18/11	180	110	10	14	28.373	22.273	0.571	956.25	5.80	78.96	278.11	3.13	32.49	1940.40	5.89	447.22	2.44	166.50	2.42	26.88	0.376
			12		33.712	26.464	0.571	1124.72	5.78	93.53	325.03	3.10	38.32	2328.35	5.98	538.94	2.52	194.87	2.40	31.66	0.374
			14		38.967	30.589	0.570	1286.91	5.75	107.76	369.55	3.08	43.97	2716.60	6.06	631.95	2.59	222.30	2.39	36.32	0.372
			16		44.139	34.649	0.569	1443.06	5.72	121.64	411.85	3.06	49.44	3105.15	6.14	726.46	2.67	248.84	2.38	40.87	0.369
20/12.5	200	125	12		37.912	29.761	0.641	1570.90	6.44	116.73	483.16	3.57	49.99	3193.85	6.54	787.74	2.83	285.79	2.74	41.23	0.392
			14		43.867	34.436	0.640	1800.97	6.41	134.65	550.83	3.54	57.44	3726.17	6.62	922.47	2.91	326.58	2.73	47.34	0.390
			16		49.739	39.045	0.639	2023.35	6.38	152.18	615.44	3.52	64.69	4258.86	6.70	1058.86	2.99	366.21	2.71	53.32	0.388
			18		55.526	43.588	0.639	2238.30	6.35	169.33	677.19	3.49	71.74	4792.00	6.78	1197.13	3.06	404.83	2.70	59.18	0.385

注：1. 括号内型号不推荐使用。

2. 截面图中的 $r_1=d/3$ 及表中 r 值，用于孔型设计，不作为交货条件。

附表 3　　　　**热轧槽钢（GB/T706—2008）**

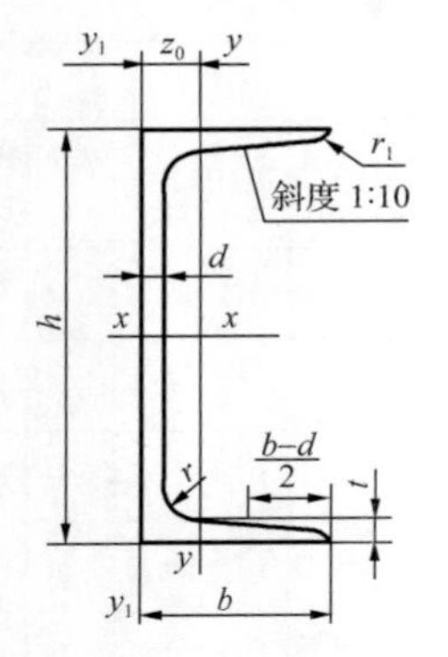

符号意义：h—高度；　r_1—腿端圆弧半径；
b—腿宽度；　I—惯性矩；
d—腰厚度；　W—抗弯截面系数；
t—平均腿厚度；　i—惯性半径；
r—内圆弧半径；　z_0—y—y 轴与 y_1—y_1 轴间距。

型号	尺寸(mm)						截面面积/cm²	理论重量/(kg/m)	参考数值							z_0/cm
									$x-x$			$y-y$			y_1-x_1	
	h	b	d	t	r	r_1			W_x/cm³	I_x/cm⁴	i_x/cm	W_y/cm³	I_y/cm⁴	i_y/cm	I_{y1}/cm⁴	
5	50	37	4.5	7	7.0	3.5	6.928	5.438	10.4	26.0	1.94	3.55	8.30	1.10	20.9	1.35
6.3	63	40	4.8	7.5	7.5	3.8	8.451	6.634	16.1	50.8	2.45	4.50	11.9	1.19	28.4	1.36
8	80	43	5.0	8	8.0	4.0	10.248	8.045	25.3	101	3.15	5.79	16.6	1.27	37.4	1.43
10	100	48	5.3	8.5	8.5	4.2	12.748	10.007	39.7	198	3.95	7.8	25.6	1.41	54.9	1.52
12.6	126	53	5.5	9	9.0	4.5	15.692	12.318	62.1	391	4.95	10.2	38.0	1.57	77.1	1.59
14 a	140	58	6.0	9.5	9.5	4.8	18.516	14.535	80.5	564	5.52	13.0	53.2	1.70	107	1.71
14 b	140	60	8.0	9.5	9.5	4.8	21.316	16.733	87.1	609	5.35	14.1	61.1	1.69	121	1.67
16a	160	63	6.5	10	10.0	5.0	21.962	17.240	108	866	6.28	16.3	73.3	1.83	144	1.80
16	160	65	8.5	10	10.0	5.0	25.162	19.752	117	935	6.10	17.6	83.4	1.82	161	1.75
18a	180	68	7.0	10.5	10.5	5.2	25.699	20.174	141	1270	7.04	20.0	98.6	1.96	190	1.88
18	180	70	9.0	10.5	10.5	5.2	29.299	23.000	152	1370	6.84	21.5	111	1.95	210	1.84
20a	200	73	7.0	11	11.0	5.5	28.837	22.637	178	1780	7.86	24.2	128	2.11	244	2.01
20	200	75	9.0	11	11.0	5.5	32.837	25.777	191	1910	7.64	25.9	144	2.09	268	1.95
22a	220	77	7.0	11.5	11.5	5.8	31.846	24.999	218	2390	8.67	28.2	158	2.23	298	2.10
22	220	79	9.0	11.5	11.5	5.8	36.246	28.453	234	2570	8.42	30.1	176	2.21	326	2.03
25 a	250	78	7.0	12	12.0	6.0	34.917	27.410	270	3370	9.82	30.6	176	2.24	322	2.07
25 b	250	80	9.0	12	12.0	6.0	39.917	31.335	282	3530	9.41	32.7	196	2.22	353	1.98
25 c	250	82	11.0	12	12.0	6.0	44.917	35.260	295	3690	9.07	35.9	218	2.21	384	1.92
28 a	280	82	7.5	12.5	12.5	6.2	40.034	31.427	340	4760	10.9	35.7	218	2.33	388	2.10
28 b	280	84	9.5	12.5	12.5	6.2	45.634	35.823	366	5130	10.6	37.9	242	2.30	428	2.02
28 c	280	86	11.5	12.5	12.5	6.2	51.234	40.219	393	5500	10.4	40.3	268	2.29	463	1.95

（续表）

型号	尺寸(mm)						截面面积/cm^2	理论重量/(kg/m)	参考数值							z_0/cm
									$x-x$			$y-y$			y_1-x_1	
	h	b	d	t	r	r_1			W_x/cm^3	I_x/cm^4	i_x/cm	W_y/cm^3	I_y/cm^4	i_y/cm	I_{y1}/cm^4	
32a	320	88	8.0	14	14.0	7.0	48.513	38.083	475	7600	12.5	46.5	305	2.50	552	2.24
32b	320	90	10.0	14	14.0	7.0	54.913	43.107	509	8140	12.2	59.2	336	2.47	593	2.16
32c	320	92	12.0	14	14.0	7.0	61.313	48.131	543	8690	11.9	52.6	374	2.47	643	2.09
36a	360	96	9.0	16	16.0	8.0	60.910	47.814	660	11900	14.0	63.5	455	2.73	818	2.44
36b	360	98	11.0	16	16.0	8.0	68.110	53.466	703	12700	13.6	66.9	497	2.70	880	2.37
36c	360	100	13.0	16	16.0	8.0	75.310	59.118	746	13400	13.4	70.0	536	2.67	948	2.34
40a	400	100	10.5	18	18.0	9.0	75.068	58.928	879	17600	15.3	78.8	592	2.81	1070	2.49
40b	400	102	12.5	18	18.0	9.0	83.068	65.208	932	18600	15.0	82.5	640	2.78	1140	2.44
40c	400	104	14.5	18	18.0	9.0	91.068	71.488	986	19700	14.7	86.2	688	2.75	1220	2.42

附表 4 热轧工字钢(GB/T706—2008)

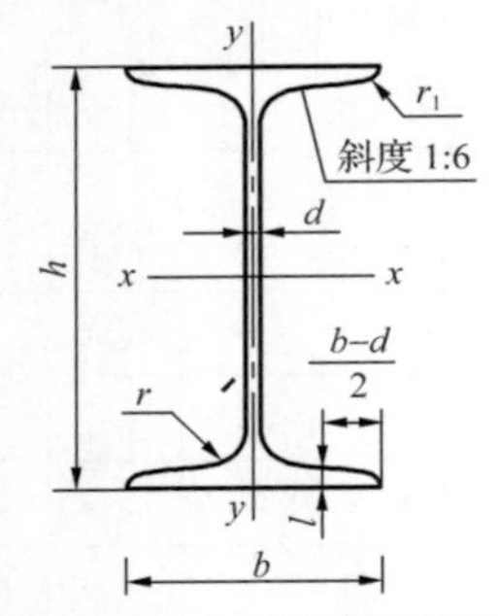

符号意义：h—高度； r_1—腿端圆弧半径；
b—腿宽度； I—惯性矩；
d—腰厚度； W—抗弯截面系数；
t—平均腿厚度； i—惯性半径；
r—内圆弧半径； S—半截面的静力矩。

型号	尺寸(mm)						截面面积/cm²	理论重量/(kg/m)	参考数值						
									$x-x$				$y-y$		
	h	b	d	t	r	r_1			I_x/cm⁴	W_x/cm³	i_x/cm	$(I_X \cdot S_X)$/cm	I_y/cm⁴	W_y/cm³	i_y/cm
10	100	68	4.5	7.6	6.5	3.3	14.345	11.261	245	49.0	4.14	8.59	33.0	9.72	1.52
12.6	126	74	5.0	8.4	7.0	3.5	18.118	14.223	488	77.5	5.20	10.8	46.9	12.7	1.61
14	140	80	5.5	9.1	7.5	3.8	21.516	16.890	712	102	5.76	12.0	64.4	16.1	1.73
16	160	88	6.0	9.9	8.0	4.0	26.131	20.513	1130	141	6.58	13.8	93.1	21.2	1.89
18	180	94	6.5	10.7	8.5	4.3	30.756	24.143	1660	185	7.36	15.4	122	26.0	2.00
20a	200	100	7.0	11.4	9.0	4.5	35.578	27.929	2370	237	8.15	17.2	158	31.5	2.12
20b	200	102	9.0	11.4	9.0	4.5	39.578	31.069	2500	250	7.96	16.9	169	33.1	2.06
22a	220	110	7.5	12.3	9.5	4.8	42.128	33.070	3400	309	8.99	18.9	225	40.9	2.31
22b	220	112	9.5	12.3	9.5	4.8	46.528	36.524	3570	325	8.78	18.7	239	42.7	2.27
25a	250	116	8.0	13.0	10.0	5.0	48.541	38.105	5020	402	10.2	21.6	280	48.3	2.40
25b	250	118	10.0	13.0	10.0	5.0	53.541	42.030	5280	423	9.94	21.3	309	52.4	2.40
28a	280	122	8.5	13.7	10.5	5.3	55.404	43.492	7110	508	11.3	24.6	345	56.6	2.50
28b	280	124	10.5	13.7	10.5	5.3	61.004	47.888	7480	534	11.1	24.2	379	61.2	2.49
32a	320	130	9.5	15.0	11.5	5.8	67.156	52.717	11100	692	12.8	27.5	460	70.8	2.62
32b	320	132	11.5	15.0	11.5	5.8	73.556	57.741	11600	726	12.6	27.1	502	76.0	2.61
32c	320	134	13.5	15.0	11.5	5.8	79.956	62.765	12200	760	12.3	26.3	544	81.2	2.61
36a	360	136	10.0	15.8	12.0	6.0	76.480	60.037	15800	875	14.4	30.7	552	81.2	2.69
36b	360	138	12.0	15.8	12.0	6.0	83.680	65.689	16500	919	14.1	30.3	582	84.3	2.64
36c	360	140	14.0	15.8	12.0	6.0	90.880	71.341	17300	962	13.8	29.9	612	87.4	2.60
40a	400	142	10.5	16.5	12.5	6.3	86.112	67.598	21700	1090	15.9	34.1	660	93.2	2.77
40b	400	144	12.5	16.5	12.5	6.3	94.112	73.878	22800	1140	16.5	33.6	692	96.2	2.71
40c	400	146	14.5	16.5	12.5	6.3	102.112	80.158	23900	1190	15.2	33.2	727	99.6	2.65
45a	450	150	11.5	18.0	13.5	6.8	102.446	80.420	32200	1430	17.7	38.6	855	114	2.89
45b	450	152	13.5	18.0	13.5	6.8	111.446	87.485	33800	1500	17.4	38.0	894	118	2.84

（续表）

型号	尺寸(mm)						截面面积/cm^2	理论重量/(kg/m)	参考数值						
									$x-x$				$y-y$		
	h	b	d	t	r	r_1			I_x/cm^4	W_x/cm^3	i_x/cm	$(I_X \cdot S_X)$/cm	I_y/cm^4	W_y/cm^3	i_y/cm
45c	450	154	15.5	18.0	13.5	6.8	120.446	94.550	35300	1570	17.1	37.6	938	122	2.79
50a	500	158	12.0	20.0	14.0	7.0	119.304	93.654	46500	1860	19.7	42.8	1120	142	3.07
50b	500	160	14.0	20.0	14.0	7.0	129.304	101.504	48600	1940	19.4	42.4	1170	146	3.01
50c	500	162	16.0	20.0	14.0	7.0	139.304	109.354	50600	2080	19.0	41.8	1220	151	2.96
56a	560	166	12.5	21.0	14.5	7.3	135.435	106.316	65600	2340	22.0	47.7	1370	165	3.18
56b	560	168	14.5	21.0	14.5	7.3	146.635	115.108	68500	2450	21.6	47.2	1490	174	3.16
56c	560	170	16.5	21.0	14.5	7.3	157.835	123.900	71400	2550	21.3	46.7	1560	183	3.16
63a	630	176	13.0	22.0	15.0	7.5	154.658	121.407	93900	2980	24.5	54.2	1700	193	3.31
63b	630	178	15.0	22.0	15.0	7.5	167.258	131.298	98100	3160	24.2	53.5	1810	204	3.29
63c	630	180	17.0	22.0	15.0	7.5	179.858	141.189	102000	3300	23.8	52.9	1920	214	3.27

注：截面图和表中标注的圆弧半径 r 和 r_1 值，用于孔型设计，不作为交货条件。

参 考 文 献

[1] 王永廉.材料力学.北京:机械工业出版社,2009
[2] 张玉敏.材料力学.北京:冶金工业出版社,2010
[3] 张流芳.材料力学.武汉:武汉理工大学出版社,2002
[4] 王渊辉,张玉敏.建筑力学.大连:大连理工大学出版社,2012
[5] 刘寿梅.建筑力学.北京:高等教育出版社,2008
[6] 沈养中.荣国瑞.建筑力学[M].北京:科学出版社,2007
[7] 乔淑玲.建筑力学.北京:中国电力出版社,2010
[8] 杨力彬.赵萍.建筑力学.北京:机械工业出版社,2009
[9] 石立安.建筑力学.北京:北京大学出版社,2009
[10] 张玉敏.建筑力学.北京:中国电力出版社,2009
[11] 李家宝.建筑力学第三分册:结构力学.北京:高等教育出版社,1999
[12] 穆能伶.陈栩.新编力学教程.北京:机械工业出版社,2008